U0662968

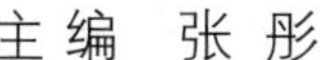

形式与能量：环境调控的建筑学模型

仲文洲　张 彤　著

国家自然科学基金项目（52308012）

江苏省自然科学基金资助项目（BK20230861）

中国博士后科学基金项目（2023T160098）

东南大学出版社 · 南京

总 序

全球气候变化与环境危机已经构成当今世界面临的重大挑战，应对气候变化成为 21 世纪人类的共同议程，中国政府郑重承诺力争 2030 年前实现碳达峰、2060 年前实现碳中和。“双碳目标”的确立为我国未来 30~40 年国民经济以及新型城镇化转型发展擘画了路线图。建筑全生命周期与建筑全产业链条的碳排放约占全社会总量的 50%，实现“双碳目标”离不开绿色建筑的高质量发展。

人类建造房屋的原始动机和基本过程无外乎两点——空间营造和环境调控。从原始人在荒原上点燃第一堆篝火开始，到油灯、火塘、壁炉和电灯，直至锅炉和空调，人类一直采用“燃烧”——即消耗能源的方式调控环境。与“燃烧”相对的是“建造”，人们根据所处环境的气候条件，采用合理的建造体系，获取所需的能量，排除多余的热，在气候和身体之间建立平衡。从环境调控的角度，建筑是能量的构形，是保蓄、传递与释放能量的形式固化与秩序表达。建筑的建造形态既是调节和引导能量流动的物质结构，又是稳定和维持物质形态的能量组织。

这种以建造形态实现环境调控的方式曾经是建筑学发展的自主性力量之一，促成了世界各地体现气候理性的建筑形式的产生，也构成了地域建筑文化中最为恒定的内核。19 世纪的科技进步带来席卷各个领域的技术革新，暖通空调技术迅速发展，在建筑领域得到广泛应用。与此同时，建筑学却放弃了以房屋构形调节气候环境的技术策略和设计方法，建筑形式与气候的逻辑关联变得日趋薄弱，世界各地的建筑丧失了适应气候的敏感性和环境能量的调控力。这是造成当今城市建筑产生大量能耗和碳排放的主要原因之一。

我本人在将近 20 年前提出“空间调节”的理念，倡导回归空间范式的环境调控，即在建造过程中通过有效的空间组织、合理的体形和构造设计，以空间形态和建造体系实现对室内外环境舒适度、能耗与碳排放的性能化调控。在之后一系列的研究、实践和教学中坚持践行这一理念，并逐步构建起理论、方法和技术工具的体系，产出了系列成果。2022 年团队向国家出版基金提出“绿色建筑高质量发展自主性理论与设计方法”系列丛书的申请并获得批准。

全套丛书从建筑学“空间 + 建构”的自主性本体出发，内容包括绿色建筑与环境调控基础理论研究、传统营建智慧的科学诠释、空间调节设计方法与技术工具研发、建筑环境的数理分析与设计优化四个板块。其中《形式与能量：环境调控的建筑学模型》作为丛书的基础理论板块，从能量角度审视建筑形式，追溯环境调控视野下建筑发展的历史进程与理论流变，建立起建筑学与生物气候学、传热学、热力学的交叉理论视野，构建耦合建筑形式特征、环境调控策略与能量运行机制的能量建构模型。传统营建板块包括《能量构形：太湖流域乡土建筑环境调控传统营建智慧》和《环境营造：徽州乡土建筑建构体系》两本分册，通过对两个类型特征明显的乡土建筑样本的研究，探析其在自然历史的长期演进中积淀的营建智慧，揭示建筑形式背后体现气候理性和能量建构的形态空间原型，解析能量流动引发物理变化与构形调节带来的环境变化之间的结构关联，以期为当今绿色建筑高质量发展提供类型依据与历史参照。方法与技术板块包括《适应性体形：绿色建筑空间调节的体形策略与设计方法体系》《交互式表皮：绿色建筑空间调节的表皮策略与设计方法体系》《性能化构造：绿色建筑空间调节的构造策略与设计方法体系》三本分册，分别从建筑体形、表皮和构造三个层面，解析建筑构形因子与环境性能因子相互作用的机理，提出绿色建筑高质量发展目标下，建筑体形设计、表皮设计和构造设计的策略、方法和技术，并通过一系列优秀案例加以佐证。分册《计算性设计：绿色建筑空间调节性能化计算性设计方法与工具》通过数字转译的方法，探究形式与能量之间的映射关联，构建生成式计算性设计与多目标性能优化耦合的通用模型，研发相关技术和工具，为绿色建筑空间调节提供数理性研究范式和数字化技术路径。

本系列丛书凝聚了团队近 10 年的研究和实践成果，其著写和出版将有助于构建绿色建筑高质量发展的自主性理论与方法体系，固本绿色建筑的专业内核，拓展多学科交叉的科技前沿。在“双碳目标”引领下，推动绿色建筑从措施导向向效果导向、从技术主导向设计主导的转变，进一步促进新型城镇化转型过程中城乡建设的低碳可持续发展和国家生态文明的整体构建。

2023 年 1 月

前 言

在人类历史长河中，建筑伴随文明的发展一直充当着人类繁衍生息的物质载体与文化延续的重要基石。可以发现一个事实，不同地域气候下的建筑形式演变与其环境变化息息相关，环境调控作为建筑最原初和本质的动机，始终贯穿于建筑的发展历程中。应对不同气候条件的各种建筑形式，即是平衡对风、光、热等能量要素获取、保蓄、释放的稳定结构。从这个意义上而言，建筑形式的本质是一种气候环境影响下，能量流动的物质呈现——建筑形式是能量的构形。

然而，环境调控在建筑学中的重要性并未被真正认知。随着工业化发展与机械调控手段的介入，建筑环境调控模式逐渐由“空间调节”转向“空气调节”，这不可避免地带来了能源与环境问题的外部压力，以及建筑学形式失语的内部危机。如果说当代建筑学对建筑形式的讨论逐渐远离了建筑空间对气候环境进行回应与调控的本原，那么，重新审视建筑形式与能量的关系就显得尤为重要，这不仅能够明确环境调控作为形式生成逻辑的合理性、正当性与必要性，而且可以呼吁当代绿色建筑回归建筑的本体与核心，促进绿色建筑设计及其理论重拾学科自主性。

对建筑形式与能量的研究，能够厘清当代建筑学在环境调控领域的诸多问题。在认识论上，强调环境调控是建筑形式生成的核心驱动，使建筑设计的本体与核心回归空间与建造；在方法论上，能量成为技术介入与知识拓展的接口，集成跨学科交流下的知识、方法与工具，形成系统化的环境调控理论与方法体系。

因此，本书从能量的角度审视建筑形式，重构环境调控视野下建筑发展的历史进程与理论流变；将其放置在更大的环境系统中，讨论在“人、建筑、气候”关系中进行的能量过程与形式生成；搭建起建筑学与生物气候学、建筑热力学的联系，直接指向形式与能量的数学及物理关系；应用数值模拟量化验证典型气候区民居中的能量过程，提取反映建筑形式特征、环境调控策略与能量运行机制的能量建构模型——构建环境调控视野下，形式与能量的理论模型、系统模型、数理模型与分析模型。

建立并利用模型进行分析与创作是建筑学在研究与实践方面惯常运用的手段，而在环境调控的语境下，建筑学亟须建构能够反映形式生成逻辑和环境物理性能参数间相互影响作用的风、光、热机制的模型。

本书谨以环境调控建筑学模型的构建，从能量的维度重塑对建筑形式的认知，将建筑形式视作能量的构形；认为环境调控是建筑最原初而本质的功能，将学科内部的空间建构体系转化为能量共构的复杂动态关联；尝试回应气候变化、能源危机与环境失调的时代问题，为推动绿色建筑和可持续发展进程贡献力量。

仲文洲

2024 年 6 月

目　录

1 绪论

1 绪论

1.1 背景、视角、意义

1.1.1 研究背景

当代建筑学对建筑形式的讨论逐渐远离了建筑空间对气候环境进行回应与调控的本原。建筑适应自然气候进而创造相对稳定的热舒适环境，在建筑发展历程中是最基本的动机和过程[1]。气候意识被整合进应对环境的乡土技术之中以解决舒适和安全问题，地域特征因此在形式上得以呈现。由此衍生出的应对不同地区不同气候的各种建筑类型，是世界建筑样本的巨大财富。而形式作为建筑与环境相互作用的直接反映，在机械调控技术介入之后，其价值取向也逐渐转变与异化。工业时代为建筑行业带来了廉价的能源以及机械通风、空气调节和电气照明等技术手段，使建筑师摆脱了气候的限制和被动式环境调控方法的局限，建筑形式允许拥有全新的环境应对方式。伴随着这种由机电设备主导的主动式环境调控模式的发展与成熟，对气候环境的关注逐渐从建筑设计本身剥离，环境调控问题转而由机电设备解决，维持室内环境热稳态的机械调控手段是单一建筑范式全球风行的基础，建筑学丧失了来自环境调控的基本驱动力[2]。

环境调控模式的转变以及随之而来的建筑范式的更新，不可避免地带来了能源与环境问题的外部压力，以及建筑学形式失语的内部危机。自 1973 年能源危机爆发之后，环境与气候问题日益凸显，绿色建筑设计研究被提到建筑学议程之中，并逐渐发展为两个向度的分野。一个向度关注于建筑机电设备主导的主动调节，从能量运行效率方面通过技术手段的革新营造舒适环境，然而缺失了对建筑本体的关注，专注于暖通专业的工作范畴与研究内容；另一个向度从建筑形式本身的被动调节入手，以传统建筑和乡土民居作为设计资源，通过形式的气候适应性调控环境。建筑形式虽然是建筑师惯常的操作对象，但因缺少跨专业知识的衔接、系统性的结构梳理、科学化的量化分析手段，仍然自成一隅，不被学界广泛认可。

我国绿色建筑设计已经进入深度发展阶段，需要应用其他相关学科科学量化的分析手段，积极探索和拓宽建筑技术与知识的边界，拓展学科外沿的同时回归建筑学本体与核心的讨论，重新建立起环境调控问题上的学科自主性，形成系统化的环境调控理论与方法体系。本书意图构建环境调控视野下，形式与能量的理论模型、系统模型、数理模型与分析模型：1）从能量的角度审视建筑形式，重构环境调控视野下建筑发展的历史进程与理论流变；2）将建筑放置在更大的环境系统中，讨论在“人、建筑、气候”关系中进行的能量过程与形式生成；3）搭建起建筑学与生物气候学、建筑热力学的联系，直接指向形式与能量的数学及物理关系；4）应用数值模拟量化验证典型气候区民居中的能量

1 张彤．环境调控的建筑学自治与空间调节设计策略 [J]. 建筑师，2019(6):4–5.

2 仲文洲，张彤．环境调控五点：勒·柯布西耶建筑思想与实践范式转换的气候逻辑 [J]. 建筑师，2019(6):6–15.

过程，提取反映建筑形式特征、环境调控策略与能量运行机制的环境调控模型。

1.1.2 研究视角

本书解决的核心问题是：建筑形式同环境性能之间相互作用与影响的机制。形式与性能交互驱动的背后，隐藏的是能量运行的规律、逻辑与机制。建筑可被理解为一种物质的组织，这种组织内部必然存在“能量流动”的秩序，用以平衡与维持物质的“形式”[3]。从这个意义而言，建筑形式的本质是一种气候与环境影响下，能量流动的物质呈现——建筑形式是能量的构形。从能量的角度研究形式与性能的交互机制，可以解决诸多问题：在认识论上，强调建筑形式是人与气候相互作用的结果，使建筑本体回归环境调控的本原；在方法论上，能量成为技术介入与知识拓展的接口，通过建筑传热模型与数值模拟工具建立起量化的形式因子与环境参数的直观联系，集成跨学科交流下的知识、工具与方法。

1.1.3 研究意义

在理论层面上，构建形式与能量法则的理论模型，通过对建筑环境调控的历史梳理、范式演化与理论流变的正本溯源，呼吁当代绿色建筑回归建筑的本体与核心，促进绿色建筑设计及其理论重拾学科自主性。

在系统层面上，构建形式与能量关系的系统模型，将多目的、复杂性与矛盾性集成的建筑形式解构为对应特定功能的系统构成，并联结身体系统与气候系统，使建成环境组构成为系统化整体结构。明确与研究相关的对象及范围，同时通过物理学、生命科学与环境科学的交叉互融，为环境调控的建筑学破除专业分野的局限，扩展学科知识边界。

在方法层面上，构建形式与能量机制的数理模型，明确相关的变量参数及其完备性，为建筑形式与能量交互机制进行物理与数学建模，使其成为数值模拟与量化分析的基础，推动当代绿色建筑设计研究向数据化、可视化和科学化方向发展。

在工具层面上，构建形式与能量原型的分析模型，从典型气候区民居原型中揭示形式与能量相互影响的机制，提取反映内在热力学逻辑和形式生成规律的能量建构模型，为当代绿色建筑设计提供可参照的图示工具。

1.2 核心概念的辨析

1.2.1 形式能量法则 / 形式重力法则

空间营造和环境调控是人类所有的建造过程的两个基本动机。

3 李麟学．知识·话语·范式：能量与热力学建筑的历史图景及当代前沿 [J]. 时代建筑，2015 (2):10-16.

建筑空间的跨越与围合始终受重力所影响，基于力学特性的构造、结构以及建造方式都是建筑对重力或利用或抵抗的清晰呈现，维持建筑稳定形式所遵循的力学法则为“形式重力法则”。除此以外，建筑还需要具备遮风避雨、采光通风、避寒取暖的环境调控功能，应对不同气候条件的各种建筑形式，应具备平衡对风、光、热等能量要素获取、保蓄、释放的稳定结构。建筑的形式决定了能量流动的性能，反之，能量的获取、保蓄和释放也影响着建筑的形式，这种相互作用和影响的机制是形式所遵循的另一个基础法则，即“形式能量法则”。

1.2.2 建筑环境调控

建筑通过场地布局、体量操作、空间组织与构造手段的调整与优化，在外部的气候环境中划定出一个相对稳定的内部，使其尽可能地缩小环境对人体热舒适的影响。建筑环境调控同气候与人息息相关，对气候环境的调控是建筑最原初而本质的动机，而其目的指向人的感官，是要满足人体舒适度要求。因而，建筑环境调控可以看作人体反应系统基于适应气候的内向型驱动，在物质与能量环境中的外向型拓展。

1.2.3 建筑气候适应性

对气候环境进行调节的目的导向了建筑与地域气候的深切关联，因此发展出形态各异的建筑类型——建筑形式由此具备了气候适应性。气候适应性（acclimatization）一词来源于生物学，指生物体通过对器官的形态与自身行为等物理或化学的改变，应对外界环境变化，使自身能够适应气候的过程[4]。建筑的气候适应性主要体现在两个方面，一是应对太阳辐射、降水、湿度和风等气候要素对建筑环境的影响，二是应对气候要素对建筑材料与结构的侵害[5]。

1.3 相关研究的综述

1.3.1 有关环境调控的理论研究

气候与建筑之间显见的关联性，最早由古罗马建筑师维特鲁威（Vitruvius）于公元前 1 世纪，在其《建筑十书》（*Ten Books on Architecture*）中的第六书中进行了详细论述，建筑设计与气候原理存在密不可分的联系。应对不同气候所产生的建筑形式，反映出建筑地域性的本质，建筑与气候的匹配关系以人的舒适为纽带，维特鲁威根据三者之间的关系建立起著名的“建筑环境三元模型”。

20 世纪中叶，维克多·奥戈雅（Victor Olgyay）引申和发展了维特鲁威的“建

4 Oxford English dictionary online version [EB/OL]. (2010-11-03)[2010-02-03]. http://www.ocd.com:80/Entry/1098.

5 郝石盟，宋晔皓．不同建筑体系下的建筑气候适应性概念辨析[J]. 建筑学报，2016(9):102-107.

筑环境三元模型”，加入了技术这一要素。奥戈雅强调气候设计方法的科学性和合理性，他在 1963 年首先提出了“生物气候地方主义”与“生物气候设计法”，并在《设计结合气候：建筑地方主义的生物气候研究》（*Design with Climate: Bioclimatic Approach to Architectural Regionalism*）一书中系统阐述了这种建筑气候的系统分析方法。生物气候（bioclimatic）一词来源于生物气候学（bioclimatology），是研究自然界中格局和规律的大气候与动植物相关关系的学科，奥戈雅延展了生物气候学的内涵，将其引入建筑设计领域。考虑外部气候条件和人的需求之间的关系，对两者双向关照的设计路径被命名为“生物气候设计法”。生物气候设计法一般分为四个步骤：第一步梳理气候条件，对场地所在地区的太阳辐射、降水、湿度和风等气象数据进行分析；第二步厘清舒适要求，对人体生理舒适对应的各项物理参数进行评价，并明确重要性与优先级；第三步选择调控策略，找到“气候 - 舒适”问题的建筑形式解决路径；第四步整合建筑设计，基于以上三步进行整体的形式操作，建立气候条件与人体舒适需求间的联系并最终为制定建筑“形式—气候”策略提供参考，即遵循“气候—生物—技术—建造”的过程。奥戈雅以生物学、气象学等多学科的研究成果为基础，发明了“生物气候图”（bioclimatic graph），将“建筑、气候、生物”发展成一套完整的建筑设计理论。生物气候图法将全年空气干球温度、相对湿度数据和人体热舒适范围同时绘于同一图表之上，考虑了平均辐射温度、风速和太阳辐射的影响，提供了如遮阳、通风、采暖等环境调控策略，直观地描述了气候数据、热舒适要求与建筑形式之间的关系。

巴鲁克 · 吉沃尼（Baruch Givoni）在《人 · 气候 · 建筑》（*Man, Climate and Architecture*）中对早期维克多 · 奥戈雅的生物气候设计法做了进一步的发展与深化，在同一图表中将气候、人体热舒适度和建筑设计被动式方法结合在一起，简洁直观地计算出适用的环境调控策略，其发明的热应力指针（I.T.S）被广泛应用于设计策略的导向与建筑性能的评价中。

奥戈雅和吉沃尼提出的方法，都是通过气候和舒适度分析提取建筑设计的调控策略和指导原则，为建筑师在方案设计阶段提供具体的物理性能目标，减少设计决策的盲目性和模糊性。

近现代众多建筑学者与建筑师在其理论发展与实践过程中也不同程度地关注建筑与气候的命题。勒 · 柯布西耶（Le Corbusier）所说的“建筑是居住的机器”，意在从技术角度探索现代建筑环境调控的形式问题，建筑像机器一样运转，需要供给能量与原料，通过内部的运行与外部的调适，应对气候问题并营造舒适的室内环境。有机建筑理论的代表者弗兰克 · 劳埃德 · 赖特（Frank Lloyd Wright）认为，建筑是具有生命的有机体，建筑的气候适应是生物体适应环境的动态设计过程。他在《建筑的未来》（*The Future of Architecture*）中强调“自然创造事物的外观，自然是建筑形式的创造者。建筑从产生、使用到衰亡的过程类似于生物的特征，是对自然环境的适应性反应[6]。”哈桑 · 法赛（Hassan Fathy）在 1969 年出版的《为穷人造房子》（*Architecture for the Poor*）一书中，

6 大卫 · 劳埃德 · 琼斯. 建筑与环境：生态气候学建筑设计 [M]. 王茹，贾红博，贾国果，译. 北京：中国轻工业出版社，2005.

指出建筑是对材料及技术的体现，并集成了当地文化，表现出被动调节的建筑形式特征。印度乡土建筑师查尔斯·柯里亚（Charles Correa）通过深入分析当地的气候条件，寻找适应热带干旱气候特点的建筑形式，独创了“露天空间”“管式空间”“夏季剖面”“冬季剖面”及“缓冲空间”等一系列空间形态语汇。他认为，“独特的建筑形式是节约能源的有效手段及建筑适应气候措施的综合表达”[7]。

阿摩斯·拉普卜特（Amos Rapoport）在《宅形与文化》（*House form and Culture*）中提出，建筑形式是多种要素复杂互动的结果，气候只是影响建筑形式的一个因素，而非绝对因素——首先需要明确气候因素在建筑设计决策中的位置与占比，然后才能对气候因素如何对建筑形式产生影响做出解释[8]。

雷纳·班汉姆（Reyner Banham）在现代建筑史学论著《环境调控的建筑学》（*The Architecture of the Well-tempered Environment*）中，通过对建筑环境调控历史与现代建筑类型流变的梳理，将建筑视为环境调控的机器。在班汉姆看来，人类建筑史就是一部环境调控的历史，而工业革命之后的现代建筑进程则是以不断发展的技术手段实现环境调控的历史[9]。

迪恩·霍克斯（Dean Hawkes）在其著作《环境传统: 环境建筑学研究》（*The Environmental Tradition: Studies in the Architecture of Environment*）中将环境因素投放到更为广泛的建筑理论和历史背景之中，涉及能源意识逐渐增长的 20 世纪 70—80 年代中环境设计领域的思想转变。之后，他在《选择型环境》（*The Selective Environment*）中提出“选择型设计”[10]（selective design），力求建立建筑科学的技术关注与在全球技术迅速变革时期维持文化特性的必要性之间的联系，以更为积极的方式“降低对主动式环境调控系统的依赖，从而减少对自然环境的负面影响”。

东南大学张彤教授在其绿色建筑实践与研究中提出“空间调节”的概念，在《空间调节：中国普天信息产业上海工业园智能生态科研楼的被动式节能建筑设计》[11]中以工程实践为例，将项目中所使用的被动式环境调控技术要点归纳整合为“空间调节”设计方法，从建筑形式本身出发，而非依赖主动耗能的“空气调节”，在宏观研究成果的基础上关注空间与性能之间的相互影响。其在《空间调节：绿色建筑的需求侧调控》[12]中指出，在建筑环境调控中设备工程师的工作在“供给侧”，即在能源供给与分配中减少能耗，建筑师的工作是在“需求侧”，即在保证舒适度的前提下，通过合理的建筑形式减少对能源的需求。张彤教授提出的“空间调节”是一种以空间和形态设计为先导的，以不耗能或少耗能的方式实现建筑性能需求的被动式建筑设计理念与策略。

东南大学史永高教授在《面向环境调控的建构学及复合建造的轻型建筑之于本议题的典型性》[13]中，首先对建构学的观念流变进行历史回溯与结构梳理，总结气候变化和能源危机的时代背景下当代建筑的理论问题，这些理论问题体现在经典建构学的价值立场与当代建筑性能提升之间的深刻矛盾中。他认为，环境调控的现实需求，应当优先于美学思辨，这对当代建构学研究

7 肯尼斯·弗兰普顿．查尔斯·柯里亚作品评述 [J]. 饶小军，译．世界建筑导报，1995(1):5–9.

8 阿摩斯·拉普卜特．宅形与文化 [M]. 常青，等译．北京：中国建筑工业出版社，2007.

9 史永高．面向环境调控的建构学及复合建造的轻型建筑之于本议题的典型性 [J]. 建筑学报，2017 (2):1–6.

10 Hawkes D, Mcdonald J, Steemers K. The Selective Environment[M]// The selective environment. London: Spon Press, 2001.

11 张彤．空间调节：中国普天信息产业上海工业园智能生态科研楼的被动式节能建筑设计 [J]. 动感（生态城市与绿色建筑），2010 (1):82–93.

12 张彤．空间调节：绿色建筑的需求侧调控 [J]. 城市环境设计，2016 (3): 352–353.

13 史永高．面向环境调控的建构学及复合建造的轻型建筑之于本议题的典型性 [J]. 建筑学报，2017(2):1–6.

至关重要。

西安建筑科技大学杨柳教授在《建筑气候分析与设计策略研究》[14]中，分析了气候与建筑的关系和适应气候的设计分析方法，这对降低建筑能耗、发展地区建筑、延续地域精神具有重要意义。该研究从建筑群体关系、单体设计、局部构造三个方面讨论环境技术策略的设计要点，提出的适应于我国气候特点的被动式设计分区和相应的指导原则与设计策略，对本文研究起到指导作用。

同济大学陈飞博士在《建筑与气候——夏热冬冷地区建筑风环境研究》[15]中，以夏热冬冷地区风环境研究为基点，讨论建筑与气候的关系；对中国夏热冬冷气候区进行界定，归纳不同地区建筑环境调控的侧重点；讨论适应气候的设计方法及设计过程；制定不同的气候因子相对应的模式语言，从而简化设计过程。

1.3.2 有关热力学建筑理论的研究

热力学建筑理论基于能量流动和热力学原理，分析地区气候的积极因子，反思大规模的城市化、现代化对气候、环境的影响，将形式、能量、物质、身体关联成一体，为绿色建筑的发展开拓一条基于建筑学本体的路径。

"热力学已成为一个科学的工具，服务于社会规划，它甚至是一个新的范式，通过引入熵和不可逆转的时间概念来塑造思想的景观"[16]。1972 年，生态系统学创始人霍华德 · 奥德姆（Howard T. Odum）集成了早期生物学家艾尔弗雷德 · 拉特卡（Alfred J. Latka）的观点，提出了"能量流动"的概念，并以"能量图解"和"能值图解"的工具研究生态系统。奥德姆的研究解析了复杂生态系统的结构、逻辑和可视化，与达尔文的"物质法则"相映生辉。其著作《环境、能量与社会》（*Environment, Power, and Society*）更是将能量的研究扩展到一个广阔的领域。

根据肖恩 · 拉里（Sean Lally）的《能量：新的材料边界》（*Energies: New Material Boundaries*）[17]，能量（热辐射、空气流速、光电波普）是被建筑师长久以来所忽视的，但却是有着大量开发潜力的灵感来源。在传统的建筑学语境中，能量仅仅作为一种隐喻或诗学。而能量作为塑造建筑形式的有效因子，是否可以成为一种建筑材料，是否能通过一种全新的空间组织手段重新定义建成环境的物理边界？

21 世纪的建筑学不再只是为了创造视觉上的形式，基尔 · 莫（Kiel Moe）在《趋同：建筑能量议程》（*Convergence: An Architectural Agenda for Energy*）中认为能量作为形式生成的逻辑之一，在建筑学领域内缺乏对其的广泛认识。哈佛大学伊纳吉 · 阿巴罗斯（Inaki Abalos）在其著作 *Thermodynamics Applied to Highrise and Mixed Use Prototypes* 中指出，能量在建筑内部的流动与转化，如同生物体器官的组织与运作，符合"热力学内体主义"系统的概念。通过对

14 杨柳 . 建筑气候分析与设计策略研究 [D]. 西安：西安建筑科技大学 ,2003.

15 陈飞 . 建筑与气候——夏热冬冷地区建筑风环境研究 [D]. 上海：同济大学 ,2007.

16 Odum H T. Environment, power and society[J]. American Journal of Public Health, 1970, 61(10):314.

17 Lally S. Energies: new material boudaries[M]. Chichester: Wiley, 2009.

能量、物质与形式的广泛讨论，新的建筑设计方法与评价体系经由热力学建筑理论被重新建立。新的逻辑与法则开始显现，建筑环境系统中的能量流动，遵循热力学定律。热力学定律定义了建筑物的“能量形式化”（energy formation）方式，已然成为建筑中影响类型演化的主要设计原则。

热力学建筑理论寻求一种新的思考逻辑，对在特定气候条件下自发形成的形式进行量化分析，生物与乡土建筑成为原生的分析对象与设计资源。热力学建筑因而不是简单的技术堆砌，它建立起建筑与环境、地域、生态之间可持续的联系。

同济大学李麟学教授近年在建筑热力学理论方向深耕不辍，其《知识·话语·范式：能量与热力学建筑的历史图景及当代前沿》一文通过对热力学建筑的研究，整理出热力学与建筑学并行发展的演化过程，开创了国内建筑热力学理论研究的先河。

1.3.3 有关民居气候适应性的研究

在某种程度上，乡土民居及其气候适应性对现代主义的产生有一定的启蒙作用。勒·柯布西耶广泛使用的建筑语汇被认为受到了乡土民居的影响。“底层架空”被认为同柯布西耶童年时期所见的瑞士湖畔干栏住宅遗址存在紧密联系；“白色”的建筑立面来自对地中海民居的深刻印象；在昌迪加尔多个项目中使用的遮阳构架，受到印度民居的遮阳板、摩洛哥民居的木隔屏的启发——这些形式特征都源于乡土民居的气候适应性。伯纳德·鲁道夫斯基（Bernard Rudolfsky）在纽约现代博物馆举办的展览——“没有建筑师的建筑”，正式将乡土建筑带入主流建筑学视野。在其出版的论著《没有建筑师的建筑》（*Architecture without Architects*）中，鲁道夫斯基罗列了世界不同地区的民居建筑，探讨了民居形式与气候的关联性，为民居类型研究的开展打开了视野。

在20世纪60年代，大量经典论著相继出版。奥戈雅在《设计结合气候：建筑地方主义的生物气候研究》开篇即论述了气候与建筑相互响应的方式与结果，该书以美洲大陆印第安部落由北向南迁徙过程中所营建的住所为例，阐明建筑形式与气候的相关性。拉普卜特在《宅形与文化》中详细论述了气候作为重要的限定因素对宅形选择的影响，并对不同气候区民居所采取的被动式策略进行分类归纳。其他典型论著有《太阳辐射·风·自然光》《热带气候设计手册》《气候和人居环境》《建筑·舒适·能量》等。这些文献在各自的领域都达到了相当的深度，对本书具有重要的参考价值。就民居的选材而言，这些文献更多地倾向于具有极端特征的气候类型，而对于温暖地区或夏热冬冷地区的民居类型较少涉及。

在实践方面，亚洲建筑师杨经文在设计项目中常常应用当地民居的被动式环境调控策略，其善于吸取乡土民居的生态经验，将建造技术与当地气候相结合，以便在获得地域性特征的同时满足现代舒适度要求。哈桑·法赛发掘埃及民居适应气候的路径与方法，在设计中大量运用当地的建筑语言与生态技术策略。印度建筑师柯里亚致力于探索适合印度气候的建筑形式，打破了现代主义功能至上的束缚，提出了“形式追随气候”的设计理念，基于印度传统乡土民居，进行了一系列设计研究与实践。

国内早期关于民居气候适应性的研究成果大多只关注乡土民居研究的一个方面，在形式与空间研究、习俗与文化研究、建造与技术研究以外，对民居生态与性能的研究往往作为补充性的说明自成章节，并不占据主要的位置。

国内较早对民居进行的类型研究可追溯到 1930 年代，如刘敦桢《西南古建筑调查概况》、梁思成《中国建筑史》、刘致平《四川住宅建筑》，他们提出民居是传统建筑的一种类型，对民居的形态与空间进行讨论，分析样本常局限于单个建筑。

1950 年代后，刘敦桢《中国住宅概说》、张驭寰《吉林民居》、刘致平《内蒙古陕甘古建民居》、刘敦桢《浙江民居》、王翠兰《吉林民居》、高轸明《福建民居》、陆元鼎《广东民居》等对民居研究进一步深入，资料进一步充实，但行政区划对民居分类影响较大，研究者对民居生态经验的研究也仅仅是有所涉及。如陆元鼎首次在《广东民居》中对中国民居类型与气候、地形地貌进行研究，介绍了广东民居在湿热环境下采用被动防热、通风防潮、遮阳隔热等环境调控策略。

1990 年代后，民居研究视野日益开阔，对生态经验与技术的研究逐渐深入，取得了大量理论成果。彭一刚《中国古代建筑技术史》与《传统村镇聚落景观分析》、蒋高宸《云南民族住屋文化》、孙大章《中国民居研究》、龚恺“徽州古建筑丛书”等的研究方法和角度呈现多样化特点。《中国民居研究》论述了民居形制与地理气候、地方材料的相关性。《中国古代建筑技术史》详细阐述了通风采光、采暖防寒、防潮防碱等传统生态技术。陆元鼎主编的“中国民居建筑丛书”[18]，将我国气候按西北、东北、江南、华南四大片区进行划分，从人类文化学角度研究各地方及其周边地区形成的传统建筑文化的特性，探索社会形态、经济生活以及气候、地理环境对民居建筑的影响，分析总结各地民居发展演化规律、民居聚落结构与形态以及空间居住模式，并分别概括了传统民居在各个气候区环境下的建筑形态特征，为本书提供了大量的民居案例与详尽的图纸资料。

2000 年代后，涌现出大量专门对传统民居建筑生态经验进行归纳分析的研究，对于特定气候环境下的民居形态也有诸多学者讨论：林其标在《亚热带建筑》一书中分析了亚热带传统乡土建筑的形态特征；陈宇青在《结合气候的设计思路——生物气候建筑设计方法研究》中分析了我国夏热冬冷地区乡土建筑的气候设计策略；黄薇在《建筑形态与气候设计》中总结了新疆干热地区的气候特征与民居的建筑适应性形态特征。

此外随着近年来计算机技术的发展，利用数值模拟或实测数据验证特定

18“中国民居建筑丛书”共19册，分别为周立军《东北民居》，单德启《安徽民居》，业祖润《北京民居》，戴志坚《福建民居》，陆琦《广东民居》，雷翔《广西民居》，罗德启《贵州民居》，左满常《河南民居》，雍振华《江苏民居》，黄浩《江西民居》，李晓峰《两湖民居》，王金平《山西民居》，李先逵《四川民居》，李乾朗《台湾民居》，王军《西北民居》，木雅·曲吉建才《西藏民居》，陈震《新疆民居》，杨大禹《云南民居》，丁俊清《浙江民居》。

气候区民居环境调控策略的研究逐渐出现。这些对民居气候适应性的量化研究大多从体形适应性、空间舒适性、构造热工性能等角度开展，形成了丰富的关于民居与气候环境的研究成果。例如国外钱德尔·沙亚姆（Chandel Shayam）、阿尔姆萨德·阿萨德（Almssad Asaad）等学者的系列研究，国内西安建筑科技大学刘加平、杨柳团队（黄土高原窑洞民居、吐鲁番民居），清华大学宋晔皓、郝石盟团队（渝东南民居），浙江大学王竹团队（长三角地区民居），华南理工大学孟庆林、肖毅强团队（广府民居），哈尔滨工业大学金虹团队（北方民居）的系列成果等。

1.3.4 小结

从上文的研究现状来看，目前关于建筑环境调控、热力学建筑与民居气候适应性等问题，从宏观到微观层面均有诸多国内外专家学者展开了讨论。总体而言，尚且存在以下不足：

国内关于环境调控与热力学建筑理论的研究仍比较宽泛和笼统，缺乏针对中国不同气候特征与热工分区的能量建构模型的构架；现有研究大多从宏观层面梳理了建筑、气候、生物的相互影响，仍然局限在定性的理论研究，建筑形式对建筑环境的使用性能、建造运行对环境造成的影响缺乏反映在建筑环境物理参数上的定量分析。

乡土民居气候适应性的研究受行政区划影响较大，从气候区划角度出发进行性能归纳与总结的研究较少；民居类型研究主要按照地区或文化进行建构层面的分类，而不是将其形态特征与环境要素进行系统地、量化地提炼，缺少特定环境中有原型意义的设计范式或模式语言的建立；对于民居生态经验与被动式环境调控策略的研究，则大多集中于案例的堆积、概念的说明、感性的推断上，缺少实际数据支撑与数值模拟分析的量化研究。

研究方法与工具上，虽然越来越多的研究应用了数值模拟分析方法，但多数从风、光、热中某一方面进行物理环境性能的探讨，缺少综合、整体地阐述气候适应与环境调控原理的技术手段。大多数设计实践仍然以传统的、定性为主的模糊经验判断为主导，数值模拟分析大多发生在设计方案基本确定以后，这本质上是对设计进行被动地“检验”，而非与建筑设计过程主动结合、交互驱动，体现出一定的被动性和滞后性。

1.4 研究问题、内容与结构

1.4.1 拟解决的关键问题

1）形式能量法则的理论建构

这是本书的理论核心，研究如何在现有的建筑学理论框架下，整合学科内外的相关理论，形成自洽的理论体系。

2）建筑形式与能量的知识、方法与工具体系的建立

这是本书的技术核心，本书在建筑形式与能量的研究中对人、建筑、气候三个系统进行知识梳理、因子提取、数理建模与数值模拟，明确研究的对象、目标、内容和工具，构建研究框架、组织技术路线。

3）建筑形式与能量交互机制的揭示

这是本书的内容核心。作者提取各气候区的能量建构模型以建立研究的分析模型，借此总结各气候区的环境调控策略与能量运行机制，揭示建筑形式与能量的交互机制。

1.4.2 本书的研究内容

本书的研究从能量的视角，尝试建构起环境调控语境下的建筑学理论模型、系统模型、数理模型与分析模型。全文共分为 6 章：

第 1 章是绪论，主要介绍选题背景、切入视角、研究意义、研究核心概念、研究发展综述与研究内容，对本书进行全面概括。

第 2 章是理论研究，对建筑环境调控与形式能量法则相关概念及基础理论进行阐释，以多学科研究视角构建环境调控视野下建筑形式与能量的理论模型。通过历史梳理刻画建筑环境调控范式的发展路径与能量逻辑，为本书提供历史论据与理论基础。

第 3 章是系统研究，明确人、建筑、气候组成的人体反应系统、建筑调控系统、外部能量系统的内容及其要素、物理参数，通过对系统内部的分析技术、传热模型与评价指标、系统的形式呈现等方面的论述，构建形式与能量的系统模型。

第 4 章是数理研究，在第 3 章的基础上通过环境物理参数的聚类分析及完备性研究，对系统中的物质与能量要素进行影响因子的归纳、提取，阐释各形式因子与能量过程的数学和物理关系，构建形式与能量的数理模型。在此基础上，提出基于数理模型的数值模拟耦合解析法，为第 5 章能量建构模型的研究提供技术支撑。

第 5 章是范型研究，是对乡土民居的类型学研究，通过物质形式的类型解析与能量过程的量化解析，分析、归纳并提炼出不同气候区的环境调控原型与能量建构模型。通过对能量建构模型的对比分析与回归分析，总结其气候策略与能量机制，构建形式与能量的分析模型。

第 6 章是结语部分。

1.4.3 本书的框架结构

本书的框架结构见图 1.1。

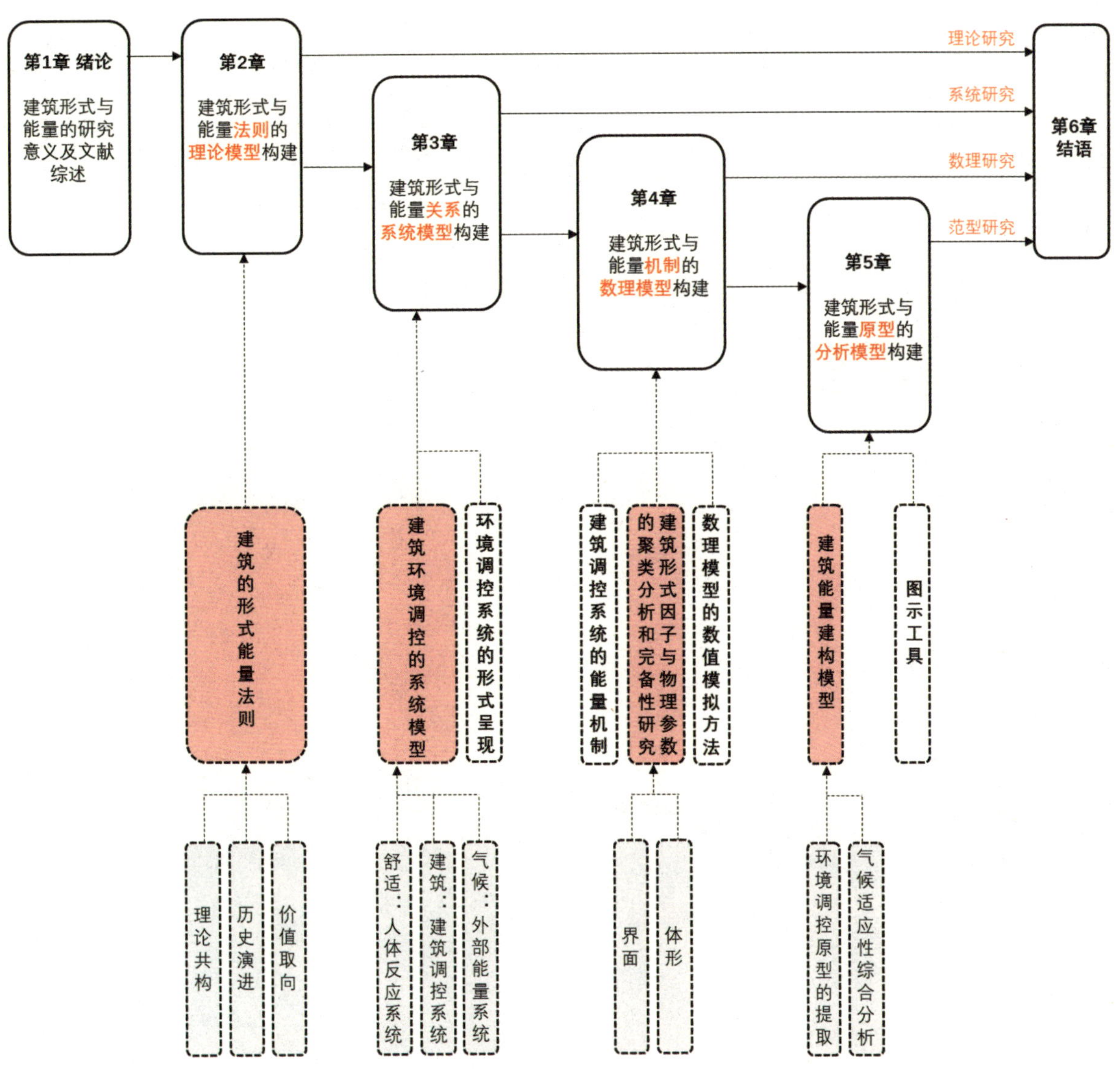

图 1.1 研究的框架结构（图片来源：作者自绘）

2 建筑形式与能量法则的理论模型构建

2 建筑形式与能量法则的理论模型构建

2.1 建筑形式与能量的理论基础

对建筑形式与能量的研究，面向建筑学的环境议题，是建筑学发展历程中最古老的核心问题，也是最容易受技术发展影响而发生理论革新的关键内容。建筑环境的错综关系，在人与自然关系更为繁杂的今日，在学科交互作为学术研究大趋势的当下，已经逐渐超越了建筑学本学科的语汇。科学的进步、综合性学科的渗透互融、知识与视野的拓展，促使建筑学的学科边界不断外延，同时丰富了建筑学的内涵。从能量的视角审视建筑形式，需要将其放置在更大的环境系统中，讨论在“人、建筑、气候”关系中进行的能量过程与形式生成，因而需要与气候学、生物学与热力学建立起联系，使其拥有共享的知识边界，并寻找一条重新审视建筑本质继而谋求发展的道路。

2.1.1 气候与生物——建筑生物气候学

建筑自诞生之时就与两个要素息息相关，其一是气候，对气候环境的调控是建筑最原初而本质的动机。如拉尔夫·厄斯金（Ralph Erskine）所言，“若没有气候问题，人类也就不需要建筑了”；其二是人，建筑环境调控的目的指向人的感官，旨在满足人体的舒适性。马歇尔·麦克卢汉（Marshall Mcluhan）在《理解媒介——论人的延伸》（*Understanding Media: The Extensions of Man*）中指出：“一切的技术都是人的延伸。”因此作为人类最原始技术之一的建筑，可以看作人体反应系统基于适应气候的内向型驱动，在物质与能量环境中的外向型拓展。

建筑生物气候学恰恰建立起了人与气候的联系，并以科学、理性的方法进行研究。奥戈雅在《设计结合气候：建筑地方主义的生物气候研究》一书中提出了建筑气候系统的分析方法——“生物气候设计法”。在该方法中，建筑形式的选择基于外部气候条件和人的需求之间的关系（图 2.1）。巴鲁克·吉沃尼发展了早期维克多·奥戈雅的“生物气候设计法”，将气候、人体热舒适度和建筑设计被动式方法结合在同一图表中，使其设计参照性更为简单明了。随后唐纳德·沃特森（Donald Watson）、范格尔（Pobl Ole Fanger）、柯尼斯伯格（Koenigsberger）、约翰·埃文斯（John Evans）多名学者完善了生物气候设计理论，使之成为一种使气候环境和人体舒适需求相互耦合的设计方法模型，并最终形成形式的控制性策略。

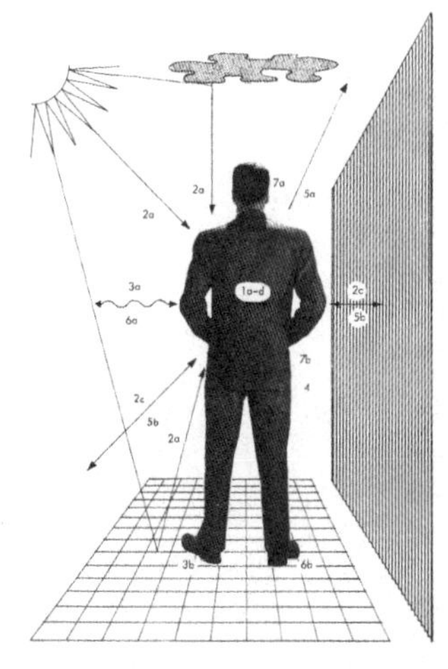

图 2.1 气候环境对人体的热影响（图片来源：Olgyay V, Olgyay A, Lyndon D, *Design with Climate*, 2015）

建筑生物气候学对本研究的意义在于：明确建筑环境调控相关的两个要素——人与气候，使建筑设计回归环境调控的本原，并且导向一种能量过程的建构。

2.1.2 适应与进化——生物进化论思想

生物进化论是一门旨在研究生物体在自然选择机制下通过遗传与变异而发展的学科，对其他学科产生了广泛而深远的影响。生物进化论由查尔斯·罗伯特·达尔文（Charles Robert Darwin）在《物种起源》一书中提出，他通过对大量生物种群与地域气候的调研，得到了自然界生命体适应自然、演进发展的一般规律：① 物种演化存在遗传与变异的现象，遗传亲子之间以及子代个体之间的性状存在相似性，表明性状可以从亲代传递给子代；而同一物种的性状会随着地理气候的不同产生差异，并且这种性状的改变与地理气候的差异大小成正比，表明性状存在突变的可能。② 自然选择是生物进化的遴选机制，只有发生适应环境的有利变异的个体才能存活并繁殖后代，不具备有利变异的个体就会被淘汰。

生物学与进化论对建筑学的理论发展具有重要意义，尤其是在建筑适应环境、建筑范式更新方面。生物进化论思想的核心是适应与进化，它使生物与建筑存在多个向度上相互类比的可能，可以以此解释建筑形式的内在逻辑。生物学与进化论对建筑学的主要影响有：

1）生物的环境适应性与生理结构勾勒出建筑的气候适应性与形式构成的本质

生物类比的理论先驱为建筑环境视野下建筑形式的研究提供了一个易于展开的起点。生物与建筑在“生命”特征上具有高度的相似性，气候与能量对两者的刻画体现出趋同性。戴利（Daly）在 1857 年指出建筑与生物体在应对外部环境的机制上存在关联性。“建筑并非一堆毫无生机的砖、石、钢铁，它是拥有自身循环系统的生命体。通过这个系统，建筑在冬季可以输入热量，在夏季可以引进新鲜空气，风、光和热通过此系统循环和转化。”兰德尔·托马斯（Randall Thomas）在《建筑环境》（*The Environments of Architecture*）中详细描述了骆驼、剑龙与海豚的生理构造、姿态与行为，旨在证明建筑在应对热环境的传导、对流、辐射机制上与生物并无二致（图 2.2）。赖特的有机建筑理论把建筑看作生命的有机体，认为建筑的气候适应是生命有机体适应环境的动态过程。哈桑·法赛在 1986 年出版的《天然能源与地方建筑》（*Natural Energy and Vernacular Architecture*）中指出，人是有机生态系统中的一员，同周围环境不断地相互影响，相互改变，而建筑像植物一样“处于周围环境的影响之下。当地的气候和周围环境塑造着建筑自身”。

2）生物进化论扩展了环境调控视野下建筑形式的历时性发展机制

蒙哥马利·斯凯勒（Montgomery Schuyler）认为，建筑类型不是某个时刻的发明，而是同自然形式一样，通过漫长的进化过程逐步演化而成的（图 2.3）。菲利普·斯特德曼（Philip Steadman）在《设计进化论：建筑与实用艺术中的生物学类比》[19]（*The Evolution of Design: Biological Analogy in Architecture and the Applied Arts*）中将生物形态学与建筑形态学相结合，阐明了物种的进

19 菲利普·斯特德曼．设计进化论：建筑与实用艺术中的生物学类比 [M]. 北京：电子工业出版社，2013.

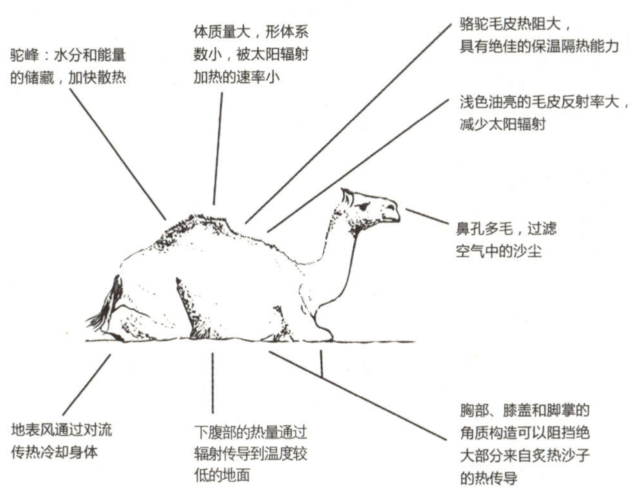

图 2.2 适应环境的生物体形式（图片来源：Thomas R, Garnham T, *The Environments of Architecture*, 2007）

图 2.3 生命形式的进化（图片来源：Nguyen A T, Reiter S, *Bioclimatism in Architecture: An Evolutionary Perspective*, 2017）

化与建筑演化之间存在的相关性。他在另一本著作《建筑类型与建筑形式》（*Building Types and Built Forms*）中则详细描述了建筑形式类型的历史发展与相应的几何特征。以进化论的视角进行建筑形式历史演进的再梳理，实际上是在人与气候的相互关系中引入一种关于建筑发展的新视角——自然进化；同时阐明当前气候变化背景下建筑的动机和挑战，以期预测应对气候问题与环境危机的建筑演变趋势。

2.1.3 耗散与协同——热力学建筑理论

随着工业革命的发展，能量作为热力学的核心内容在近代被系统性地研究，“能量”的概念逐渐延伸到生物学与建筑学领域，有机体与建筑都作为一种能量的系统被观察与分析。

能量的作用可用下列法则来叙述：热力学第一定律指出，能量在传递与转换过程中守恒；热力学第二定律指出，孤立系统由于某些能量常常消散为不能利用的热能，因此整体的熵必定不断增大。普利高津（Ilya Prigogine）基于热力学第二定律认为，开放热力学系统为了抵抗熵增需要与外界发生物质和能量的交换，从而获取负熵并维持形式的有序性。这种形式有序性的取得建立在能量系统的“耗散”之上，因而是一种“耗散结构”。德国物理学家赫尔曼·哈肯（Hermann Haken）在此基础上提出，热力学系统从无序到有序的自我调节过程是一种“自组织”现象，依赖于整体系统内部的各个子系统的协同工作。“自组织”实际上是从能量角度解释事物发展的机制与过程，它将事物的整体复杂性解析为内部的共生协同性。

以耗散与协同作为形式的内在逻辑与机制，建构建筑学与热力学之间的关系，是目前国际上的热点议题。霍华德·奥德姆提出的“能量流动”将能量的概念从生物学领域扩展，使之成为一种科学的分析工具；肖恩·拉里引入能量作为形式生成的有效因子，重新定义建筑的边界与空间组织手段（图 2.4）；伊纳吉·阿巴罗斯提出的热力学建筑理论，通过数值模拟、能源利用与材料创新，构建“形式生成”与“能量流动”的系统化、整体化、可视化的理性关联。热力学建筑理论立足于当地的气候与文化，基于能量流动与热力学原理，在建筑学的能量议程下为绿色建筑的发展开拓出一条基于建筑学本体的路径。同济大学李麟学教授对热力学建筑理论进行了引进与再发展，在《时代建筑》“形式追随能量：热力学作为建筑设计的引擎”主题讨论中，发表了《知识·话语·范式：能量与热力学建筑历史图景及当代前沿》。同时还有菲利普·拉姆（Philipp Rahm）《气象建筑学与热力学城市主义》[20]、威廉·W. 布雷厄姆（William W. Braham）《热力学叙事》[21]、萨曼·克雷格（Salmaan Craig）《形随流定》[22]、伊纳吉·阿巴罗斯《室内“源”与“库”》[23]等文章，为国内热力学建筑理论的研究提供了参考。

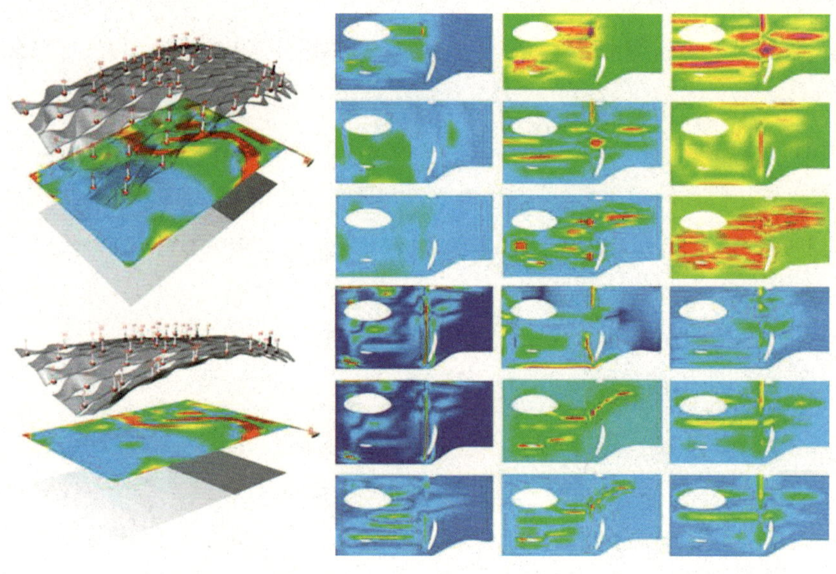

图 2.4 能量流动成为建筑设计形式生成的逻辑（图片来源：Lally S, Young J, *Softspace: From a Representation of Form to a Simulation of Space*, 2007）

热力学建筑理论对本研究的意义在于：

1）建筑形式认知的重塑

从引入能量的维度重新看待建筑形式的生成与发展，建立起建筑形式与能量流动之间的关系。建筑形式不再仅仅是基于视觉的感知，而是复杂、动态、有机的能量系统构成的综合认知，是包含体形与界面的连续系统，能从更深的层面反映形式的生成机制。

2）环境调控观念的深入

建筑形式应当注重与自然环境的共生连结，通过能量的高效利用来应对气候变化、能源危机与环境失调的时代问题。

3）技术介入与知识拓展的接口

热力学建筑理论关注形式与能量的交互机制，通过物理和数学建模，以及利用计算机技术进行数值模拟，将学科内部的空间建构体系转化为能量共构的复杂动态关联。

20 菲利普·拉姆，余中奇．气象建筑学与热力学城市主义 [J]. 时代建筑，2015(2):32-37.

21 威廉·W. 布雷厄姆，张博远．热力学叙事 [J]. 时代建筑，2015(2):26-31.

22 萨曼·克雷格，赵刘蔚，倪端．形随流定 [J]. 时代建筑，2015(2):38-41.

23 伊纳吉·阿巴罗斯，周渐佳．室内“源”与“库”[J]. 时代建筑，2015(2):17-21.

2.2 建筑的形式能量法则

2.2.1 形式、物质与能量

不同于天体物理学与微观物理学，建筑的物理知识结构处于中间的维度。曾经的观念认为在这一维度中物质与能量是独立的概念。如勒内·笛卡儿（René Descartes）在他的本体论中（或称“彻底的二元论”）提出了世界存在的两种要素，分别是代表物质实体的广延物（res extensa）与代表精神与能量的思维物（res cogitans）。但迄今为止物理学的发展已经否定了这种极端二元论，物质与能量存在必然的互联与交叠。相对论与量子力学跨越了物质与能量的鸿沟，阿尔伯特·爱因斯坦（Albert Einstein）的质能方程直接昭示了物质与能量转化的定量法则，这些不仅变革了物理学，也对哲学与艺术产生巨大的影响。

物质与能量的双重性同样适用于建筑。如前文所述，几个世纪以来建筑学对建筑物质性表达过分关注，往往忽略了从能量维度重新认识建筑的可能性。“建筑是凝固的音乐”是对建筑最偏颇的比喻之一，建筑并非纯粹的物质表达与视觉感知。建筑形式不仅仅是在视觉上呈现的秩序和韵律，建筑并非永恒定格、冷酷无情的图像，建筑分析与批评的标准也并不是基于视觉的专政。能量赋予建筑生命、过程与转化，赋予其温度、湿度、风和味道，使建筑能够通过物质环境的调控改变能量的流动与转化，改变使用者的舒适与生活状态。能量必然是建筑的重要组成部分，这是建筑活生生存在的特质，是建筑不断地被建造、使用、改造，在时间的侵蚀中不断修复与进化，自我更新与消亡的永恒力量。

基于能量，建筑不再是静态的审美对象，而是动态的复杂系统。建筑可以被理解为一种物质的组织，它调节和引导能量流动的秩序，同时又是平衡和维持自身稳定“形式”的能量组织。这带来建筑定义上的双重性：建筑作为**有组织的物质**，会不断代谢与演变，需要不断供应物质和能量使其维持形式的稳定；建筑作为一种人造环境，能同时容纳能量流与物质流的调节与转化，形成适于人生活的物理环境，构成了**能量的环境**。

2.2.2 重力法则与能量法则：从静力学到热力学

重力世界与能量世界之间的对偶，如同建筑中物质与能量的二元存在，是这个宇宙中形式构成颠扑不破的真理。虽然重力与能量作为一种下意识的意图存在于建筑的起源与发展中，但其被系统地观测并研究也只有不到三百年的历史，重力在18世纪由被苹果砸中的艾萨克·牛顿（Isaac Newton）所发现、推理及证实，能量在19世纪由“热力学之父”萨迪·卡诺（Sadi Carnot）在《论火的动力》（*Reflections on the Motive Power of Fire*）中被系统提出。自然科学与意识形态相互作用，静力学、热力学与建筑形式之间存在显见的并行性和相关性。

“当我看见我的魔王时，我发现他是非常严肃、完善、深奥和庄重的：他就是重力的灵魂。正是因为他，所有的东西才落向地面。”

——弗莱德李希·尼采（Friedrich Nietzche）

建筑的物质性本质来自重力，形式的“重力法则”培育了物质性的材料建构与文化。在地球重力的空间场中，建筑材料受重力的影响表现出各自特殊的物质性，基于材料特性的构造、结构以及建造方式都是建筑对重力或利用或抵抗的清晰呈现。在维奥莱·勒·迪克（Viollet-le-Duc）看来，力学逻辑和建造程序的理性原则是无法分离的，它们互为前提，又互为结果。圣地亚哥·卡拉特拉瓦（Santiago Calatrava）认为建筑美学始于力学，自然形式所有的高效力学结构是建造的启蒙与灵感源泉。重力法则在建筑力学中是维持建筑物稳定形式的关键，如古埃及的金字塔、迈锡尼的狮子门、多米诺斯葡萄酒厂的金属框碎石墙体、悉尼歌剧院的壳形结构，这种隐藏在形式背后的力学法则贯穿于建筑存在与发展的历史中。

在牛顿去世150年后，布雷（Etienne Louis Boullée）为他设计了一座纪念碑，该纪念碑堪称重力法则建筑的典范（图2.5）。这个未建成的纪念碑是一个架设在三层圆柱形基座上的直径500英尺（152.4米）的巨大球体，有巨大楼梯通往球体的底部，球体的重心铅锤处存放着牛顿的空墓。阳光照射到球体表面错落的空洞，形成星光熠熠的宇宙苍穹。拱是建筑材料抵抗重力、跨越空间的一种绝妙方式，其在自身平面的竖向荷载作用下产生水平推力，使各截面受压。与同跨度的梁相比，拱内的弯矩和剪力要小得多，因而可以节省材料，提高刚度，增大跨度。拱的厚度随着高度变高而变薄，这是重力与形式的交互呈现。与万神庙顶部的天光尝试进行通风采光的意图不同，牛顿纪念碑的开口仅仅是天体运行的隐喻象征，以创造出一个与外部照明条件颠倒的室内世界。夜晚，光线从悬浮在球体中心点的超大型灯具辐射出来，形状模糊不清，它的光线通过漫长的入口隧道溢出。白天，黑色穹顶覆盖着室内，光点通过狭窄的穿孔穿透厚壳，其布置对应于行星和星座的位置。这是来自重力法则的纯粹形式，形式生成的逻辑来自“围合”与“跨越”的建筑空间营造的本质，而非环境调控的意愿。

“世界是能量的怪物，它不会变大或变小，只会自我转化。”

——弗莱德李希·尼采

建筑的非物质性本质来自能量，形式的“能量法则”培育了非物质性的环境性能建构与文化。应对不同气候条件的各种建筑形式，是平衡能量的获取、

图 2.5 牛顿纪念碑（图片来源：Schaller T W, *The Art of Architectural Drawing: Imagination and Technique*, 1997）

图 2.6 爱因斯坦天文台（图片来源：桂鹏，《爱因斯坦天文台设计解析》，2014）

保蓄、释放的稳定结构，它们可以被看作能量交换与传递的机器，能量利用的效率高低表征了机器运转的性能优劣。建筑的形式决定了能量流动的性能，反之，能量的获取、保蓄和释放也影响着建筑的形式，这种相互作用和影响的机制是形式的能量法则生效的方式与结果。

与牛顿的机械力学不同，爱因斯坦的相对论指向物质与能量的转化。20 世纪初，艾利克·门德尔松（Erich Mendelsohn）设计的位于波茨坦的爱因斯坦天文台（图 2.6），通过强调结构与功能的真实性使得局部和整体融为一体[24]。与牛顿纪念碑相呼应，爱因斯坦天文台通过其有机的形式进行内部环境的能量调控，堪称动态平衡的能量法则建筑之典范。如何将相对论的运动与能量，以及科学建筑复杂精密的功能要求有机结合起来，是门德尔松需要抵达的设计目标。爱因斯坦天文台的形式需求指向光线的调控，14.5 米焦距的巨大望远镜垂直矗立指向天空，被实体支撑固定的塔状建筑自下而上从观测点直达镜头，镜头上部的反射系统用于将光线反射到镜头上。物理实验室则沿水平布置，与垂直的观测望远镜相互交叉，空间关系暗示了光线的传播途径。地下室的墙上显示出被镜头捕获的光线所投影的图像，并以同样的方式投射到光谱设备中。为了保持光谱设备所处环境的物理稳定性，墙体采用厚重

24 桂鹏 . 爱因斯坦天文台设计解析 [J]. 建筑与文化 , 2014 (6):132-133.

的混凝土墙，以增加热惰性。实验室的开窗处于厚墙的内侧，大进深的窗沿产生了很好的自遮阳效果。爱因斯坦天文台的形式生成基于光线的传导与分析过程，光线由垂直轴贯穿至建筑中心，并在这个中心向两端发散——动态能量的传导与转化的秩序组构了形式的生成。动态的能量是建筑内外空间的线索，这恰恰与爱因斯坦在科学领域的观点相一致：一个与宇宙的能量和质量密度相关的变化和动态的时空。

从重力法则到能量法则，从静力学到热力学，可以预见新的形式创造方式将经由对能量的讨论被重新建立。能量视角下的建筑环境显现为一种非物质性的形式结构，有望通过进一步的“形式 - 能量”关系的剖析，成为理解多维建筑环境展开方式的创造性路径。

2.2.3 能量视角下的建筑特征

形式与能量的关系，可以在双重意义上被解释和接受：首先，理解能量的意义是理解建筑形式的基础，因为建筑形式是这些能量流动的物质体现；其次，形式一旦生成就会反过来影响物理环境和人的行为，这种双向的互动意义使二者皆成为重要命题。问题的实质是，能量流动所表达的物理变化如何对应于物质形式所表达的环境变化。

从物质与能量转化的角度来看，建筑形式的生成、稳定与维持是一种自发出现并形成有序结构的过程。伊利亚·普利高津的“耗散结构理论（theory of dissipative structures）”将此类过程称为“自组织（self-organization）”。开放系统在远离平衡的状态下可以通过从外界获取“负熵”的方式建立起稳定的有序结构，这就是耗散结构。建筑与生物都是开放的热力学系统，需要持续地消耗能量以维持其生存基础与形态组织。基于此类观点，可以从能量维度来阐释建筑的基本性质与结构特征（图 2.7）。

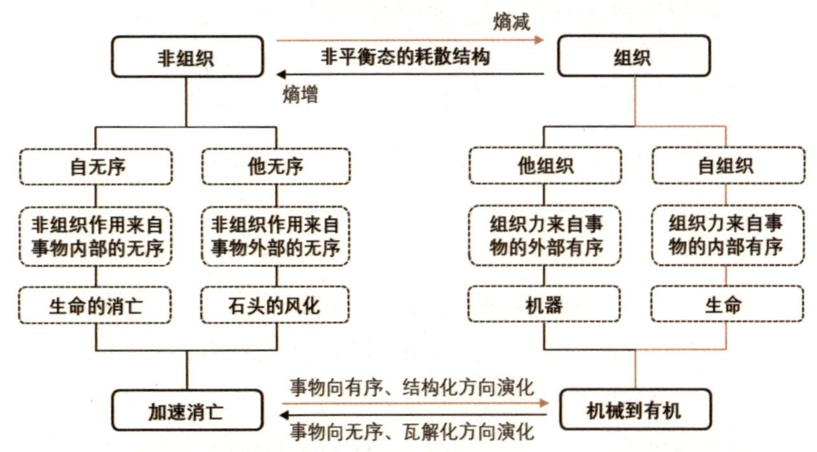

图 2.7 能量视角下建筑的基本性质和结构特征（图片来源：作者自绘）

1）有组织的物质系统

首先，建筑与内外环境存在物质与能量的交换，并且这种物质与能量的转化指向一种理性的目标（舒适），同时需要进行可持续的循环运作。那么基于耗散结构理论，建筑环境即为一个有序的开放系统，其内部系统内各个要素以及物质与能量转化的环节之间具有稳定的互联关系，即保有一种稳态的能量层级与物质结构。这种能值与物态的有序结构决定了建筑环境可以被视作一种有组织的物质系统。

2）非平衡态的耗散结构

有组织的物质系统，其维持形式的路径与过程取决于平衡内外的物质流与能量流，这种流动需要内外之间处于非平衡状态。封闭系统自身的物质和能量常常被转化为不可用的物质与低效的能量，因而其混乱度会不断上升，其物质形式也愈加无序。直至自身物质不断耗散，内部物质和能量的非平衡逐渐消除成为平衡态，物质与能量的转换速率减慢至零，形式结构破败消解。因此，有组织的物质系统维持形式结构需要持续的物质与能量输入，以维持一种非平衡态，并且输入与输出的速率变化大致相等，才能形成稳定循环，从而保证系统形式的有序性。

简言之，系统的物质与能量输出导致了非平衡态的消解，系统内部熵增，混乱度与无序性增加；系统通过外界输入的物质与能量，维持非平衡态，获取负熵，增加有序性。奥德姆（Eugene P. Odum）在《生态学基础》（*Fundamentals of Ecology*）中指出，所有的合理形式都是在平衡能量的获取与损耗条件下以最大生产率为原则产生并维持一个有“内部秩序”的结构。1930 年代，美国生理学家沃尔特·坎农（W. B. Cannon）在《躯体的智慧》（*The Wisdom of the Body*）中认为，躯体面对外部环境的扰动，可以自我调节内部状态以维持生理稳定性，他将这一概念称为“体内平衡”。这是研究稳态问题的基础理论，沃尔特认为生命形式与环境的作用关系具有整体性和系统性，并且可以延伸到更广泛的非生命领域，提供一种整体和系统的视角来观察物质、媒介和环境。

人类创造建筑、衣着与机电设备介入体内平衡，使身体本身无须付出额外代价就能保持形式的稳定，这种代价在热力学的语境中，即为热焓。建筑维持形式，也需要外界不断输入物质和能量，例如太阳辐射、风、自然光、水、煤气、电、人的热辐射以及携带的化学能等。不仅如此，人对建筑的行为、使用建筑的方式，亦增大了非平衡态，获取了低熵，例如对建筑的开启、维持建筑内部相对稳定的热环境、对建筑破损的日常维护等。建筑中物质与能量输入与输出的类型、方式与速率，影响建筑形式有序结构的形成与维持，这种条件下生成的形式有序态即为耗散结构。

3）自组织的形式生成与演进

有组织的物质系统，根据其秩序形成的作用由内部主导或由外部主导，分为“自组织”（self-organized）与“他组织”（organized）。协同学创始人赫尔曼·哈肯给出了自组织的经典定义：“如果系统在获得空间的、时间的或功能的结构过程中没有外界特定的指令，则系统是自组织的。”“特定”是指系统的结构和功能并非外界强加给系统的，而是外界以非特定的方式作用于系统的。反之，如果决定性作用来自系统之外，那么这个系统是他组织的。

哈肯的协同学与普利高津的耗散结构理论并称为自组织理论，脱胎于物理学中的热力学，在生物学与进化论方面得到了广泛的应用，并逐渐成为一种复杂性科学系统方法。从热力学的观点来说，“自组织”是指一个系统自发地与外界交换物质、能量和信息，而不断降低自身的熵值，提高有序度的过程；从进化论的观点来说，“自组织”是指一个系统在“遗传”、“突变”和“自然选择”机制作用下，其组织结构和运行模式不断自我完善，从而不断提高环境适应能力的过程；从系统论的观点来说，“自组织”是指一个系统在内在机制的驱动下，自行从简单向复杂、从粗糙向细致的方向发展，不断地提高自身复杂度和精细度的过程[25]。

建筑是自组织的。建筑是身体适应气候的延伸，在“建筑设计”这件事发生以前，建筑的“营造者”与“使用者”是高度重合的，“建筑与人”组成的系统并不为外部意志所决定，因而可以将其视作一种自组织系统。从原始小屋与乡土建筑中体现的建筑形式自组织，由人类对于自然界有机形式的模仿并不断试错、归纳、提炼而来，是下意识产生的有序形式系统，具备自组织的特征。而在“建筑设计”发生之后，“营造者”与“使用者”的角色脱离，带来了形式的“生成”与“需求”的不一致，严格意义上说，建筑师的设计行为是一个他组织的过程。然而在建筑学价值判断的标准里，优秀的建筑师会考虑使用者的需求、地域气候场地的影响、技术与材料的适用等。建筑设计本身又是一种对建筑形式“自组织”状态的追求。从这个意义而言，建筑的设计又符合自组织的规律。而建筑一旦被使用，使用者对建筑的不断改造、维护及调控就基于内部需要的形式发展，具备自组织的特征。

建筑形式的历史演进也是自组织的。在历史维度上建筑形式的演化发展，并不为个人的意志所左右，而是依据时代背景下的空间需要，适应当下技术与文化，连贯且延续的复杂过程。单个建筑师的多样性从属于群体建筑思潮的整体性，“建筑设计”的行为也在这个群体框架之下进行，因而与系统中的“人”并无差别。在外部自然与社会环境的物质、能量和信息的非特定影响下，建筑形式的历史演进同样符合自组织系统的规律，形成了从简单到复杂、无序到有序、低级到高级的自然历史演化图景。

建筑像有机体一样与环境进行物质与能量的交换，经历自我生长、自我调节、自我修复的自组织过程，并在这个过程中形成稳定的形式。

从能量的角度对建筑形式的基本性质与结构形态进行阐释，建筑是开放的而不是封闭的，建筑是动态历时的而不是僵硬凝固的，建筑的演变是整体的而不是割裂的。研究形式与能量的意义在于，认识论把建筑看作物质与能量的聚合；将建筑形式视作与之相关环境系统的一环，而非孤立的研究对象；厘清影响建筑形式的能量因素与影响程度；明确建筑形式生成的目标与导向；帮助建筑师看清其在建筑形式生成与演进过程中的职责与义务。

25 李自豪．基于自组织理论的产业集群演化机理研究 [D]. 西安：西安电子科技大学 ,2010.

2.3 建筑形式与能量的历史演进与理论共构

建筑形式的发展经历由简单向复杂、无序向有序的演进过程，对形式及其类型的史学研究往往关注于物质空间形态的演变，而对其内在的能量逻辑鲜有清晰的认识。能量的伏线一直隐没在建筑形式发展历程中，作为其非物质性建构的逻辑因果始终没有被建筑学所重视。本节通过对建筑历史的结构性梳理，以形式与能量的相互关系为引线，厘清能量视野下建筑形式的历史演进过程，并以此为基础为本书的理论模型构建历史证据与逻辑链条。在时间维度上，建筑形式的发展存在三个重要的节点——建筑起源、机械介入、自然回归，容纳了三个建筑形式的发展过程——乡土发展、机械主宰、有机共生，呈现出三种形式与能量的内在逻辑——形式适应气候、形式追随设备、形式响应能量。建筑形式的纵向发展剖面经由能量的阐释清晰地展现两者之间相互作用的方式与结果，是人类建筑创作螺旋上升、辩证发展的因果机制与历史呈现。

2.3.1 形式适应气候
——建筑环境调控的原始起源与乡土发展

2.3.1.1 原始小屋——建筑的起源与定位

建筑形式对气候环境进行适应与调控的历史需要回溯到建筑的起源。

对建筑起源的思考从未中止。“原始（primitive）”一词是西方建筑学的一块伟大基石，为建筑起源的神话提供了一个方便的起点。牛津英语词典对原始的定义采用了如下的描述：“自此开始发源，自此开始建造（from which another is derived, from which construction begins）”。隐藏在建筑中的隐秘而决定性的原则是建筑学看不见的逻辑呈现，已经经由原始小屋根植于建筑学的基因之中。如果存在这样一个建筑的原型，在所有存在过与即将诞生的建筑中显现，那么这个原型必然在建筑起源之时就随之产生，因为原初因而本质（图 2.8）。

从 18 世纪的托斯卡纳到 19 世纪的法国，从新古典主义的支持者到现代主义运动的先驱，无数建筑师和理论家都尝试在“原始”中寻求道德或伦理的权威。里克沃特（Joseph Rykwert）在其著作《亚当之家：建筑史中关于原始棚屋的思考》（*On Adam's House in Paradise: The Idea of the Primitive Hut in Architectural History*）中阐明了这一传统，并强调其对于建筑学秩序的重要性：

图 2.8 有史可考的最古老棚屋：Acheulian hut，更新世时期（图片来源：Thomas R, Garnham T, *The Environment of Architecture*, 2007）

“对起源的回归是人类发展的一个恒常现象。在这个事情中，建筑和所有其他的人类活动保持一致。原始棚屋——第一个人的家——因此不是理论家偶然关心的东西，不是神话或者仪式偶然的组成部分。对起源的回归总是意味着对你习惯做的事情进行再思索，是尝试对你的日常行为的合理性进行再证明，或者简单说来，是对自然（或者甚至神圣）认可你重复你的日常行为的理由的回忆。在当前对我们为什么建造以及为谁建造的重新思考中，我认为原始棚屋将保持其正当性，继续提醒我们所有为人而建的建造物，也就是建筑，其原初因而本质的意义。”[26]（图 2.9）

图 2.9 原始棚屋的建造（图片来源：Rykwert J，*On Adam's House in Paradise: The Idea of the Primitive Hut in Architectural History*, 1972）

通过对建筑起源的追溯，不难发现，环境调控是建筑最原初而本质的动机。

维特鲁威的《建筑十书》与阿尔伯蒂（Leon Battista Alberti）的《建筑论》（*On the Art of Building in Ten Books*）都详细描绘了原始人搭建第一座棚屋的场景，这座小屋是一个历史悠久的起点，是建筑学的发轫。维特鲁威描述建筑的起源时，就强调了气候环境对原始小屋的决定性影响，建筑产生的最基本动机是人们躲避风雨侵蚀的意图。

劳吉尔（Marc-Antoine Laugier）《论建筑》（*Essai sur l'architecture*）的扉页插图，是对“建筑起源”最具影响力的图景（图 2.10）。在劳吉尔眼中，“原始小屋”是象征性的对象，是审美判断的原型：“通过接近这个第一模型的简单性，我们得以避免根本性的错误。”劳吉尔认为原始小屋遵循着真实与不变的自然原则。“man wants nothing but shade from the sun and shelter from storms”。自然给予他启发：垂直的树干提供了“柱子”的意向，倾斜的枝叶成为“山花”，交叉的分支便成了“柱头”。劳吉尔认为建筑的起源是对自然的模仿，所有的建筑都具有三个基本要素：柱子（column），代表了承托其空间的基于重力的结构要素；山花（pediment），代表了躲避阳光雨雪的基于能量的环境要素；柱头（entablature），代表了基于材料特性的构造要素。对环境进行调节的朴素愿望所达成的建筑既简单又庄严，这是所有建筑天生所蕴含的基本目标，建筑的发展应当摈弃无用的装饰回归自然的哲学。

26 约瑟夫·里克沃特．亚当之家：建筑史中关于原始棚屋的思考 [M]. 李保，译．北京：中国建筑工业出版社，2006.

图 2.10 劳吉尔《论建筑》扉页插图
（图片来源：Laugier M A，*Essai sur l'architecture,* 1979）

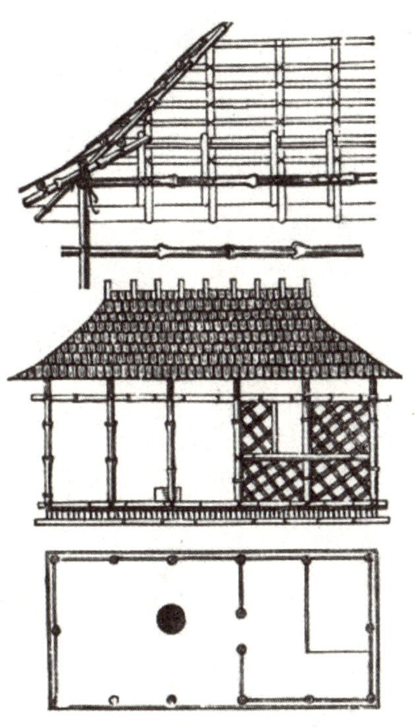

图 2.11 森佩尔参考的加勒比海原始棚屋
（图片来源：戈特弗里德·森佩尔，《建筑四要素》，2010）

戈特弗里德·森佩尔（Gottfried Semper）的《建筑四要素》（*The Four Elements of Architecture*）参照了加勒比海的原始茅屋作为其建筑理论的基础模型（图 2.11）。他所提出的“彩饰理论”，将建筑与语言等同起来，连接起了作为客体的建筑“形式”与作为主体的人的“目的”以及作为媒介的“工艺”。森佩尔提出的建筑四要——屋面（roof）、围合（enclosure）、火炉（hearth）、基座（mound），不仅与木工、编织、陶艺和砌筑这些工艺相关联，又对应于遮蔽、挡风、采暖、防潮的环境调控的动机。森佩尔告诉我们，来自自然的创造性规律是形式发生变化的因素，“它（自然规律）在空间和时间运动的节奏韵律中闪现在真实世界中 。”

图 2.12 亚当被驱逐出伊甸园时遭遇大雨的情境（图片来源：Rykwert J,*On Adam's House in Paradise: The Idea of the Primitive Hut in Architectural History*, 1972）

菲拉雷特（Filarete）对建筑形式与气候环境之间相互关系的解释颇具宗教色彩：“人们必须相信，当亚当被赶出伊甸园的时候，天上正下着雨。因为没有准备遮蔽物，他把手放到头顶挡雨，据此发现建房子是一个保护自己不受坏天气和雨水影响的技巧。”（图 2.12）他从《创世纪》中解读出的建筑起源，透露了适应气候环境是建筑最初的使命。

勒·柯布西耶在《住宅与宫殿》（*Une Maison un Palais*）中速写了美索不达米亚、布列塔尼和兰德斯的原始小屋案例，抽象的原始小屋的概念通过随机性的考古重建被纳入了具体而真实的结构。对勒·柯布西耶而言，“原始小屋”是一种设计思想的物化，虽然没有被冠以“原始”或“小屋”之名，但与劳吉尔的小屋一样，柯布西耶所提出的“多米诺模型”被赋予了后来被称为“新建筑五要素”的建筑基本构成，是其建筑理论的主张与公理逻辑的自证。

柯布西耶同样在《走向新建筑》中反复提及高贵的野蛮人与他的棚屋，“其结构当中的每一个部件都表现出建筑学的威力，建筑学就在其中，这里才是建筑学的所在地。”柯布西耶认为现代建筑应当获取“原始”的力量，他把建筑比作居住的机器，从建筑与气候的关系上探索运用现代技术调控环境的问题。

马克思·弗格特（Adolf Max Vogt）在《勒·柯布西耶，高贵的野蛮人》（*Le Corbusier: the Noble Savage*）中指出，柯布对于建筑起源的思考实际上受到了卢梭（Jean-Jacques Rousseau）的影响。在《论人类不平等的起源和基础》中，卢梭提到，当气候等自然环境改变时，人会随着外在环境的改变而调整生活空间与生存方式，因而催生出了依赖、分工、比较、奖惩的状态，发展出心智与生理上的不平等，转换为富人与穷人之间的不平等，主人与奴仆之间的不平等，最终形成统治者与被统治者之间的阶级不平等。

威廉·钱伯斯（William Chambers）在1759年所著的《土木工程论》（*A Treatise on the Decorative Part of Civil Architecture*）中提出，建筑的起源演化表现在建筑材料从秸秆、木头到石头的更迭[27]；克里索斯东·伽特赫梅赫·德·甘西（Chrysostome Quatremère de Quincy）认为这三种材料的演变代表了帐篷、棚屋和洞穴这三种建筑起源类型；晋代张华所著《博物志》载：“南越巢居，北溯穴居，避寒暑也。”《礼记·礼运》又记：“昔者，先王未有宫室，冬则居营窟，夏则居橧巢。”揭示出中国建筑史上的两种形式起源——穴居与巢居，并指出其与地域气候的重要关联。

这种对建筑起源的概念回溯一直占据着建筑学的重要阵地，并将一直影响未来的建筑话语与实践。吉迪恩（Gedion）在1948年写道：“现代建筑必须走向艰难的道路。它必须重新审视最原始的东西，就好像以前从未做过任何事情一样。”同样地，环境调控的建筑学，其认知与知识组构当然是对存粹的原始建筑类型的重新征服。原始建筑提供了一个坐标原点，建筑诞生的时刻，一切才开始发生，才被赋予意义。对建筑起源的思考并不意味着建筑的环境调控问题可以就此得到一个终极答案，相反，以此为起点，我们才能站在一个既有的具有共识的背景之下谈论新的问题。

建筑本质上是经过调控的环境。对原始建筑的探索不仅给出了建筑形式与气候环境相关性的明证，“原始小屋”同时为环境调控的建筑学提供了一个参考点，基于此，建筑仍然拥有其原初而本质的力量。而在建筑数以万年的发展过程中，气候环境与建筑形式之间理性或感性的关系，持续影响并塑造了建筑形式的多样性、复杂性与文化意义，是建筑发展与进化最重要的促因之一。

2.3.1.2 乡土建筑——建筑的气候适应性

建筑的气候适应性是生物气候适应性的拓展。对原始小屋的考古式重构揭示出建筑原初而本质的动机：环境调控。对气候环境进行调节的目的导向

27 Chambers W, Gwilt J. A Treatise on the Decorative Part of Civil Architecture : With Illustrations, Nots, and an Examination of Grecian Architecture[M]. Cambridge: Cambridge University Press, 2012.

了乡土建筑的地域气候相关性，并发展出形态各异的乡土建筑类型——建筑形式因此具备了气候适应性。从环境调控的角度审视乡土建筑的发展历程，不难发现建筑与气候的相关性首先立足于生物对气候的适应性。

生物适应气候的方式可以分为两种，一种通过自身的形态结构与生理机能对所生存的特定环境条件进行适应；一种通过建造巢穴等物质空间结构对气候环境进行调控使其符合生存繁衍的需要。

通过自身形式进行的生物气候适应，在自然选择的作用下产生形式的进化，适应是进化的方向和结果。作为一种生物本身的特性，生物适应性表现为特定的形式特征，生物拥有这种特征将有利于其在自然环境的生存斗争中胜出。所有有机形式的进化都充满了奇迹与可能，自地球诞生生命至今已经超过 30 亿年，生命的形式已经进化得无限复杂与精密。我们如今所见的生物形式，早已适应于地球的气候与环境，不能适应的物种已经被无情地淘汰。

进化以适应，不适应则消亡，大自然中动态的进化与灭绝都满足物竞天择的生态平衡规律。例如，古代具有颈长性状的长颈鹿相较于具有颈短性状的长颈鹿更易获得食物与能量，更容易生存与繁衍，多代叠加之后就形成如今长颈鹿的长颈和高前肢的形式特征。达尔文把在生存斗争中，适者生存、不适者被淘汰的过程叫作自然选择。自然选择的生物形式多样性源自气候与地域的复杂性。例如，在热带雨林中，树木经常遭受暴雨，有些树木进化出尖端细小的叶子，可以迅速甩水。温带森林覆盖从北到南的广阔区域，这个区域有阔叶树和针叶树。冬季温暖的地方，如地中海附近，阔叶植物可能在冬季保留叶子，如常绿橡树和柏树。但在较冷的地区，树木往往落叶，脱落叶片以减少霜冻和风的破坏。针叶树具有细针状叶片，能够经受住冬季的严寒，并且保持常绿（图 2.13）。

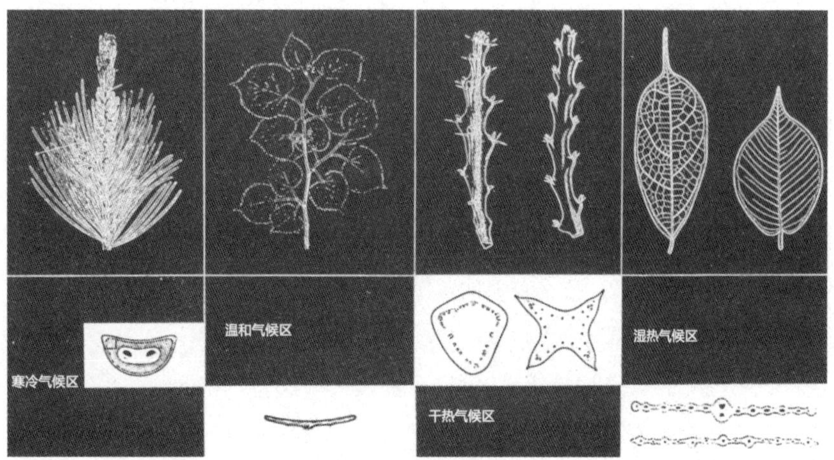

图 2.13 不同地区植物叶片的性状差异（图片来源：Olgyay V, *Design with Climate*, 2015）

而通过建造巢穴来适应气候的生物，它们所建造的巢穴因而具备了气候适应性（图 2.14）。非洲白蚁的巢穴提供了一个直观的案例。热带和亚热带地

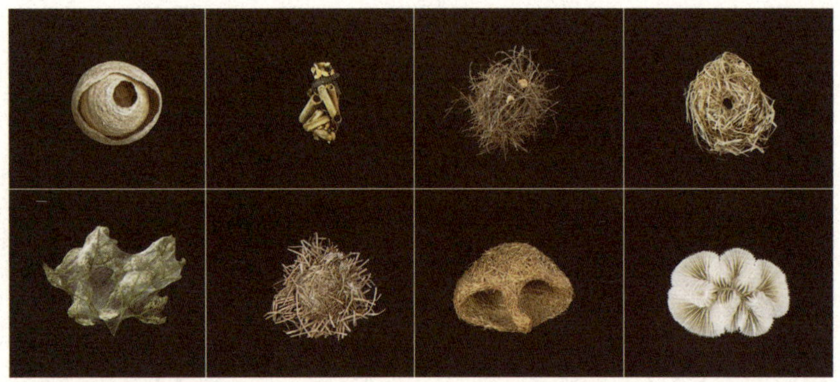

图 2.14 不同生物建造的巢穴（图片来源：Arndt I, Tautz J, *Animal Architecture*, 2013）

图 2.15 Cubitermes 的蘑菇状巢穴（图片来源：卡尔・冯・弗里施，《动物的建筑艺术》，1983）

图 2.16 Amitermes 的片状蚁丘（图片来源：Hansell M, *Animal Architecture*, 2005）

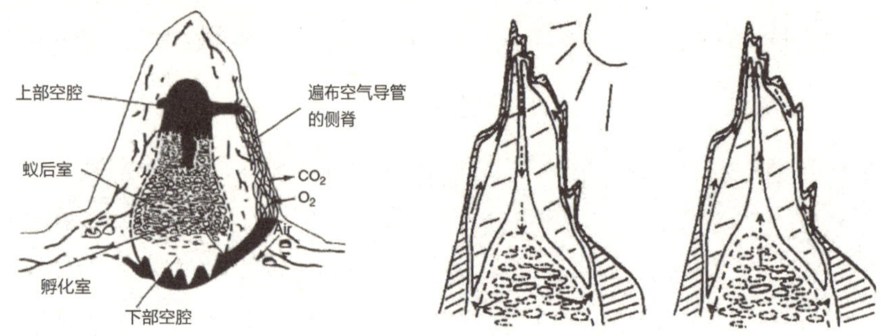

图 2.17 Macrotermes 的蚁巢通风策略（图片来源：Hansell M, *Animal Architecture,* 2005）

区生活着两千种白蚁，它们建造的巢穴需要在恶劣多变的气候条件中维持稳定温度与湿度的内部环境，因而呈现出对气候环境的高度适应。热带雨林中的白蚁 Cubitermes，为了防止暴雨冲击，在高大土丘上建造状似蘑菇的宽檐屋顶的巢穴（图 2.15）。澳大利亚草原上的罗盘白蚁 Amitermes，其巢穴是坐北朝南的片状土丘，使其避免暴露于正午烈日下，同时又能充分利用早晨与傍晚的太阳辐射热。蚁室内部的物理环境因此可以维持 33℃的温度与 90% 的相对湿度（图 2.16）。非洲大白蚁 Macrotermes 在其巢穴中“发明”了一套精细的通风系统，蚁室上部的热压风道与侧脊的多孔疏松构造共同作用，促进气体交换，排出二氧化碳和多余代谢热量（图 2.17）。自然科学家伍德（J. G. Wood）《不用手建的家》（*Homes without Hands*）与神话学家安德烈・勒菲佛（Andre Lefevere）《建筑奇迹》中认为，动物筑巢给予了人类建造的参照（图 2.18）。“动物并非不懂建筑学。虫穴、蚁巢、蜂房……大猩猩的茅屋、住宅、城堡、神庙和宫殿都满足同样的需求，却又完全不同。从中可以推出一个原则，那就是适应自然的原则。适应是任何建筑美学的基点……人建造就像穿衣服……是为了保护自己不受狂风暴雨和四周的敌人伤害……”

图 2.18 人类造屋与动物筑巢（图片来源：Wood J G，*Eco skyscrapers*, 1866）

乡土民居作为原始人类身体的延伸，建造本身是一种基本的环境调控手段，世界各地的乡土民居同样呈现出类似的气候应对机制与地域性特征，可以揭示“气候—生物—建筑”的相互关联。澳大利亚塔斯马尼亚的南部地区，气候温和但海风凛冽，当地土著使用防风林在建筑四周构筑风障，并在房屋中设置能利用太阳辐射的双层墙构造，以获取并保蓄热量。因纽特人（Inuit）在拉布拉多、阿拉斯加到格陵兰岛的北极圈内外居住，有限的自然资源与严苛的气候条件使独特的冬季居住形式诞生了，用雪砖垒成的圆顶屋——雪屋。雪屋可以最大限度地减少强风的对流传热损失，同时能维持室内外将近 40℃ 的温度差（图 2.19）。撒哈拉沙漠边缘的突尼斯南部，房屋是挖在地下深处的洞穴，其能利用泥土大热容热质量维持稳定的室内温度，以应对干热地区昼夜温度的极端差异。巴基斯坦、伊朗和埃及炎热的沙漠气候，催生出配备捕风窗的民居形式……

这些乡土民居记录了几代人对地质水文、自然气候和可用材料的调整，类似的环境问题促成了部分居住类型的共性特征。例如，在北温带多雨的地区，民居屋顶倾向于陡峭，而在冬季积雪的山区，屋顶的倾斜度稍低，使屋顶的积雪保持在可以提供隔热但不至于压垮结构的量。在这两种情况下，选择朝南的斜坡以最大化太阳能增益是多数民居的选择。在干热地区，屋顶通常是平的，因为雨量很少，屋顶和墙壁都是坚固而厚实的，以减少热量渗透。在湿热地区，屋顶非常陡峭，以应对频繁的大雨，墙壁轻质而可开启，以允许最大的空气通过建筑物。在靠近赤道的民居中，窗户的尺寸很小并且数量很少；在炎热的南方，遮阳与通风同样重要，窗户的适时开启因此成为关键；而在寒冷的北方，通过窗户获取太阳辐射与减少冷风渗透和构件热传导也成为窗户形式的决定性因素。

图 2.19 因纽特人的雪屋（图片来源：Thomas R, Garnham T, *The Environments of Architecture*, 2007）

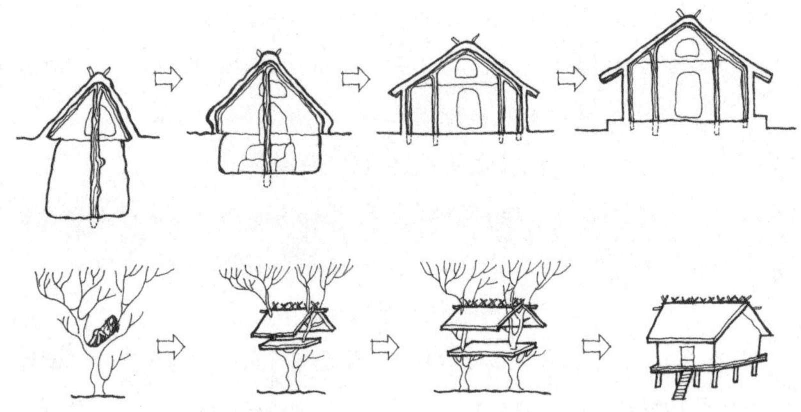

图 2.20 穴居——地穴式建筑（上）与巢居——干栏式建筑（下）的发展系列示意（图片来源：作者根据相关文献绘制）

在中国建筑居住类型中，干栏式建筑和地穴式建筑分别是长江流域和黄河流域旧石器时代原始人类“巢居”和“穴居”的继承和发展（图 2.20），它们逐渐成为两种环境调控的类型。前者侧重于散热，在西南干栏式民居及徽州、浙江、苏南、闽粤等地区的乡土民居中都有体现；后者则注重保温，在陕西窑洞、晋陕窄院、东北大院、藏式碉楼甚至新疆阿以旺民居中显现。

浙江余姚河姆渡村遗址（距今 5500~7000 年之间）有我国现存最早的干栏式建筑遗迹，除河姆渡文化以外还在马家浜文化和良渚文化的诸多遗址中发现干栏式建筑遗迹，这种建筑形式普遍流行于我国长江以南地区，被证明是先民为适应潮湿多雨的气候发展出的有效防潮形式[28]。长江流域气候温暖湿润，降水量大，河网密布，地质潮湿松软。干栏式建筑抬高了地面，增加了建筑外表皮与环境的接触面积，提高其散热效率；建筑本身的轻质维护减少了建筑热惰性，使建筑在夏季夜晚迅速冷却；干栏式建筑的结构体系与围护体系分离，使建筑开启面的大小和位置相对自由，能够创造最大限度开敞的空间，有利于自然通风，带走湿气。

西安半坡遗址和陕西临潼姜寨遗址（距今 5800~6900 年之间）隶属于黄河流域的仰韶文化，其建筑形式是以地坑为基础，其上立柱架梁的地穴式建筑，是当时的人类充分利用自然环境和材料性能创造出的保温热质形式。黄河流域光照充足，季节、昼夜温差悬殊，湿度小、蒸发大，土质肥沃致密。地穴式建筑在地面挖掘出半地下的空间，利用地面的大热质热惰性，提供冬暖夏凉的室内环境；木柱倚靠在地坑边沿，上架梁盖顶，墙面与屋面都用泥土厚涂，这种木骨泥墙的构造形式除去力学的稳定性之外，同样提供了大的热质量，增加了维护结构的保温隔热性能；屋内灶坑一般在中心正对门的位置，这样能均匀地辐射加热室内空间，同时利用通过门口的气流助燃并带走废烟。

乡土建筑中形式与气候的高度关联，经由生物气候适应性的对比阐释，指向一种形式生成逻辑。建筑与生物多样性的本质来自气候与地域的复杂性，呈现出建筑形式与生物形式的基本特征：适应并利用周围环境中的物质流和能量流。建筑形式在乡土发展中顺应自然、适应气候，对风、光、热、雨、雪的选择、规避与调节，使自然能量成为形式生成的重要影响要素——建筑形式因而可以被看成是一种能量的构形。

28 劳伯敏．河姆渡干栏式建筑遗迹初探 [J]. 南方文物，1995(1):50–57, 23.

2.3.2 形式追随设备
——建筑环境调控的机械介入与价值异化

2.3.2.1 建造与燃烧

在建筑起源的神话中，维特鲁威认为，原始人类发明语言，形成社会，有意识地建造庇护所，都发生在一场大火将人类聚拢过来之后。古希腊神话解释了这场火灾的缘由，普罗米修斯（Prometheus）欺瞒宙斯给人类偷偷带去了火种，火使人类成为万物之灵。“他摘取木本茴香的一枝，走到太阳车那里，当它从天上驰过时，他将树枝伸到它的火焰里，直到树枝燃烧。他持着这火种降到地上，并带给了人类，即刻第一堆丛林的火柱就升到了天上。”[29]（图 2.21）而希腊神话中与火有关的另一位神祇是赫菲斯托斯（Hephaestus）——火与工匠之神，他善于建造神殿，制作各种武器和金属用品，技艺高超，被誉为工匠的始祖，他将手工艺教给那些曾经“像野兽一样在洞穴中生活的人”，人类建造的历史随之开始。

图 2.21 普罗米修斯盗火

（图片来源：扬·科西尔斯，《普罗米修斯盗火》，1637）

图 2.22 火的发现

（图片来源：Pollio V, Morgan M H, *Vitruvius: Ten Books on Architecture*, 1960）

事实上，文明的建立与火息息相关（图 2.22）。已知最早的篝火余烬，出现于 100 万年前的南非奇迹洞。火烹调了食物，使得动物蛋白更容易被吸收，人猿的脑容量因此大大增加，才进化出我们的祖先“直立人”（homo erectus）；篝火可以达到 900℃以上，在通风炉中的火焰温度甚至可以达到 1100℃，足以将自然木材、泥土、矿物加工成煤炭、陶瓷、金属，并使之成为狩猎、采集、烹饪、建造的工具与材料；火作为可控的光源与热源，提供了夜间的照明，能驱赶蛇虫野兽，温暖了凛冽的寒冬，是人类适应自然的进化过程中迈出的首要的一步。1709 年英国人解决煤炭脱硫问题，1784 年瓦特将蒸汽机用于高炉鼓风，至此火以更为高效的形式驱动着文明的车轮。钢铁工业的蓬勃发展依赖冶金技术对温度的掌控，并使一系列变革世界的机器诞生了。

29 秋浦．火与火把节 [J]. 思想战线，1985.

火车、轮船与飞机改变了人类的通行速度和效率，电灯、锅炉与空调带给人类调节光与温度的能力。直至近现代，氢氧焰 2570℃的淡蓝色火焰将航空火箭推入太空，乙炔 3300℃的热力被广泛用于金属热切割，人类掌握更高能级能量的同时探索着技术的边界。与此同时，人类也将能量应用在可怕的战争中，投放在广岛的两颗核弹创造了 500 万℃的核心温度，毁灭生命的武器奇迹般地促成了核威慑下的和平年代，核能进一步被用于可控核发电，1957 年的希平港原型核电站是第一代核裂变发电原型堆。不仅如此，粒子对撞机甚至可以产生相当于 1 万亿℃黑体辐射的温度，高能物理重塑了我们对这个世界运行法则的认知。人类对火的运用，对能量的掌控，构成了文明发展必不可少的基石，生产与生活甚至社会结构与意识形态同样出现惊人的变革。

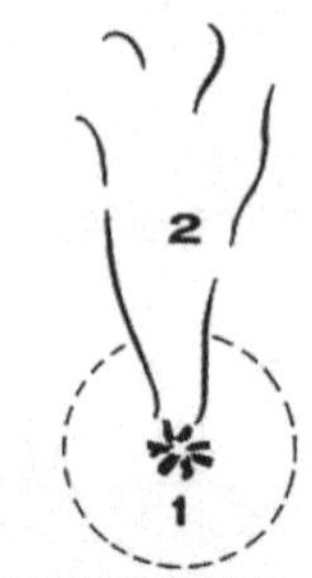

篝火的环境调控性能
1. 通过辐射加热并照亮
2. 下风处加热的空气

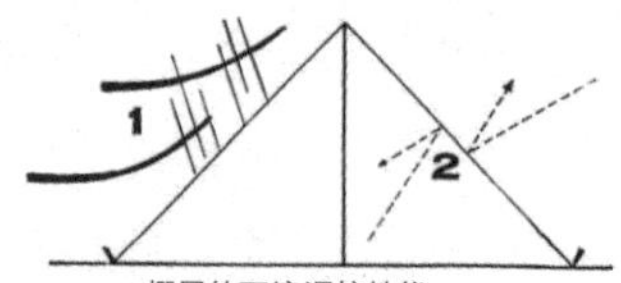

棚屋的环境调控性能
1. 防风、避雨
2. 保温、隔热、遮阳

图 2.23 篝火与棚屋：两种环境调控策略（图片来源：Banham R, *The Architecture of the Well-tempered Environmert*, 1969）

回到建筑学中的环境调控议题，能量并行的轨迹同样无法被假意地忽略，在建筑发展的历史中，火与能量在建筑诞生之初已然存在着、影响着、变革着。雷纳・班汉姆在《环境调控的建筑学》中的理论叙事同样始于原始人与原始文明：在一场火灾过后，空地上散落了带着余烬的木头，凛冬将至，原始人在踌躇，是用这些木头建造一个棚屋，还是用这些木头生一堆篝火？——建造还是燃烧，整个建筑学环境调控的逻辑被封装在这个简单的问题里。

基于木材，原始人发现并发明了环境调控的两个基本策略：通过创造物质空间结构（棚屋）来调节能量的流动；通过可燃物质（篝火）的化学能提供能量（图 2.23）。几乎所有的原始文明都是从使用木材开始的，这不仅仅因为获取与加工木材的便利性，同样归功于木材兼具物质与能量意义上的双重性。事实上，棚屋与篝火、建造与燃烧在建筑史上是不可分割的，共同构成了两条环境调控的线索。

“建造”逻辑的环境调控策略，体现为人们根据所处环境的气候特点，采用合理的形式与建造技术，保蓄所需的能量，排除多余的热——这种以建造调控环境的方式曾经是建筑学发展最具自主性的力量之一。“燃烧”逻辑的环境调控策略，始于原始人点燃的第一堆篝火，并在建筑与技术发展过程中演变为火塘、油灯、壁炉、火炕与煤炉……直至工业革命以后的电灯、锅炉与空调——这种以燃烧调控环境的方式广泛存在，然而其始终排除在建筑学本体之外。“燃烧”的历史一直并行在“建造”的历史之下，即便不被重视，仍然对建筑形式的演变产生了巨大影响，需要被清晰地梳理。

“建造”与“燃烧”曾经处于相互平衡的原点，这在原始小屋与乡土民居中已经被证实。在棚屋进行遮风避雨、采光遮阳的环境调控之后，篝火作为一种补充手段弥补极端气候下棚屋采暖御寒的不足。早期人类在居住空间中对火的使用主要以火塘的形式呈现。在目前原始小屋的考古遗址中，火塘就已经作为建筑不可或缺的要素出现，并且往往在遗址平面中占据空间的主导地位。因纽特人的雪屋中，海豹油灯设在圆形平面的正中（图 2.19）；西伯利亚马耳他圆形住宅中，火塘坑的遗迹位于圆形小屋的中心；半坡遗址 F1、F3 以及宁夏固原齐家文化方形圆筒单间住宅遗址，都将火塘设在空间

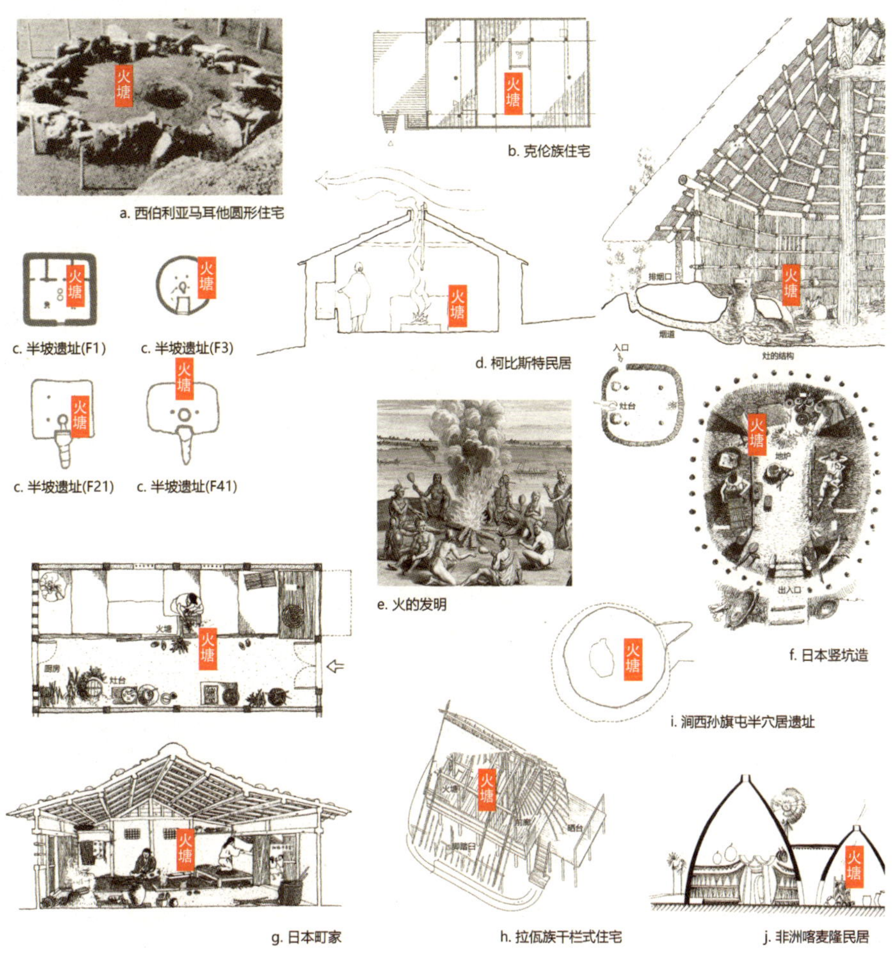

图 2.24 原始小屋中的篝火（图片来源：作者根据相关文献[30]绘制）

的中心位置。这种平面布局不仅因为火塘的“煮食”功能，更因为其“采暖”功能——火塘不仅是日常活动的中心，也是室内供暖的中心。不仅如此，建筑形式与火协同作用并相互影响。原始建筑大多采用圆形平面，火塘位于中部使空间采暖均匀，这样能充分利用热源；棚屋与帐篷等原始小屋的中部空间最高，有利于通过热压通风排烟；火塘的位置正对门口，利于内部空气的对流，加强采暖效果（半坡 F21、F41 遗址，庙底沟 F301 遗址）（图 2.24）。

2.3.2.2 机械论叙事

“燃烧”与“建造”所对应的两种建筑环境调控手段反映了两种设计哲学：机械论与有机论。这可以在人类创造的不完整的教育体系和科学文明中找到，建筑逐渐失去这种原始状态下两者相互平衡的种种因素。从原始小屋与乡土建筑展现的建筑与火相互补足的原初状态，到现代主义之后机电设备在建筑环境调控中占据绝对的位置，机电设备的介入造就了形式语汇的变革，不论建筑学历程中对建筑本体的讨论是否囊括了机电设备，建筑环境中的能量进程从来就包括建筑形式本身与建筑所容纳的设备。从建筑环境调控的语境而言，以能量为视角可以清晰地解读建筑与设备、建造与燃烧互为经纬，千丝万缕的联系。

30 图 a: 闵天怡 . 生物气候建筑叙事 [J]. 西部人居环境学刊 ,2017, 32(6):51−57.

图 b, c, h, i: 杨昌鸣 . 东南亚与中国西南少数民族建筑文化探析 [M]. 天津 : 天津大学出版社 , 2004.

图 d: Thomas R, Garnham T. The Environments of Architecture: Environmental Design in Context[M]. Taylor & Francis, 2007.

图 e: Fernandez−G L. Fire and Memory: On Architecture and Energy[M]. Cambridge: MIT Press, 2000.

图 f, g: 稻叶和也，中山繁信 . 图说日本住居生活史 [M]. 北京 : 清华大学出版社 , 2010.

图 j: L’Union Française. L’Habitat au Cameroun[M]. Paris: L’Office de la Recherche Scientifique Outre−mer, 1952.

机械是人们制造的装置，能以一定方式进行能量的转化与输出。如同火的发明一样，作为人类技艺与技术创造的对象，机械从历史的源头起就成为人类调控环境的手段和工具。“机器主宰一切”的机械美学的盛行，归功于人类对物理原理的探索并发展出的强大技术。

温度与压力是气候的两项基本参数，自从1593年伽利略创制温度计、他的学生托里拆利又在1643年发明了水银压力计之后，温度与压力便成为可量度的了。而从17世纪培根（Francis Bacon）提出实验科学认识理论、笛卡儿发明几何学与代数、牛顿发现万有引力与动量守恒，到18世纪拉普拉斯的“天体力学论”的提出与蒸汽机的改良、湿度计的发明，再到19世纪卡诺《论火的动力》以及焦耳热力学第一定律的面世，到克劳修斯（Clausius）“热力学第二定律”的提出，到1902年威利斯·开利（Willis Carrier）发明空调，人类对能量从运行规律的了解逐渐步入应用，机电设备代表了人力的可能，甚至成为一种美学与风格的浪潮。

图2.25 中世纪油画《圣芭芭拉》（图片来源：罗伯特·坎平，《韦尔祭坛画——圣芭芭拉》，1438）

技术发展与哲学思辨往往相辅相成，机电设备的发展是人类掌握自然规律与物理法则的显现，同时带来了思想观念的转变，即从原始小屋与乡土建筑中体现的人对自然的服从和对能量的引导，转变为机械时代对自然的征服和对能量的控制。牛顿在《自然哲学的数学原理》一书中指出，自然万物的运行都是一种理性的机械运动，只要掌握了其运行规律就能对事物运行进行操控和预测[31]。建立于此的西方自然哲学对建筑发展产生了重大影响，并形成了**“建筑是机器”**的机械论建筑思想。班汉姆梳理现代主义产生与发展历程时坦言，人类的环境调控史在建筑学中几乎可以视作一部机电设备的“侵略史”。

·18世纪以前

原始小屋展现了一种自然能量（建筑的被动调节）与机电设备（火的主动调节）的平衡；在12、13和14世纪，整个欧洲遍布壁炉，从当时的绘画作品中可以看出，窗户的玻璃和壁炉的炉火创造了相对可控的内部热环境（图2.25）。18世纪，罗伊（Jean Baptiste Leroy）继承萨夫特（Savot）和高杰尔（Gauger）对壁炉热风循环的研究，对壁炉进行了连续的改进，烟道甚至能通过墙壁和地面为整个建筑供暖（图2.26）。

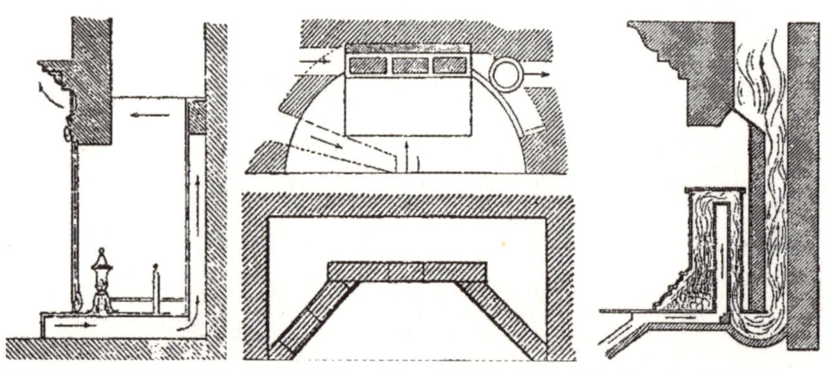

图2.26 壁炉的技术发展，左：萨夫特，中上：高杰尔，中下：伦福德，右：富兰克林（图片来源：Fernandez-GL, *Fire and Memory: On Architecture and Encergu*, 2000）

31 艾萨克·牛顿. 自然哲学的数学原理[M]. 石家庄：河北科学技术出版社，2001.

· 19 世纪

工业革命之后，现代主义萌芽。工业时代带来了廉价的能源以及能够将热量传递到建筑物内部空间的机械通风技术，加上空气制冷和电气照明设备的开发，建筑师逐渐摆脱了气候的限制和被动式环境调控方法的局限。在整个 19 世纪的建筑工程领域，新的材料、技术与计算分析工具相结合，建筑形式允许拥有更大的跨度、复杂的功能和全新的环境应对方式。吉迪恩、里克沃特和柯林斯（Collins）等建筑史学家在论述现代主义起源时无法回避地需要涉及机器与技术。这些主题一直是班汉姆《第一机械时代的理论与设计》（*Theory and Design in the First Machine Age*）和柯林斯《现代建筑设计思想的演变》（*Changing Ideals in Modern Architecture*）的主要研究内容。直至肯尼斯·弗兰普顿（Kenneth Frampton）的《建构文化研究》（*Studies in Tectonic Culture*）和班汉姆的《环境调控的建筑学》，主动式建筑环境调控技术才有了相应的发展路线。

约翰·索恩（John Soane）爵士设计的杜尔维治美术馆（Dulwich Picture Gallery）于 1813 年在伦敦建成，其不仅通过建筑朝向、空间组织、屋顶天窗的巧妙设计与有色玻璃的应用进行被动式采光，同时利用铺设在地板下方、连通壁炉的蒸汽管道对室内加热（图 2.27）。

拉布鲁斯特 (Henri Labrouste) 设计的圣日纳维夫图书馆（Biblioth è que Ste-Genevi è ve）的双拱形铸铁结构屋顶能均匀地反射自然光（图 2.28），同时设置了煤气灯照明与主动式中央供暖系统，阅览室进风口的形式被整合进壁柱中间的书架中（图 2.29）。

巴黎国家图书馆（Bibliothèque Nationale）穹顶中间的天窗引入的自然光被磨砂白瓷反射后均匀地洒在阅览室中，中央供暖系统的散热片与柱子的形式相结合，热水管布置在阅览室的书桌下（图 2.30）。

图 2.27 杜尔维治美术馆的天窗与地下铺设的蒸汽管道（图片来源：Hawkes D, *The Environmetal Imagination*, 2008）

图 2.28 圣日纳维夫图书馆阅览室（图片来源：image.google.com）

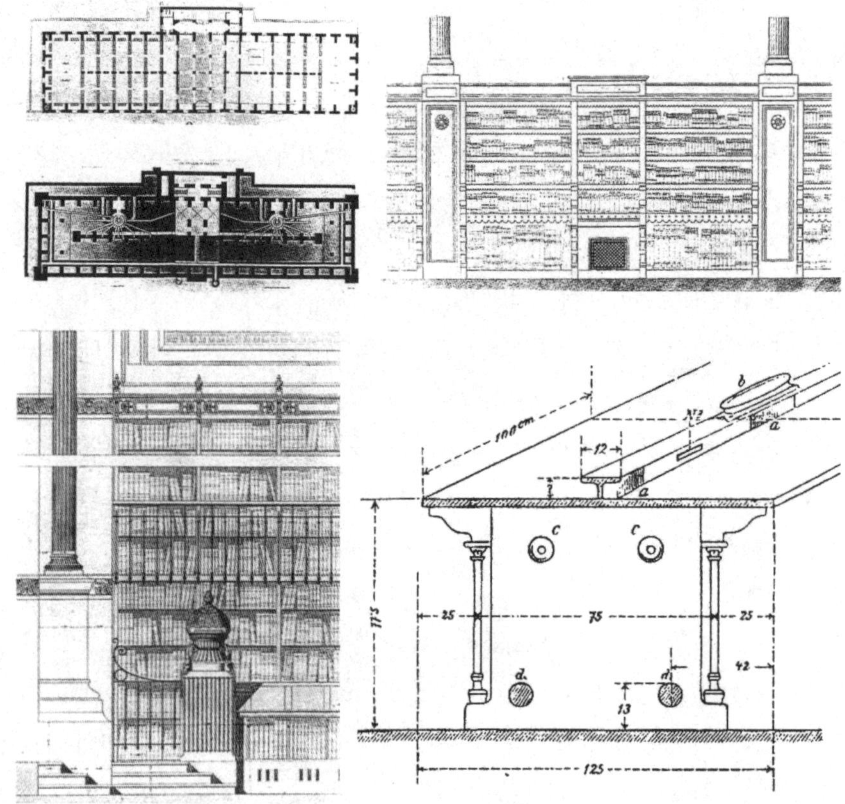

图 2.29 左：一层与地下室管道平面图；右：处于壁柱书架间的进风口（图片来源：Hawkes D, *The Environmetal Imagination*, 2008）

图 2.30 巴黎国家图书馆与柱子形式相结合的散热片（左）；布置在阅览室书桌下的热水管（右）（图片来源：Hawkes D, *The Environmental Imagination*, 2008）

1843 年建筑师纳西索（Narciso Pascualy Colomer）设计的西班牙国会大厦拥有当时最先进的制热和通风系统，加热的空气和通风竖井可以保持室内20℃的平均温度。

1876 年巴黎工程师格鲁维尔（Grouvelle）建造的马扎卡监狱（Mazas Prison）配备了集中式的供热和通风系统，遍布建筑的水管与风道调控着与外界近乎完全隔绝的牢房的温度和通风。

19 世纪初，工业革命的第一批技术成果已经被用于改造建筑物内的环境。19 世纪末，用于加热和通风的机械装置成为建筑中司空见惯的组成部分，电灯和电扇的发展增加了环境调控的灵活性和精确性。除了有效的机械冷却方式外，主动式环境调控系统的所有要素都已到位。这标志着重新定义气候与建筑之间关系的可能性，从而影响了建筑形式的生成。以瓦格纳（Wagner）为首的维也纳学派认为，新的材料、结构和技术必然导致新的形式出现，而历史式样应当被摈弃。然而即便建筑形式的物质性建构所基于材质性会随着构筑材料的改变而改变，建筑形式的非物质性建构所面对的气候要素与身体舒适性要求，也是相对稳定不变的环境构成与内在需求。建筑仍然需要面对这些问题与需求，形式仍旧具备环境调控的内核。19 世纪的先锋建筑师积极使用新的环境调控技术，但仍依附于建筑形式本身所搭建的环境边界。主动系统的技术手段始终服务于建筑形式本身的意图，技术服从于建筑诗学，形式仍旧遵循并保持了建筑的本质，这是这些先驱建筑师对建筑环境调控的发展做出的最重要贡献，这些案例同样也成为建筑历史中有追溯价值的重要遗产。

·20 世纪

20 世纪是工业化的，吉迪恩在《机械主宰一切》（*Mechanisation takes Command*）中称这一阶段是建筑的机械时代[32]。1902 年之后的五十年，空调迅速在发达国家普及，这让我们意识到，机电设备可以创造出精确可控的恒定室内热环境，使建筑形式与气候环境全然无关。赖特与瓦格纳设计的拉金大厦成为这一机械时代的起点，它是历史上最先运用全空调系统的建筑，落成于 1906 年，在 1909 年加装了冷却设备系统。

同样是现代主义大师的勒·柯布西耶与密斯·凡·德·罗（Mies van der Rohe）显然更具环境调控的野心。勒·柯布西耶把建筑看作“居住的机器”，如 1928 年建成的萨伏伊别墅集结了当时最新的工业成果，包括：热水和冷水，煤气，电力……机械照明、动力系统和中央供暖（图 2.31）。早期的柯布西耶是机械美学的忠实簇拥者，他认为这些形式代表了机械的美，完全是新的功能要求下的产物，反映出物理学与数学的伟大原则。而密斯设计的柏林玻璃摩天大楼则是现代主义环境冒险精神的象征，完全透明轻质的玻璃幕墙铺设在钢结构框架之外，宣示了对环境的无惧与漠然。柯布西耶和密斯同作为现代主义大师，被经常比较，在环境调控的议题上，他们的设计思想和作品都具有重要意义，可以揭示 20 世纪建筑形式与能量的相互关联。

图 2.31 萨伏伊别墅（图片来源：雅克·斯布里利欧，《萨伏伊别墅》，2007）

萨伏伊别墅（Villa Savoye）和吐根哈特住宅（Tugendhat House）分别是柯布西耶与密斯早期的住宅作品，是运用了当时最新的材料与机电设备系统后产生的新的建筑形式，堪称研究形式与能量的现代主义“原始小屋”。萨伏伊别墅落成于 1928 年，是柯布西耶建筑理论“新建筑五要素”最全面和最具表现力的呈现。密斯的吐根哈特住宅（图 2.32）于 1930 年建成，是密斯运用新材料和新技术重新定义与改造建筑形式潜力的一个宣言。

32 Giedion S. Mechanization Takes Command: A Contribution to Anonymous History[M]. New York: Norton, 1969.

图 2.32 吐根哈特住宅（图片来源：image.google.com）

首先，萨伏伊别墅与吐根哈特住宅并没有遗弃建筑形式本身调动能量、调节环境的功能。两者都展现了对建筑朝向的精确把握（图 2.33）。萨伏伊别墅的主卧和次卧布置在建筑南侧，厨房位于凉爽的东北角。柯布西耶在起居室南侧布置了屋顶花园，使这个空间同样能获得阳光与温暖。吐根哈特住宅占据了朝南的斜坡，主要的起居空间都在南面，巨大的玻璃窗迎纳更多的光和热。主入口位于二层的北面，使客厅直接面对花园的开放空间。不论是一种传统的惯性，抑或是建筑师的有意为之，通过建筑的朝向和空间的组织，萨伏伊别墅和吐根哈特住宅部分展现了建筑形式本身调控环境的功能。

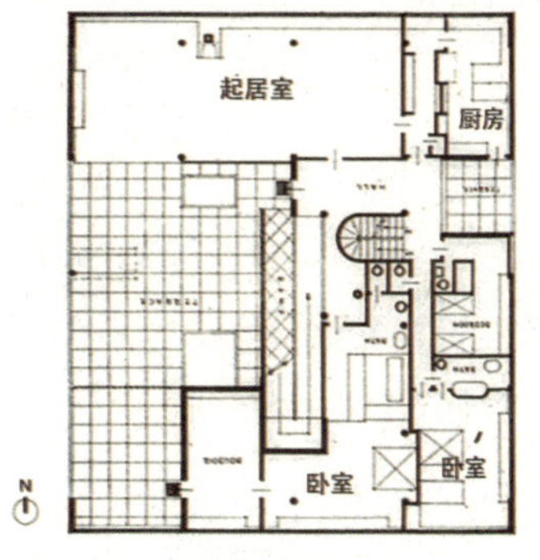

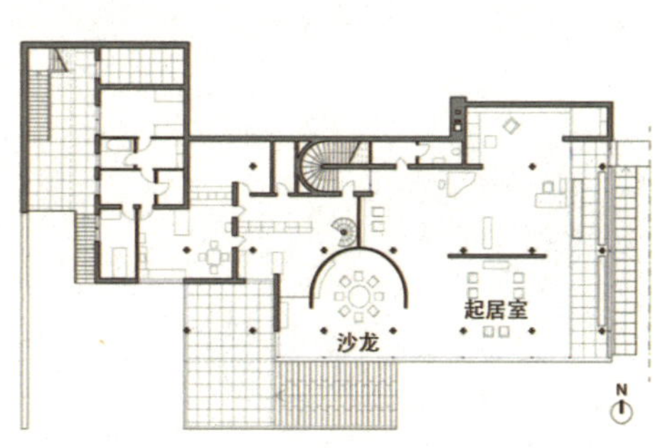

图 2.33 左：萨伏伊别墅二层平面；右：吐根哈特住宅一层平面（图片来源：雅克・斯布里利欧，《萨伏伊别墅》, 2007; Carter P, Mies van der Rohe L, *Mies van der Rohe at Work*, 1999）

其次更为重要的是，萨伏伊别墅与吐根哈特住宅都将机械环境调控系统的重要性拉升到了一个高度，使其对建筑形式产生重大影响，形成了新的建筑环境调控范式。

柯布西耶在萨伏伊别墅中刻意让机电设备系统成为形式的主导因素。在柯布西耶当初设计萨伏伊别墅的众多草图中可以发现，底层架空的平面与汽车的停车轨迹和回转半径有着直接的联系（图 2.34）。弧形墙面沿着新式浴缸、

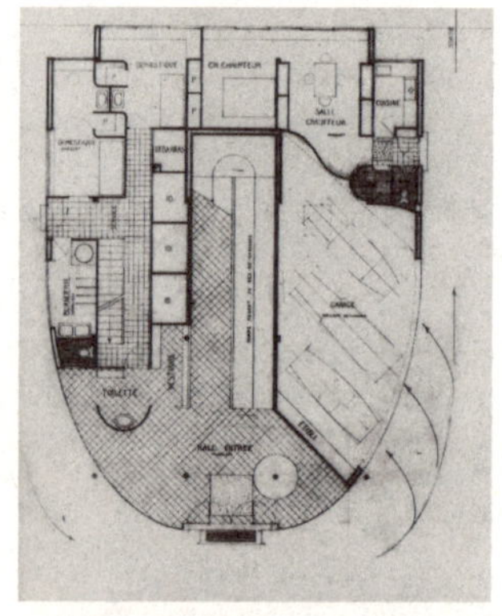

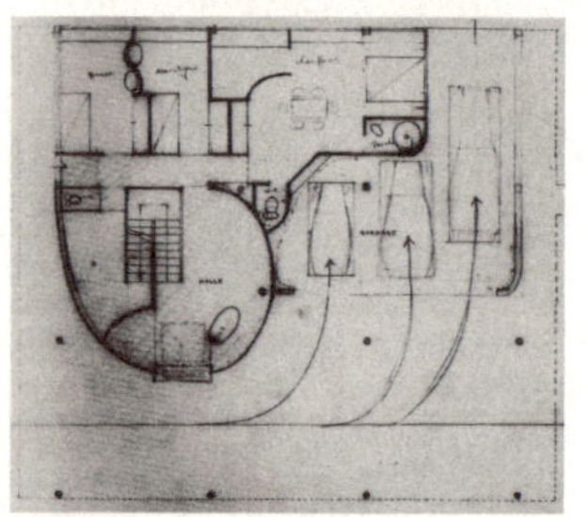

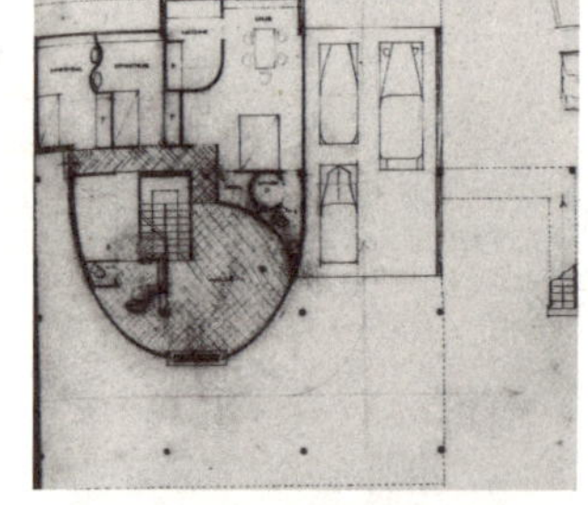

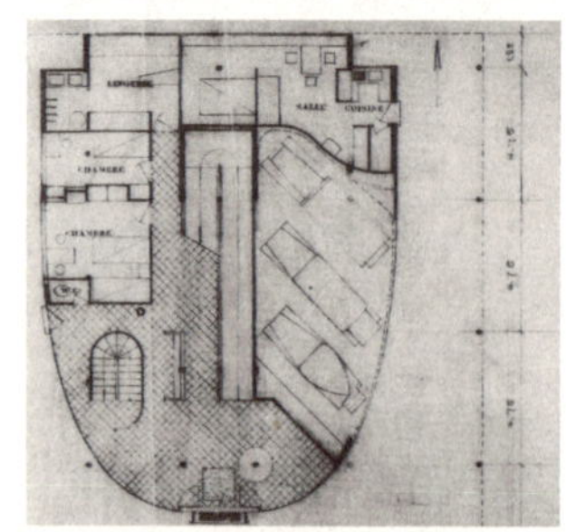

图 2.34 汽车成为一层平面多个过程方案的重要影响因素（图片来源：雅克・斯布里利欧，《萨伏伊别墅》，2007）

坐便器与管道的边界布置。自由平面也为机电设备提供了自由的布局，居中的散热片、悬挂的吊灯和嵌入式的机电设备都与建筑相集成。暖气片紧贴在起居室短边墙面的中心位置，壁炉突出于墙面，位于长边墙面的黄金分割点，两者在空间中建立起微妙的领域感。壁炉的模数恰好与屋顶花园的地面铺地相吻合，壁炉架与北窗台的高度一致并成为一体，壁炉的垂直管道则与结构柱对齐，模糊了对设备与结构的感知。材料上，萨伏伊别墅的机电设备都被隐藏在墙和天花板里，同时用白色涂料包裹原有的材质，整体呈现去物质性的空间内涵，以突显其空间的动态与通透；而起居室中的壁炉是唯一保留材料表现的要素，是萨伏伊别墅里显现的唯一传统材料（图 2.35）。屋顶花园意味着建筑屋面舍弃了传统坡屋顶形式。这一切都表明，在萨伏伊别墅中，建筑形式虽然并未切断与被动系统的联系，但逐渐开始转向人工能量主导的主动系统。柯布西耶所提出的“多米诺模型”正是建立在这种“强环境调控设备”基础之上的，是适用于全球气候的建筑范式（图 2.36）。秉持着开创建筑的国际主义愿景，勒·柯布西耶呼吁设计“一座适用于所有国家的房子”（“only one house for all countries”）[33]。

图 2.35 萨伏伊别墅二层起居室（图片来源：W. 博奥席耶，《勒·柯布西耶全集 第 1 卷 . 1910—1929 年》，2005）

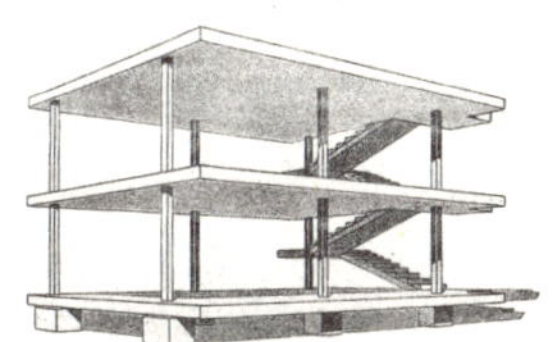

图 2.36 多米诺模型（图片来源：W. 博奥席耶，《勒·柯布西耶全集 第 1 卷 . 1910—1929 年》，2005）

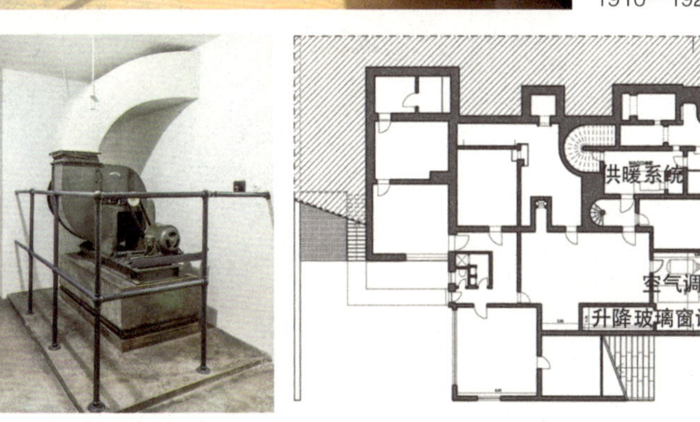

图 2.37 左：吐根哈特住宅的空气调节系统；右：吐根哈特住宅地下室平面（图片来源：Carter P, Mies van der Rohe L, *Mies van der Rohe at Work*, 1999）

在吐根哈特住宅中，密斯同样运用了许多当年建筑工程中罕见的“创新技术”，例如：落地窗、室内暖气设备和室内空气循环系统。大部分房间都配备了供暖系统的散热片与热风口，起居室甚至还连通了一个额外的空气调节系统。在前院下方的半地下空间，一个过滤系统在空气被送到起居室之前对空气进行加湿（图 2.37）。玻璃窗被设计成可升降的形式（图 2.38），整片玻璃外墙可以下降到半地下空间，夏季可以完全打开进行自然通风。窗户上部装有可伸缩的卷帘，遮挡不必要的太阳辐射热。在湿度控制、自然通风与被动

33 原文：“Every country builds its houses in response to its climate. At this moment of general diffusion, of international scientific techniques, I propose: only one house for all countries.”参见：Le C. Précisions on the Present State of Architecture and City Planning[M]. Cambridge: MIT Press, 1991.

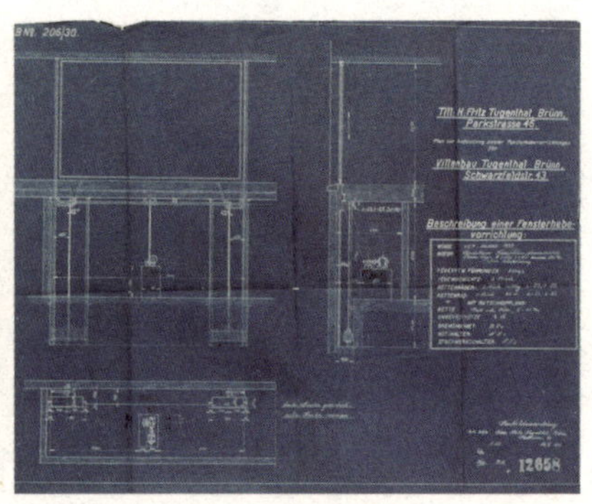

图 2.38 左：升降玻璃窗位于地下室的设备空间；右：升降玻璃窗的技术图纸（图片来源：image.google.com）

式遮阳的相互作用下，建筑室内在炎热的夏季仍然凉爽。密斯引以为傲的流动空间，得益于原来占据房屋中心的壁炉不再需要横亘在室内的中心，落地玻璃窗后的薄薄暖气片取代了厚重的壁炉，并释放出更多的空间体积。

萨伏伊别墅同吐根哈特住宅在环境调控层面上具有很多相似之处，两者都未放弃建筑形式本身调控能量的传统力量，同时在新的材料、结构和技术下积极地探索建筑形式的可能性。在机械介入后，在建筑形式呼应自然能量与人工能量的过程中，伟大的现代主义范式被创造，以此作为基准点，勒·柯布西耶与密斯·凡·德·罗无疑站在了同样的高度。然而之后两人的设计理念与手法、形式生成与能量系统的选择朝向两个不同的方向，几乎可以代表现代主义环境调控的两条逻辑线索。

勒·柯布西耶环境调控思想的发展过程

柯布西耶曾经个人化了建筑环境调控的五个要点：自然通风（aération naturelle）；天然采光（éclairage solaire）；遮阳系统（brise soleil）；中性墙体（mur neutralisant）；精确呼吸（respiration exacte）。前三项为被动式调控技术，旨在对气候环境中的自然能量进行利用；后两项主动调控系统的概念基于“隔绝与控制”，利用机电设备进行主动的环境调控。柯布西耶在萨伏伊别墅之后的设计实践中探索了更具野心的环境调控方式以及由此产生新建筑形式的可能。

“中性墙体”与“精确呼吸”构成了柯布西耶所发明创造的主动式机械系统（图 2.39），其带来建筑形式的三个方面创新：首先，建筑围护结构需要满足高度的气密性，避免室内外热量流动。其次，用一种可以调节空气温度和湿度的机械系统，精确控制室内空气温度。最后，在密封的双层玻璃空腔中插入空气管道，使玻璃外墙成为在冬季和夏季避免热量流通的屏障。

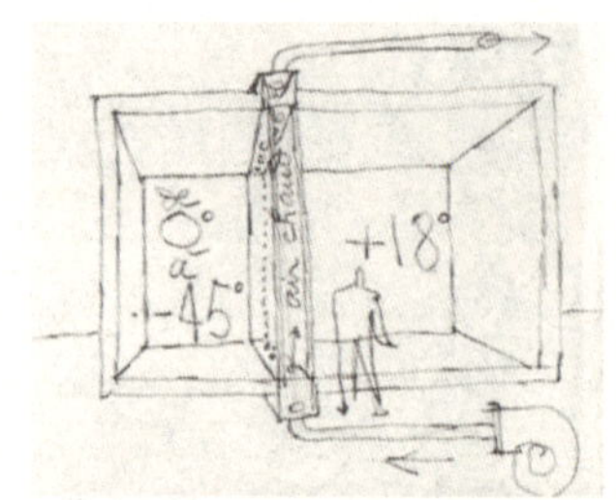

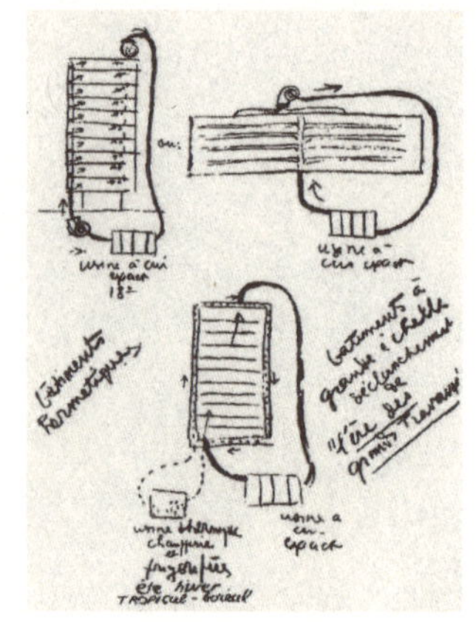

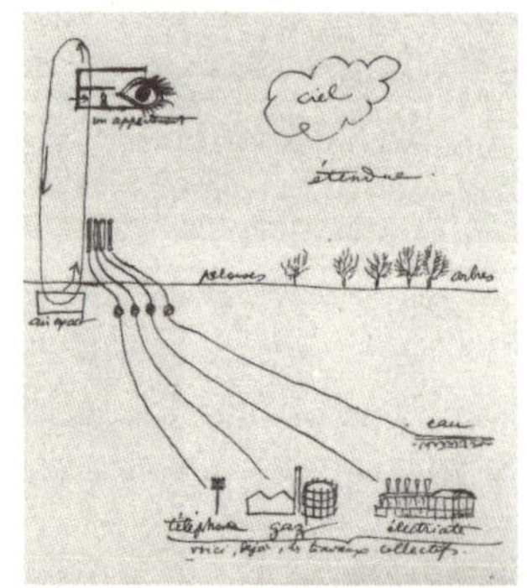

图 2.39 “中性墙体”与“精确呼吸”的技术示意草图（图片来源：Le C, *La Ville Radieuse*, 1933）

主动式机械系统最初由柯布西耶为莫斯科中央局大厦设计（图 2.40），并由两家独立公司进行测试和计算。圣戈班和美国鼓风机公司在他们的双箱测试及计算中都得出结论：这样的机械调控系统将需要大量的能量来真正影响内部温度，代价过于巨大。带封闭空腔的双层玻璃本身虽然已经具备很好的保温隔热性能，然而却并不能阻挡太阳辐射热，空腔中的空气被太阳快速加热，而使之冷却的空调设备需要耗费大量的电力。

之后柯布西耶再次尝试在 1933 年设计的巴黎救世军大楼（The Cité

deRefuge）中应用这一系统，将封闭不可开启的玻璃幕墙应用在建筑南立面。建成当年冬天，这座建筑运行良好，室内空气温暖，阳光充足。但是到了第二年夏天，“精确呼吸”提供的每小时 2~3.5 次的换气次数并不足以平衡建筑暴晒在阳光下获得的热量，室内温度达到 30~33℃，“热到让人窒息”。1934 年 9 月，巴黎救世军（Salvation Army）强烈要求柯布西耶为封闭的玻璃幕墙设计 50 个可开启的窗。1935 年 1 月，塞纳河州的一家技术公司测试了室内的物理参数，温度和二氧化碳含量均超过普通值，将夏季室温过高的问题归因于无法开启的玻璃窗。1952 年，勒・柯布西耶为救世军大楼的立面设计了彩色遮阳水泥挡板，设置了可开启的窗户，将窗墙比也下降到合理的范围（图 2.41）。柯布西耶逐步意识到被动式环境调控在调节太阳辐射上的优越性，这部分内容逐渐成为柯布西耶命名为“遮阳系统”的技术概念，成为此后柯布西耶建筑形式语汇的重要元素。

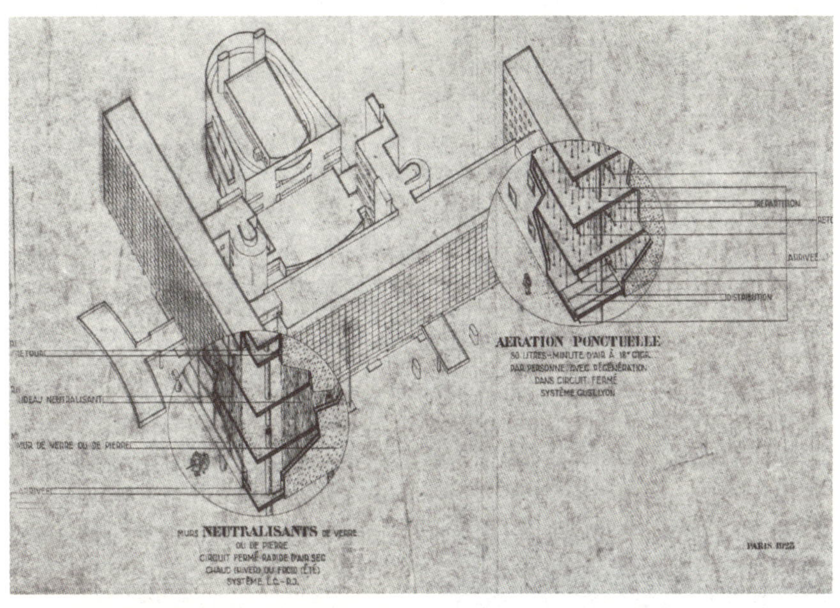

图 2.40 莫斯科中央局大厦中“中性墙体”与“精确呼吸”的设计图纸（图片来源：Gutiér R U rez, *Pierre, revoir tout le systeme fenetres: Le Corbusier and the Development of Glazing and Air Confitioning Technology with the Mur Neutralisant (1928—1933)*, 2012）

图 2.41 巴黎救世军大楼立面，左：1933 年，右：1952 年（图片来源：Luis D, Ryan S, *Le Corbusier's Cit é deRefuge: Historical & Technological Performance of the Air Exacte 2015*; Thomas R, Garnham T, *The Environments of Architecture*, 2007）

中性墙体和空气调节的主动系统的失败，促使柯布西耶在1935年后更倾向于采用被动控制系统，除了“遮阳系统”以外，还将自然通风与天然采光纳入研究的范围，这在他之后“光辉城市”的手稿、多次在笔记中出现的太阳辐射正弦曲线（图2.42）、马赛公寓（图2.43）及在昌迪加尔的多个建成项目中都有体现。

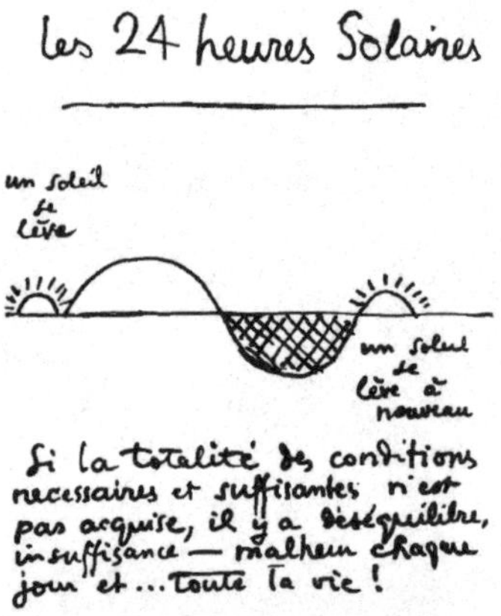

图2.42 太阳辐射正弦曲线（图片来源：Fernandez-G L, *Fire and Memory: On Architecture and Energy*, 2000）

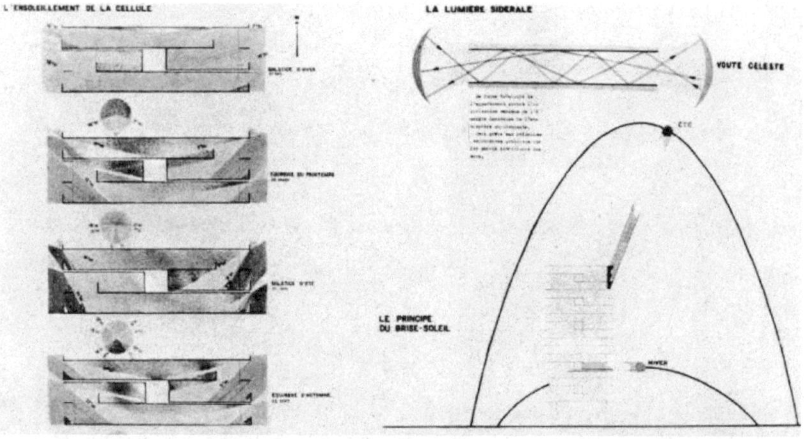

图2.43 马赛公寓的采光遮阳研究（图片来源：Siret D, *Généalogie du Brise-soleil dans loeuvre de Le Corbusier*,2004）

以昌迪加尔的议会大厦为例，我们可以理解柯布西耶风格与理论的转变，以及建筑形式本身回应气候环境的优越性。“太阳和雨水是影响建筑形式的两个关键要素，建筑本身的环境诉求与遮阳避雨的伞并无不同[34]。”应对当地炎热、雨季降雨集中的气候条件，提供遮阳与通风的巨大拱形结构顶棚一直是贯穿柯布西耶设计过程的重要形式要素。以“遮阳”为目的，立面的构成同样对应各个季节太阳移动的轨迹，厚重的挑檐、遮阳板和倾斜墙面是立面形式基于自然能量的建筑语汇。柯布西耶谈论起昌迪加尔议会大厦巨大的双曲面议会厅，顶棚的照明“拒绝了夏日的酷热，接受了冬日的暖阳”，是“恒星运动的不变和必要的规律”造就了建筑的形式。同时，议会厅的体量、高度与形状同工业冷却塔相似，它们的能量运行机制如出一辙，具备良好的烟囱效应与拔风性能，能有效组织起热压通风。议会厅双曲薄壳结构的四周围绕着一圈伞状结构屋顶，其在遮阳、组织排水的同时形成通风的空腔（图2.44）。空调系统被布置在双曲面议会厅的封顶构架内，冷空气下沉置换热空气上升，有效冷却下议院的高大空间，空调系统弥补了被动系统在极端天气的力不从心。

在昌迪加尔的多个项目中可以发现“新建筑五要素”为适应气候环境所产生的种种异化，如萨伏伊别墅那样高呼的“机器”宣言逐渐归于寂静，不管从功能还是隐喻的角度，建筑形式不再屈从于机电设备，转而回归于与自然气候的联盟。“底层架空”更多地成为一种建筑形体自遮阳的方式，出现在昌迪加尔议会大厦入口的巨大遮阳篷中，同样出现在昌迪加尔高等法院（图2.45）

34 W. 博奥席耶．勒・柯布西耶全集［M］．北京：中国建筑工业出版社，2005.

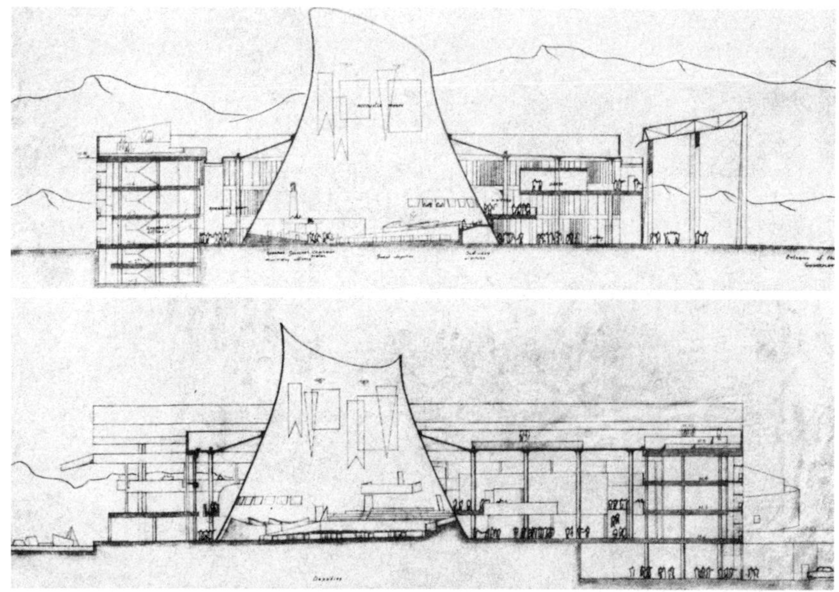

图 2.44 昌迪加尔议会大厦议会厅剖面（图片来源：白宇泓，《勒·柯布西耶的“Brise-Soleil”策略及其对当代建构学的启示》，2016）

图 2.45 昌迪加尔高等法院（图片来源：W. 博奥席耶，《勒·柯布西耶全集》，2005）

和艾哈迈达巴德博物馆建筑中。“自由立面”并非不受任何限制的无意识与无逻辑，其本意是建筑脱离结构力学与装饰审美的束缚，能体现建筑真实的功能或意图。显然在昌迪加尔，立面的形式对应于遮阳的环境调控诉求。昌迪加尔秘书处大厦的凹阳台、议会大厦的“蜂房式”立面遮阳，以及艾哈迈达巴德博物馆的立面垂直绿化，这些立面形式的生成有着严谨的能量逻辑，而不仅仅作为“风格”的手法语言。“屋顶花园”从萨伏伊别墅与马赛公寓屋顶裸露的混凝土转变为真正的覆土、水池与绿化。建筑已经由封闭走向开启，光、风和水成为塑造建筑形式的要素[35]。

密斯·凡·德·罗环境调控思想的发展过程

就环境调控的能量逻辑而言，密斯无疑走在了与柯布西耶相反的道路上。继吐根哈特住宅之后，密斯最著名的建成作品当属范斯沃斯住宅（图 2.46）。他用简单的结构体系和空间组织方式，营造出自由流动的空间，该住宅是密斯“少就是多”建筑理论主张的绝佳呈现。范斯沃斯住宅坐落在伊利诺伊州帕拉诺南部的福克斯河右岸，房子四周是一片平坦的牧野，夹杂着丛生的树林。密斯强调范斯沃斯住宅与自然的联结：“当人们通过范斯沃斯住宅的玻璃墙欣赏风景时，就会发觉这比人单独站在外面更有意义。”显然这种联结基于视觉与透明性，而非建筑的环境性能。

35 仲文洲，张彤. 环境调控五点：勒·柯布西耶建筑思想与实践范式转换的气候逻辑 [J]. 建筑师，2019(6):6-15.

图 2.46 范斯沃斯斯住宅（图片来源：archiposition. com / items / 20180801050359）

范斯沃斯住宅在环境调控这一层面上是失败的，这几乎是众所周知的事实。然而，范斯沃斯住宅在主动技术的建筑集成方面是首屈一指的，地板采暖系统、空气加温系统以及机械照明系统，都完美地隐藏在纯净的玻璃体量内部的“核”中（图 2.47）。然而单层玻璃表皮的隔热性能十分差，可想而知为了维持冬季室内温度，这些主动系统会耗费巨大的能量。为了强化材料的建构逻辑并强调更纯粹的空间感受，范斯沃斯住宅并没有安装空调冷却系统，因当时空调巨大的体量与外部机器很难不破坏建筑纯净的形式。同样地，在玻璃面上开窗以及设置纱窗是对这种纯粹空间的破坏，连室内的窗帘也是范斯沃斯女士抗争多次的折中。这带来的后果是建筑在夏季俨然成了温室，夏季夜晚微弱的自然通风不仅没有使建筑冷却反而招来被灯光吸引的蚊虫。范斯沃斯住宅看起来是密斯基于材料、建造与几何的一个试验，虽然集成了多个主动系统调节环境，但有意割裂了建筑形式本身这个被动系统进行环境调控的路径，因而不可避免地产生了种种环境问题。

与柯布西耶不同，范斯沃斯住宅环境调控的失败并没有使密斯转向建筑的被动式环境调控方式，而是转向更加完善和加强建筑的主动系统。在随后的西格拉姆大厦项目中，密斯使用了当时刚刚发明的染色隔热玻璃作为幕墙，以防止建筑获得过量的太阳辐射（图 2.48）。同时，密斯大胆地将逐渐成熟的

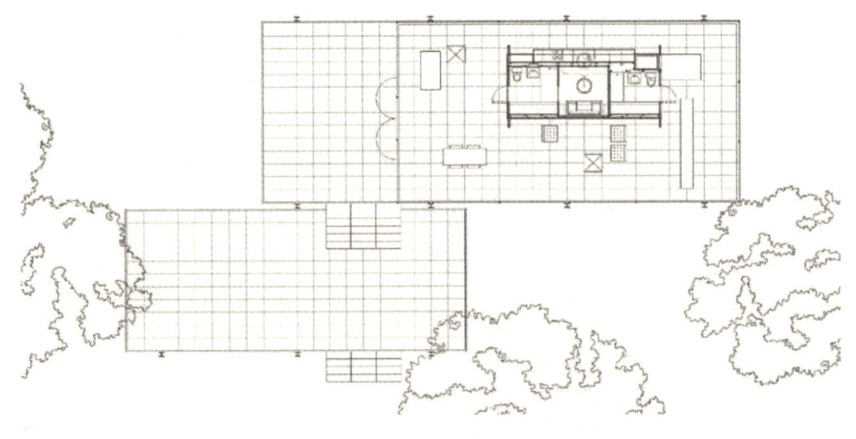

图 2.47 范斯沃斯斯住宅一层平面（图片来源：archdaily. cn / cn / 928691）

图 2.48 西格拉姆大厦（图片来源：archdaily. cn / cn / 760523）

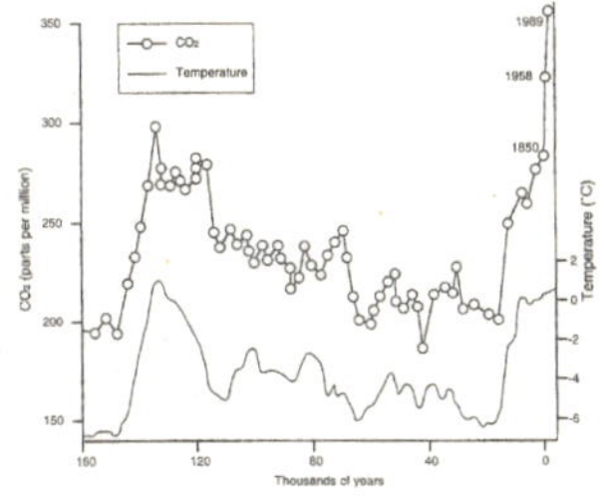

图 2.49 气温与二氧化碳浓度趋势（图片来源：Smith P F, *Architecture in a Climate of Change: A Guide to Sustainable Design*, 2001）

空气制冷系统运用到建筑设计中。大厦的顶部布置了相当大的设备空间，同时管线通过核心筒连接到每一层。玻璃幕墙之上的开启十分有限，密斯为了立面的纯粹秩序，只设定了三个可开启的固定角度。虽然很多建筑理论家尝试在比例构图上寻找西格拉姆大厦与古典的联系——底层架空、钢结构骨架与设备空间形成了类似基座、柱廊、天花的三段式古典构图，但从环境调控的角度而言，西格拉姆大厦是反传统的，基于人工能量的主动系统影响着建筑的形式，基于自然能量的被动系统被弱化和忽略。通过玻璃幕墙、钢框架结构以及空调系统，密斯开创了风行至今的玻璃摩天楼范式。

柯布西耶与密斯的例子很好地说明了两种形式追随能量的路径——有机论与机械论，并揭示出机械系统的不足：对能量的大量消耗。建筑形式的生成从适应气候到追随设备的转变，呈现出机械时代的空间价值取向已经从对自然的顺应转变为对自然的控制。现代主义的机械范式僵化了建筑与城市空间，凌驾于自然的态度充斥着对资源的占有和挥霍，地域、文化和生态的多样性被逐渐瓦解，将人与自然环境相隔离，是现今环境污染、气候紊乱、自然灾害频发等诸多环境危机的成因之一。美国能源部的调查表明，建筑领域的能耗占比高达百分之四十，建筑全生命周期的碳排放比例高达百分之五十，并且呈逐年上升的趋势。人类的建造活动正改变着地球的气候环境，导致全球气候变暖、二氧化碳浓度上升、生态环境被破坏（图 2.49）。事实上，地球正在经历第六次物种大灭绝，受人类活动的影响，物种的灭绝速度比自然灭绝速度快了 1000 倍[36]。如果说地球的历史是一本厚厚的书，那么人类文明的历史仅仅是最新书写的一行小字。气候曾经以决定性的姿态影响着文明的诞生与存续，现今科技和文明的发达给现代人带来了傲慢的习惯。人类用机械与技术构筑的文明真如我们所想的那样坚不可摧吗?

机械时代的建筑勾勒出建筑学的崭新篇章，从材料与结构的枷锁中被解放出来，转而屈从于机电设备。过于强大适用的机电设备，例如空调，反而独立于建筑形式本身，夺取环境调控的职能。与殖民的铁蹄如出一辙，空调的新帝国肆意掠夺着本属于建筑的职责与内核，对气候环境的关注逐渐从建筑设计本身中剥离。就像帝国扩张的版图一样，空调控制的环境呈现出一种贪婪的边界，像巨大的波浪一样在其路径上抹去所有能量的轮廓。建筑形式本身与能量相关的部分逐渐被机电设备所侵略，空气调节系统、新风系统、机械照明系统承担了建筑通风、温度调节、采光的环境调控职责，建筑围护与开启失去了能量驱动的内因。

火塘与火炉曾经作为建筑的重要组成部分，承载了空间与功能的核心，然而在它们失去环境调控的意义之后，建筑师们如何寻求建筑的内核？森佩尔认为的“火炉”是容纳采暖、陶艺以及聚集活动的建筑四要素之一，赖特的草原住宅与流水别墅中以火炉作为起居的中心，密斯的范斯沃斯住宅的“设备核心筒”满足建筑的所有功能性需求以实现立面的全通透，路易斯·康的艾西里克住宅将火炉的概念抽象成光——古典主义的平面从现代意义上完成

36 纪录片《第六次物种灭绝》

其精神性空间的表达，妹岛和世的森林住宅将火炉的核心定义为纯粹的纪念性空间，建筑核心的环境调控功能已经完全分化到建筑的其余部分。我们可以发现，建筑的形式与内核失去了环境调控的功能，并尝试从精神与美学意义上找到一种出口。这一过程和结果就是如今所见的现代主义建筑浪潮，维持室内环境热稳态的机械调控手段促成了单一建筑范式的全球风行。建筑师将本应把持的环境调控责任让渡给工程师，在众多的实践项目中建筑与能量的分割很大程度上造成了建筑设备对设计呈现的肆意破坏。为适应大规模生产与不顾地域和气候的逻辑，建筑逐渐远离气候调控的基本动机，世界建筑类型通过空调系统变得均质，形成了大量封闭隔绝、盲目复刻西方建筑、缺乏空间人性关注的建筑形式。而建筑由于内核的遗失，造成建筑设计对建筑语汇的盲目尝试而显得纷乱嘈杂，由此产生的混乱形式被描述成一种“视觉混乱”（visual chaos），建筑师对内容的控制似乎已经消失，盲目地给建筑穿上漂亮的外衣，包装的形式超越了内容的形式——篝火已然战胜了棚屋，建筑学丧失了来自能量调控的形式驱动力。

2.3.3 形式响应能量——建筑环境调控的自然回归与整体共构

现代主义“国际式”的机械范式颠覆了过去传统的环境调控路径，隔绝了建筑形式对气候与自然能量的回应，形成了新的建筑范型，它的产生与演变建立在科学技术的发展与能源廉价充足的时代基础之上，有其合理性与必然性。在现代主义对建筑设计风格长达半个世纪的垄断中，其发展的局限性也日益显现，因而催生出质疑和挑战现代主义的后现代主义，人们开始从复兴古典传统与借鉴历史文脉中寻找建筑的更多内涵。然而无论是后现代主义中的复兴古典主义、折中主义、结构主义还是装饰主义，都未触及形式生成的关键内核——环境调控，因而也只是昙花一现。直至有机建筑理论逐渐被人们所重视，才又回到建筑形式对自然气候进行回应的议题，触及环境调控的核心内涵。

2.3.3.1 机械与有机

阿道夫·路斯（Adolf Loos）以《装饰与罪恶》（*Excerpts from Ornament and Crime*）一文将对建筑形式的讨论从装饰与风格的无尽泥淖中解救出来，随后格罗皮乌斯（Walter Gropius）、勒·柯布西耶、密斯·凡·德·罗的设计与理论造就了现代主义的产生与发展，涵盖了“理性主义”与“功能主义”的理论内核。而在20世纪，用来阐述形式与功能的各种比拟中，“比拟于机械”的机械论与“比拟于生物”的有机论占据同等重要的地位。

工业革命后宏伟的机电设备被发明出来用于调控建筑环境，建筑和机械的比拟也顺势被用来解决建筑伦理上的问题。现代主义先锋勒·柯布西耶在《走向新建筑》中的“建筑是居住的机器”是为我们所熟知的机械类比。实际上最早提出机械类比的是霍雷肖·格里诺（Horatio Greenough），他认为建筑师应当学习“外形并不复杂”的远洋轮船，“从中心开始，再向外工作，来代替迫使各种建筑物的功能都归入一种普遍的形式之中而采取一种与内部配置无关的外形的做法”（1843）。詹姆斯·弗格森（James Fergusson）认为复古主义是对过去形式的“猴子学样”，而建筑师在创造新的形式时应当具有机械师与造船者的逻辑，舍弃传统形式与风格（1862）[37]。这也正是柯布西耶所要传达的新建筑之精神，火车、轮船与汽车的形式与功能有着严格而直接的对应关系，现代建筑也应当与工业化社会相适合，采用新材料、新结构与新技术构造新的建筑形式。柯布西耶认为，世界上的所有人具有相似的生理构造，建筑形式因此面对类似的基本需要，而人工照明、暖通空调等机电设备作为一种工业产品可以应对不同地域气候，致使建筑也可以成为一种全球化的标准产品。这是现代主义“国际式”范式内里的环境调控逻辑。

虽然“比拟于机械”的机械论很好地支撑了现代主义“形式追随功能”的理论，暂时摆脱“装饰”与“风格”的裹挟，然而却走入另一个困境。首先，机械论将建筑与环境相隔绝，建筑成了孤立的对象。如同轮船、飞机和汽车并不为明确的地域或气候而设计，机械论下的建筑被当作孤立的物体，而非所处环境的一部分。其次，机械论将现在与过去相割裂，建筑成了无源之水。现代主义对于传统形式的丢弃过于绝对，传统建筑的形式与技术连同地域文化的根源一起被切断，建筑失去了历史的力量。

同样被用来支撑功能主义的“比拟于生物”的有机论，比机械论更具环境意义，同时它建立了与传统的联系。所有活的有机体都依赖于环境而生存，需要在环境中进行物质流与能量流的交换，因为它们具备符合环境的形式构成，同时本身的形式亦会影响周围的环境。建筑是活的生命，生于特定的场地，划定出一个人与自然双向作用的微气候环境。西蒙·昂温（Simon Unwin）认为：“场所的识别是建筑形式生成的核心。”路易斯·康同样认同场地环境的重要性，“建筑应考虑环境的本质要求，并激发人类的活动”。而在环境调控的语境下，如前文所述，乡土民居中蕴含的环境调控策略与气候应对机制使其成为一种将建筑重新联结到自然环境、减少能耗与碳排放、经济可持续的设计资源。在几个世纪的气候适应中，传统建筑形式所具有的完备的被动式设计及技术体系，可以给当代建筑设计提供有价值、可转化的环境调控模型。经由“比拟于生物”的建筑气候适应性，建筑形式重新寻找到与传统产生联系的桥梁，地域文化得以传承与发展下去。不仅如此，有机论更创造了一种能量视角下重新看待与定义建筑形式的可能。“形式追随功能”在以往的认知中是一种建筑美学的判断标准，是一种形式可能性的价值导向。而将建筑比拟于生物后，其深刻含义上升到一种形式必然性，形式不仅是功能的表现，甚至可以说，功能创造或组织了形式。而对气候环境的适应将环境调控的能量议题纳入建筑的核心，

37 柯林斯．现代建筑设计思想的演变 [M]. 北京：中国建筑工业出版社，1987.

形式是能量的构形。

2.3.3.2 有机论叙事

事实上，有机建筑的概念并没有明确的阶段性，也并不一直指向建筑的环境调控。将建筑比拟于生物的起源，可以追溯到1750年前后[38]。1753年卡尔·冯·林奈（Carl von Linn é）的《植物种志》（*Species Plantarum*）与1749年布封（Georges Louis Leclere de Buffon）的《自然史》（*The Natural History Book*）这两部生物科学著作对当时的建筑理论学者产生了重大的影响，对建筑形式的讨论开始从自然界的有机生命中汲取观点与概念。大约在1800年，拉马克创造了"生物学"（或生命之科学）一词，同一时期，歌德创造了另一个词"形态学"（或形式之科学）。生命与形式的桥梁被搭建起来，为"形式追随功能"的功能主义思想提供了宝贵的论据。1842年达尔文的《物种起源》提及的生命形式的"适应"与"进化"，更推进了建筑与生物的类比，将气候环境作为建筑形式进化的重要因素。19世纪上叶，以威廉·莫里斯（William Morris）为首的英国艺术家，开始重视自然界中的艺术形态，他们将大量动植物图案引入装饰设计（图2.50）。拉斯金与勒·迪克从自然形式及其生长过程中得到启发，从形式与功能的组织关系、结构表现、材料的真实性等方面提升了中世纪建筑传统。受生物学与系统论的影响，建筑的地域环境观念逐渐被重视。19世纪50年代，帕欧罗·索列瑞（Paelo Soleri）将生物学领域的生态学（ecology）与建筑学结合，提出了生态建筑学（acologies）。戴利（1857）认为，建筑遵循一种有机逻辑，这种逻辑能使建筑师摆脱固有的形式的束缚，按照使用者、地形特征、气候条件、技术条件、材料特征的不同情况采用相应的对策，最终取得自然的结果。19世纪80年代盛行的新艺术运动，将自然界中的形式广泛用于绘画和装饰主体，在建筑与室内装饰中大量使用不规则图形（图2.51~图2.53）。20世纪初，艾利克·门德尔松设计爱因斯坦天文台时，通过强调结构与功能的真实性使得局部和整体融为一体。

自1973年能源危机爆发之后，面对环境问题和能源问题带来的巨大挑战，有机建筑理论开始重视环境调控，不少建筑师与理论家通过坚守建筑形式本身来回应自然气候，采用自然能量的传统环境设计理论。与"建筑是机器"的机械论建筑思想不同，有机论建筑思想认为"建筑是生物"，自然是建筑形式生成的灵感之源。与此同时，他们也并未放弃技术的可能性，在他们看来，技术是一种使建筑适应环境的方式，而不是对资源的肆意掠夺。

沙利文在1900年首次提出"有机建筑理论"的观点，赖特则是"有机建筑理论"的忠实捍卫者，通过他的研究与实践"有机建筑理论"被世人接受。布鲁斯·高夫（Bruce Goff）继承了赖特的思想，通过对建筑形态的操作使建筑成为一种与地形环境紧密结合的连续有机体。门德尔松、雨果·哈林（Hugo Haring）和汉斯·夏隆（Hans Scharoun）随后完善了有机建筑理论，提出建筑形式的地域性与历时性。

图 2.50 威廉·莫里斯设计的瓷砖图样（图片来源：image.google.com）

图 2.51 维克多·霍塔（Victor Horta) 设计的楼梯（图片来源：image.google.com）

图 2.52 赫克托·吉马德 (Hector Guimard) 设计的巴黎地铁口（图片来源：作者自摄）

图 2.53 安东尼·高迪（Antoni Gaudi) 设计的米拉公寓（图片来源：作者自摄）

38 菲利普·斯特德曼．设计进化论：建筑与实用艺术中的生物学类比 [M]. 魏淑遐，译．修订版．北京：电子工业出版社，2013.

图 2.54 流水别墅占据平面核心的壁炉（图片来源：image.google.com）

赖特认为“在任何动植物中可以发现的局部与整体的逻辑关系是有机生命的根本”。他在代表作——流水别墅中刻画并发展了建筑与火的有机而传统的联系（图 2.54）。赖特用一座壁炉“点燃烈火”，巨大的岩石砌筑出烟囱的支撑与维护，壁炉提供大热质保温的同时成为空间的象征中心。围绕壁炉，悬挑于水上的混凝土板成了自然岩架的人工版本，提供了遮阳与露台，是客户考夫曼（E. J. Kaufmann）享受日光浴的地方。从环境调控的方式与能量获得的途径而言，流水别墅不仅仅是一个瀑布上的房子，还是岩石上的火焰。建筑形式调控的自然能量，以及以火为象征的机电设备所调控的人工能量，有机地组合、互补、加强，这是自然与技术结合的理想图景。

建筑形式的动态历时性与过程性被“新陈代谢派”引申和发展。以丹下健三、大高正人、菊竹青训、黑川纪章为代表的建筑师和理论家，强调事物的生长、变化与衰亡，将有机组织、细胞代谢引入建筑领域，他们认为建筑内部应该具有系统有机的结构，并在时间历程中自我生长、修复、衰亡。黑川纪章的中银舱体大厦与丹下健三的梨山县文化馆，都像生物体一样与环境存在交互改变，可以根据经济、社会、气候环境的影响对建筑进行调整、扩建或拆除，建筑的形式是一个动态发展的过程。

有机建筑理论促进了生物气候地方主义的产生和发展，反对国际式风格对建筑环境调控的漠视。奥戈雅兄弟于 1963 年首先提出了建筑气候系统的分析方法——“生物气候地方主义”与“生物气候设计法”，从此气候设计方法开始向科学、理性的方向迈进。

有机建筑理论促进新地域主义（Neo-Regionalism）与批判地域主义（Critical Regionalism）思想的形成，反对国际式风格的无位置性与无归属感[39]。亚历山大・楚尼斯（Alexander Tzonis）与里安・勒费夫尔（Liane Lefaivre）的《网格与通道》（*The Grid and the Pathway*）和《为什么今天需要批判的地域主义》，基于刘易斯・芒德福的区域主义理论，对国际主义范式进行了批判性反对，认为建筑形式根植于地区的地理、地形和气候，依赖于特定地区的材料和构造方式。此理论继而被弗兰普顿发展，他在《走向批判地域主义》中，从地形学（topography）、气候（climate）、光（light）和建构（tectonic）等方面提出批判地域主义的基本策略。即便批判地域主义并不完全关注于环境调控，但依然涉及地域与气候对建筑形式的构形影响以及随之而来的建构问题，为形式追随自然能量的有机阵营提供了有力支撑（表 2-1）。

在实践层面，更多建筑师开始注重建筑、环境与技术的和谐共构。阿尔瓦・阿尔托（Alvar Aalto）的帕米欧疗养院、珊纳特赛罗市政厅和玛利亚别墅，处处可见对人本性的关怀、对场地环境的尊重以及对技术的合理运用。路易斯・康的理查德纪念实验室、耶鲁大学美术馆、萨克生物研究中心和金贝尔美术馆，将主动环境调控系统所占据的空间（服务空间）与被动环境调控系统与建筑形式紧密结合的空间（被服务空间）通过有序的方式有机组合，构成了建筑的形式语汇。伍重（Utzon）的巴格斯韦德教堂（Bagsvard Church）、金戈

39 仲文洲，张彤. 环境调控五点：勒・柯布西耶建筑思想与实践范式转换的气候逻辑 [J]. 建筑师，2019(6): 6-15.

表 2-1 有机建筑理论流变及其特点

有机建筑理论	有机建筑是“活”的有生命的建筑，与一切生命体类似，处在不断发展过程中； 注重整体性和统一性，建筑的各个组成部分是相互联系的； 注重形式与功能的统一，提倡由内而外的设计手法； 注重空间的自由性、连贯性和一致性； 注重表现自然材料的内在性能、真实性和形式美
新陈代谢派	对机械范式的挑战，强调生命和生命形式； 复苏现代建筑中被丢失和忽略的要素，如历史传统、地方风格和场所的性质； 不仅强调整体性，而且强调部分、子系统和亚文化的存在和自主； 新陈代谢建筑具有暂时性，佛教的“无常”动态观念代替了西方审美思想的普遍性和永恒性； 将建筑和城市看作时间和空间上都开放的系统，就像有生命的组织一样； 建筑具有历时性，是过去、现在和将来的共生，建筑具有共时性，是不同文化的共生； 强调神圣领域、中间领域、模糊性和不定性，这些都是生命的特点； 重视关系胜过重视实体本身
生物气候地方主义	强调地域与气候对建筑的影响，强调气候条件与生物体之间的相互作用关系； 注重研究气候、地域和人体生物感觉之间的关系，认为建筑设计应遵循气候—生物—技术—建筑的过程； 关注气候策略多于建筑形式； 结合生物学、气象学等多领域知识体系与研究成果，重视科学性与量化分析的可视性。注重气候数据、热舒适要求与气候策略的相互影响
新地域主义	注重建筑的自然回归，促进建筑的可持续发展； 强调自然条件与建筑之间的内在联系，包括气候、地形、地貌等； 与地域建筑文化的内在因素相互交融； 充分发挥地方基础技术以及能源材料的作用； 以其突出的经济性特征和独特形式形成与其他地区有所差异的在地风格
批判地域主义	在批判现代主义的同时，继承现代建筑的进步之处，将其运用在实际建筑实践中； 植根于建筑的场所，充分尊重风土性； 结构上要合理； 不光是视觉上，而且五官都能感觉到的建筑； 不是将地域性无批判地直接引入形态，而是在现代主义的实践中重新解释地域性； 建筑实践应该形成对现代建筑的积极批评

（表格来源：作者自绘）

居住区（the Kingo Houses in Helsingor），把那些古代的传统与现代主义技术相结合，形成了一种和场所状况相联系的有机建筑的自然本能。安藤忠雄的水之教堂、本福寺水御堂、直岛当代美术馆、地中美术馆，体现了建筑是容纳光、水、风的场所，建筑是人与自然的中介。

从新艺术运动的装饰艺术到后工业时代人居环境的可持续发展，有机建筑经历了由艺术形态的吸收到科技技术的体现的发展过程。面对后工业社会资源短缺、人口膨胀、环境恶化的问题，有机建筑理论不拘泥于物质形态上的限制，更充分考虑人、建筑、环境三者之间的能量关系，建筑更多地基于地域性、生态性、人情化、社会性等方面的考虑，对传统、自然和场所精神的呼唤成为有机建筑的显著标志。建筑与环境取得能量结构意义上的联系是后工业时代有机建筑的实质。

实际上，“建筑是生物”的有机论建筑思想所强调的不外乎以下四个方面的内容：

① 生命本身的原理：适应与进化，建筑类型的适应与演进；

② 有机体与环境的关系，建筑与气候、形式与能量的关系；

③ 器官之间的相互作用，建筑的各个组成要素之间的协同运作；

④ 形式与功能的关系，形式作为功能物质呈现的功能主义内核。

基于此，相较于机械论，有机论建筑思想更具可持续性与文化价值，其意义在于：建筑形式的生成回归能量驱动机制，可以减少对机械调控技术的依赖，减少能耗；在自然环境的物质流与能量流的循环中，创造相对舒适健康的居住环境；结合当地气候的建筑形式重塑建筑地域性，从而获得文化与精神内涵。

2.4 建筑形式与能量的发展机制与价值取向

从上文阐述的关系来看，建筑与气候、形式与能量的议题实际上对建筑重新进行了定义，建筑的诞生与发展，不仅仅是建筑类型进化的历史，更是环境调控的历史，是其背后存在的自然规律与物理秩序，以及这些法则催生出的不断演变的策略与技术的历史。

总体而言，形式与能量关系的历史演进，经历了从**“形式适应气候”“形式追随设备”**到**“形式响应能量”**的转变，这反映了建筑对环境从顺应、控制、到回归的价值取向，呈现出被动调节、主动干预与整体共构三种形式与能量的内在逻辑与历史显现。以原始小屋及乡土建筑为代表的“形式适应气候”，建筑与地域气候紧密相连，蕴含了很多低技术但行之有效、简单直接的气候应对策略，但不得不承认此类建筑是在迫于生存压力、技术水平落后匮乏的时代下建立的，所营造的室内环境仅能满足生存需要，与现代人的舒适度标准仍有很大的距离；以范斯沃斯住宅、西格拉姆大厦、蓬皮杜中心和曼哈顿穹顶为例的“形式追随设备”，是一种隔绝自然能量而完全倚靠机电设备进行环境调控的机械范式，以征服自然的技术自信构建绝对恒定的室内热环境，这消耗大量的能量，对自然生态造成不可逆的影响；以赖特、路易斯·康、杨经文、柯里亚的建成作品为例的“形式响应能量”，是一种介于前两者之间的环境调控能量范式，建筑形式既不单纯追随气候，也不轻易屈从于设备，它最大限度地利用建筑形式本身的被动式调节，同时尽可能地使用适宜有效的主动式技术，平衡自然能量与人工能量，对室内热舒适的价值判断不再单一而是倾向于多向思考，建筑形式以最具效率获取、保蓄、转化能量的方式构建。在当前的建筑行业中，“形式追随设备”的环境征服理念仍在延续，尤其在产能过剩、用能不足的以中国为典型的发展中国家，建筑的环境调控极度依赖机电设备，自然环境不堪重负。这种对建筑形式调控环境的漠然与对机电设备的依赖，更加剧了建筑行业中设计专业与技术专业的分裂，建筑设计过程与水电暖通设计的隔离，使大量的混乱形式语言出现——建筑形式既没有回应气候，也没有妥善处理机电设备，而是任由机电设备破坏建筑的立面、空间与体形。

图 2.55 建筑进化类比生物进化的发展谱系（图片来源：作者自绘）

能量视野下的建筑研究倾向于将建筑形式视作动态的有机体，而以生物进化论角度审视建筑的起源与发展可以窥见驱动建筑形式演进的某种基本机制；在人与气候的相互关系中引入一种关于建筑发展的新视角——自然进化；阐明当前气候变化背景下建筑的动机和挑战，以期预测应对气候问题与环境危机的建筑演变趋势，明确以环境调控为目的的建筑形式创作的价值取向。

2.4.1 建筑进化——建筑形式与能量的发展机制

如果说生物的环境适应性与生理结构勾勒出建筑的气候适应性与形式构成的本质，那么生物进化论则扩展了环境调控视野下建筑形式的历时性演进机制（图 2.55）。

达尔文进化论（theory of evolution）将自然选择作为生物系统在各个层面进化过程的最重要机制。“人类进化本身就是人类跟剧烈变化的气候不断斗争所取得的成果[40]。”那么是否可以认为，建筑进化也投射出建筑形式应对气候环境的不断变异、继承、适应的过程与结果。

自然选择的物种进化为建筑演进明确了主体与客体、自变量与因变量。建筑的进化是类型的进化而不是不同时代单个建筑的差异，这一区别可以类比于生物学中基因型（genotypes）和表现型（phenotypes）概念的差异。基因型是通过生物遗传传递的物种的类型，表现型是描述类型在具体环境背景之下的具体呈现。生物学中表现型与基因型的科学概念可以解释环境调控视野下的建筑学概念：“形式”与“类型”。在长久的演化发展中，建筑形式可以归纳划分为几种人类在气候、地理、人文、历史环境中的集体无意识营造的建筑类型，这些类型综合反映了这些建筑的特定性、关联性与延续性。迪朗（Dur-moneo）、阿尔多·罗西（Aldo Rossi）、拉斐尔·莫内欧（Rafael Moneo）所做的建筑类型学的研究与此有相似之处，都意图把连续、统一的建筑形式做归纳、分类的处理，以寻求一种不变的秩序，这种秩序的呈现可以帮助思考某种本质。“基因型”与“表现型”概念的引入，同样寻求一种建筑进化过程中稳定的形式特征，并为这种形式生成的内在逻辑提供可解释的基础。

建筑类型代表着某个地区建筑形式在历史发展过程中稳定不变的秩序显现，对这些秩序的物态理解也即对这个地区的建筑类型归纳，两者互为因果。建筑形式可以被归纳为建筑类型的重要原因，在于建筑形式在发展中存在不变的影响要素，例如当地的地域环境、气候条件、生活模式与文化习惯。建筑类型可视作某个地区建筑形式的“基因型”，是建筑形式在历史发展过程中所呈现的“遗传”性状。而建筑形式可以看作基于当地建筑类型，受具体环境影响（例如地形、场地大小、人口组成等）呈现的实际性状，是“基因型”在具体环境中发展出的“表现型”。不仅如此，“表现型”在新的环境背景下会发生“突变”而反过来影响“基因型”。当环境改变时会对表现型发生作用，

40 田家康．气候文明史 [M]. 上海：东方出版社，2012.

表现型为适应这种环境变化会发生性状的改变。此类“突变”如果使这一表现型更具环境竞争力，那么这一表现型通过自然选择被留存下来，就能作为一种稳定性状成为基因型继续遗传下去。

表现型 = 基因型 + 环境

建筑形式的发展与变化同样体现出类似的对建筑类型的反馈，反映出环境对于建筑类型的影响与修正。基于自然选择，类似生物“遗传”与“突变”的进化机制，建筑在动态连续的演化过程中受到不同因素的驱动而衍生出相应的形式类型和范式，这些因素可以是气候与环境、资源与经济、建筑科学与技术的发展、设计思潮的革新。简单来说，建筑形式的演化机制包含了建筑类型对建筑形式的正向输出，以及建筑形式对建筑类型的负向反馈。这种“输出 - 反馈”机制促使建筑具备环境适应性，并能在不断的循环中维持一种形式可持续性，从无序走向有序。

达尔文进化论的高明之处在于，它将进化归因于自然界本身对现存形式的一种选择或淘汰。那么建筑形式依据什么进行选择和淘汰？建筑类型的稳定发展与进化存在于环境的交互影响过程之中，从大尺度的时间维度审视这些过程，不难发现与形式主义相关或空洞美学崇拜的建筑趋势很快就会湮灭在历史的河流中，而与建筑功能、气候、自然和社会条件相关的建筑趋势通常表现出更强的生命力。

气候条件无疑在建筑形式的自然选择中存在重要影响。宅屋的形式发展不是来自个人，而是来自群体[41]。它们代表着一种文化及其对整体气候、局部气候、典型材料和地脉等区域特征的持续反映。阿摩斯·拉普卜特认为：“建筑形式受制于地理、气候、经济因素，人的生物性和生理心理需求，以及力学与结构法则，最终生成一种与自然环境相适应的稳态，这种稳定的状态是建筑根植于文明的基本，并逐渐影响着社会文化。”他将建筑形式的选择解释为“在既定的气候条件、建筑材料和技术水平约束下，特定群落的人对于理想生活的定义。”拉普卜特进而引入了“气候量度”的概念。外部气候条件常常不利于人体的健康与舒适，人类造屋的首要目的就是应对这种气候应力。气候越恶劣的地方，气候对住宅形式的限制越凸显，建筑形式选择的自由度越小；反之，气候越适宜，其对宅形的限制作用越小，经济、社会、人文等其他因素对建筑形式的影响更为突出。

从最初的原始小屋到如今批量生产的装配化房屋，如果这种形式的变化并不能体现居住的本质与对环境的调控，我们难道还固执地认为这是一种进步吗？面对机械霸权下建筑学自我价值的遗失，我们应当重新思考建筑学的本体与核心，建筑形式的生成回归气候与能量驱动机制。基于进化理论，气候变化与能量流动被视为未来建筑演变的动力，是环境调控建筑学在气候变化时代的恒在驱动，其影响有望通过生物气候建筑的新概念纳入更大的可持续建筑环境营造的议题中。

41 拉普卜特．宅形与文化 [M]. 北京：中国建筑工业出版社，2007.

2.4.2 能量响应——建筑形式与能量的价值取向

形式的价值取向，影响着建筑的设计、建造与使用，“形式响应能量”是对建筑本原的回归。与自然气候联结，对技术适度利用，是当下环境调控语境下建筑学发展的有利方向，人与环境、地域与气候、历史与文化皆成重要命题。本节提出基于能量法则的建筑形式创作价值取向，进而引出后文的方法体系框架。

2.4.2.1 从环境隔离到多维互动——气候环境维度

机械论的建筑设计隔绝与外部气候环境的联系，建筑围护结构、形体、空间组织都采用“隔绝”的形式生成逻辑，并通过机电设备保持室内环境热舒适；有机论的建筑设计则尽可能通过建筑与外部环境的多维互动，允许外部自然能量参与建筑的能量循环，其围护、形体与组织则遵循利于自然采光通风的形式生成逻辑。基于非平衡热力学与耗散结构理论，封闭系统由于熵增定律必定会经历从有序到无序的衰败，唯有开放系统通过环境不断刺激与物质能量的交换进行系统的自组织，才能使自身从无序到有序并维持形式的稳定性。

与气候环境相隔绝的建筑形式，在环境意识逐渐增长的当今时代，其不可持续性被越来越多地认识到。环境隔离的建筑形式忽视了对自然气候资源的利用，造成大量能源耗费，并且隔绝式的环境调控手段使建筑成了人工的屏障，切断了人与自然的互动。此类生硬的建筑形式抛弃了建筑作为空间载体应具备的开放性与包容性，并且形式单一缺乏变化，形成的均质空间破坏了自然生态的内在规律，以强硬的方式入侵场地环境。斯坦·艾伦（Stan Allen）提出的场域环境理论（field condition theory）认为应当打破建筑与环境的二元对立关系，使建筑不再被视作实体边界的客体[42]，而是与气候环境关联、互动的能量构形。因此，当代建筑创作应当摈弃孤立、封闭的建筑形式，使建筑与自然重新联结；增强建筑的灵活性与可变性，使建筑以更加开放的方式与环境互动；甄别、利用、转化环境中的可用能量，形成建筑与环境共同作用的“自然选择”，促进环境调控的建筑进化。

2.4.2.2 从主动干预到整体共构——建筑形式维度

不顾气候条件，强行侵入、改造自然环境，同时倚靠主动式技术手段，依赖耗能的机电设备进行建筑的强环境调控，是“形式追随设备”的环境调控逻辑。建筑以形式本身作为环境调控的手段，通过被动式技术方法进行建筑的弱环境调控，是“形式适应气候”的环境调控逻辑。主动干预能满足人体的热舒适指标但会耗能，环境代价巨大；被动干预生态可持续，但却无法完全满足现代生活的舒适度要求。而“形式响应能量”的环境调控逻辑，则以建筑形式本身的被动干预为主体，机电设备的主动干预为辅助，通过建筑师对气候条件与场地环境的考虑，呈现一种整体共构的复合环境调控逻辑。

42 苑雪飞．基于自然语境的寒地建筑形式创作方法研究 [D]. 哈尔滨：哈尔滨工业大学，2016.

目前的建筑形式创作中，针对环境调控的建筑形态尚未系统化。一方面是因为机电设备等强环境调控系统将环境任务从建筑形式本身剥离，一些建筑师在形式创作中没有重视环境调控这件事；另一方面，即便在一些具备环境意识的形式创作中，建筑师仍旧将建筑形式分解为围护结构、细部构造等独立的部分去应对环境，建筑构件成为技术堆砌的载体，缺失整体意识。所谓系统，是指由一定要素组成的具有层次和结构的整体。系统最大的优势在于，整体大于部分之和。主动式环境调控系统与被动式环境调控系统，构成了建筑的两个子系统。通过这两个子系统之间的协作、互补与调节等，实现建筑对环境的积极适应。同时建筑形式也不再被僵硬地按照构造逻辑划分，而是依据被动系统中能量流动与转化的规律与机制，形成各个层级的能量子系统。子系统的协同工作使建筑具备适应与进化的能力，成为高效利用与控制能量的开放系统。主动系统与被动系统及其分化的各个层级的子系统结构，达成了建筑形式维度的环境调控整体共构。

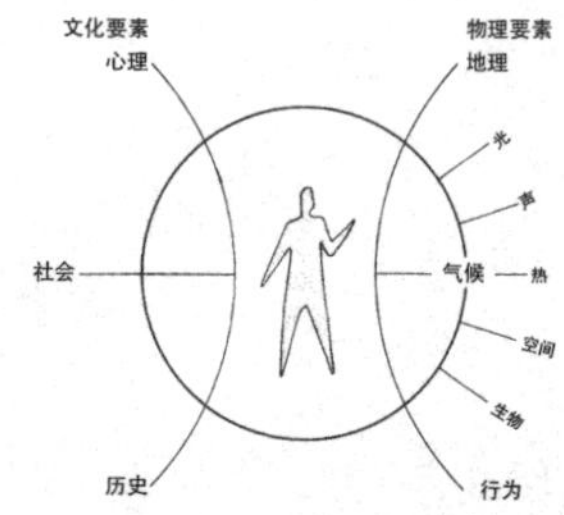

图 2.56 影响人体舒适的物理与文化要素

（图片来源：Olgyay V, Olgyay A, Lyndon D, *Design with Climate*, 2015）

2.4.2.3 从单一标准到多向思考——人体舒适维度

主动干预的强环境调控系统建立在舒适度的量化研究之上，认为舒适度的评判基于一组狭窄的风、光、热物理参数指标，并且这样的标准适合任何时间、地方与人种。近乎稳态的室内环境在当时被认为是“建筑发展中最具价值的进步”。对热舒适的量化研究需要在主观感受（问卷调查）和生理反应（皮肤温度、湿润度、心率及血液成分等指标评价）以及客观物理量（温度、湿度、风速、辐射温度等）之间建立联系，进而建立起早期评价热舒适度的指标，包括: 有效温度 E.T（Houghten, Yanglou, Miller），合成温度 R.T（Missenard），热应力指标 I.T.S（Givoni）以及 PMV-PPD 指标。然而在这之后，在大量建成环境的现场测试中发现，人的实际热感觉出现了较大偏差，众多研究也证明了稳态的室内环境所维持的人体热中性水平，既不舒适也无益于健康[43]。

最新的研究扩展了舒适的内涵，热舒适仅仅是所有舒适感官的一个面相，舒适涉及空间与时间变化以及使用者长期或短期适应的复杂现象。部分学者认为，人对环境进行交互调整的行为可能性对热舒适感受存在很大影响（Aulicuems, Nicol），某些特定外部条件（例如有无空调，是否自然通风等）可以影响人的热期望并使生理与心理都更快或更慢地适应周围环境（Btager, Cooper）。不可否认，人是建筑环境系统的重要组成部分，无时无刻不在调控建筑的环境，例如开关门窗，拉下或打开窗帘，开启或关闭空调、风扇或暖气等机电设备等。同时，是否与自然环境相联结同样影响人的舒适感受。钢筋混凝土下的封闭黑房间，即便配备了空调、照明与新风系统，仍然给人以心理压力和生理侵害，人无法在这样的环境中体验到在建筑中的诗意栖居。中西方哲学将自然作为重要的审美对象，中国哲学讲究“天人合一”与“道法自然”，西方古典美学的代表人物康德认为自然万物的和谐关系带来了美。因此，脱离了自然环境的建筑不能在根源上给人以内心的宁静和美的感受。建筑不仅

43 朱颖心 . 热舒适的“度”，多少算合适？ [J]. 世界建筑 , 2015(7):35-37.

是环境技术的聚合，需要满足人体热舒适度的物理指标，更应该是生活的载体、审美的对象，它们共同构成了整体的舒适度官感。路易斯·康提出了关于建筑中“技术”与“诗意”的本质问题，技术应当服务于建筑的诗学：

“我只希望一个真正有价值的学科最终可以意识到无法量化的东西是他们真正需要理解的，可以量化的技术只是一种途径，人类所创造的一切从根本上说是不可测量的[44]。”

因此，未来基于环境调控的建筑形式创作，应当尽可能联结建筑与自然，注重人与自然的情感共鸣。对于人的需求不应局限于单一的热舒适指标，更应该从生理、心理与行为等多维度多向度进行思考，将某一时刻的风、光、热条件拓展到历时性的空间体验，给人以舒适的感官体验与诗意的感受（图 2.56）。

综上所述，能量维度下的建筑形式生成，需要构建崭新的价值取向：气候环境维度从环境隔离到多维互动，建筑形式维度从主动干预到整体共构，人体舒适维度从单一标准到多向思考。至此，一个明确的目标在建筑学的议程中成形，建筑形式的创作回归能量驱动机制。这不仅回应了当代全球温室化、碳排放超标的环境议题，也逐渐使既传统又革新的建筑语汇被发展出来。肖恩·拉里指出，目前，材料的能量（热辐射、空气速度、光电波普）仍然是建筑师们未开发的创新和灵感来源。在设计环境中，能量往往仅被看作隐喻或诗学而已，或者，被视为一种资源概念被先入为主地认识。而能量作为塑造建筑形式的有效因子，是否可以作为一种建筑材料，从而通过一种全新的空间组织手段重新定义我们的物理边界呢?

能量是否能成为一种建筑构成法则? 辐射、传导、对流能否成为建筑形式生成的逻辑机制? 风、光、热能否重新成为构成建筑的材料? 建筑必须建构从人体反应系统到环境调控系统再到外部能量系统的互联机制，使其得以持续地影响建筑形式的发展，从而影响我们设计建筑、建造建筑、使用建筑的方式和过程。

2.5 本章小结

本章通过对有机建筑理论、建筑生物气候学、建筑热力学理论的研究来构建环境调控视角下建筑形式与能量的理论基础，并通过进化论、系统论和复杂性科学来构建形式基于能量的发展路径与机制。从能量的角度刻画建筑起源、乡土发展、机械介入的建筑发展纵向剖面，在时间维度下总结建筑形式与能量的历史演进，归纳其呈现出的被动调节、主动干预与整体共构三种形式响应能量的内在逻辑，最后将其升华为当代环境调控的建筑设计价值取向，为本书提供历史论据与理论基础。

44 Ronner H, Jhaveri S. Louis I. Kahn: Complete Works[M]. Basel: Birkhäuser, 1987.

3 建筑形式与能量关系的系统模型构建

3 建筑形式与能量关系的系统模型构建

3.1 建筑环境调控的系统模型

如果将建筑看成是一种环境调控系统，那么它由一整套贮存能量、产生能量与控制能量的子系统构成，各个层级的子系统相互协作完成特定的功能并产生相应的物质形式。戴利这样描述建筑作为一种系统与有机生物的相似之处："在这些看似不动的墙体中，流动着气体、水蒸气、液体和流质；这些烟道、管网与线路，恰似一种新型有机物的动脉、静脉与神经；通过这个系统，冬季可以输入热量，夏季可以引进新鲜空气，并且，在全年中，光线、冷热水、人体营养物及高级文明社会的无数附属物全都通过此系统得到处理。"（图 3.1、图 3.2）

建筑的环境调控，无论其通过主动耗能抑或被动调节适应气候环境，无论其受影响于机电设备抑或建筑形式，其本身是各个子系统、子要素的组织与协同工作。

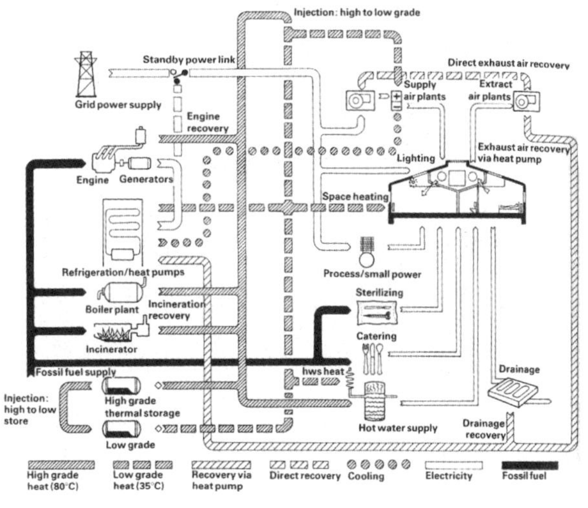

图 3.1 利用机电设备主动耗能的环境调控示意（图片来源：Hawkes D, *The Environmental Tradition: Studies in the Architecture of Environment*, 1996）
（注：因专业需要，本书引用的插图中的英文不翻译成中文）

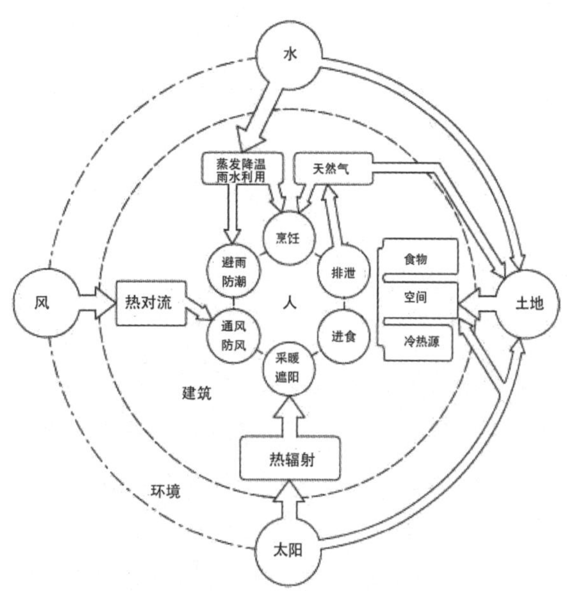

图 3.2 利用建筑本身被动调节的环境调控示意（图片来源：作者根据相关文献绘制）

3.1.1 复杂性科学视角

中国著名学者钱学森认为：系统是由相互作用、相互依赖的若干组成部分结合而成的，具有特定功能的有机整体，而且这个有机整体又是它从属的更大系统的组成部分[45]（图 3.3）。对建筑环境调控系统的研究需要建立系统学与协同学等复杂性科学的视野。

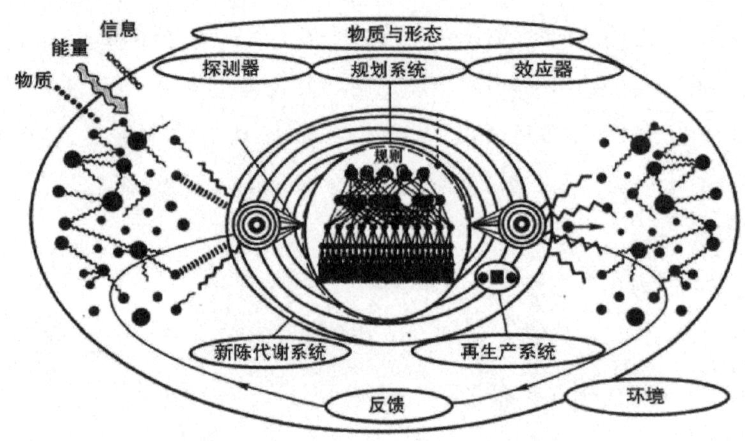

图 3.3 复杂系统（图片来源：李士勇，《复杂系统、非线性科学与智能控制理论》，2000）

3.1.1.1 系统学

系统学最早由美国理论生物学家冯·贝塔朗菲（L. Von Bertalanffy）提出，旨在研究处在一定环境中以固定模式组织若干要素所实现的结构关系，要素之间相互联系、协同并形成整体的内里机制，阐明了有序性、目的性和系统稳定性的关系。简单来说，系统论是科学分析事物内部不同功能部分与整体的关系，将研究对象视作不同要素整合为整体的有机论科学方法。系统论的主要思想有：

（1）系统化。即整体与部分的辩证关系，标志着客观事物的可分性与统一性。系统是有机的整体，整体功能大于各部分功能之和。

（2）动态化。系统的平衡规律是动态的。一般客体都是外有环境、内有结构的系统，当外界环境发生改变，物质系统之间的平衡态随之改变，进而释放或吸收能量，并逐渐达到新的平衡态并产生新的平衡态下的形态结构。

（3）层级化。有机体的系统内部存在明确的层级，按一定的等级关系呈现出结构关系。

3.1.1.2 协同学

由物理学家赫尔曼·哈肯提出的协同学以系统论为基础，集成了普利高津的耗散结构理论，并将视野聚焦到系统内部，以解释系统有序结构的具体机制。由大量子系统组成的系统在一定条件下，在子系统间的协同作用下，在宏观上呈有序状态，形成具有一定功能的自组织结构机理。通过对不同学科领域中的同类现象的类比，进一步揭示了各种系统和现象从无序到有序转变

45 钱学森．论宏观建筑与微观建筑 [M]. 杭州：杭州出版社，2000.

的共同规律。与耗散结构理论不同，协同学认为系统维持有序形式的关键并非偏离平衡态的远近，而是系统内部各个子系统之间的协同作用[46]。协同学的要点可以概括为：

（1）协同效应。系统的有序性由系统内部的各个子系统与要素协同作用形成；

（2）支配伺服。系统因外部环境改变产生非平衡态时，系统内部少数几个变量主导突变，其他变量服从这些变量进行形态结构的应变；

（3）自组织。协同学的自组织存在内在性和自生性，在一定的外部能量流和物质流输入的条件下，系统通过内部各个子系统之间的协同作用，在自身涨落力的推动下，达到新的稳定，形成新的时空有序结构。

3.1.2 建筑环境调控系统

建筑热力学理论在认识论上基于建筑形式与能量的关系提出一种新的建筑定义：建筑是开放的热力学系统。“开放”意为建筑与周围环境时时刻刻发生交互行为，“热力学”揭示并强调这种交互发生在能量层面，而“系统”显然建立起了建筑的有机结构：多个器官或组织按照一定的次序组合在一起以完成特定的功能。

同时，建筑同相邻系统共同组成了更广泛的环境系统。建筑必须被放置在气候环境中，同时指向人的需求，因而构成了一个更大的环境系统。气候环境、人的反应与建筑这三者是互有联系的整体组成部分，其以复杂机制相互影响并构成一个整体系统或若干个系统的组成部分。

3.1.3 建筑环境调控系统的历史维度

古罗马建筑师维特鲁威的“建筑环境三元模型”最早将建筑看作一种环境系统并且将其模型化。维特鲁威在《建筑十书》中以人的舒适为纽带建立建筑与气候的匹配关系，他根据三者之间密不可分的关系建立起著名的“建筑环境三元模型”。维特鲁威的环境模型实际上界定了几个相互关联的热力学系统：外部能量系统（气候）、建筑调控系统（建筑）、人体反应系统（舒适）（图 3.4）。每个系统分属于不同的科学领域，气候学、建筑学与生物学有其各自的发展史、仪器测量技术与理论计算体系，因此难以统筹整合。现今环境调控语境下的建筑学研究，需要回应环境危机与资源匮乏的时代背景，使这三种热力学系统具有连续性，拥有共享的知识边界。维特鲁威的模型解释了在建筑中进行环境控制的本质，建筑作为调节外部环境与内部环境的容器，提供了一个经过控制的优于外部环境的内部空间，它既是阻隔、遮挡、围合，又是渗透、呼吸、适应。

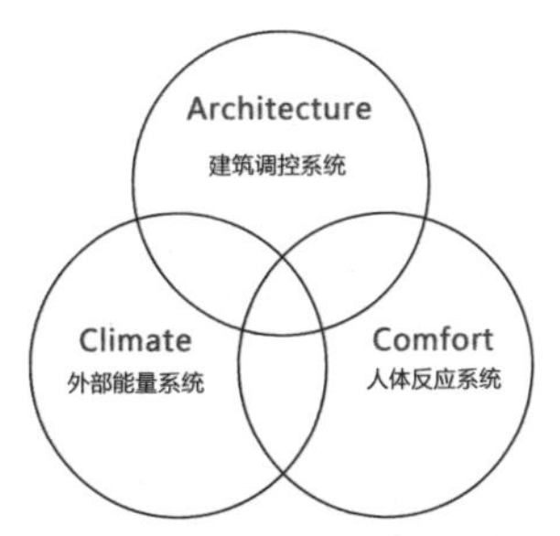

图 3.4 维特鲁威“建筑环境三元模型”（图片来源：作者根据相关文献改绘）

46 赫尔曼·哈肯．协同学：大自然构成的奥秘 [M]. 上海：上海译文出版社，2005.

奥戈雅引申和发展了维特鲁威的建筑环境三元模型，在其中加入了技术这一要素，使之成为“气候平衡的联锁模型（Interlocking fields of climate balance）”（图 3.5）。奥戈雅将人的舒适度与气候要素的关联量化为环境物理参数的范围，他提出的生物气候图创建了一个关联起物理参数与体感舒适度的量化模型，并通过热舒适区的移动指向对应的建筑设计策略。奥戈雅研究的制图计算技术在早期提供了一条从外部气候到内部环境的有效设计路径，可对设计进行方向性的指导。

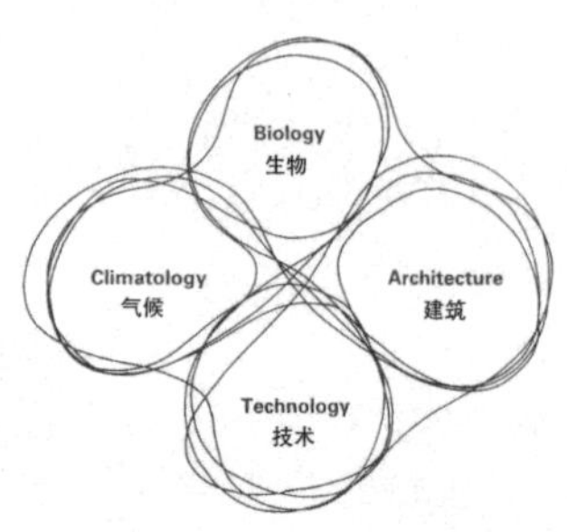

图 3.5 奥戈雅气候平衡联锁模型（图片来源：作者根据相关文献改绘）

随着对能量的科学认知与机电设备的机械介入，更细致的模型出现了。班汉姆在《环境调控的建筑学》中确定了三种环境调控模式：“保温型”（conservative）、“选择型”（selective）和“再生型”（regenerative）。保温型模式的建筑有相对较大的围护结构热质量，其效果是减少外部温度变化对内部温度波动带来的影响；选择型模式涉及建筑的开启，建筑引入环境中对其有利的部分，从而优化室内环境。保温型与选择型的区分在于是否需要建立室内外环境的联系这一核心问题，再生型模式则是使用采用二次能源启动的空调机电设备来控制内部环境。班汉姆认为，相比于温度或纬度，湿度对保温型或选择型模式的选择更为重要。班汉姆的分类源自对历史建筑的经验观察，并有效地服务于历史分析的目的。

迪恩·霍克则更强调明确“自然环境中使用环境能量的建筑”与“主要倚靠机电设备受控于人工环境的建筑”之间的区别。他称前者为“选择型”（selective），后者为“隔绝型”（exclusive），并分别冠以“地域”与“国际”的标签（图 3.6）。迪恩·霍克的选择型主要利用建筑形式本身进行环境调控，围护结构具有多种开启的可能性，可以对需要的能量与气候要素进行选择。因为这种选择包含了对有利因素的“接纳”与对不利因素的“拒绝”，所以涵盖了班汉姆的保温型与选择型模式，都为利用建筑的被动系统进行环境调控。隔绝型环境调控模式的意图是切断室内外环境的联系，维护结构采用密封大热质材料及对应的构造方式，以尽可能少的建筑开启，减少外界环境变化对室内的影响，同时使用主动式环境调控系统进行精准恒定的温湿度控制。迪恩·霍克的隔绝型模式综合了班汉姆的保温型和再生型模式，这是因为使用机电设备作为主要调控手段的建筑形式都要求围护结构具有高气密性与大热惰性。相较于班汉姆的模型，迪恩·霍克的模型更强调建筑能量驱动的来源，对利用人工或自然的能量逻辑进行区分。迪恩·霍克在 *The Selective Environment* 中提出的“选择型设计（selective design）”不仅吸收了班汉姆的“选择型”概念，而且秉承了奥戈雅《设计结合气候：建筑地方主义的生物气候研究》中尊重自然和气候条件的环境设计思想，它力求以更为积极的方式降低对环境调控的机械系统的依赖，从而减少对自然环境的负面影响。

迪恩·霍克在《环境传统》一书中进一步以进化的视角对建筑中环境调控系统的发展与演变进行了归纳与分类。建筑环境调控系统从史前气候与人类身体直接作用，到建筑、衣物与火的介入给人类提供调节过的微气候，至机电设备参与后环境调控变得精确与恒定。在每个阶段的环境系统中，迪恩·霍

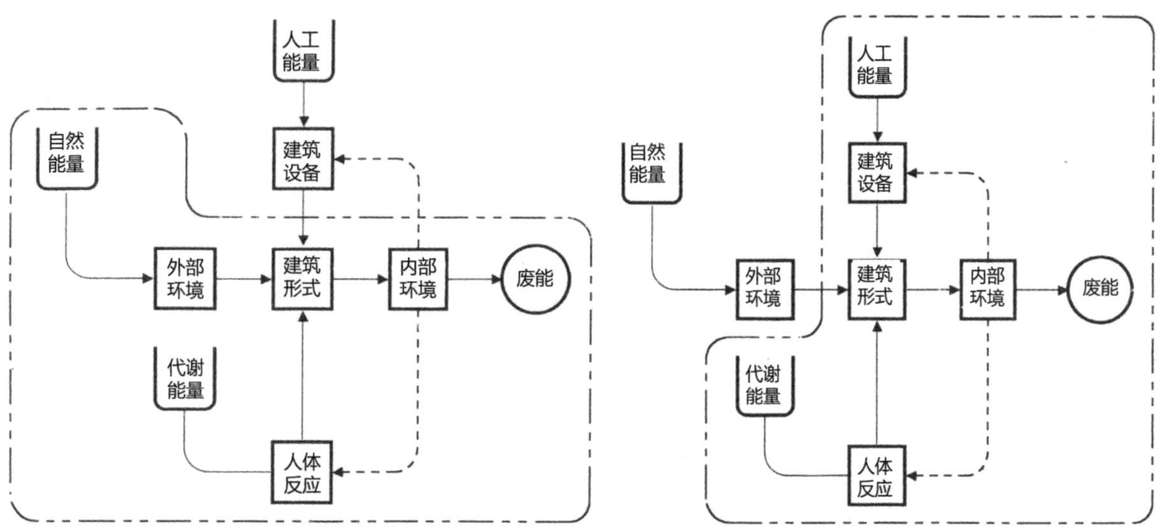

图 3.6 左：迪恩 · 霍克“选择型”环境调控模型；右：“隔绝型”环境调控模型（图片来源：作者根据相关文献改绘）

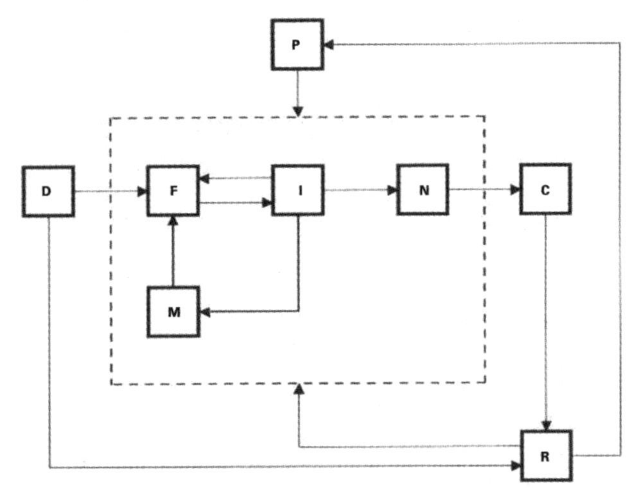

图 3.7 迪恩 · 霍克的环境调控模型（图片来源：Hawkes D, *The Environmental Tradition: Studies in the Architecture of Environment*, 1996）

克设置了一个参数 *P* 来表征外部能量系统对人体反应系统的影响因子，其实际上包含了气候、建筑、技术三个大类的影响（图 3.7）。

纵观历史，从维特鲁威的时代开始，对建筑环境调控系统的模型化就已经开展，对建筑与环境的研究在机械介入之后突显出能量的线索。描述一个系统的结构，需要指出它的各个部分以及各个部分之间的相互关系，其内在逻辑的结构模式可以被有效地形式化描述，成为一种与现实可以类比的关系结构，并可以代替原型被分析研究，而且能够预测原型的演化与进化方向，这就是模型。模型可以类比、替代与推论，是复杂开放系统的整体定量形式化描述。前人的研究为本书提出的环境调控系统模型提供了翔实的基础。

3.1.4 建筑环境调控的系统模型

3.1.4.1 定义

本研究基于空间连续性与各个系统相互作用的方式，根据班汉姆选择型、保温型、再生型与迪恩 · 霍克选择型、隔绝型环境调控模式的边界、系统、要素以及相互联系的反馈与控制途径，归纳出建筑环境调控的系统模型。

被动式环境调控系统模型（图 3.8）。全球气候、地区气候与地形气候共同决定了建筑场地的微气候环境，风能、光能与热能构成了第一能量环境。土地的反射辐射、热量传导，绿化的蒸腾作用与建筑的热调控，共同形成第一调控系统，并随即产生被调节过的气候。这个被调节过的气候同时包括了室内环境、灰空间及建筑周边环境，它既是第一受控环境，又作为第二能量环境对人产生影响。而建筑中的人类基于自身的生物调节机制，成为第二调控系统，即人体反应系统，保证身体内部的热环境，即第二受控环境的稳定。同样以第二受控环境的稳定为最终目标，人体反应系统具备主动改善周围环境的能力，例如温度上升时打开窗、温度下降时关闭窗，第二调控系统对第一调控系统存在负反馈机制。气候与建筑的相互作用形成外环境（第一环境），建筑与人的相互作用形成内环境（第二环境）。被动式环境调控系统模型旨在最大限度地利用自然能量，调节后的环境也因此受外部气候的影响，内、外环境变化曲线如图 3.10 所示。

主动式环境调控系统模型（图 3.9）。主动式环境调控系统模型则是通过机电设备的介入操控人工能量进一步实现环境调控。人工能量实际上是自然能量经过人为加工，转化而成的另一种形态的能量，主要有电力、焦炭、煤气、沼气等，这些能量构成了第一能量环境。机电设备作为第一调控系统驱动人工能量进行环境调控，形成的室内热稳态环境即为第一受控环境。机电设备

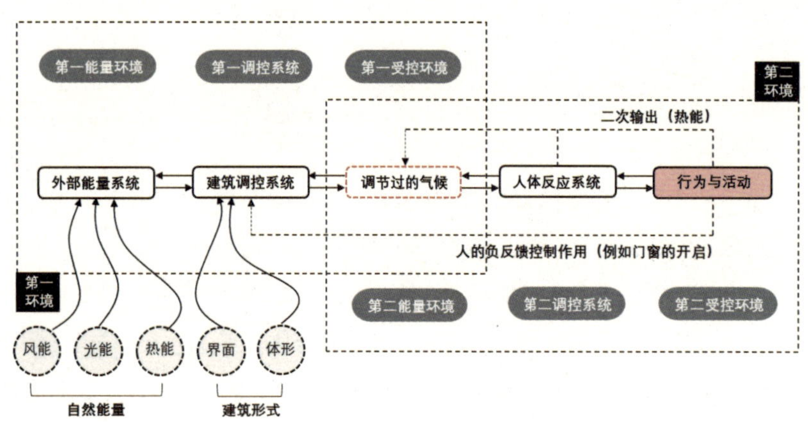

图 3.8 被动式环境调控系统模型（图片来源：作者自绘）

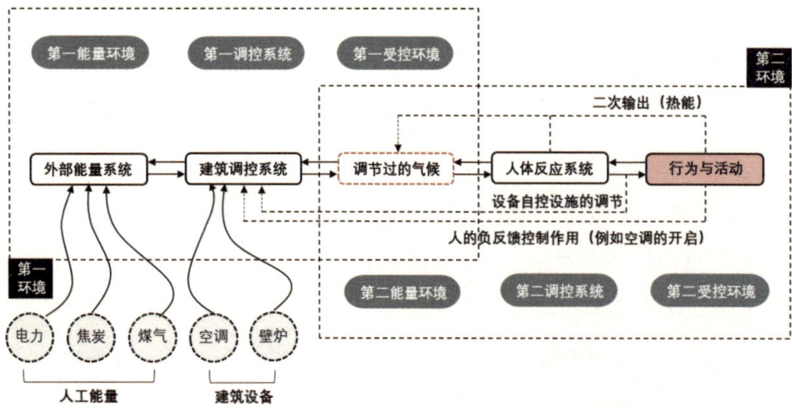

图 3.9 主动式环境调控系统模型（图片来源：作者自绘）

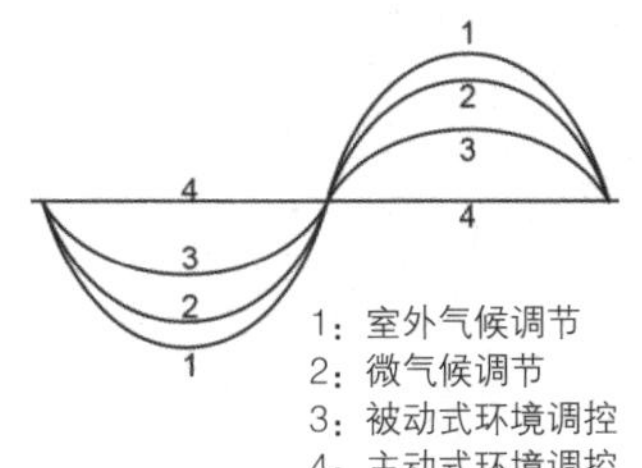

图 3.10 环境变化曲线（图片来源：作者根据相关文献绘制）

的开启与关闭一般有两种方式：其一是对内环境的数值监控，环境热感器对第一受控环境的温度、湿度进行自控调节，平衡外环境的数值波动；其二是人对机电设备的手动调节，其作用机制与人依据自身舒适度对建筑进行开启的相应操作相类似。主动式环境调控系统模型利用人工能量和机电设备进行精准的环境调控，室内环境不受外部气候影响，趋近于恒定，内、外环境变化曲线如图 3.10 所示。

3.1.4.2 特征

建筑环境系统以消耗和转变物质与能量的代价从外部气候中划定出内部环境，通过调节对环境变化做出反应并寻求能量的平衡。物质反映着系统的结构属性，能量反映着系统的功能属性。建筑本身是各种物质与能量要素彼此协同作用的自治系统。建筑环境调控系统模型的构建，引入一种解构建筑环境的新体系，“物质结构”与“能量流动”是其中最为重要的两个方面。

物质结构：以外部能量系统、建筑调控系统和人体反应系统为基础建立的系统模型中，存在互为“内”与“外”的递进结构，它们是各层级系统间环境调控的气候界面。自然界中最清晰的内外结构存在于生物中。毛皮、甲壳、细胞壁，都可以在外部环境中包裹出一个稳定的内部空间结构。这种基于生物体构造的“内”与“外”的结构以及据此发展的空间环境意识可以从对原始小屋的考古中得到，切尔尼科夫发现的原始社会棚屋（mammoth hunting social hut）就由猛犸象的腹腔骸骨覆盖茅草与毛皮建成（图 3.11）。赖特认为：“在任何动植物中可以发现局部与整体的逻辑关系是有机生命的根本。”马克斯（T. A. Markus）扩展了生物模拟法，将维持“内”“外”界面的建筑构造与生物类比，把具有大热质厚重墙体的传统建筑物比作外骨架生物，把具有框架与幕墙等轻质结构的建筑比作内骨架生物（图 3.12）。伊纳吉·阿巴罗斯在其著作《高层混合原型中的热力学应用》（*Thermodynamics Applied to High-rise Mixed-use Prototype*）中提出了“热力学内体主义”系统的概念，拟合热力学系统与生物体结构，其理论即参考了此类“内体主义”生物体器官及其运作方式。

图 3.11 切尔尼科夫猛犸狩猎社会棚屋（图片来源：bc.edu）

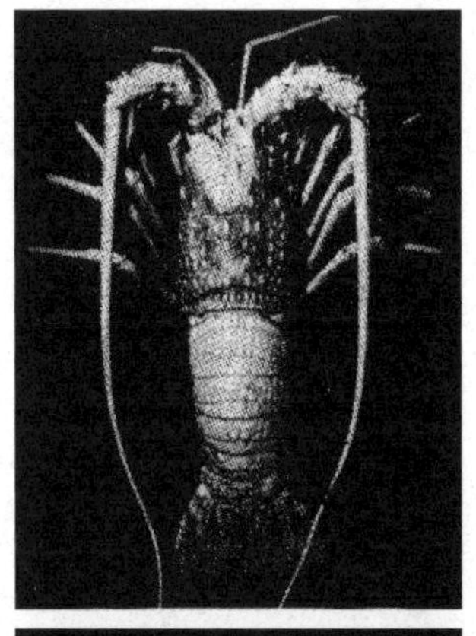

图 3.12 外骨架生物与内骨架生物（图片来源：T. A. 马克斯，E. N. 莫里斯，《建筑物·气候·能量》，1990）

能量流动：能量经由气候界面的开启流经外部能量系统、建筑调控系统和人体反应系统，热力学系统内部的能量变化遵循能量的法则。热力学第一定律表明，能量在转移和转化的过程中总量不变；热力学第二定律指出，自然过程中孤立系统的总混乱程度（“熵”）不会减小。能量的法则适用于所有系统，有机体、生态系统和整个生物圈具有共同而基本的热力学特点。奥德姆在《生态学基础》中指出，所有的合理形式都是在平衡能量的获取与损耗条件下，以最大生产率为原则产生并维持一个有“内部秩序”的结构。凡有能量流通过的自然封闭系统，都有变化的趋势，直到具有自动调节机制的内部结构形成以后，其平衡内外能量流的形式得以产生。根据伊利亚·普利高津的耗散结构理论，建筑与生物都是开放的热力学系统，需要持续地消耗能量以维持其生存基础与形态组织。应对不同气候条件的各种建筑形式，即是具有平衡能量的获取、保蓄、释放的稳定结构，是能量交换与传递的形式固化与秩序表达（图 3.13）。

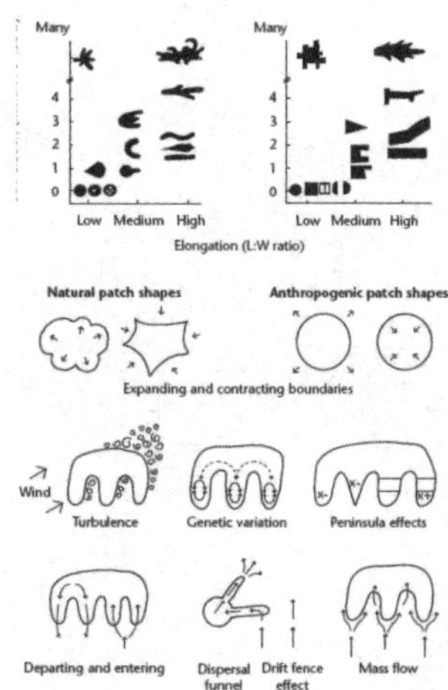

图 3.13 能量流动与形式生成（图片来源：Braham W W, Willis D, *Architecture and Energy*: *Performance and Style*, 2013）

3.1.4.3 意义

建筑环境调控系统模型的建立，不仅使建筑学的视野集中在建筑本身，而且使模型勾连起与之相关的身体与气候系统，并通过物理学、生命科学与环境科学的交叉互融，使建成环境作为一个整体存在被观测、量化与评价。气象学与生物学界定了气候影响舒适度所对应的物理指标与作用机制。这些被数学表达的物理过程则有效地描述了建筑环境调控的对象与过程、目标与范围。

3.2 气候——外部能量系统

3.2.1 气候的释义

气候环境是环绕着人们，对人类生存有很大影响的物质的、能量的、生物的综合。气候条件的组合是在连续不断地变化状态之中，或隐伏或显现的环境基底。气候（climate）一词来自希腊语“Klima”，原意为“倾斜”，揭示出气候的地域差异与太阳的倾斜程度具有重要关联，暗示了气候与能量的直接联系。

3.2.2 气候与能量

气候的形成与能量息息相关，其构成了建筑环境的外部能量系统。太阳辐射与行星运动是地球能量系统与气候形成的原动力。驱动地球气候的大部分能量来自太阳，经由 1.5 亿 km 的距离，太阳核聚变的能量以辐射的形式到达地球，通过地球的自转、大气环流与洋流被运输到全球范围。太阳能加热陆地与水体为大气运转提供动力，大气中空气团在陆地与水体上空的对流、因空气团对流而形成的蒸发与降水过程、空气温度与大气压力的变化以及地球自转造成的气团移动都是能量流动的结果，能量流动构成了以空间和时间变化为特征的气候系统。气候是自然界所有系统的“元系统”[47]，它调整了自然万物之间的物质和能量交换。太阳光、风、热、雨雪、水蒸气等气候因子是这个系统中能量要素的形式呈现。

3.2.3 气候的层级

气候作为一种能量系统，依据范围的不同囊括了不同尺度层级的天气系

47 温斯托克．建筑涌现：自然和文明形态之进化 [M]. 北京：电子工业出版社，2012.

统。一定的空间尺度和时间尺度的各种天气系统相互交织、相互作用，构成了在更大区域与时间跨度下的气候。不同层级的天气系统之间多种能量过程形成了形形色色的气候类型。巴里（Barry）根据地理与时间的范围将天气系统分为四个层级：全球性气候，地区性气候，局地气候，微气候（表 3-1）。而本书主要选取全球性气候与微气候作为外部能量系统的主要研究对象，前者用以解释全球性气候差异的能量成因，后者用以提取影响建筑环境的物理参数。

表 3-1 气候系统分类

系 统	气候特征的大致尺度		时间范围
	水平范围（km）	竖向范围（km）	
全球性风带气候	2000	3~10	1~6 个月
地区性大气候	500~1000	1~10	1~6 个月
局地气候	1~10	0.01~1	1~24 小时
微气候	0.1~1	0.1	24 小时

（表格来源 作者根据相关文献绘制）

3.2.4 全球性气候

按照气候特征的相似和差异程度，根据服务学科的不同，以不同且特定的指标参数，可以对全球性气候进行不同程度的区划与分类。指标的选定，随区划的目的、种类而异。例如，农业气候区划以温度、降水、越冬条件等指标为依据；航空气候区划以能见度、雷暴日数等为依据[48]；而与本书相关的建筑气候区划则以太阳辐射、气温与湿度等指标为重要考量依据。

3.2.4.1 现有的气候区划

由于太阳辐射分布的纬度差异，气候具有随纬度发生有规律变化的纬度地带性，全球性气候可以划分为：赤道低气压风带、低纬信风带、副热带高气压带、中纬西风带、副极地气压带、极地东风带。太阳辐射，或者准确地说，因太阳辐射量不同而造成的大气温度与气压变化，引起空气团漂移，形成了全球性风带气候。地球的自转同时产生两种热力作用——复合向心加速度和角转动惯量[49]，在它们的综合作用下形成图 3.14 所示的全球风型分区。这种分类方式以纬度差异带来的太阳辐射与风带的差别区分全球气候，但是没有考虑降水以及陆地与海洋等地表垫层的影响。

科本（W. Koppen）在上述分类的基础之上提取出纬度差异造成的不同的主气候带，并以气温和降水为指标，同时参考地球的不同区域特有的地形和生物群系（biomes），将全球气候分为 13 个类型：热带雨林气候、热带沙漠气候、热带草原气候、热带季风气候、亚热带季风气候、亚热带湿润气候、地中海气候、温带海洋性气候、温带大陆性气候、温带季风气候、山地气候、极地苔原气候、极地冰原气候。科本的气候分类界限明确，系统简明，是迄今使用最广泛的气候分类。

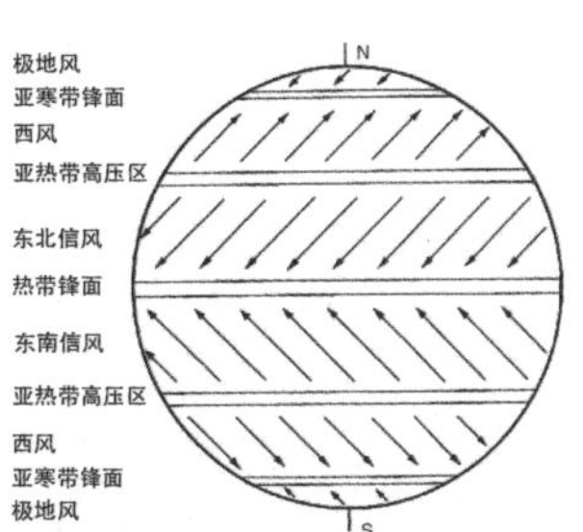

图 3.14 全球风型分区（图片来源：Szokolay S V, *Introduction to Architectural Science*, 2014）

48 吕凯琳．气候变化下的建筑气候分区研究 [D]. 西安：西安建筑科技大学，2018.

49 马克斯，莫里斯．建筑物·气候·能量 [M]. 陈士骕，译．北京：中国建筑工业出版社，1990.

英国学者欧克莱（B. V. Szokolay）以空气温度、湿度、太阳辐射状况为评判指标，将全球分为4个气候区，即湿热区、干热区、温和区、寒冷区，并将这些内容发表在《建筑环境科学手册》中，这种分类方式是建筑热工设计中使用最多的。相较于科本的气候分类方式，欧克莱的分类更为简洁，直接指向了影响最大的两个气候要素：温度与湿度。随后奥戈雅在全球气候分区的框架中纳入了建筑形式的分类，为环境调控的建筑学研究提供了气候这个外部能量系统的基础性认知[50]。

我国的气候分类与区划工作始于20世纪30年代，从一开始的简陋指标逐渐改进为科学严谨的区划标准，并总结出对应的设计导则。《建筑气候区划标准》（GB 50178—1993），以累年1月和7月平均气温、7月平均相对湿度等作为主要指标，以年降水量、年日平均气温≤ 5 ℃和≥ 25 ℃的天数等作为辅助指标，将全国划分为7个Ⅰ级区。建筑气候区划主要体现了各个气象基本要素的时空分布特点及其对建筑的直接作用，对建筑的基本环境调控要求提出基本的要求[51]，反映的是建筑与气候的关系。《民用建筑热工设计规范》（GB 50176—2016），以累年最冷月和最热月平均温度作为分区的主要指标，以累年日平均温度≤ 5 ℃和≥ 25 ℃的天数作为辅助指标，将全国划分为5个区，即严寒、寒冷、夏热冬冷、夏热冬暖和温和地区，同时提出了相应的设计要求。比较而言，《建筑气候区划标准》虽然将建筑的环境调控要求与气候区对应起来，然而这些要求不免笼统，并未对建筑形式与环境调控策略进行讨论；《民用建筑热工设计规范》则对具体的建筑技术数值（朝向、热阻、遮阳系数、换气次数等）进行了规范，但大部分内容指向了建筑围护结构，并未对其他建筑形式（例如体形、空间组织、建筑构造等）进行分解，也缺少达成这些技术指标的设计策略。

从全球气候区划所参照指标的流变中也可以发现，从最早期的仅从太阳辐射与纬度判断，到后来参照生物群系与乡土民居进行的分类，对气候形成的能量过程的理解与气候要素的认识都经过了科学的发展过程。然而，应用于环境调控的建筑设计中时，这些区划暴露出在选取气候要素与参照指标上的不足：

（1）复杂性与准确性的失衡。气候要素与参照指标不是过于繁复就是过于简单。国内的《建筑气候区划标准》与《民用建筑热工设计规范》恰好站在了这两个极端，《建筑气候区划标准》参照了21个气候要素的指标，分出了7个Ⅰ级区，20个Ⅱ级区；《民用建筑热工设计规范》仅对空气温度进行分类，分出5个气候区，然而对建筑热工设计存在同样重要影响的湿度被忽略了。事实上，在建筑设计过程中，太多的数据指标往往并不利于建筑师在短时间内对应到具体的气候类型，并找出相应的气候策略，这也是《民用建筑热工设计规范》没有参照《建筑气候区划标准》分类的主要原因之一。然而过于简化指标，对建筑形式、能耗以及舒适相关的气候因素考虑不足，则带来前期对气候的理解不全面、设计不准确、实现度降低的风险。

50 然而以今天的眼光看，奥戈雅的研究对建筑形式的讨论不免粗糙，形式因子的提取并不完备。不仅如此，奥戈雅并未对中国的乡土民居进行考察或分类，缺失中国本土的气候分区与建筑形式的研究。

51 例如，针对冬季漫长严寒，夏季短促凉爽的Ⅰ气候区，建筑物必须充分满足冬季防寒、保温、防冻等要求，夏季可不考虑防热。

（2）气象数据时效性的不足。除却气候分区指标的选取问题外，在气候变化时代下，七十年前的气象数据已经不足以支撑当今的中国气候区划。近百年来，尤其是最近十年，人类活动对气候的影响日益加剧，全球性的气候变暖是目前气候变化的整体趋势。而在地区层面，不同地区在不同季度的气候变化也不尽相同。例如，西安市原本属于寒冷地区，然而在近十年的气候变暖影响下，其气候数据更符合夏热冬冷地区的标准。如何根据气候变化的规律，更新气象数据，建立气候变化时代下适用于建筑设计的气候分区，是当下不容回避的重要问题。

3.2.4.2 本书采用的气候区划

建筑师面对不同地域建筑的设计时需要做到因地制宜，合理利用气候资源，因而亟须简单而准确地了解当今我国不同地区气候条件的差异性。针对上述问题，西安科技大学刘大龙将度日数、相对湿度和晴空指数作为分区的要素，从平衡指标数量与准确度出发，以《建筑气候区划标准》和《民用建筑热工设计规范》为基础，综合将冬夏典型温湿度组合作为划分的依据，对我国的气候区域进行划分[52]。本书的气候分区主要依据此区划，并在第 5 章中结合相应的建筑能量建构模型整合为反映建筑与气候关系的建筑图示工具，有利于建筑师理解气象条件、提取环境调控策略、启发建筑形式生成。

酷寒区：冬季漫长，寒冷干燥，年平均温度在 0 ℃左右；降水少，年均相对湿度适中；太阳辐射强，年均晴空指数为 0.555。该区域主要包括内蒙古东北部、黑龙江、吉林以及河北北部、青海南部与西藏北部。

寒冷区：寒冷区年平均气温较低，冬季长，寒冷干燥，夏季潮湿温和。该区域包括山东、河北、河南、陕西、山西中南部、四川北部和甘肃南部。

干寒区：冬季寒冷干燥，夏季炎热干燥，温度季节变化大、昼夜变化大。平均采暖度日数大于 3500 ℃ · d，年平均温度较低。干寒区主要包括北疆、青海北部、甘肃中北部、西藏、内蒙古西部地区。

温暖区：温暖区主要为云南，其采暖度日数小于 1000 ℃ · d，年平均温度适宜且变化幅度小，冬季温度较高，降水多，气候湿润，相对湿度大于 70%。

湿晦区：湿晦区主要指长江流域地区，气候夏热冬冷，常年潮湿。该区域采暖度日数大于 1500 ℃ · d，室外平均气温与室内热舒适温度差别较大。太阳辐射少，晴空指数低至 0.368。季节性雨量大，年均相对湿度大于 75%。

湿热区：湿热区冬季温和潮湿，夏季酷热潮湿，平均采暖度日数小于 800 ℃ · d，年均相对湿度大于 75%。

3.2.5 微气候

在整个气候系统中直接作用于建筑环境的是一种特定的局地气候，其构成了建筑形式直接与环境对话的条件与媒介，通常被称为“微气候”。微气

52 刘大龙，刘加平，杨柳，等．建筑气候区域性研究 [J]. 暖通空调，2009,39(5):93-96.

候具有以下几个组成要素：太阳运动，云量与降水，空气以及空气位移形成的风，水体、绿化与基地构成的地表介质。这些要素反映了以下几个物理参数：干球温度，相对湿度，平均风速，主导风向，太阳辐射，云量与降水量（图 3.15）。同时，这些被明确的参数可以通过系统的分析技术直观地呈现，在设计开始之前为建筑师将设计纳入环境调控的真实语境提供量化的气候资源，明确所要解决的具体气候问题。

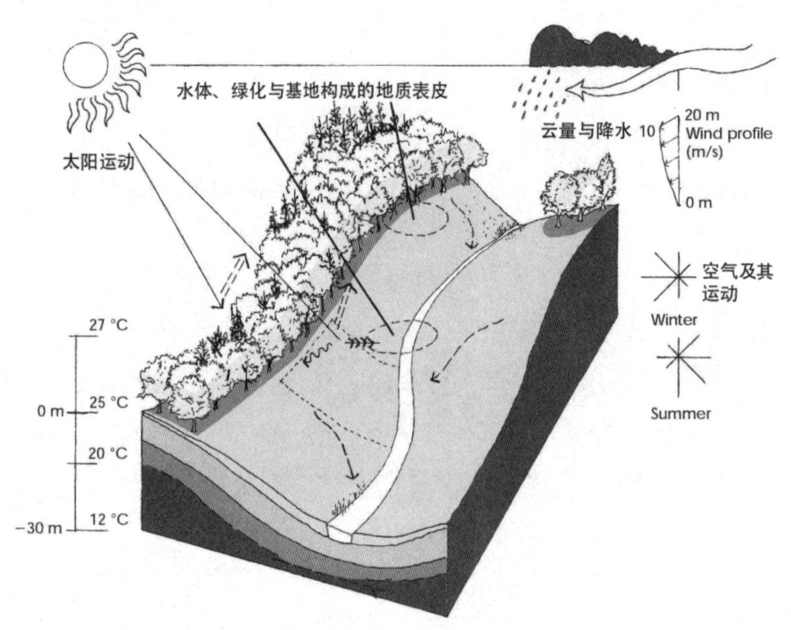

图 3.15 微气候及其要素（图片来源：Thomas R, Garnham T, *The Environments of Architecture*, 2007）

3.2.5.1 要素

1）太阳运动

太阳的运动给建筑环境带来两个直接影响：直射的阳光带来辐射热增益与光照度增加。太阳运动间接的作用包括加热空气，以及通过反射进一步照亮环境。

太阳的几何运动很大程度上影响了建筑的朝向，太阳相对于建筑的位置被两个物理量所表征，其一为高度角（altitude），指太阳光的入射方向和地平面之间的夹角；其二为方位角（azimuth），通常被定义为太阳入射方向与正北方向逆时针量度的角。

显然，太阳的运动轨迹影响了太阳辐射热的强弱。对于北半球而言，夏至日（6 月 22 日左右）太阳高度角最大，此时太阳辐射达到一年中最强；冬至日（12 月 22 日左右）太阳高度角最小，太阳辐射热为一年中最弱。太阳辐射强度（irradiance）是表征太阳辐射强弱的物理量，单位为 W/m^2。地球大气层的外界，在垂直于辐射方向的平面上测量的太阳辐射强度年平均值为 1353 W/m^2，这个数据被称为“太阳常数”（solar constant）。具体地，某个区域的太阳辐射受以下三个方面的影响[53]：

a. 入射角度（angle of incidence）。入射角指太阳光线与铅垂线的夹角，表面接收的辐射量为太阳天文辐射乘与入射角的余弦。

53 Szokolay S V. *Introduction to Architectural Science: The Basis of Sustainable Design*[M]. London: Routledge, 2014.

b. 大气损耗（atmospheric depletion）。太阳光在穿越地球大气层时，尤其在云层覆盖与污染严重的低空区，辐射必须沿着更长的路径穿过大气，因此存在一定比值的耗损，该因子在 0.2 到 0.7 之间变化[54]。

c. 持续时间（duration of sunshine）。一天中从日出到日落的白昼时间，单位为 h。

2）空气及其运动

空气是构成气候环境的关键要素之一。从地面到 10~12 km 以内的这一层空气，是大气层最底下的一层，叫作对流层。如云、雨、雪、雹等主要的天气现象都发生在这一层。空气是地球上的动植物生存的必要条件，动物呼吸、植物光合作用都离不开空气；大气层可以使地球上的温度保持相对稳定，如果没有大气层，白天温度会很高，而夜间温度会很低。

微气候中的空气温度是环境的重要影响因子，不管是与人体的热交换还是与建筑本身传热，空气对暴露在其中的物体存在显著的热力影响[55]。太阳辐射、地面辐射、对流传热，致使空气温度发生改变。

空气中存在水蒸气，水蒸气含量的高低由湿度表征。湿度大小直接决定了空气本身的传热性能，因此与机体散热有密切关系。空气中水蒸气含量受太阳辐射、云量与降水、水体与绿化等要素的影响。

气压差促成了空气的运动，因此产生了风。空气的运动速度叫风速，空气的运动方向为风向。风速和风向是评价微气候条件的主要因素之一。风速和风向主要从两方面来影响建筑物的热状态，一方面通过对流换热影响建筑外围护结构的热平衡，另一方面影响着建筑换气量，进出建筑室内的空气带来或带走热量，影响室内外热平衡。风速、风向以及风的温湿度状态决定了建筑利用或规避风的姿态与方式。

3）云量与降水

云量与降水不仅意味着太阳辐射的减少，同时影响着空气的湿度条件。建筑环境调控的主要目标之一就是保护其内部免受雨水渗透，从而防止对人体可能造成的不适以及对建筑围护结构的损坏。建筑物可防止雨水直接进入地面，通常会将水从排水沟和下水道中排出。土地排水沟（最初用于农田）直接将水带到沟渠或河流，而不是让水慢慢地渗透到地下。场地规划应充分利用雨水，雨水可以被收集在水池中作为场地景观的一部分。

4）水体、绿化与地形

水体、绿化与地形同样关乎建筑的微气候环境。

中国古代风水思想中的理想人居环境是背山面水。依山就势、顺应地形建造的房屋，可以有效利用山形，阻挡不利的冬季北风、迎纳夏季南风，同时最大化利用太阳辐射。中国国土面积的三分之二是山地，遍布我国西南、东北、东南、西北及华东、中原等区域的建筑，或利用平缓的谷底、山腰建造，或沿山体等高线排列，或修坡成台地，都是利用山形地势、顺应自然而为的居住环境微气候营建。与山相对的是水，临水而居是古人通过环境调控改善微气候

54 国内常用晴空指数（clearness index）来综合反映入射角度与大气损耗对辐射量的消减作用，代表入射到水平面的太阳总辐射量与天文辐射之比，取值介于 0 和 1 之间。

55 石英 . 人因工程学 [M]. 北京：北京交通大学出版社 , 2011.

的朴素智慧。南侧的水池、水道或湖泊不仅提供了生活用水，更能调节空气湿度，增强夏季通风降温的效果。

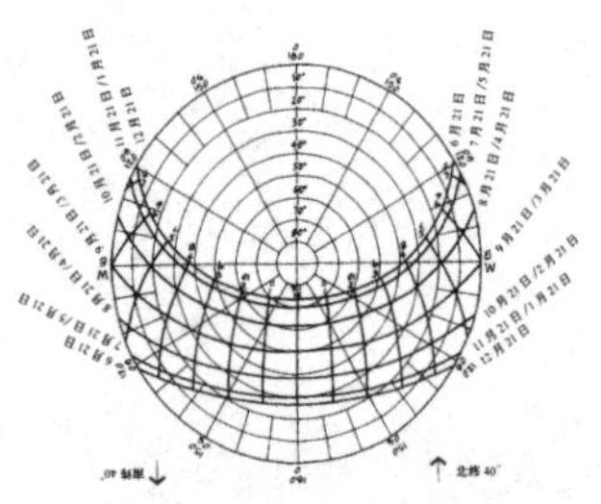

图 3.16 太阳轨迹图（图片来源：布朗,《太阳辐射・风・自然光》, 2006）

3.2.5.2 物理参数

气候要素通常被以下几个物理参数所表征与衡量：

干球温度（DBT），是从离地 1.2~1.8 m，暴露于空气中而又不受太阳直接照射的干球温度计上所读取的数值。干球温度计温度通常被视作所测量空气的实际温度，避免了辐射和湿气的干扰，是真实的热力学温度，单位为℃。

相对湿度（RH），指空气中水汽压与相同温度下饱和水汽压的百分比，或湿空气的绝对湿度与相同温度下可能达到的最大绝对湿度之比。数值在 0~1 之间。

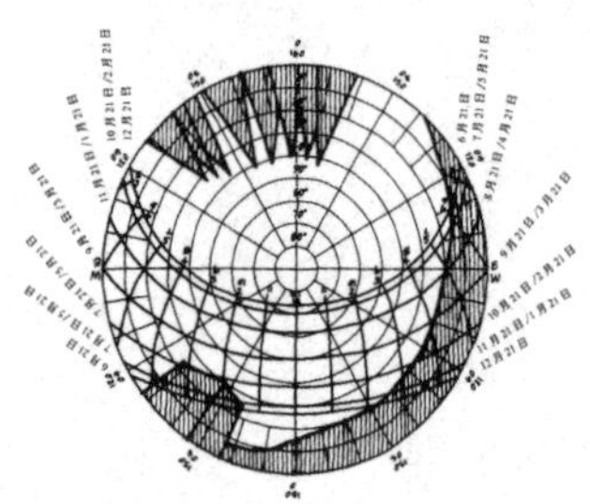

图 3.17 场地障碍物标绘图（图片来源：布朗,《太阳辐射・风・自然光》, 2006）

平均风速，指空气相对于地面的运动速率，通常在空旷场地的 10 m 高处测量，单位为 m/s。

主导风向，指风频最大的风向角的范围。风向角范围一般在连续 45° 左右，对于以 16 方位角表示的风向，主导风向一般是指连续 2~3 个风向角的范围。

太阳辐射，通过日光计在不受阻碍的水平表面上测量得到的连续的辐射照度，单位为 W/m²。

云量，表征云遮蔽天空视野的程度。数值在 1~10 之间。

降水量，指从天空降落到地面上的液态或固态（经融化后）水，未经蒸发、渗透、流失，而在水平面上积聚的深度，单位为 mm。

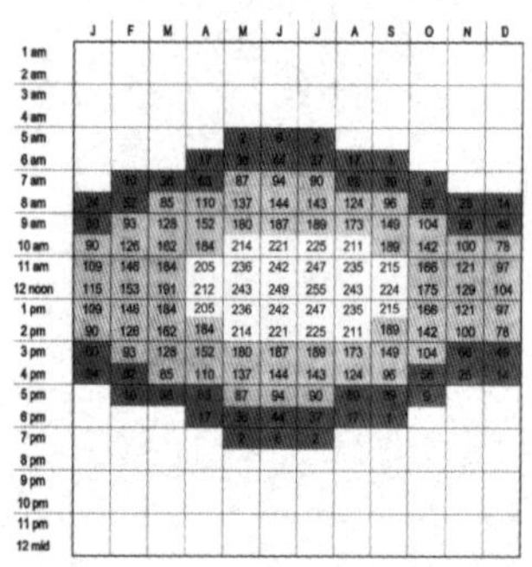

	J	F	M	A	M	J	J	A	S	O	N	D
1 am												
2 am												
3 am												
4 am												
5 am					2	6	2					
6 am				17	36	44	37	17	1			
7 am		10	36	63	87	94	90	63	30	9		
8 am	24	52	85	110	137	144	143	124	96	56	25	14
9 am	60	93	128	152	180	187	189	173	149	104	66	48
10 am	90	126	162	184	214	221	225	211	189	142	100	78
11 am	109	146	184	205	236	242	247	235	215	166	121	97
12 noon	115	153	191	212	243	249	255	243	224	175	129	104
1 pm	109	146	184	205	236	242	247	235	215	166	121	97
2 pm	90	126	162	184	214	221	225	211	189	142	100	78
3 pm	60	93	128	152	180	187	189	173	149	104	66	48
4 pm	24	52	85	110	137	144	143	124	96	56	25	14
5 pm		10	36	63	87	94	90	60	30	9		
6 pm				17	36	44	37	17	1			
7 pm					2	6	2					
8 pm												
9 pm												
10 pm												
11 pm												
12 mid												

图 3.18 太阳辐射总量分布图（图片来源：布朗,《太阳辐射・风・自然光》, 2006）

3.2.5.3 分析技术

1）太阳运动与辐射分析

将不同日期的太阳高度角与方位角绘制在一张图表上即为太阳轨迹图表（sun-path diagrams）（图 3.16），它是计算机应用之前描绘太阳运动最实用的工具之一。一个给定纬度的太阳轨迹图可以通过高度角和方位角来确定太阳在一年中每个小时的位置[56]。

相同高度角和方位角的图表也可以用来从特殊视角描述场地上被遮挡的范围。树、建筑物和小山都可以根据它们的高度角和方位角从那一视点进行描述。通过分析它们在太阳轨迹图上的位置，可以判断它们何时会遮挡太阳并在场地的参照点上投下阴影（图 3.17）。

太阳辐射按地域分布的图示分析方法是太阳辐射等值线图，常用的是太阳辐射总量分布图（图 3.18），除此之外，还有其他能够体现太阳辐射相关要素的分布图，例如日照时数图、光合有效辐射图等。而某个具体场所的太阳辐射随时间的分布可以用辐射方阵图来表示。将每月平均每小时的水平表面辐射量依次绘制在方阵中，可以清晰查找具体时刻的太阳辐射量，同时明确过量辐射与辐射不足的时间段，从而为建筑设计策略提供依据。将辐射过量的时间信息叠加到太阳轨迹图中，可以确定辐射过大时太阳的高度角与方位角，

56 马克斯，莫里斯．建筑物・气候・能量 [M]. 陈士驎，译．北京：中国建筑工业出版社，1990.

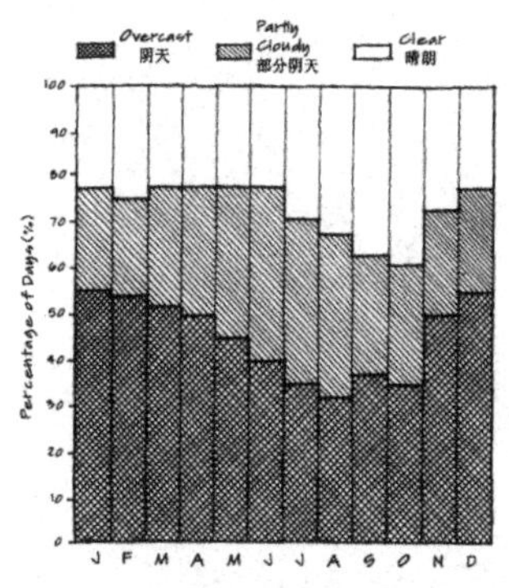

图 3.19 天空方阵图（图片来源：布朗，《太阳辐射・风・自然光》，2006）

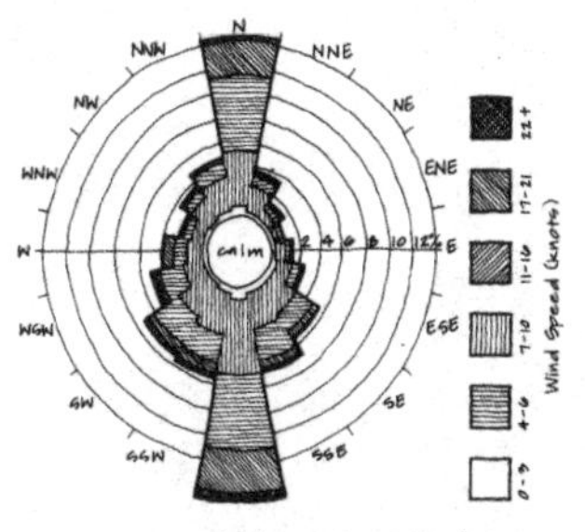

图 3.20 风玫瑰图（图片来源：布朗，《太阳辐射・风・自然光》，2006）

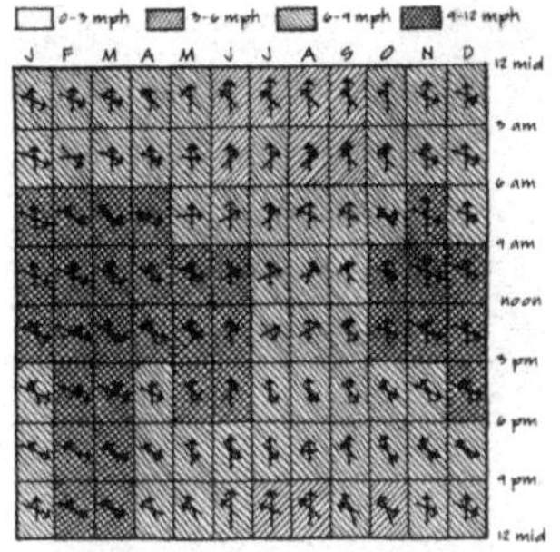

图 3.21 风方阵图（图片来源：布朗，《太阳辐射・风・自然光》，2006）

以助于建筑师在进行建筑的体形与遮阳设计时获取直观准确的数值。

2）光环境分析

对于建筑采光而言，天空是极为重要的影响因子，其状况可以分为全阴天、晴天或者多云。全阴天时，密集的云层遮挡了直射光，天空亮度分布均匀，光线均匀地分散在天空顶部，其亮度是地平线亮度的四倍；晴天时天空的亮度分布与全阴天相反，由于晴天的太阳直射光要比大气的反射光强烈得多，地面的反射光使得地平线亮度是天顶亮度的四倍；多云天则介于前两者之间，同时具有太阳的直射光与云层的反射光。将一年中天空半球变化绘制在一张图表上，即为天空方阵图（图 3.19），该图可以详细展现时间维度下的天空状况。

3）风环境分析

一个月或整年中风速、风向与频率的详细信息可以通过风玫瑰图进行分析（图 3.20）。风玫瑰图根据某一地区多年平均统计的各个风向和风速的百分数值，并按一定比例绘制，一般多用八个或十六个罗盘方位表示。将罗盘上 360° 方位按照每 22.5° 一格划分成 16 格，将实时采集的各个风向统计到这 16 个方向上。风玫瑰图上所表示的风的吹向（即风的来向），是指从外面吹向地区中心的方向。风玫瑰图分为风向玫瑰图和风速玫瑰图两种 [57]。

而对于某个地区更为精确时刻的风环境信息分析，风方阵图是较为常用的分析图示（图 3.21）。风方阵图将每一个月主要风速和此风速的主导风向，以及此风向的时间百分比绘制到一张方阵图中，以此确定风速过高与缺少通风的月份与时间段。

3.3 舒适——人体反应系统

在建筑介入之前，人的身体（图 3.22）直接面对气候环境这一外部能量系统。

显然，气候环境对人的健康与舒适存在重要影响。亨廷顿（Huntingtun）研究不同气候区人的生产力与健康程度随着不同月份而变化的规律。研究表明人的身体机能和心理状况都会被气候环境所影响，而在特定的气候条件下，人的身体和心灵都处于舒适健康的状态，工作效率增加，患病概率减小。人类进化出适应环境变化的反应系统，以期在耗损最小能量的情况下维持恒定的体温，寻求满足生存、健康与舒适的身体状态。生理学对人体热舒适与热平衡的科学研究可以帮助确定与其相关的能量过程与物理参数，构建基于能量的人体反应系统模型。

3.3.1 人体热舒适与能量平衡

气候环境对人产生影响的媒介是能量。人类对环境的知觉，都取决于能量的流动，在物理学上被称为波的传播。不同波长的能量波，对应于不同种类

57 柳孝图. 建筑物理 [M]. 2 版. 北京：中国建筑工业出版社，2000.

的电磁波辐射能，以能量频率、速度、振幅等物理量表示它们的性质。奥戈雅兄弟在《设计结合气候：建筑地方主义的生物气候研究》一书中，用一副现代建筑科学插图来解释人体热过程与热舒适（图 3.23）。人体与环境交换热量的方式有四种：热传导、热对流、热辐射以及蒸发。人暴露于环境中就会发生能量的传递和转换，人体自身的代谢会产生热，这种热量会辐射到周围环境，同时他也吸收太阳辐射和环境辐射，风从他的身体表面带走或者为其带来热量，通过呼吸和皮肤蒸发身体的热量也会损失。这张插图描绘了这些能量流同时作用于人体与环境的情形，并且在文中对应于一个热舒适的结论：人的身体对这些能量过程所产生的所有物质或心理的反应都是一种人与环境试图取得的平衡。达到这种平衡所付出的代价越少，人越舒适，而当人不需付出额外的努力达到这种均衡状态时，人与环境的整体内耗为零，物质与能量的流动效率最高。人体反应系统应对于外部能量系统各个气候因子耦合的环境差异，在外部气候环境变化较大的情况下，取得较小代价的热平衡，以实现健康和舒适的终端目标。

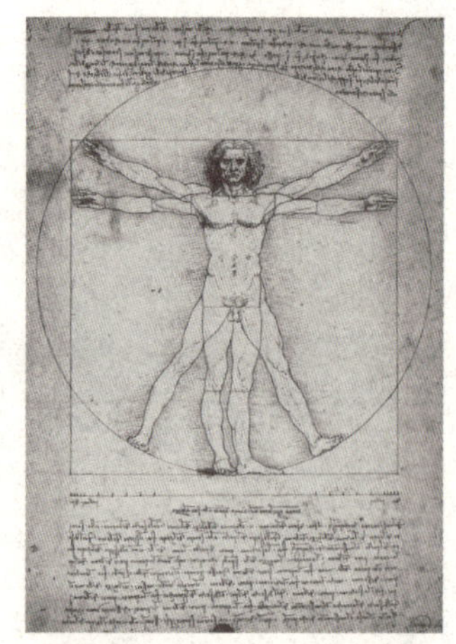

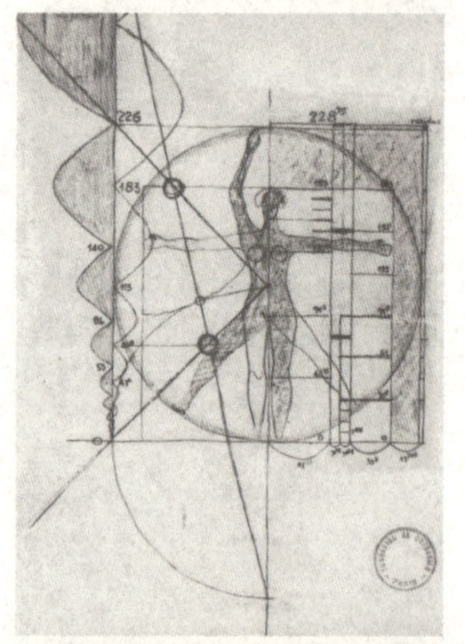

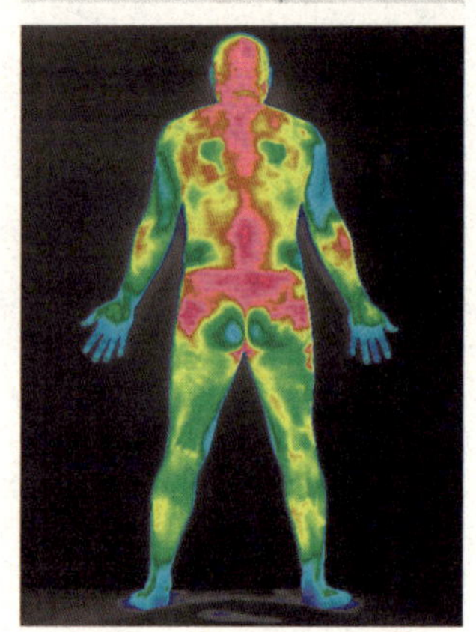

图 3.22 从物质到能量：建筑学中的身体，上：维特鲁威人，中：柯布西耶尺度人，下：热成像人体（图片来源：Ingraham C, *Architecture Animal, Human: the Asymmetrial Condition*, 2006；乔月华提供）

人体反应系统适应环境的能量平衡是通过具体的物理与生理过程进行的。人体取得舒适感的基本要求是保持核心体温在 37 ℃，为实现这一目标，人体反应系统的各个组织、器官与子系统都力图在正常功能所及的范围内达到热平衡。这种平衡态由人体新陈代谢产生的热量和人体同周围环境通过辐射换热、对流换热和蒸发散热进行热交换的状态决定。生理学中用以模型化这种平衡条件的公式是人体热平衡方程（式 3-1）：

$$Q_m \pm Q_r \pm Q_c - Q_w = 0 \tag{3-1}$$

Q_m——人体新陈代谢获得的热量，W/m^2

Q_r——人体辐射换热量，W/m^2

Q_c——人体对流换热量，W/m^2

Q_w——人体蒸发散热量，W/m^2

任何对过量得热状态中机体散热的阻碍，抑或对过量失热状态中机体得热的遏制，都可能抑制人体的功能，降低人体免疫力甚至缩短寿命。实验得到，唯有按照一定比例范围散热的热平衡才被认为是舒适的。在舒适的热平衡中辐射换热占 45%~50%，对流换热占 25%~30%，蒸发散热占 25%~30%[58]。另一方面，人体自身通过改变皮肤温度、排汗率、新陈代谢率来进行产热率和散热率的调节。当外界换热量不大时，人体自身就已足够维持热平衡，此时人体处于舒适的状态。而当外部能量系统的物理参数变化过大，体温发生升降现象，从生理角度而言人已经处于不舒适的状态。加减衣服、建造房屋、开关窗户、点燃篝火或打开空调，都是人类为了维持热平衡、弥补生理换热调节不足所采取的措施。一般而言，20~25 ℃的空气温度可以令人体保持最小的新陈代谢；过高的湿度会妨碍人体表面的汗液蒸发，人体内部热量不能得到及时散发而引起热压力；当空气温度过高或辐射温度过高并且湿度较低时，失去水分的

58 柳孝图．人与物理环境 [M]．北京：中国建筑工业出版社，1996.

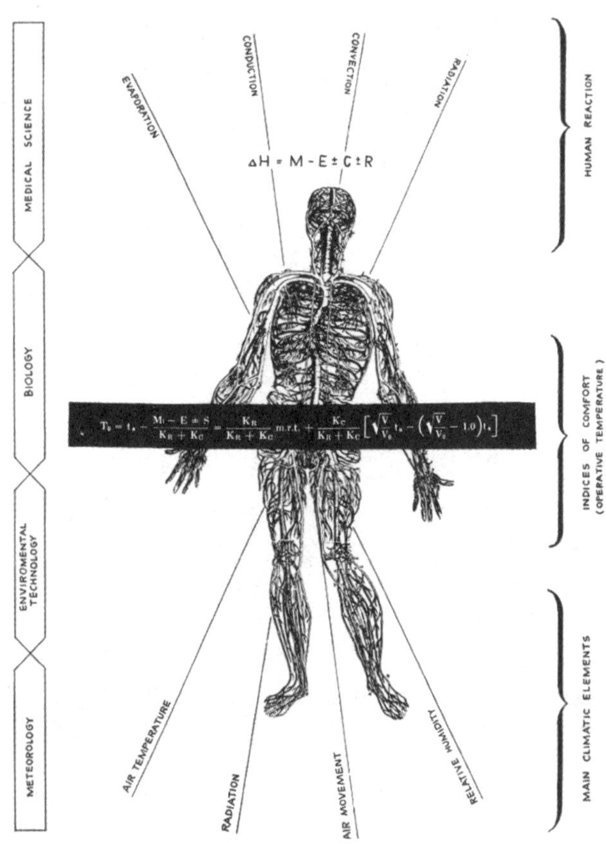

图3.23 人体热过程与热舒适（图片来源：Olgyay V, Olgyay A, Lyndon D, *Design with Climate*, 2015）

人体在某种程度上也失去了盐分而带来不适；当气流速度过大时，身体被带走的热量越多，越容易感觉冷。

事实上，热平衡方程的推导以及各个分项的物理过程与参数都是生理学、物理学与建筑学研究者的研究成果，热环境的各个因素的组合决定了人们的热舒适程度，对其分项的拆解与历史的回顾可以帮助厘清人体反应系统的构成、影响因子以及机制。

3.3.2 物理参数

热平衡方程中辐射、对流与蒸发的物理过程，可以揭示相应的环境参数：空气温度，空气流速，辐射温度，相对湿度；而新陈代谢的生理过程，则能展现对应的人体条件：体质、心理功能与外部因素（穿着、活动量等）（表3-2）。与人体条件相比，建筑环境调控操作的对象与目的都更倾向于对环境参数的调整与优化，而对影响人体反应系统的物理要素及其参数的探索更是贯穿了建筑科学领域中热舒适研究的历史。

空气温度（Temperature，℃）：热舒适的研究与19世纪医学及测温学的开展并行，首先明确了空气温度对人体的热调节至关重要。19世纪的物理学同时明确了温度与分子无规则运动的激烈程度有关，因此热量能够通过分子的运动进行传递。当气温升高，皮肤温度随之升高，加剧了辐射和对流换热的散热作用以释放多获得的热量；气温继续增加时，蒸发降温逐渐成为主要的

表 3-2 决定热舒适程度的热环境因素与人体条件

热环境因素	室　外	气温；湿度；风速及风向；太阳辐射；地形环境等
	室　内	气温及其空间分布；湿度及其空间分布；气流速度、方向及其空间分布；辐射强度及其方向；气压；室内热源等
人体条件	体　质	健康状况；心脏功能；新陈代谢；汗腺功能；种族；性别；年龄；体形等
	心理功能	心情、性格、其他社会因素对心理的影响
	外部因素	服饰、活动量、暴露的持续时间、暴露的经历及对热环境的适应能力等

（表格来源：作者自绘）

散热方式；而当气温在 33 ℃以上时，出汗几乎成为唯一的散热方式。

空气流速（Velocity，m/s）：早在 1733 年，阿巴斯诺特（Arbuthnot）就指出风具有驱散身体周围热空气的降温效应。莱斯利爵士（J. Leslie）使用加热了的酒精温度计，通过观测其冷却的时间以估算风速大小[59]。风对改善人体的热环境具有重要作用，气流一方面影响皮肤表面的对流换热，带走温度过高的空气以提高人体散热效率；另一方面加剧汗液的蒸发，进而影响人体的排汗散热效率。

辐射温度（MRT，℃）：辐射包括使人体直接受热的太阳照射，和人体与其周围环境间的长波辐射换热。特雷德戈尔德（Tredgold）在 1824 年指出，置身于辐射源（阳光、篝火等）中的人只需要较低的空气温度就能达到舒适的状态。环境四周对人体的辐射作用通常用平均辐射温度（MRT）来表征。人体与围护结构内表面的辐射热交换取决于各表面的温度及人与表面间的相对位置关系。根据实验，当气温为 10 ℃，环境平均辐射温度为 50 ℃时，人在其中会感到过热；当气温为 50 ℃而平均辐射温度为 0 ℃时，人会感觉过冷。

相对湿度（RH，%）：早在 17 世纪，佛罗伦萨城西蒙特研究院的学者们就已经研制出最初的湿度计。19 世纪初，人们认识到湿度控制对居住环境的重要性。当环境温度处于 15.5~26.5 ℃时，空气湿度的改变对人体热感觉影响很小；而当环境温度超过 26.5 ℃时，相对湿度的影响会变得明显，且程度不断增加。一般室内相对湿度为 60%~70% 时，人体处于相对舒适的状态。

3.3.3 人体热舒适的综合评价

影响人体反应系统的各个物理要素的作用是综合的。在空气温度、空气流速、辐射温度与相对湿度四个物理要素中，虽然气温对人体热调节的影响较大，但不能忽视其他要素及其组合对人体反应系统热平衡的影响。20 世纪伊始，对热舒适环境评价的学者与先驱尝试综合考虑各个物理要素，并根据不同的评价方法先后提出多种评价指标。这些指标选取的要素不同、适用的气候条件不同、受实验对象样本的限制，因而具有各自的局限性。

59 吴良镛．人居环境科学导论[M]．北京：中国建筑工业出版社，2001.

1）有效温度（Effective Temperature， ET）

1923 年，霍顿（Houghton）、亚格洛（Yaglou）及米勒（Miller）在美国采暖通风工程师协会（ASHVE）提出第一个综合性的热感觉指标——有效温度。有效温度综合了空气温度、相对湿度和空气流速的复合作用。不同的温度、湿度与风速组合可能使人产生相同的热感觉，因此具有同等的有效温度值。因人而异通过大量样本的舒适度调查，测试出“舒适”与“不舒适”的有效温度阈值。

2）新有效温度（New Effective Temperature, ET*）与标准有效温度（Standard Effective Temperature, SET）

有效温度的局限性在于并未考虑辐射的影响，事实上，在亚热带地区内有热顶棚、热墙面和热楼面的房间内，以及室内有直射阳光时，热辐射都是不可忽视的舒适度影响要素。1971 年盖奇（Gagge）等人提出了新有效温度。在传热学上，新有效温度指标是在实际的空气温度、辐射量、空气流速与湿度条件下总结成的一种温度换算度量标准。在此基础上，盖奇又在指标中加入衣着和活动量等条件，以综合考虑不同的活动水平和衣服热阻，众所周知的标准有效温度由此产生了。新有效温度与标准有效温度自 1972 年起被美国供暖、制冷与空调工程师协会（ASHRAE）正式采用至今。

3）热舒适方程与 PMV 热舒适评价指标

丹麦学者范格尔（P. O. Fanger）从热力学研究中的能量守恒出发，以人体热平衡的基本方程式为基础，提出了预测平均评价指标（Predicted Mean Vote， PMV），并使其与心理生理学主观热感觉的等级对应。范格尔首先定义了舒适的三个必要条件：首先，人体处于热平衡状态，人自身产热与其对环境的散热相当（式 3-2）；其次，皮肤平均温度应在相对舒适的范围内（式 3-3）；最后，人体的排汗率，也即新陈代谢的速率适宜（式 3-4）。基于此舒适理论，范格尔联立了人体热平衡方程与其他两个舒适条件，得到了著名的人体舒适方程（式 3-5）。

$$Q_{\mathrm{m}} - E_{\mathrm{dif}} - E_{\mathrm{rsw}} - E_{\mathrm{res}} - C_{\mathrm{res}} = K = Q_{\mathrm{r}} + Q_{\mathrm{c}} \tag{3-2}$$

$$t_{\mathrm{sk}} = 35.7 - 0.0276M \tag{3-3}$$

$$E_{\mathrm{rsw}} = 0.42(M - 58.15) \tag{3-4}$$

Q_{m}——人体新陈代谢获得的热量，W/m^2

E_{dif}——皮肤水分扩散造成的热损失，W/m^2

E_{rsw}——皮肤汗液分泌造成的蒸发热损失，W/m^2

E_{res}——呼吸的潜热损失，W/m^2

C_{res}——呼吸的干热损失，W/m^2

K——从皮肤到衣服外表面的传热，W/m^2

Q_r——人体辐射换热量，W/m²

Q_c——人体对流换热量，W/m²

t_{sk}——皮肤表面平均温度，℃

M——人体代谢量，W/m²

$$M - W - 3.05 \times 10^{-3}[254(35.7 - 0.0276M) - 3335 - p_a] - 0.42(M - W - 58.15) - 1.7 \times 10^{-5}M(5867 - p_a) - 0.0014M(33 - t_a) = \frac{(35.7 - 0.0276M - t_a)}{0.155I_{cl}} = f_{cl}\alpha(t_{cl} - t_a) + 3.96f_{cl}(t_{cl}^4 - T_{mrt}^4) \quad 3\text{-}5$$

W——人体对外做功，W

p_a——空气中水蒸气分压力，Pa

t_a——空气温度，℃

I_{cl}——服装保暖量，clo

f_{cl}——服装面积系数

α——人体外表面与环境的对流换热系数

t_{cl}——人体外表面平均温度，℃

T_{mrt}——环境平均辐射温度，℃

由人体舒适方程可以得到，要维持人体正常的生理活动以及必要的工作效率，就必须维持人体的相对热平衡。当一组环境变量满足舒适方程时，人体获得较好的舒适感。当人处在一定的环境中时，其热舒适感觉受环境因素（空气温度、空气流速、相对湿度和辐射温度）与人体因素（人体代谢率与衣着）的影响，是两者综合作用的结果。

范格尔进一步发展舒适方程，并提出一个可预测任何给定环境变量的组合所产生热感觉的指标，这一指标被称为预测平均反应（PMV），PMV 可分为七个等级[60]（表 3-3）。

表 3-3 预测热感觉与对应的 PMV 值

PMV 值	+3	+2	+1	0	−1	−2	−3
预测热感觉	热	暖	稍暖	舒适	稍凉	凉	冷

（表格来源：作者自绘）

为了扩大 PMV 指标的应用范围，人体热感觉与人体热负荷之间的函数通过实验被建立起来，归纳为广泛应用在热舒适预测领域的 PMV 方程（式 3-6）。PMV 方程从本质上来说仍然是经验的，没有被所有衣着和活动情况下的实验数据所证实，它对于坐着工作和穿着轻便衣服的人体工况可以给出较为准确的结果，然而对于处在较高新陈代谢下的人体热感觉预测则并不令人满意。

60 刘念雄，秦佑国．建筑热环境 [M]. 北京：清华大学出版社，2005.

$$\mathrm{PMV} = [0.303 \times e^{-0.036M} + 0.028]\{M - W - 3.05 \times 10^{-3}[5733 - 6.99(M - W) - p_\mathrm{a}] - 0.42[(M - W) - 58.15] - 1.7 \times 10^{-5}M(5867 - p_\mathrm{a}) - 0.0014M(34 - t_\mathrm{a}) - 3.96 \times 10^{-8}f_\mathrm{cl}[(t_\mathrm{cl} + 273)^4 - (T_\mathrm{mrt} + 273)^4] - f_\mathrm{cl}h_\mathrm{c}(t_\mathrm{cl} - t_\mathrm{a})\} \quad 3\text{–}6$$

h_c——对流传热系数，W/（m^2·K）

4）PMV 修正模型与人体热适应模型

从人体热舒适评价指标的迭代与发展中不难发现，舒适模型的完善建立在更多生理与物理知识的基础上，从有效温度、新有效温度、标准有效温度到 PMV 预测平均评价指标，所涉及的物理量更全面而系统。然而，需要说明的是，至此为止的舒适评价指标实际上都是由暖通空调专业主导的，其目的是为"隔绝型"建筑范式中主动式环境调控系统的设计服务，所面对的也是室内风速较小的环境条件。目前已有大量的实测和研究表明，主动式环境调控系统与被动式环境调控系统的热舒适评价存在差异。1992 年，布希（Busch）对曼谷的两种模型（自然通风与空调）办公室热舒适度进行调研，发现自然通风中人们觉得舒适的温度范围明显大于通常的空调设计温度舒适范围；2000 年，林波荣等学者在对安徽传统民居的热环境实测中发现，在湿热地区的自然通风环境中，PMV 比实测舒适度略高。

范格尔认为，这种偏差来自心理预期的不同，非空调环境下人们对环境的期望值较低，而空调环境下人们对室内温度的变化更敏感，因而也更苛刻。为了使 PMV 适用于自然通风环境，范格尔提出了自然通风 PMV 的修正模型，通过引入期望因子 e 来修正稳态空调条件下计算出来的 PMV（式 3–7），并分别给定了不同气候条件下不同地区的期望因子 e。

$$\mathrm{PMV}_e = e \times \mathrm{PMV} \quad 3\text{–}7$$

布瑞格（Brager）和迪尔（de Dear）更多地从人体的心理预期与满足的角度，提出了人体热适应模型（adaptive model）。该模型认为，以人体热平衡为基础的 PMV 指标把人体看作了气候环境的被动接受者，而不是在更大的气候范围内自然调节的适应者，因而不能反映人们感受环境、改变行为、调整期望值的能动性与复杂性[61]。

热适应模型界定了三种基本的人体适应模式：

生理适应：在长期特定的环境下形成的生物体耐受体质。

对于舒适的定义，并非囿于单一的物理参数指标，而应针对不同人群不同行为模式做出区别性的调节。不同地区的人们已经习服于当地气候变化，身体本身的机能已经足够应付当地的气候变化。机电设备主导的主动式环境调控使得室内物理参数固定在某一数值范围内，然而固定的温度、湿度、空气流速反而容易让生物体失去自身调节的机会，使其机能逐渐衰退，引起空调病、免疫力低下等现代病症。

61 郝石盟 . 民居气候适应性研究 [D]. 北京：清华大学，2016.

行为适应：人们对环境的控制性行为，例如增减衣服、改变活动量、打开空调与风扇等。

舒适的含义包括了对不舒适的消除，假如人能通过自身的行为进行环境的调控，例如开启、关闭窗户，或者调控空调温度，那么相比生理适应更能获得舒适感。此外，试验中发现，能否给予系统中的个体对环境的控制权对于舒适度体验至关重要。使用者能够实施相当程度的个性化控制，对外部环境做出及时的反馈和回应，创造属于自身舒适的小空间环境，从而有效提升舒适感。

心理适应：人们对环境的期望改变了对客观环境的感受和反应。

在被动式环境调控系统主导的建筑中，人对建筑环境的预期受季节与室外环境的影响，建筑室内环境很小的改善即可满足预期，舒适区间上下浮动的范围很大；而在主动式环境调控系统的建筑中，人对温度的感知变得敏感，对室内舒适度的预期很高，一两度的环境温度变化都会产生体感上的差异，因此舒适区间比较狭窄。

热适应模型认为室内理想温度的期望会随室外温度的改变而改变，经由大量的数据统计，布瑞格和迪尔给出了室内最优舒适温度的线性回归方程（式3–8）：

$$t_{\mathrm{comf}} = 0.31t_{\mathrm{a，out}} + 17.8 \tag{3–8}$$

3.3.4 热舒适指标的选取

建筑中存在的两种环境调控系统，对于热舒适的定义、内涵与价值取向有不同的侧重。

在主动式环境调控模式的建筑中，自动化的机电设备因为排除了外部环境与人的干预，因此能够保证能源的最有效利用（但并不是最节约）。主动式环境调控系统建立在对舒适度的量化研究之上，认为舒适度量化需要基于一组狭窄的风、光、热物理参数指标范围。

而在被动式环境调控模式的建筑中，使用者的控制能够与环境变化相互咬合，这个过程对于外部环境施加于建筑的影响以及建筑对此做出反应的机制研究格外重要。被动模式尝试对周围环境中的有利因子进行利用，而非一味地排除，这在某种程度上降低了能耗。因而在被动式环境调控系统主导的建筑中，舒适是涉及空间与时间变化以及使用者长期或短期适应的复杂现象。

本书所倡导的建筑环境调控模式，需要寻求主动与被动式环境调控系统的平衡，利用技术而非依赖技术，同时最大限度地使用气候资源。因而对舒适的定义既非完全依赖于数值，也不假托心理与感受不可测量的虚妄。如路易斯·康所言："可以量化的技术是一种途径，真正有价值的学科需要意识到无法量化的东西才是他们真正需要理解的。"

因此，在方法上，我们需要利用现有的科学量化的分析技术与标准；在认识上，必须意识到建筑环境的本质与主体是人的感受，人的热舒适不仅关乎热平衡等客观物理、生理过程，更包含了预期与习服的心理活动，建筑环境本身的舒适评价是多样化的。

这首先需要我们有能力、技术及知识去进行模型化、数字化的量化分析。被动式环境调控系统适用的人体热适应模型，在自然通风环境和稳态空调环境下存在区别，关于现代热舒适评价的理论有不少观点和认识是值得借鉴的。其次，从人体反应系统而言，需要我们认识到环境设计理论基础研究的一个关键是心理与生理的“自适应”。“自适应”模型揭示出满足舒适的两个必要不充分条件：其一为满足人对建筑环境存在的预期；其二为满足人对建筑环境进行调控的能动性。

3.4 建筑——建筑调控系统

在外部能量系统、建筑调控系统、人体反应系统组成的环境系统中，建筑处于中间的一环，其一方面对气候要素进行调节，另一方面营造舒适的室内环境，是环境系统中最为重要的调控媒介与手段。

对建筑调控系统的讨论仍然是基于能量的，建筑作为开放的热力学系统，存在输入与输出的能量流，存在能量传导与转化的方式。从系统的尺度与层叠关系而言，建筑调控系统的能量流动经过两个气候界面，因而可以从以下三个层级梳理建筑的能量过程：从外部气候环境到建筑外表面、从建筑外表面到内表面、从建筑内表面到室内环境。按能量的特征和来源，建筑中的能量可以分为五个类型：内部得热 Q_i；外围护传导换热量 Q_h；太阳辐射得热量 Q_s；通风换热量 Q_v；蒸发热损失 Q_e（图 3.24）。与人体热平衡方程相似，建筑中能量的平衡也通过能量的传递与转化维持守恒（式 3-9）。虽然能量的类型多样、传热的过程复杂，但能量流动的方式不外乎三种：传导、对流和辐射，各个物理要素都通过这三种作用相互影响。而以人体热舒适为目标的建筑环

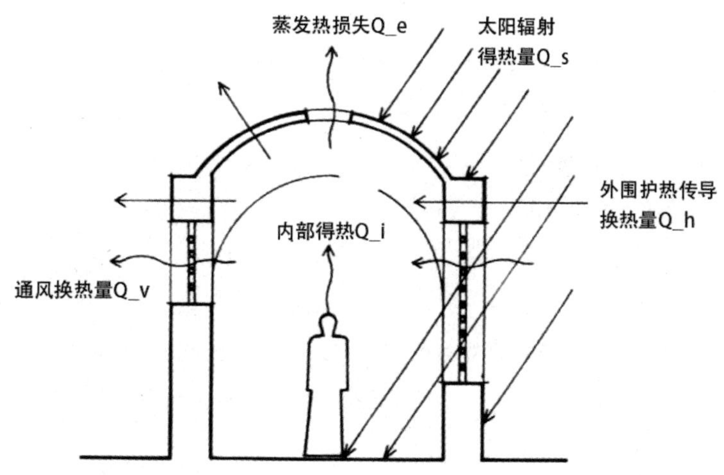

图 3.24 建筑中的能量流（图片来源：作者根据相关文献绘制）

境调控，需要明确对这些能量要素或迎纳或规避的态度。建筑形式因此回应着对能量的态度并形成建筑的一系列热行为，建筑的形式因而具有环境调控的意图，并从形式的影响因子与参数中得到量化的衡量方式。

$$Q_i \pm Q_h + Q_S \pm Q_v + Q_e = S \qquad 3\text{-}9$$

Q_i——建筑内部得热，W

Q_h——建筑热传导换热量，W

Q_s——建筑太阳辐射得热量，W

Q_v——建筑对流换热量，W

Q_e——建筑蒸发热损失，W

S——建筑整体热增益或热损失，W

3.4.1 能量转换方式

如同水从高处流向低处遵循了重力的法则，能量流动与转换的方式遵循能量的法则，热量从系统温度高的区域流向温度低的区域。能量的流动和转换存在三种形式：

3.4.1.1 传导

借物体中分子、原子或电子的相互碰撞，热量从物体中温度较高部位传递到温度较低部位或传递到与之接触的温度较低的另一物体的过程，叫作热传导。热传导是固体中热量传递的主要方式。导热过程的基本定律由法国著名科学家傅立叶（Fourier）于 1822 年提出：在导热现象中，单位时间内通过给定截面的热量，正比于垂直于该截面方向上的温度变化率和截面面积，而热量传递的方向则与温度升高的方向相反（式 3-10）[62]。

$$Q_h = -\lambda \frac{dT}{dx} A \qquad 3\text{-}10$$

Q_h——热传导换热量，W

λ——热导率，或称导热系数，$W \cdot m^{-1} \cdot K^{-1}$

$\frac{dT}{dx}$——传热方向上的温度梯度，$K \cdot m^{-1}$

A——传热面积，m^2

3.4.1.2 对流

通过流动介质热微粒由系统的一处向另一处传播热能的现象，叫作热对流。流体与固体壁面之间的对流传热可以由对流传热公式进行数学表达（式 3-11）。

62 Incropera F P, Dewitt D P, Bergman T L, 等 . 传热和传质基本原理 [M]. 北京：化学工业出版社，2007.

$$Q_v = h_c \Delta T \cdot A \tag{3-11}$$

Q_v——热对流换热量，W

h_c——对流传热系数，W · m^{-2} · K^{-1}

ΔT——流体与壁面间的温度差，K

A——传热面积，m^2

由于引起流体运动的原因不同，对流分为自然对流和强制对流。若流体运动是因流体内部各处温度不同引起局部密度差异所致，则称其为自然对流。在建筑学中，由自然对流引起的通风称为热压通风。若由于自然风压、水泵、风机或其他外力作用引起流体运动，则称其为强制对流。由自然风压引起的通风称作风压通风。一般而言，强制对流的对流传热系数大于自然对流的对流传热系数，因此换热速率更高。

此外，流体运动的性质对换热速率也存在影响。湍流的对流换热系数大于层流的对流换热系数，换热速率更高。

3.4.1.3 辐射

物体在向外发射辐射能的同时，也会不断地吸收周围其他物体发射的辐射能，并将其重新转变为热能，这种物体间相互发射辐射能和吸收辐射能的传热过程称为辐射传热。热射线与光的特性相同，所以光的投射、反射、折射规律对热射线也同样适用。辐射热交换的计算很复杂，但是对建筑物最重要的热源（太阳辐射）而言，其计算方式要简单得多。如果已知入射辐射的通量密度（称为总辐射照度，G），则辐射（太阳能）热输入将由式 3-12 计算：

$$Q_s = \alpha \cdot G \cdot A \tag{3-12}$$

Q_s——热辐射换热量，W

α——吸收率

G——总辐射照度，W/m^2

A——传热面积，m^2

3.4.2 建筑传热过程

建筑调控系统区分了室内外环境，实际上塑造了一个能量输出与输入的气候界面，而其边界本身同样存在厚度、进深与空间。从这一角度而言，能量的流动实际上分为三个阶段：从外部气候环境到建筑外表面、从建筑外表面到内表面、从建筑内表面到室内环境。除此之外，气候界面可以开启，建筑中有使室内外相通的开启部分，室外气候与室内环境之间直接进行热传递；室内环境也存在单独的冷热源，这部分能量同样作用于建筑调控系统。

能量流动的过程塑造了建筑的形式。对建筑传热过程的分类与影响因子的辨析可以搭建起建筑形式同环境性能之间的桥梁，首先明确哪些建筑形式因子存在关键影响，其次了解这些形式因子对热环境的影响机制，最终对以性能导向为目标的建筑设计提供量化的指导。

3.4.2.1 从外部气候环境到建筑外表面的传热

从外部气候环境到建筑外表面的传热主要由辐射传热和对流传热构成。

1）辐射传热

辐射传热可以分为太阳短波辐射与环境长波辐射两个部分。由公式 3-12 可知，建筑的辐射换热量 Q_s 由三个物理量所决定：

总辐射照度 G，反映了建筑所处地域的太阳辐射资源特征。一般而言，纬度越低的地区，正午太阳高度角越大，太阳辐射越强。

吸收率 α ,反映了建筑外围护结构的材料特性,尤其与颜色和粗糙度相关。颜色越深，质地越粗糙，太阳辐射的吸收率越大，反射率越小，太阳辐射得热量越大。

传热面积 A，反映了建筑外围护结构暴露在辐射中的面积。对于太阳短波辐射而言，关键因素是建筑与太阳辐射角度垂直投影面积；对于环境长波辐射而言，关键因素是建筑裸露在环境中的面积。建筑的形状、大小与朝向对辐射传热面积具有重要影响。

2）对流传热

对流传热是外部能量系统中流动的空气与建筑外表面换热的过程。由公式 3-11 可知，建筑的对流换热量 Q_v 由如下三个物理量决定：

对流传热系数 h_c。对流传热系数表征了流体与固体表面之间的换热能力。建筑室外表面的对流传热系数在建筑物理中一般由经验公式估算，是关于速度的函数（式 3-13~ 式 3-16）：

$$h_c = 5.6 + 3.9v \ (v \leqslant 4.9 \ \mathrm{m/s}) \quad \text{——光滑表面} \quad 3\text{-}13$$

$$h_c = 7.2v^{0.78} \ (v > 4.9 \ \mathrm{m/s}) \quad \text{——光滑表面} \quad 3\text{-}14$$

$$h_c = 6.2 + 4.3v \ (v \leqslant 4.9 \ \mathrm{m/s}) \quad \text{——粗糙表面} \quad 3\text{-}15$$

$$h_c = 7.6v^{0.78} \ (v > 4.9 \ \mathrm{m/s}) \quad \text{——粗糙表面} \quad 3\text{-}16$$

经验公式反映了对流传热系数的两个影响因子：风速与表面粗糙度。但实际上，建筑的形状、大小与朝向也对对流传热系数有影响。例如，迎风面的对流传热系数大于背风面；迎风面占比大的建筑，其对流传热要明显大于迎风面占比小的建筑；在主导风向上具有圆弧导风面的建筑形态使风呈现层流状态，其对流传热系数要小于能产生湍流的建筑形态。

流体与壁面间的温度差 ΔT。流体温度，也即气温，反映了建筑所在区域的气候特征，建筑外表面温度则与太阳辐射得热及环境辐射失热相关。

传热面积 A，反映了建筑外围护结构暴露在流体中的面积。暴露在流体中表面积较大的建筑，其对流传热的效率大于表面积较小的建筑；表面积相同的建筑，迎风面占比大的建筑，其对流传热量大于迎风面占比小的建筑。

综上，从外部气候环境到建筑外表面的传热过程，反映出与建筑相关的几个影响因素：**建筑的形状、朝向、大小、表面积、外围护结构的粗糙度及颜色。**

3.4.2.2 从建筑外表面到内表面的传热

建筑外表面受外部能量系统的对流与辐射传热影响产生温度变化，从而与建筑内表面产生温度差，温度梯度的形成来源于从建筑外表面至内表面的两个能量过程：导热和蓄热。对于由实心墙体组成的外围护结构而言，从建筑外表面到内表面的传热只涉及热传导，热传导的换热量由公式 3-10 可知，与以下几个物理量有关：

导热系数 λ：能反映建筑外围护结构所用的材料。不同建筑材料的导热系数不同，导热系数越小，保温隔热的能力越强。金属相较于砖石混凝土，其导热系数更大，因而在门窗构件中要设计断热构造。相同物质的导热系数与其结构、密度、湿度、温度、压力等因素有关。因空气的导热系数很小，相同物质的材料若比较疏松，内含很多空气微腔，则整体的保温隔热能力大大增强，双层中空玻璃的保温原理即是利用空腔减小导热系数。此外，湿度对材料的导热系数同样具有很大的影响。同一物质的材料若含水率低，则其导热系数较小。若材料含水率高，那么温度梯度将形成蒸汽压梯度，使水蒸气从高温侧向低温侧迁移。在特定条件下，水蒸气可能在低温侧发生冷凝，形成的液态水又将在毛细压力的驱动下从低温侧向高温侧迁移[63]，使材料表现出导热系数明显增大。

墙体厚度 l：直观反映了建筑外围护结构的厚度。中国南北区域砖墙厚度的差异清晰地体现了增加墙体厚度可以有效减少导热传热量。

建筑外表面温度 t_{out}：指建筑外表面在外部能量系统的对流与辐射传热中获得或减少热量引起的温度变化，除了与外部环境相关，也反映了建筑材料获得热量后温度提升的差异，即比热容。

传热面积 A：反映了建筑外围护结构的表面积。

综上，从建筑外表面到内表面的传热过程，反映出与建筑相关的几个影响因素：**建筑外围护结构的材料（比热容、导热系数、含湿量、疏松程度）、构造与厚度。**

3.4.2.3 从建筑内表面到室内环境的传热

从建筑内表面到室内环境的传热主要分为两个部分：内表面温度引起的辐射传热，内表面与室内空气的对流传热。

建筑内表面对处于室内环境中的人存在辐射传热。当内表面温度高于人体温度时，人体通过辐射得热，反之，人体失热。辐射传热的能量与墙体表面温度、材料以及粗糙度有关，表面温度越高，材料颜色越深，表面越粗糙，辐

63 孙立新，冯驰，崔雨萌．温度和含湿量对建筑材料导热系数的影响 [J]. 土木建筑与环境工程，2017, 39(6):123−128.

射传热越强。

建筑内表面与室内空气存在对流传热。室内的对流传热与室外相似，但由于室内空气的流速一般较小,对流传热系数的估算也采用不同的经验公式(式3-17~ 式 3-19)，此时对流传热系数的值取决于热流方向[64]：

$$\text{向上的热流} \quad h_c = 4.3 \tag{3-17}$$

$$\text{向下的热流} \quad h_c = 1.5 \tag{3-18}$$

$$\text{水平的热流} \quad h_c = 3.0 \tag{3-19}$$

综上，从建筑内表面到室内环境的传热过程，反映出与建筑相关的几个影响因素：**建筑内表面的材料（比热容、粗糙度、颜色）与面积。**

3.4.2.4 室外气候与室内环境之间的传热

建筑的环境调控除却对外部气候环境的“隔绝”，亦有对气候资源的“选择”，这部分功能由建筑中的各种“开启”承担。通过开启，室外气候与室内环境通过太阳辐射、空气的对流传热进行直接的热交换，一些有利的自然条件从而被利用以改善室内物理环境。

以窗户为例，太阳辐射可以通过开启的窗户洞口直接射入室内，通过辐射传热提高建筑内表面的温度或者直接对人的身体传递热量；而当太阳的短波辐射通过透明玻璃透射或折射到室内时，经由环境反射转变为长波辐射。这部分辐射不能透过玻璃因此会截留在室内，形成温室效应。此时，与建筑相关的影响因素有：**窗洞口的大小与形式、遮阳的大小与形式、所采用的玻璃材料（透射率）与建筑内表面的材料（发射率、吸收系数）。**

空内外空气的对流传热同样通过建筑的窗户进行，一般称为“自然通风”。由室外对流传热系数的影响因素可知，室内对流传热的主要影响因素是风速。风的形成分为风压通风与热压通风，前者利用外部气候中已有的气流，后者则利用空气在不同温度下产生的密度差与压力差，在浮力作用下产生空气位移。因风的产生机制不同，与其相关的建筑形式因子亦不同。影响风压通风的建筑形式主要包括：**房间的进深、面宽和形状，进、出风口的大小、形式，进、出风口在空间的相对位置**；而对热压通风而言，存在影响的建筑形式主要有：**热压空间的高宽比、口底比，热压空间的进出风口大小、形式，热压空间的温度梯度。**风速越大，室内换气次数越多，带走的热量也越多，计算公式[65]为：

$$Q_v = 0.278\, c \cdot n\mathcal{V} \cdot \rho \ (t_{in} - t_{out}) \tag{3-20}$$

Q_v——室内透风热损失量，W

c——空气比热容，$J \cdot kg^{-1} \cdot K^{-1}$

n——换气次数，h^{-1}

64 马克斯，莫里斯 . 建筑物 · 气候 · 能量 [M]. 陈士驎，译 . 北京：中国建筑工业出版社，1990.

65 彦启森，赵庆珠 . 建筑热过程 [M]. 北京：中国建筑工业出版社，1986.

V——室内容积，m^3

ρ——空气密度，$kg \cdot m^{-3}$

t_{out}——建筑外表面温度，K

t_{in}——建筑内表面温度，K

3.4.2.5 室内环境中冷热源的传热

不论是原始小屋和乡土建筑中惯常可见的篝火，还是在机械革命后现代建筑中广泛存在的空调系统，建筑中从来就存在主动耗能的调控方式。这些利用能量的装置与设备一方面主动产出热量或冷量，另一方面其运行本身由于熵增不可避免地会产生多余的热量。此外，建筑的使用者也被视作固定的热源，恒温动物的身体通过辐射与对流对周围环境传热。

此时，与室内冷热源相关的建筑影响因子有：**设备的产热功率，使用人数与周期，被调控房间的容积。**

3.5 环境调控系统的形式呈现

如前文所述，建筑调控系统根据其能量机制的不同分为主动型与被动型。从广义上讲，主动系统是由工程师主导的以空调为代表的机电设备系统；被动系统与建筑的形式有关，由建筑师主导完成。然而，如同现代化的生活已经不能完全离开空调，建筑形式也不能在脱离建筑设备影响的语境下被单独讨论。事实上，大多数现代建筑都混合了主动系统与被动系统。建筑环境调控已经不仅仅是形式与气候的问题，更关乎形式与设备的关系——建筑环境调控的主动与被动系统共同影响着形式的生成与呈现。

3.5.1 被动式环境调控系统的形式呈现

环境控制的被动系统在前工业时代的建筑形式中得到很好的体现。冰屋、土坯房、中东地区使用的各种风塔、中国陕北的窑洞和西南的干栏式民居，都是为了充分利用当地可用材料和气候环境能源，经年累月形成的建筑类型。天然采光、被动遮阳、自然通风、导热或阻热的构造，这些营建建筑的传统技术与方法长久地存在，代代相传。中国的风水，日本的 fudo，印度的 vastu shastra 和爪哇的 petungan，都是古代智慧经营的环境科学，已经成为世界各地栖居文化的一部分。

被动系统的设计是建筑师所熟知的知识领域，形式操作也是建筑设计的核心内容。设计建筑的形状和朝向，决定其利用太阳光、风和外部空气温度等自然能量的潜力；建筑围护结构与开启方式的详细设计，涉及太阳辐射的引入或遮挡，外部空气的进入或隔绝，以及由空气温度差异引起的热量增加或减少。屋顶、墙壁、开启、朝向、形状和布局，这些建筑要素作为被动系统的组成部分，因其产生之初就具有环境调控的基本动机，并且与人的行为产生直接的联系，因而在形式呈现上一直是显现的（表 3-4）。或者说，因为具有这些被动式环境调控系统构成的形式特征，建筑才被称为建筑。

表 3-4 被动式环境调控系统的形式呈现

建筑界面	建筑外围护结构的材料、构造、厚度、颜色与表面粗糙度； 建筑开启窗的大小、形式及其在空间的相对位置； 门窗与玻璃的材料及构造； 遮阳的方式与构件尺寸
建筑体形	建筑的形状、尺度、朝向与表面积； 房间的进深与开间； 热压空间的大小与形状

（表格来源：作者自绘）

3.5.2 主动式环境调控系统的形式呈现

环境调控的主动系统在机电设备介入之前的建筑形式中同样占据重要的位置。篝火与原始棚屋作为人类最先使用的两种环境调控手段，两者之间本身存在着相互适应的历史渊源。火不仅影响建筑的材料和建造，同样影响了建筑的形式。罗马帝国扩张至寒冷的地区时，浴室的地板与墙内增设了燃烧木材加热的管道，独特的罗马浴场由此产生；在北欧，木材和煤炭为建筑供给热量，烟囱和火炉的形式表现潜力被充分利用，成为功能的核心与形式的标志；中国黔东南苗族民居中，火塘间不仅是饮食与睡卧的生活中心，也是待客与议事的社会中心，更是典仪与丧祭的精神中心，影响着建筑平面布局的形式[66]；日本传统民家竖坑造，火塘设置在相邻入口灰空间“土间”的起居室中，位置正对屋脊，炊烟可以有效干燥屋顶茅草并防虫蛀，同时形成了迎向来风前后开口的屋顶形式，以增强室内通风（图 3.25）；韩国民居中的“温突”技术利用炊火的余热对火炕进行加热，使炕洞形成烟与火到烟囱的过渡，火炕、墙壁中的管道与烟囱成为韩国民居的独特形式（图 3.26）。

而工业革命之后，更有效的主动系统涌现在建筑中，包括能源、电力和供水系统、加热和冷却系统、机械通风系统、各种湿度控制系统。加热、通风和空调系统（HVAC）成为暖通工程师主导的内容，它们以格栅、散热片、室内终端设备及室外机组的物质形式侵入建筑空间。这些新兴的主动系统需要占据大量的建筑空间，并带来形式上的表现问题，成为现代建筑师设计过程中无法回避的环节。

这些基于主动系统的服务空间催生了两种建筑与机电设备结合的方式——“隐匿”与“显露”。

66 汤诗旷．苗族传统民居中的火塘文化研究 [J]．建筑学报，2016, (2): 89−94.

图 3.25 日本高床造与竖坑造（图片来源：稻叶和也，中山繁信，《图说日本住居生活史》，2010）

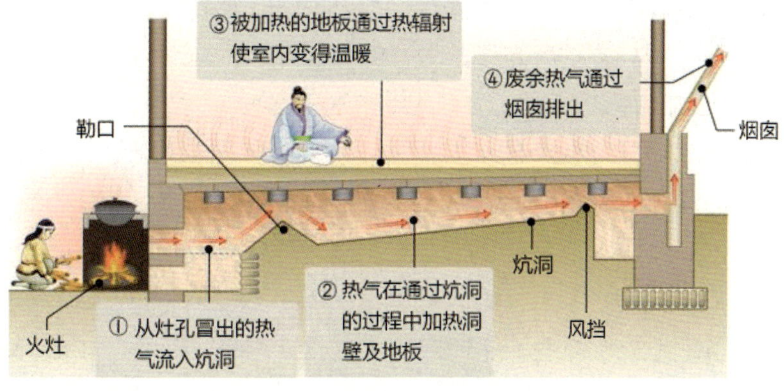

图 3.26 韩国民居“温突”技术（图片来源：image. google. com）

3.5.2.1 “隐匿”的主动式环境调控系统的形式呈现

在过去 150 年左右的时间里，主动式环境调控系统的形式呈现更常见的是被压制而不是表达。18 世纪中期，当时新开发的主动系统与建筑结合的方式是相对不显眼地融入与消隐，建筑形式保持相对不变。即便当时利用低压风扇技术来实现适当的通风率需要巨大的管线和管道，在室内和屋顶留下巨大的体量，这些设备和管道仍被建筑师小心翼翼隐藏在吊顶与夹层中。19 世纪后期，集中供热和机械通风的基本技术已经越来越多地被应用于大型建筑中。班汉姆展示了从那时起到 20 世纪中叶，建筑形式受这些庞大的主动系统影响而产生的演变。机电设备逐渐被集成到建筑形式中，虽然仍旧被隐藏起来，但已经对建筑形式产生了巨大的影响。空调的应用降低了建筑通过太阳辐射获取热量的需求，建筑的朝向因此变得不那么重要。主动系统同时催生了对建筑气密性与热质量的需求，建筑围护结构与开启的方式因此改变。机械照明的普及使建筑进深不再受制于光照，大空间建筑越来越多……

然而即便当时最新的建筑集成了更多的机电设备，它们对待服务空间的态度仍然倾向于隐藏。克鲁姆（Croome）在其著作《建筑服务工程——隐形建筑》（*Building Services Engineering—the Invisible Architecture*）中指出，机电设备虽然在巴黎蓬皮杜中心和伦敦劳埃德保险大厦等建筑物中以暴露的姿态呈现，但在大部分建筑中仍旧被隐藏而不可见。主动系统组成了“隐藏的建筑世界”，这种隐藏与伪装的努力暗含了一个审美取向的逻辑，该逻辑认为这些非传统的建筑要素对形式的构成有害无益，虽然必要但却是丑陋的。

3.5.2.2 “显露”的主动式环境调控系统的形式呈现

功能主义最虔诚的信徒认为主动式环境调控系统需要更为诚实的表达。从路易斯·康的理查德实验室，到皮亚诺（Renzo Piano）和罗杰斯（Richard George Rogers）的蓬皮杜中心，到罗杰斯的劳埃德保险大厦，一系列建筑实践案例完整展现了环境调控系统在建筑形式中的表现与转变。

以通风为例，主动系统的机械通风管道与设备，在建筑外立面、屋顶与室内都有明显的表现，以各种形状、尺寸和颜色占据建筑的外部形式表达。即便拉什（Rush）在 1986 年认为“管道已经成为建筑物能效的象征”，他也同样承认“管道系统的暴露会对空间组成和整合呈现产生重大的影响[67]。”管道系统是否与建筑形式本身传达的意图一致？暴露管道是否会带来热量损失或增加的机会？管道的视觉显现成为内部感知的一部分，又是否影响连续性的视觉体验？从路易斯·康的理查德实验室，以及 1967 年伦敦 LCC 建筑师事务所设计的伊丽莎白女王大厅可知，暴露在外的新风进气口和主管道外壳形成显眼的视觉要素，这些不属于惯常建筑形式的要素构成，恰恰直观地反映了建筑的功能与环境调控的模式。

拉什对这些系统在表现上的能见程度进行了归类，列出了四个级别的形式呈现：

1 级：不可见，系统本身没有调整形式。所讨论的系统或子系统隐藏于建筑用户的视野之外，因此其形式在空间感知上是无关紧要的。例如埋在墙体内的水管、电线，被吊顶覆盖的风管等。

2 级：可见，系统本身没有调整形式。该系统暴露在视野中，但不会以任何方式改变或改进纯功能应用所显现的形式。例如直接悬挂在立面的空调外机，暴露在室内的散热片等。

3 级：可见，系统的表面调整形式。该系统对于建筑物的居住者是可见的，并且仅对其进行表面改变，其他物理方面保持不变。例如悬挂在天花板上的各种管道与设备，通过表面涂料粉刷形成统一的色调。

4 级：可见，系统的尺寸、形状或位置调整形式。该系统对于建筑物的使用者是可见的，并且具有除最简单和最经济特点之外的尺寸或形状。例如蓬皮杜中心的立面管道不仅在颜色上作了修饰，对形状与尺寸也调整了比例，同时刻意地改变了设备的位置，使其暴露在立面上。

3.5.3 案例分析

3.5.3.1 拉金大厦
——被动式系统“显露”，主动式系统“隐匿”

弗兰克·劳埃德·赖特设计的拉金大厦是第一个采用全空调系统的建筑。值得强调的是，拉金大厦在 1906 年落成，而威廉·凯利发明空调的雏形是在 1902 年，虽然当时赖特设计的系统并不包含空气冷却与湿度控制，但这在环境调控的建筑史上依旧是难以想象的，比柯布西耶和密斯超前了整整三十年。

赖特对待环境调控系统是谨慎的。虽然拉金大厦是赖特与奥托·瓦格纳的合作作品，处处可见维也纳分离派的形式要素，但是环境调控系统在建筑形式的内部和外部表达之间依旧起到了至关重要的作用。拉金大厦是一个带有中庭的五层办公建筑，中庭顶部是当时最先进的钢结构玻璃天窗，可以进行可调控的自然采光及通风（图 3.27 左）；建筑外墙厚实、开窗面积适中，

67 Rush R D. The Building Systems Integration Handbook[M]. New York: Wiley, 1986.

外界面围护结构的保温、隔热、蓄热能力绝佳，适应当地昼夜温差大的气候条件。新风井、回风井等空调管井，包括楼梯等辅助空间，都成为独立的空心柱状元素。主动式环境调控系统被小心地隐藏在墙壁中，占据建筑的四角，同时与结构的模数相对应；每层的空调出风口在中庭四周的阳台底部，以百叶的形式集成在建筑结构上。班汉姆详细描述了这套空气调节系统是如何运作的，新风口设置在楼梯侧面的塔楼顶部，高于污染和扬尘高度，新鲜空气被吸纳到砖砌密封腔的管道中；位于地下室的加热和清洁装备进行空气的调节，在 1909 年安装了制冷设备后，同样可以进行空气的冷却；经过调节的空气被风扇吹到另一个进风空腔，通过每层阳台下方梁背后的百叶风口逐层输出[68]（图 3.27 右）。

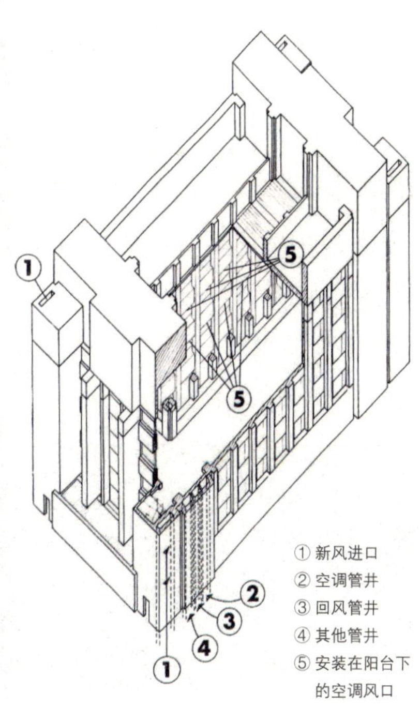

图 3.27 左：采光中庭（图片来源：https://indienova.com/game/larkin-building-by-frank-lloyd-wright 拉金大厦 VR 体验）；右：隐藏在墙体与阳台下的管井与设备（图片来源：Banham R, *The Architecture of Well-tempered Environment*, 1969）

图 3.28 赖特流水别墅手稿（图片来源：archiposition.com / items / 20181112101651）

赖特将建筑看作一个生命体，它有呼吸，能循环，可代谢，知冷暖，环境调控开始延伸到声学、光学和热工学。环境调控系统成为建筑形式生成的一种机会，并以此为契机联系起了材料结构的物质性建构与能量调控的非物质性建构。从这个意义上来说，拉金大厦与草原之家、流水别墅（图 3.38）相比并没有什么不同，建筑环境是将人、气候、技术囊括进来的整体环境。重要的是以建筑形式作为环境调控的主体，技术服务于建筑形式生成。

在形式呈现上，被动式环境调控系统在墙体、门窗与空间组织等形式构成中清晰地体现出来，组织起建筑的天然采光、自然通风、保温隔热等环境调控功能。主动式环境调控系统的设备与管线成为全新的形式要素，这些要素并不在传统建筑学的美学范畴中，因而赖特与其时代的多数建筑师，倾向于将这些要素保守地隐藏在建筑中。赖特虽然极其激进地采用了当时最新的主动式环境调控技术，但面对这些“陌生的”“突如其来”的工作对象，不免发

68 Banham R. The Architecture of Well-tempered Environment[M]. London: The Architectural Press/ The University of Chicago Press, 1969.

出感慨：

“有趣的是，作为一名建筑师，我本应关注建筑的美学，却在发明悬挂墙体，应用玻璃门、钢制家具、空气调节、地暖等技术革新上花费心血。现在使用的几乎每一项技术革新都能在1904年拉金大厦中见到雏形。”[69]

3.5.3.2 耶鲁大学美术馆、金贝儿美术馆 ——被动式系统“显露”，主动式系统“隐匿”

路易斯·康的“服务”与“被服务”空间理论（servant versus served）在理查德实验室的设计过程中被明确提出，并在耶鲁大学美术馆的设计中被进一步深化。在耶鲁大学美术馆中，服务空间与被服务空间在平面布局中清晰地显示出来。服务空间封闭而厚重，包括核心筒、楼（电）梯、厕所、走道和设备间，占据了中间的一跨短柱网，楼梯通过顶部玻璃天窗进行采光（图3.29）；服务空间两侧是长柱跨的被服务空间，是主要的展览空间。在垂直方向上，建筑内部的楼板与屋顶结构都采用三角梁盖结构，将机电设备与管线隐藏在其中，免除虚假建构的吊顶，同时形成独特的韵律感。路易斯·康的空间框架是与合作伙伴安·婷（Anne Tyng）共同设计完成的，安·婷曾师从富勒，这个精巧的结构显然受到了富勒几何形式的启发。机电设备系统的介入无疑会对空间产生影响，路易斯·康对环境调控系统的态度既不是简单地掩盖，也不是刻意地暴露，他将服务空间与结构巧妙地结合，并使其获得雕塑般的诗意（图3.30）。

图 3.29 耶鲁大学美术馆楼梯间采光（图片来源：archiposition.com / items / 20190419043734）

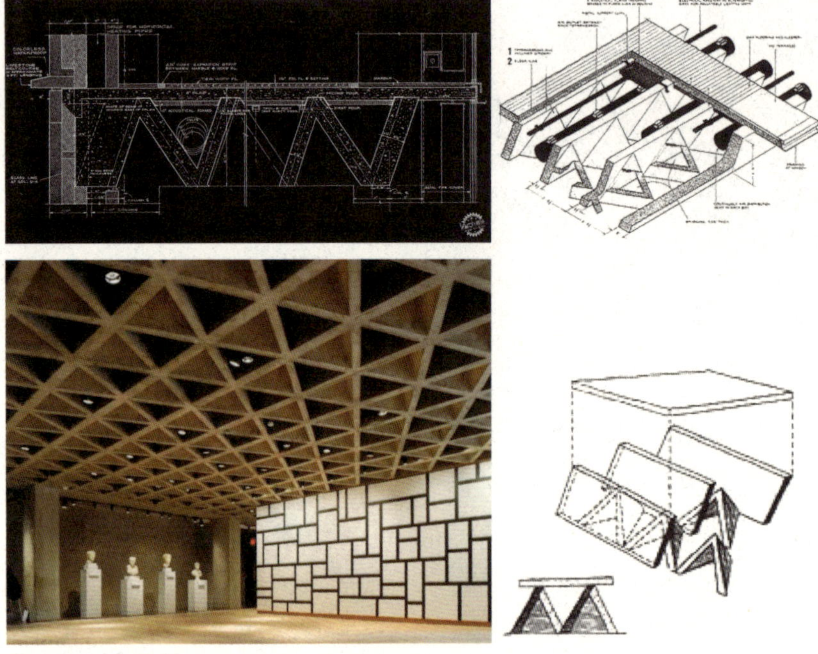

图 3.30 隐藏在三角梁盖结构中的管线与设备（图片来源：Hawkes D, *The Environment Imagination*, 2008）

路易斯·康设计的金贝儿美术馆坐落在美国得克萨斯州沃斯堡，这里夏天气温高但是湿度低，冬季温暖宜人。可以从金贝儿美术馆的连续拱顶发现其与干热地区民居拥有相似的形式语言与环境调控逻辑。事实上，金贝儿美

69 "It is interesting that I, an architect supposed to be concerned with the aesthetic sense of the building, should have invented the hung wall for the w.c. (easier to clean under), and adopted many other innovations like the glass door, steel furniture, air-conditioning and radiant or 'gravity heat'. Nearly every technological innovation used today was suggested in the Larkin Building in 1904." — Frank Lloyd Wright as quoted by Kaufmann, Edgar, ed. An American Architecture, 137-138.

图 3.31 康对理想人居的构思草图（图片来源：archiposition. com / items / 20192325073710）

图 3.32 金贝儿美术馆展厅（图片来源：archiposition. com / items / 20192325073710）

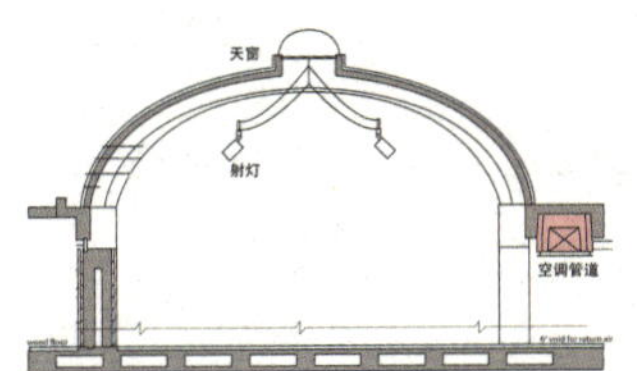

图 3.33 金贝儿美术馆剖面图（图片来源：archiposition. com / items / 20192325073710）

术馆在设计之初对罗马原始形式的参考在路易斯 · 康的构思草图中能充分显现[70]（图 3.31）。混凝土柱、墙与拱顶提供相对大的热阻，拱顶的形状可以更好地反射外部各个方向的太阳辐射以减少外部得热，同时反射内部热辐射，使室内温度梯度均匀、稳定，大热质材料与建筑的形状共同构成了保温隔热的建筑环境。当然，金贝儿美术馆最为人所津津乐道的是其室内的光环境设计。康设置了一套双向反射系统，在拱壳顶端的槽孔中安装透明的天窗，天窗正下方是一组反向弧的穿孔金属反光板，反光板边缘的构造框上安装了人工照明系统。天光从拱顶的凹槽倾泻而下，小部分透过穿孔板的孔隙照亮下面的空间，大部分光线通过反射均匀地照亮整个拱顶，并被再次反射弥散到整个空间。人工照明系统则在夜间或阴天提供稳定的光环境（图 3.32）。照明工程师理查德 · 凯利（Richard Kelly）计算了弧形反光板的弧度与照度的对应关系，以确保最终的效果呈现与设计一致。金贝儿美术馆的平面是对这个拱顶空间的平行重复。路易斯 · 康在建筑中间取消了部分拱单元形成院落，使其可以进行自然通风与采光。拱单元与拱单元之间间隔布置平屋顶空间，美术馆的机电设备和管道等服务空间都排布在这些平屋顶空间中（图 3.33）。楼梯和设备间成为空间的实体占据在拱顶之间，使空间分隔开来以强化被服务空间的单元性；空调管道隐藏在夹腔的上部，下部的空间打开与被服务空间结合成为一个整体。为了不破坏建筑形式，所有的机电设备终端处理的部分都被放在地下室或者远离建筑的设备塔中。

路易斯 · 康在设计理查德实验室时坦言：“我不喜欢管道，甚至可以说非常讨厌，但正因为我非常讨厌它们，它们必须待在应该待的位置。如果仅仅只是讨厌而不作为，这些管道会迅速入侵建筑并彻底摧毁它[71]。”

路易斯 · 康首先明确了在机电设备不断介入后，如何处理建筑的组成和空间产生的异变，他对管道的“仇恨”被转化为“服务”和“被服务”的建筑

70 http://sites.google.com/site/ae390majorbuildingkam/home/hvac-system/drawings-and-diagrams.

71 Banham R. The Architecture of Well-tempered Environment[M]. London: The Architectural Press/ The University of Chicago Press, 1969.

空间理论。康认为，在建筑现代化的进程中应共同考虑机电设备与结构形式，而非简单地隐藏它们。使用装修手段（例如吊顶）来解决机电设备的问题违反建构的真实性原则，只有内外一致的结构同时关照到设备与管道的“服务”空间以及人使用的“被服务”空间，才能实现建构的连续性。

3.5.3.3 劳埃德保险大厦 ——主动式系统“显露”，被动式系统“隐匿”

劳埃德保险大厦的前身是 1928 年建成的伦敦劳埃德保险公司大楼，罗杰斯在改造设计时选择保留结构主体与部分建筑立面。劳埃德保险大厦由围绕中庭布置的建筑主体与六座布置在主楼外侧面的服务设施塔楼组成。玻璃中庭被环廊式的开敞空间包裹，楼梯、电梯、卫生间以及机房等服务区域被集中放在建筑主体之外的塔楼中（图 3.34）。

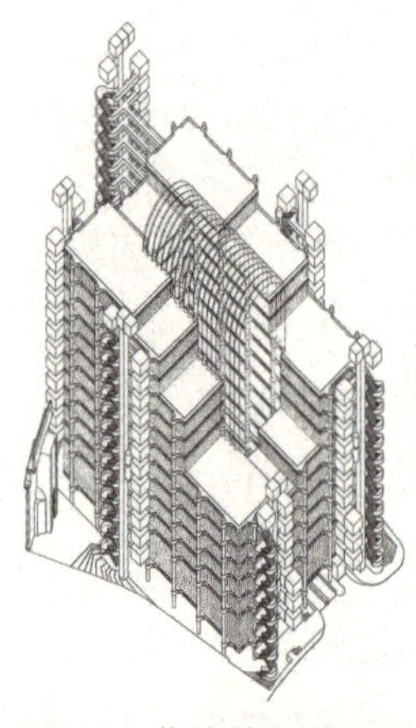

图 3.34 劳埃德保险大厦轴侧图——设备间外移，玻璃中庭内置（图片来源：archiposition.com/items/8ecefdc5c3）

图 3.35 玻璃中庭（图片来源：archiposition.com/items/8ecefdc5c3）

图 3.36 设备外立面（图片来源：archiposition.com/items/8ecefdc5c3）

图 3.37 劳埃德保险大厦立面图——设备的外化表达（图片来源：archiposition.com/items/8ecefdc5c3）

劳埃德保险大厦的被动式环境调控系统主要由采光通风的玻璃中庭（图 3.35）、蓄热隔热的建筑混凝土结构，以及采光隔热的三层玻璃幕墙组成。主动式环境调控系统主要是集成在塔楼中的机电设备（图 3.36）。大厦的主要设备分别安装在其中四个塔楼的顶层。水、电和动力等管线供给系统，其装置都是垂直上下的干线，到了各层之后再分出支线到达每一楼层。新鲜空气通过地板下的夹层流入办公空间，而浑浊空气则被光源上方的出风口吸出去，并被运送到围护结构的幕墙中，这样冬季可以利用余热，夏季可以获取冷量[72]。

在形式表达上，混凝土结构与部分建筑界面被藏匿在内，塔楼中的楼梯及管道设备基本暴露在外。在功能上带来的便利是，这不仅使电梯、管道或电气设备的替换及维修更为方便，还解放了室内空间，使其成为一个灵活且开放的平面。与之前建筑师将主动式环境调控系统安置在建筑边角处进行隐蔽不同，劳埃德保险大厦使其凸显于建筑主体，暴露在视野中，在形式上加以

72 黄华青 . 伦敦劳埃德保险大厦 [J]. 建筑创作 , 2014(4):84-109.

强调，创造出一个极具表现力和可读性的结构（图 3.37）。

这种将被动式环境调控系统隐匿在内，将主动式环境调控系统显露在外的形式操作手法，显然创造出了极具机械美学的形式特点，反映了当时技术激进的时代背景。

3.5.3.4 蓬皮杜中心——主动式系统“显露”，被动式系统“隐匿”

如果劳埃德保险大厦尚且保留了原有的混凝土结构、中庭与立面，从形式语汇中还能辨认出主被动环境调控系统的并置，那么皮亚诺与罗杰斯的蓬皮杜中心，俨然放弃了对被动式环境调控系统的表达。

蓬皮杜中心的立面已无门、窗、墙体的界限，暴露的结构和管道构成了立面的全部（图 3.38）。甚至为了凸显这些设备系统，皮亚诺根据其功能区分了管道的颜色——交通设备的红色管道，供水系统的绿色管道，空调系统的蓝色管道，供电系统的黄色管道。全部空调设备分为 25 个独立系统，将主要空调设备架设在屋顶上，机械排烟与感烟报警系统分布在各层空间中，在外立面上设置自动消防喷水装置。这些环境调控系统不再隐没在墙体与天花板中，而是赤裸裸地显露在外，以近乎挑衅的意味呈现出惊奇的形象。

图 3.38 上：蓬皮杜中心广场立面；下左：临街立面；下右：室内（图片来源：archiposition.com/items/20210127022738）

皮亚诺坦言：“这座建筑是一个图示，我们要大家立即了解它，把它的内脏放到外面，是为了让大家看得清楚，自动扶梯装在透明管子里，让大家能看清其中的人怎样上上下下，来来往往。这对我们非常重要。”

皮亚诺与罗杰斯对主动式环境调控系统形式表现出的强烈欲望，实际上受到“建筑电讯派（Archigram）”的影响。建筑电讯派主张以技术变革传统建筑，致力于设计“高技”“轻量化”的基础设施。在建筑电讯派的早期作品

《插件城市》（Plug-In City）中，建筑群内部的运作完全由机电设备主导，试图通过穿插在网架结构中的交通系统与环境调控系统，创造出一种完全能适应人们需求，以及能够承受未来技术不断变化的城市（图 3.39）。建筑电讯派注意到了技术变革的重要性及其对建筑形式的颠覆性影响，并且在美学上形成一种潮流。

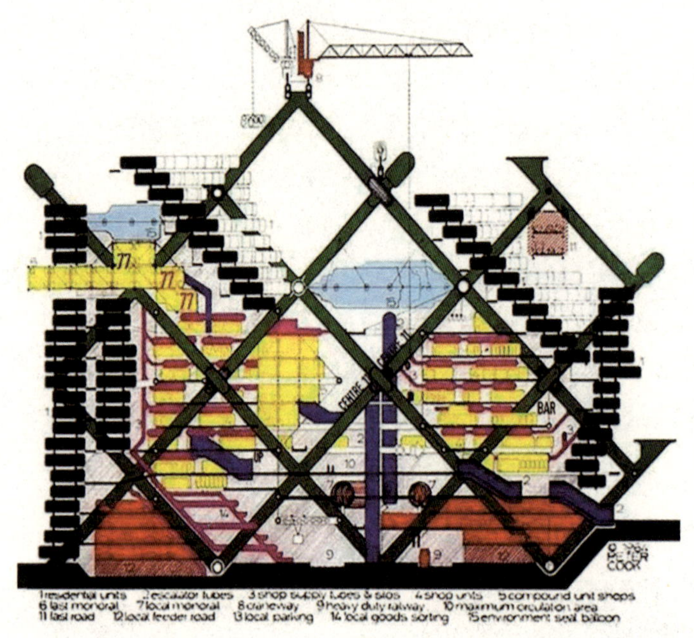

图 3.39 建筑电讯派《插件城市》（图片来源：Sadler S, *Archigram: Architecture without Architecture*, 2005）

蓬皮杜中心可以被视作一个凸显主动式环境调控系统形式呈现的极致案例，被动式环境调控系统被极限地压制并隐没在管道与机器之后。与其说蓬皮杜中心关注于环境调控，不如说其致力于塑造新的形象——过于刻意地显露管道以塑造一个标志性建筑，使其成为惊世骇俗的符号。然而管道的暴露与刻意地使其在立面上蜿蜒，反而加大了能耗，降低了效能。如同建筑电讯派设法创造独一无二的建筑，却始终停留在纸上，忽视了建筑居住与使用的核心——环境调控，即便配备了最新的机电设备，也仅仅是无源之水，无本之木。

3.5.3.5 小结

不同时期的案例中对建筑环境调控系统或“隐匿”或“显露”的形式呈现，大抵代表了当时的建筑潮流、技术手段与价值取向，在客观上并无优劣之分。然而从本书所持的立场与观点而言，被动式环境调控系统及其形式，是建筑的核心与本质，是建筑师与建筑学者必须坚定守护的领土，无论何时都不能放弃它、否定它；主动式环境调控系统及其形式，是建筑环境调控伴随技术革新新加入的要素，如果我们的建成环境势必与之共生，请将其视为一种设计的机会，无须怀抱恐惧的心理潦草地隐藏它们，更不可盲目地崇拜、绝对地依赖它们。

3.6 本章小结

本章对建筑形式与能量关系的系统模型进行建构，在“人、建筑、气候”中定义由人体反应系统、建筑调控系统、外部能量系统组构的热力学环境，明确各自的对象与内容、分析技术与评价指标；将多目的、复杂性与矛盾性集成的建筑形式解构为对应特定功能的系统构成；清晰地展现环境调控系统与建筑的影响要素、对应关系与形式呈现；同时也为建筑形式与能量交互机制的量化分析提供系统化的结构。

4 建筑形式与能量机制的数理模型构建

4 建筑形式与能量机制的数理模型构建

建筑环境作为一种系统化的模型，可以被量化研究的基点在于，近百年来物理学、生命科学与环境科学的发展，使建筑光环境、风环境、热环境的观测、量化与评价成为可能。与建筑环境调控相关的形式因子的归纳、提取与环境物理参数的聚类分析及完备性研究，是构建形式与能量数理模型的基础，通过对形式因子与环境性能的物理解析，反映直观的环境调控意图与能量作用机制。

4.1 建筑调控系统的能量机制

本质上来说，建筑环境调控系统的作用机制，建立在这样的过程中：从形式本身的物质形态改变，来调控其中发生的能量过程，使外部能量系统中的自然要素经过调节之后，形成作用于人体的物理环境。这一过程同样也可以反过来表述：身体的舒适度需求对应的风、光、热物理指标，由建筑中的能量流所决定，而能量被建筑所调节和控制，由此形成的不同建筑形式呈现完全不同的环境调控意图。

形式与能量的相互影响机制建立在清晰的调控意图之上，在此基础上，才能进一步讨论形式本身的策略或方法。在第 3 章中，笔者归纳了建筑中存在的热过程，本章节将讨论指向建筑形式对这些热过程的促进、抑制、延迟的环境调控意图，并且延展出三种建筑形式的能量应变机制：能量捕获、能量隔离与能量阻尼。这些可以定义的“路径”，能清晰地界定出建筑形式与能量流动的对应关系以及相互作用的方式、过程与结果（表 4-1）。

表 4-1 能量机制与环境调控策略

能量机制	调控策略	适用季节	传热方式		
			热传导	热对流	热辐射
能量捕获	增加太阳辐射得热	冬季			√
	促进外围护结构散热	夏季	√	√	√
	促进自然通风	夏季		√	
能量隔离	减少太阳辐射得热	夏季			√
	减少外围护结构导热	冬季和夏季	√		
	减少冷热风渗透	冬季和夏季		√	
能量阻尼	增加周期性热流延迟	冬季和夏季	√		√
	减少周期性热流延迟	夏季	√		√

（表格来源：作者自绘）

4.1.1 能量捕获——促进

建筑是能量的捕获器。建筑作为一个开放的热力学系统，要维持稳定有序的物质结构，需要与外界进行连续的能量交换，不断地获取负熵才能抵消热力学系统不断产生的熵增。能量捕获意为建筑对其中进行的能量过程的促进与鼓励，这种态度和意图转化为环境调控的策略。

4.1.1.1 增加太阳辐射得热

在冬季获得足够的太阳辐射热与光照是建筑能量捕获的策略之一。增加太阳辐射得热主要通过促进建筑与环境的辐射传热过程实现。采暖或采光的环境调控意图指向建筑形式的普遍特征：朝南，南向大面积玻璃窗，设置中庭或天井，深色表皮等。

4.1.1.2 促进外围护结构散热

促进外围护结构散热主要分为建筑辐射散热与围护结构导热两个部分。建筑辐射散热，是指建筑在夏季夜晚将白天积蓄的热量以辐射的方式迅速排除，使建筑尽可能多地捕获冷量。如果建筑物外表面材料的平均辐射温度高于周围环境（主要是夜空）的辐射温度，则建筑物可以有效地散热。围护结构导热则是指建筑围护结构在夏季白天不会积蓄太多的热量产生热延迟，并且在夜晚可以快速地以传导的方式将建筑室内的热量传递到室外。建筑促进外围护结构散热的形式特征有：松散的建筑体形，高发射率和高导热性的围护结构材料与轻薄的墙体等。

4.1.1.3 促进自然通风

促进自然通风是建筑能量捕获在夏季获得冷量的策略之一。夏季自然通风以置换空气的方式有效带走室内空气的热量，同时冷却建筑表面，降低建筑的平均辐射温度。在干热地区，自然通风策略可以与湿度控制策略结合，通过蒸发降温的通风方式获得冷量。强化自然通风所形成的形式特征有：导风体形与朝向，促进通风的门窗位置，捕风窗、风塔、竖井、导风构件等构造。

4.1.2 能量隔离——抑制

建筑是能量的隔离网。建筑所处的环境存在不利于身体舒适的各种能量要素，雨、雪、冷风、炙热的阳光构成了过冷或过热的气候环境，能量隔离意为建筑对其中进行的能量过程的抑制与抵抗。

4.1.2.1 减少太阳辐射得热

夏季过量的太阳辐射是建筑室内过热的主要原因，对太阳辐射的能量进行隔离与过程抑制至关重要。建筑减少太阳辐射得热的措施主要有：选择适宜的体形与朝向、围护结构表面选用浅色、采用妥当的遮阳措施等。

4.1.2.2 减少外围护结构导热

最小化外围护结构的传导热流，是建筑面对夏季过热或冬季过冷气候的有效手段之一。作为一种能量的屏障，建筑建立起内外环境的能量势差，如同水坝一样将其两边的能量与物质隔离开来。尤其是对于利用主动式环境调控系统的室内空间来说，减少外围护结构的导热能够大大减少能耗。因而，机械介入的建筑空间天然地倾向于抑制室内外能量流动的隔离状态。减少外围护结构导热带来的形式特征有：使用传热系数小的围护结构材料、增加围护结构的厚度、建筑形体聚集收缩、建筑开窗尽可能少，等等。

4.1.2.3 减少冷热风渗透

在风力和热压造成的室内外压差作用下，室外的空气通过门、窗等缝隙渗入室内，被加热或冷却后逸出室外，这部分空气消耗的热量或冷量被称为冷热风渗透耗热量。该部分耗热量在热负荷中占很大比重。冷热风渗透耗热量根据门窗构造、门窗朝向、室外风速和风向、室内外空气温差、建筑物高度及内部空间状况等因素确定。因而减少冷热风渗透要求的建筑形式为：迎风面尽可能少开窗、建筑体形集聚以减少湍流产生、采用气密性强的构造等。

4.1.3 能量阻尼——延迟

建筑是能量的积蓄池。多数时候，环境中的能量并不为恒常的有益，也不是恒常的无用，彼时无用的风、光与热在气候条件的周期波动下在此刻能成为建筑可以利用的能量。积蓄、存储某些时刻或空间的富裕或无用能量，在另一时刻或空间释放或利用以改善此时此地的物理环境，是建筑以热延迟的方式进行的环境调控行为。

4.1.3.1 增加周期性热流延迟

建筑围护结构材料除了具有保温隔热的特性，还可以延迟热流。这些热流可用于改善舒适度并降低能源成本。例如，白天砌体墙积蓄的太阳辐射热会滞后释放从而影响晚上的室内环境。尤其对于昼夜温度变化很大的炎热干旱气候，延迟周期性热流是一种特别有价值的技术。延迟周期性热流的方式主要有两种，一种是使用比热容大的材料例如黏土或混凝土，在某些地区甚至用屋顶水池来进行昼夜热交换；另一种则是加大围护结构的厚度以增加建筑热质量，使其能够存储更多的能量。

4.1.3.2 减少周期性热流延迟

在有些时刻、地域与气候条件下，热流延迟反而成为建筑环境调控需要规避的热现象。尤其对于昼夜温度变化不大的湿热地区，白天墙体积蓄的热量在晚上迟滞释放使夏季夜晚室内仍旧潮湿炎热，此时减少建筑围护结构中的周期性热流延迟尤为重要。减少周期性热流延迟可以帮助建筑围护结构快速有效地散热，其方式主要有两种，一种是使用比热容小的材料，另一种是减小围护结构的厚度，通过减小外围护结构热惰性指标，使其积蓄更少的热量。

4.2 建筑形式因子与环境物理参数的聚类分析与完备性研究

在建筑学知识体系中，建筑形式的构成通常被拆解为基础、墙体（或柱）、楼地层（或梁）、楼梯、屋顶、门窗等六大部分。而倘若以能量的观点重新审视建筑形式的构成，可以依据建筑环境调控中能量的过程与机制，将建筑形式分解为两个聚类：界面与体形（图 4.1）。

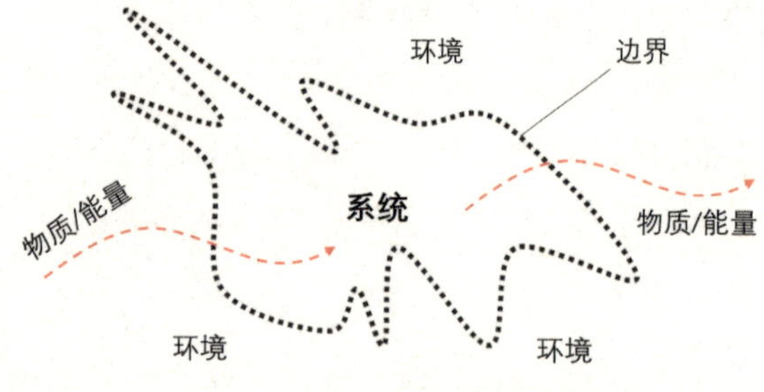

图 4.1 热力学系统物质结构的两个组成部分：界面和体形（图片来源：作者自绘）

由外部能量系统、建筑调控系统、人体反应系统组成的热力学系统模型，容纳了一系列相互影响、相互联动、相互闭合的能量过程，通过对上述能量过程的系统分析，可以归纳出与之相关的建筑形式因子的聚类与分项。建筑作为区分“内”“外”环境的物质结构，首要的任务是竖立起调控环境的屏障——气候界面；气候界面因其对能量的态度呈现不同的材料、构造、厚度及开启。对外部气候而言，建筑外表面的形状（即体量）是其边界条件，对人体反应系统而言，建筑内表面的形状（即空间）是其边界条件。在本书中，将体量形状与空间组织并称为建筑的体形，建筑的体形影响了建筑调控系统分别与外部能量系统和人体反应系统之间的能量传递效率。

4.2.1 界面

4.2.1.1 建筑“界面”的语义辨析

“界面”在物理学中的定义如下：不同物理性质的物质之间相互接触的部位。不同物理性质意味着“阻隔”，接触则意味着“交换”，这包含了界面“围合”与“开启”的两个向度。通过界面，建筑环境调控系统得以圈定并定义室内与室外空间，因此其最本质的功能是维持室内外环境的梯度差异，意为“围合”；同样通过界面，外部能量系统与人体反应系统的能量传递被调节与控制，有利的热量、风与湿度被选择性地迎纳入室内，意为“开启”。

“界面”在建筑学语境中存在很多类似或相近的语汇表述，但从环境调控的角度而言，这些表述始终不及“界面”精确。“表皮”是与“界面”最为相近的表述，其最早由生物学的知识体系衍生到建筑学词汇中。生物体通过表皮进行外界环境的感知并做出相应的调节反应，暗示建筑具备环境调节的功能属性。然而"表皮"一词仅侧重于建筑对外部环境的反应，并且局限于二维表达，不如"界面"能表达内外空间的双向作用，同时具备空间的厚度。"外围护结构"是另一种相似的表述，但是一般而言建筑的外围护结构并不包括屋面，并且该表述通常也更侧重于建筑外围护的构造方式、围合方式、与建筑功能的关系、造型特点等方面。与"界面"所体现的建筑与相邻系统的关系相比，"建筑外围护结构"更为孤立与自治，其强调实体性与构件性建构。"立面"是"界面"的另一个相近的概念，但是其更凸显建筑的外部形象。建筑立面虽然与建筑功能或技术有一定的关系，但更多的是一种美学范畴的视觉感知，它将建筑特定的面的外部形象从建筑的其他要素中独立出来，通过比例、尺度、对比与协调等美学研究方法去判断建筑的外在形象。"立面"首先强调建筑各面之间的不同，然后讨论各面之间的联系，而建筑"界面"则强调自身的整体性与各面之间的连续性。

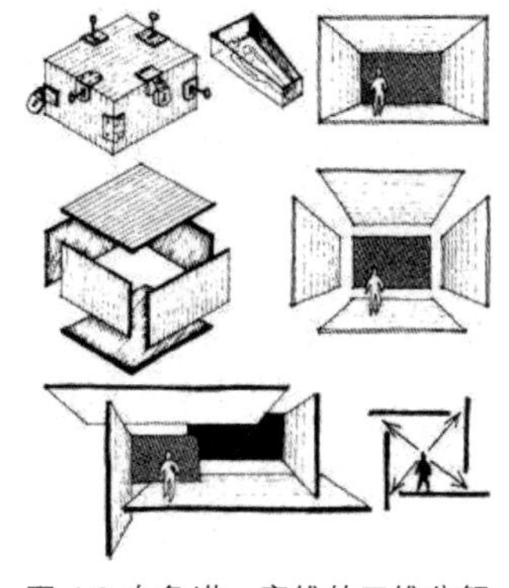

图 4.2 布鲁诺・赛维的四维分解法（图片来源：布鲁诺・赛维，《现代建筑语言》，2005）

就如同建筑学中从"立面""外围护结构"到"界面"的语汇变迁，对建筑界面的研究也从单一的美学研究扩展到结构、构造、材料，直至环境调控的技术范畴。19 世纪之前的古典主义，对建筑界面的认知局限于平面化的美学思辨。从古希腊时期的柱廊式立面到古罗马时期的叠柱式、连续券立面，到文艺复兴时期的三段式立面构图，都是从一种数学比例的均衡来营造几何学的理性，以产生美的感受；现代主义的隔绝型环境调控范式常常抛开环境讨论建筑界面的功能问题，建筑界面一方面变得更轻质、透明，另一方面由于机电设备变得更封闭、孤立。罗伯特・文丘里（Robert Venturi）在《建筑的复杂性与矛盾性》（*Complexity and Contradiction in Architecture*）中将建筑界面当作孤立的对象，提出界面的"二元理论"，认为建筑界面有"里""外"两层表皮，分别对应于"功能使用"与"形式美学"的需要[73]；而史学家布鲁诺・赛维（Bruno Zevi）则在《现代建筑语言》（*the Modern Language of Architectural*）中以四维分解法将建筑六个面进行独立分解，以此讨论各个界面的功能与形式[74]（图 4.2）；后现代主义时期的倡导者提出了"双层皮"的概念——内层皮解决功能问题，外层皮解决形式问题。虽然他们意识到建筑界面实际上对应于室内外两个空间环境，但却始终忽视了建筑界面对环境调控的重要意义。生物气候主义逐渐将建筑界面视作一种能量的调节器。奥戈雅在《太阳控制与遮阳设施》（*Solar Control and Shading Device*）中认为现代主义的框架结构（skeleton）配合轻质幕墙（skin）的建筑模式因为取消了传统的大热质墙面，大大降低了建筑对极端气候条件的缓冲能力，在建筑界面上需要通过特定的材料、构造及空间设计进行补偿。对建筑界面的认知也延展到环境调控的领域，界面成为具有材料特性、构造特征、空间厚度以及"围合"与"开启"功能的环境调节器。

73 文丘里．建筑的复杂性与矛盾性 [M]. 周卜颐，译．北京：知识产权出版社，2006.

74 赛维．现代建筑语言 [M]. 北京：中国建筑工业出版社，2005.

4.2.1.2 建筑界面的构成要素

建筑界面包括了通常意义上的"围合"——外墙与屋顶，以及"开启"——

门、窗、天窗、面向天井庭院的开口等。同时，建筑界面具有对外及对内的双重性，外界面与内界面之间的夹腔空间同样属于建筑界面的构成要素，例如檐廊、挑檐、凹阳台等灰空间。

4.2.1.3 建筑界面的影响因子

发生在建筑界面上的传热过程，如前文所述，包含以下三个过程：从外部气候环境到建筑外表面、从建筑外表面到内表面、从建筑内表面到室内环境。与建筑界面相关的影响这些能量过程的物理参量则有：围护结构外表面的辐射吸收率 α_e，围护结构外表面的辐射传热面积 A_r；围护结构外表面的对流换热系数 h_c，围护结构外表面的对流传热面积 A_c；围护结构墙体与玻璃的导热系数 λ，墙体厚度 l，围护结构的导热传热面积 A_d；围护结构内表面的辐射吸收率 α_i，围护结构内表面的辐射传热面积 A_{ir}；窗洞口的面积 A_w，遮阳系数 S。可以直观地发现，建筑界面的窗户面积、开启方式，墙体的构造方式、材料选择、厚度及遮阳形式等诸多形式要素对建筑内部的热环境存在重大影响。然而在实际设计过程中，这些物理参量无法直接地在建筑形式上反映出来，同时形式作为建筑的物质呈现很难用简单的物理量来量化。因此，根据建筑界面参与的传热过程与相关物理参量，归纳出六个界面形式因子，以便为形式与性能的量化影响机制提供直接联系的路径。同时，形式因子与参数的定义与归纳同样参考了《绿色建筑评价标准》（GB/T 50378—2019）与《民用建筑热工设计规范》（GB 50176—2016）。

1）太阳辐射吸收系数 ρ_s

太阳辐射吸收系数 ρ_s 是表面吸收的太阳辐射热与投射到其表面的太阳辐射热之比（式 4-1），是表征建筑表面材料对太阳辐射热吸收能力的无量纲指标，主要反映了建筑界面材料的粗糙度与颜色对太阳辐射吸收强弱的影响。

$$\rho_s = \frac{Q_s}{G \cdot A} \tag{4-1}$$

ρ_s——太阳辐射吸收系数

Q_s——热辐射换热量，W

G——总辐射照度，W/m^2

A——传热面积，m^2

一般而言，材料表面越光滑，颜色越浅，太阳辐射吸收系数越小。《民用建筑热工设计规范》（GB 50176—2016）给出了常用围护结构表面太阳辐射吸收系数 ρ_s 值。《绿色建筑评价标准》（GB/T 50378—2019）中对建筑外围护结构及屋面材料的太阳辐射反射系数提出了不小于 0.4 的技术要求。对于普通的建筑材料而言，太阳辐射不会直接穿透，因此认为太阳辐射吸收系数和反射系数之和等于 1。因此，《绿色建筑评价标准》实际上规定了建筑外界面材料的太阳辐射吸收系数不大于 0.6。

太阳辐射是建筑得热的主要途径之一，降低建筑界面的太阳辐射得热是

图 4.3 阿联酋扎耶德清真寺（图片来源：image.google.com）

图 4.4 曲阜孔庙奎文阁（图片来源：李乾朗，《穿墙透壁》，2009）

夏季建筑防热的主要措施，反之，提高太能辐射得热是建筑冬季采暖的主要措施。因此，对太阳辐射吸收系数的研究广泛存在于建筑能耗研究与绿色设计研究中。如郭卫琳等验证了热反射涂料应用于墙体能减少太阳辐射得热的效能，结果表明热反射涂料降温幅度最大可以达到 9~10℃[75]；付衡等的研究得出，减少外表面太阳辐射吸收系数对降低外墙内表面温度及降低空调能耗有不同程度的影响[76]；李英等研究了北京地区墙体表面特性对能耗的影响，发现太阳辐射吸收系数越大越有利于减少采暖和空调能耗，在北京地区选用太阳辐射吸收系数大和深色的表面材料有利于建筑节能[77]；罗松钦等针对夏热冬冷地区建筑对太阳辐射夏季“防”、冬季“用”的特点，分析了夏、冬两季太阳辐射对建筑界面热特性的影响规律，得出了采用较小太阳辐射吸收系数的材料在能耗上更优的结论[78]。

如果我们同意建筑是身体的一种延伸，建筑界面可以被视为身体之外的另一层衣服，那么太阳辐射吸收系数 ρ_s 代表了这件衣服利用、获取或规避太阳辐射的能力。如同热带地区的阿拉伯人穿戴白色丝质的长袍以达到去热降暑的目的，伊斯兰建筑同样利用白色光滑的表面以排除不必要的太阳辐射（图 4.3）；而在中国，相较于南方建筑的素净，北方建筑善于利用饱和度高的深色，并且运用深色调、暖色调的位置往往是经常接触阳光的部分，朱红色的门窗、黄色的琉璃瓦与蓝绿色的檐口形成鲜明对比（图 4.4）。

现代建筑对立面色彩的认知是去环境化的，单调刻板的白色掩盖了建筑界面对太阳辐射的敏感性。而在环境调控的语境下，必须意识到，建筑界面的色彩不仅是建筑形式表现的一部分，更体现了其对于太阳辐射的反应。而太阳辐射吸收系数 ρ_s 代表并量化了建筑界面对太阳辐射的态度，成为显要的判断与衡量建筑形式环境调控性能的因子之一。

2）综合传热系数 *K* 与热惰性指标 *D*

综合传热系数 *K* 反映了建筑界面将热量从外界面传递到内界面的效率，而热惰性指标 *D* 则体现了建筑界面抵抗这种周期性温度波动的能力。事实上，建筑界面的保温隔热水平是建筑环境调控的重要内容之一，围护结构的材料、厚度与构造都直接影响建筑的热工性能。

物理学中固体导热的现象及其传热模型已然被深入地研究过。任何位置的热流都是由温度较高的地方向温度较低的地方传递，即一个物体在单位时间、单位面积上的传热量与其法线方向的温度变化量成正比，傅立叶据此归纳出热传导基本方程（式 4-2）：

$$q = \frac{\lambda}{d}(t_1 - t_2) \qquad 4\text{-}2$$

q——热流密度，单位面积上单位时间内传递的热量，W/m^2

t_1——高温表面温度，K

t_2——低温表面温度，K

λ——导热率，也称为导热系数，W/(m · K)

75 郭卫琳，卢国豪，何超．夏季热反射隔热涂料对建筑墙体的节能实效研究 [J]. 施工技术，2010, 39(7):80–83.

76 付衡，龚延风，余效恩，等．南京地区居住建筑外窗夏季能耗分布的数值模拟研究 [J]. 新型建筑材料，2014, 41(3):52–55.

77 李英，王玉卓．建筑非透明外墙面材料热工性能研究 [J]. 建筑技术，2009, 40(1):38–41.

78 罗松钦，杨昌智，李洪强，等．夏热冬冷地区太阳辐射对建筑围护结构能耗影响分析 [J]. 湖南大学学报：自然科学版，2018, 45(5):149–156.

d——匀质实体热质厚度，m

导热系数 λ 的意义为，在稳定传热条件下，单位厚度（1m）的材料，其两侧表面温差为1℃（1K）时，在单位时间（1s）内通过1 m^2 面积传递的热量。导热系数实际上表征了材料的导热能力，是材料的基本参数之一。导热系数越大，材料的导热性能越强。一般而言，金属的导热系数大于非金属，固体的导热系数大于液体的导热系数，气体的导热系数最小。《民用建筑热工设计规范》（GB 50176—2016）给出了常见建筑材料的导热系数。

匀质实体热质厚度 d 在建筑热工计算中实际上对应于建筑围护结构材料层的厚度。材料层的厚度 d 为分母，即热流密度与厚度成反比，厚度越大，建筑围护结构的传热量越小。显见的例子是，冬季的穿着要比夏季厚实，北方建筑的墙体要明显厚于南方建筑。

综合了导热系数与材料层厚度的物理参数是单一材料的热阻 R，它们之间的关系遵循如下的公式：

$$R = \frac{d}{\lambda} \tag{4-3}$$

R——材料层的热阻，$m^2 \cdot K/W$

λ——导热率，也称为导热系数，$W/(m \cdot K)$

d——匀质实体热质厚度，m

建筑界面往往由多层材料和空气腔层组成，多层匀质材料层组成的围护结构平壁的热阻按下式计算：

$$R_{\mathrm{w}} = R_1 + R_2 + \cdots + R_n \tag{4-4}$$

R_{w}——围护结构平壁的热阻，$m^2 \cdot K/W$

R_1，R_2，…，R_n——各层材料的热阻，$m^2 \cdot K/W$

建筑界面的整体传热阻同时还包括了内外表面的对流与辐射换热阻，围护结构的总传热阻按下式计算：

$$R_0 = R_{\mathrm{i}} + R_{\mathrm{w}} + R_{\mathrm{e}} \tag{4-5}$$

R_0——围护结构的总传热阻，$m^2 \cdot K/W$

R_{i}——内表面换热阻，$m^2 \cdot K/W$

R_{e}——外表面换热阻，$m^2 \cdot K/W$

而建筑界面的综合传热系数 K 则是围护结构总传热阻的倒数：

$$K = \frac{1}{R_0} \tag{4-6}$$

综合传热系数 K 基本囊括了材料本身的导热能力、材料层的厚度、反映材料层之间构造方式以及内外表面对流与辐射情况的几个传热要素，该系数

表 4-2 几种围护结构的综合传热系数估算值

案例		综合传热系数 K（$W\cdot m^{-2}\cdot K^{-1}$）
	1000 mm 稻草墙	0.20
	100 mm 羊毛毡屋顶	0.35
	800 mm 夯土墙	0.7
	600 mm 青砖墙	0.85
	300 mm 覆土屋面	1.6
	雪墙	1.8
	单层玻璃	5.6
	纸板	6.7

（表格来源：作者自绘）

表征围护结构传递热量的能力。表 4-2 给出了几种建筑界面所对应的综合传热系数估算值。

建筑界面传递热的过程不仅包括上述的稳态过程，在实际环境中该过程往往是动态的，建筑外表面与内表面的温度存在周期性的波动。建筑界面通过储存与释放热，使室内外温度波动存在明显的衰减与时滞（图 4.5）。这种建筑界面储存并滞后热释放的能力用热惰性指标 D 来表征。

$$D = R \cdot S = \frac{d}{\lambda} \cdot \sqrt{\frac{2\pi\lambda c\rho}{3.6T}} \tag{4-7}$$

D——热惰性指标

R——围护结构的热阻，$m^2 \cdot K/W$

S——材料的蓄热系数，$W/(m^2 \cdot K)$

c——材料的比热容，$kJ/(kg \cdot K)$

ρ——材料的密度，kg/m^3

T——温度波动周期，h

热惰性指标 D 表征建筑界面反抗温度波动和热流波动的能力，其值等于围护结构热阻与蓄热系数的乘积。由公式 4-7 可知，建筑围护结构材料的厚度、比热容和密度越大，导热系数越小，建筑界面的热惰性指标也就越大，其抵抗温度周期性作用的能力就越强。

综合传热系数与热惰性指标可以综合衡量建筑界面传递、储存与释放热量的能力，因而被列为建筑形式因子的重要参数之一。

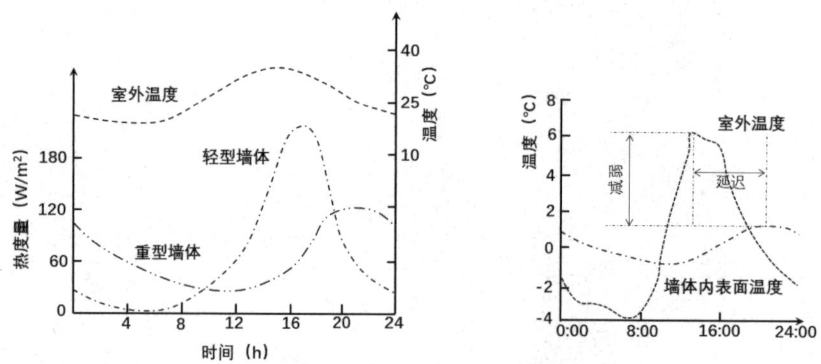

图 4.5 墙体的传热量与温度对外扰的响应（图片来源：作者根据相关文献绘制）

3）窗墙面积比 WWR

建筑界面的开启对建筑热工计算存在三个方面的影响。首先，门窗的开启直接影响建筑室内的通风情况，门窗开启产生的对流换热可以冷却建筑围护结构，并且影响室内的空气温度；其次，太阳辐射可以通过门窗等开启面的透明材料直射或穿透进入室内环境，这不仅带来了明显的辐射增益，而且改善着室内的光环境；最后，门窗相较于墙体具有更大的综合传热系数与更小的热惰性指标，其保温隔热性能比墙体差很多，窗户面积占比越大，建筑界面的整体热工性能就越差。

窗墙面积比 WWR 用以表征建筑界面开启的程度，其值等于建筑某一朝向所有门窗总面积与同朝向墙体总面积之比。建筑界面的开启对于建筑室内的风环境、光环境和热环境都存在影响，并且这些影响之间存在着牵制与矛盾。增大开窗意味着建筑可以在冬季获取更多的太阳辐射热，但也不可避免地会通过窗户散失一部分热量，这增大了采暖负荷。一般来说，随着窗墙面积比的增大，室内通风效率提高（式 4-8），室内太阳辐射得热增加，室内围护结构热损失增加。

$$vr = v \cdot A \tag{4-8}$$

vr——体积流速，m^3/s

v——垂直开启面的风速，m/s

A——开启面面积，m^2

总体而言，建筑界面窗墙面积比的确定与衡量是十分复杂的。《公共建筑节能设计标准》（GB 50189—2005）第4.2.4条对建筑窗墙面积比仅仅作了比较宽泛的限定：建筑每个朝向的窗（包括透明幕墙）墙面积比均不应大于0.70；当窗（包括透明幕墙）墙面积比小于0.40时，玻璃（或其他透明材料）的可见光透射比不应小于0.40。此外，建筑界面不同方位与方向的窗墙面积比，也对太阳辐射得热与建筑通风情况存在重要影响。对于太阳辐射得热而言，南向受太阳辐射时间最长，且辐射量平均；东、西向受太阳辐射时间较短，且辐射量变化大；北向主要受太阳光反射与散射的影响。因此，南向的建筑界面具有更好的太阳辐射资源，可以更多地平衡增加开窗面积带来的围护结构热损失，因而其窗墙面积比允许比其他方位的大。《民用建筑热工设计规范》（GB 50176—1993）中规定：居住建筑各朝向的窗墙面积比，北向不大于0.25；东西向不大于0.30；南向不大于0.35。而对于建筑通风而言，建筑界面的进风口与出风口所在面的压差越大，通风效果越好。建筑处于风场之中会形成迎风面的风压区与背风面的风影区，因而在建筑界面迎风面与背风面的相应位置开窗，比在建筑两侧位置开窗的通风效率更高[79]。因此，如果建筑需要形成“穿堂风”以加强室内通风，带走热量，那么建筑界面迎风面与背风面上的窗墙面积比应适当增大。

窗墙面积比同时影响了建筑室内的光环境、热环境与风环境，衡量了建筑界面对自然能量要素的利用态度与方式，在本书中是建筑形式因子的重要参数之一。

4）进出风口面积比 S 与高度差 H

建筑界面各个方位的窗墙面积比并不足以决定室内风环境的情况，窗户进出风口的大小固然影响室内通风的效率，然而进出风口的面积比与高度差同样影响室内空气流通的方式。形成空气流动的根本原因是存在空气压力差，空气会从气压高的区域流向气压低的区域。在建筑环境中，引起空气压力差的原因主要有两种：风压作用与热压作用。在这两种作用下的自然通风分别被称为“风压通风”与“热压通风”。进出风口面积比是影响风压通风与热压通风的重要因素，进出风口高度差则决定了热压通风的方式与效率。

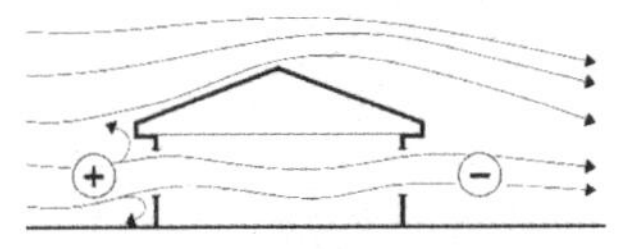

图4.6 风压通风（图片来源：Szokolay S V, *Introduction to Architectural Science*, 2004）

风压作用是风作用于建筑上产生的风压差。建筑在迎风面一侧会产生正压区，气流在迎风面的转角产生分离，绕过建筑屋顶、侧面与背面，形成负压区，压力差的存在促使空气流动（图4.6）。风压的计算公式为：

$$P_w = \frac{\rho \cdot v^2}{2} \tag{4-9}$$

P_w——室外风压，Pa

ρ——室外空气密度，kg/m^3

79 柳孝图．建筑物理[M]. 2版．北京：中国建筑工业出版社，2000.

v——室外风速，m/s

风流经建筑形成的正负压由风压系数 C_P（pressure coefficient）来表征，风压系数正压为正，负压为负。对于迎风面而言，风压系数 C_{PW} 在 0.5 到 1 之间，而背风面的风压系数 C_{PL} 在 -0.3 到 -0.4 之间取值。那么引起进出风口之间空气流通的压差则为：

$$\Delta P_W = P_W \cdot (C_{PW} - C_{PL}) \quad 4\text{-}10$$

此时室内的体积流速为：

$$vr = 0.827A \cdot c_e \cdot \sqrt{\Delta P_W} \quad 4\text{-}11$$

A——有效通风面积，m^2

c_e——有效系数

这里的有效系数 c_e 的取值与进出风口面积比相关。当进出风口面积比为 1 时，室内空气流速均衡、稳定，而当进出风口面积比大于 1 或小于 1 时，由于文丘里效应，受限流动在通过缩小的过流断面时，流体出现流速增大的现象，其流速与过流断面成反比。而由伯努利定律可知，流速的增大伴随流体压力的降低，因此高速流动的流体附近会产生低压，从而产生吸附作用，影响室内气流。有研究表明，当进风口面积小于出风口时，室内空气存在较大涡流区，最大气流速度在进风口附近，且流速随进出风口面积比值减小而明显增大；当进风口面积大于出风口时，室内空气涡流区较小，最大气流速度在出风口附近，且随进出风口面积比值增大而明显减小[80]。从数值上来说，进出风口面积比等于 1 时，有效系数 c_e 也为 1，此时室内流场最均匀稳定；当进出风口面积比无限大或趋近于 0 时，可理解为建筑仅开启一侧窗，此时有效系数 c_e 取值为 0.1，通风效率远小于前者[81]。

热压作用又称为烟囱效应，是由于空气温度差引起密度差而产生浮力作用引起的通风。室内温度高、密度低的空气向上运动，在底部形成负压区，室外温度较低、密度略大的空气则源源不断补充进来，形成自然通风。如果室内温度低于室外温度，则气流方向相反。热压作用的大小取决于室内外空气温差导致的空气密度差和进出风口的高度差，主要体现为竖向的通风问题（图 4.7）。

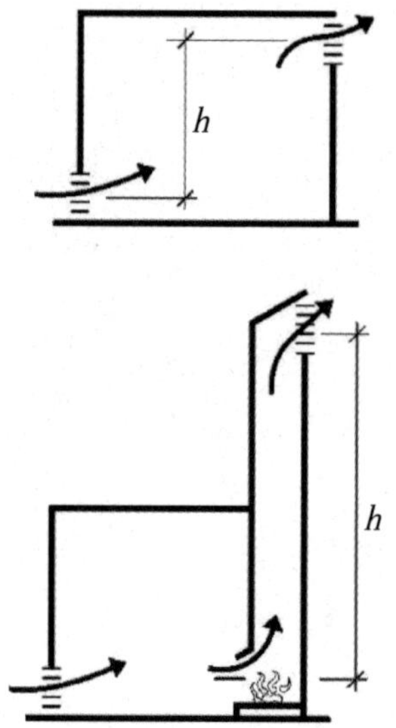

图 4.7 热压通风（图片来源：Szokolay S V, *Introduction to Architectural Science*, 2004）

热压差的计算公式为：

$$\Delta P = gH(\rho_e - \rho_i) \approx 0.043H(t_i - t_e) \quad 4\text{-}12$$

ΔP——热压差，Pa

g——重力加速度，m/s^2

H——进出风口高度差，m

ρ_e——室外空气密度，kg/m^3

ρ_i——室内空气密度，kg/m^3

80 刘念雄，秦佑国．建筑热环境 [M]. 北京：清华大学出版社，2005.

81 柳孝图．建筑物理 [M]. 3 版．北京：中国建筑工业出版社，2010.

t_i——室内空气温度，K

t_e——室外空气温度，K

对于温差引起的气压变化存在常见的经验取值，每度空气温差产生的热压差为 $\Delta P \approx 0.13\,\mathrm{Pa}$，此时的体积流速为：

$$vr = 0.827A \cdot \sqrt{\Delta P} \tag{4-13}$$

vr——体积流速，m^3/s

A——有效通风面积，m^2

有效通风面积 A 的计算方式为：

$$A = \frac{A_1 + A_2}{\sqrt{A_1^2 + A_2^2}} = \frac{1+S}{\sqrt{1+S^2}} \tag{4-14}$$

A_1——进风口面积，m^2

A_2——出风口面积，m^2

S——进出风口面积比

从公式 4-14 可知，热压大小与进出风口的高度差成正比，室外温差越大，空气密度差也越大，也会增强热压通风效果。此外，进出风口面积比同样影响热压通风，适当减小进出风口面积比，即使出风口小于进风口，也可以增强文丘里效应，促进热压通风。

综上，进出风口的面积比与高度差在物理机制上对室内风环境存在重要影响，因此将其作为衡量建筑界面开启形式因子的重要参数之一。

5）风向投射角 θ

自然界的风具有方位上的变化性、时间上的不连续性以及速度上的不稳定性，加之建筑本身朝向、窗户形式和开启角度的影响，建筑界面的开启面与室外风向往往存在一定的角度。开启面法线与主导风向的夹角称为风向投射角。风向投射角的存在，因其引导抑或阻碍气流的通过，极大地影响空气进入室内的风速与流场。

奥比（Awbi）在《建筑通风》中分别对平面长宽比 1∶1 与 1∶2 的建筑平面进行风洞试验，通过改变风向投射角，测定不同方向来风条件下建筑各个表面的风压大小[82]。试验结果表明，在保持风速一定的情况下，导风方向角与建筑表面风压具有显著的关联性（表 4-3）。导风方向角越小，迎风面的表面平均风压系数就越大，风压通风的效果也就越好。因此保持建筑迎风面与风向垂直，可以最大化利用自然环境中的风。我国大部分地区夏季主导风向都是南或南偏东，传统民居坐北朝南的建筑朝向，就蕴含着通过建筑体形的朝向来利用夏季主导风的环境调控策略。而在现代建筑中，由于地块形状或周边条件的挟制，建筑体形的朝向无法完全垂直于主导风向，此时就可以通过改变开启面的角度，使之与风向垂直，或是设置平行于主导风向的导风构件，通过改变风向投射角来改善室内风环境。

82 Awbi H B. 建筑通风 [M]. 北京：机械工业出版社，2011.

风向投射角，可以透露建筑对风向的敏感性。一般而言，这种敏感性主要体现在建筑体形及其朝向上，这一部分内容将在后文详细论述。而对于建筑界面而言，开启面的方向可以独立于建筑本身的朝向，开启扇的形式与构造亦可以有效改变来风的方向。因而，风向投射角同样是建筑界面形式因子的物理参数之一。

表 4-3 两栋三层高建筑的表面平均风压系数

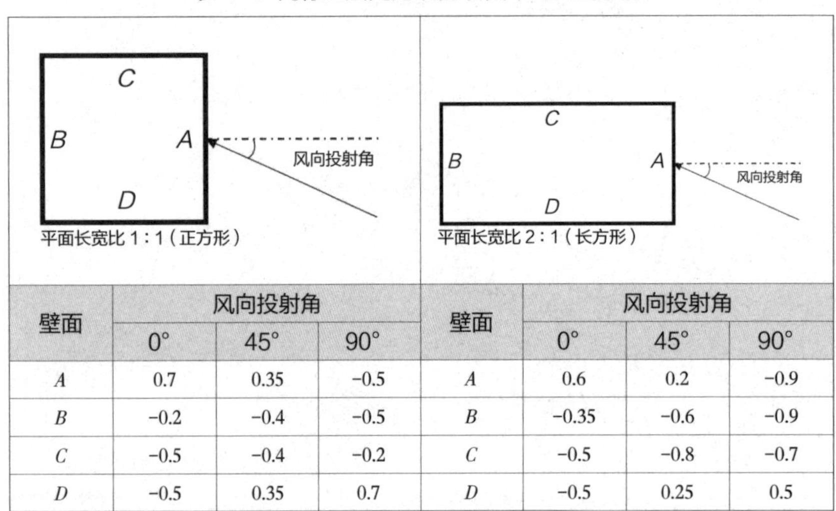

壁面	风向投射角			壁面	风向投射角		
	0°	45°	90°		0°	45°	90°
A	0.7	0.35	−0.5	*A*	0.6	0.2	−0.9
B	−0.2	−0.4	−0.5	*B*	−0.35	−0.6	−0.9
C	−0.5	−0.4	−0.2	*C*	−0.5	−0.8	−0.7
D	−0.5	0.35	0.7	*D*	−0.5	0.25	0.5

（表格来源：作者根据相关文献绘制）

6）综合遮阳系数 S_w

建筑界面的开启在引入新鲜空气、引导气流运动、接纳室外光线的同时，不可避免地为室内带来了太阳辐射热。假如这些太阳辐射热对室内环境的调节是有害的而不是有益的，那么就需要对建筑界面上的开启设置窗口遮阳。建筑界面实施遮阳的程度或效率由综合遮阳系数（general shading coefficient）来表征。

综合遮阳系数 S_w 在数值上等于外窗本身的遮阳系数 S_c 与窗口的外遮阳系数 S_D 的乘积（式 4-15）。由此，可以引出建筑界面遮阳的两种方式：窗户遮阳与窗口外遮阳。

$$S_w = S_c \cdot S_D \qquad 4\text{-}15$$

窗户遮阳包括窗框、格栅、窗花等构件对窗户自身的遮挡，以及玻璃本身具有的阻挡太阳辐射的能力。太阳辐射在经过玻璃时一部分被吸收，一部分被表面反射[83]。通过改变玻璃的颜色与表面粗糙度可以控制玻璃吸收或反射太阳辐射的量，以产生不同的遮阳效能。常用的功能性玻璃主要有吸热玻璃、反射玻璃、低辐射玻璃等。吸热玻璃是在透明玻璃中加入着色剂而制成的有色玻璃，它可以有效吸收太阳能并将之转化为热能，然后通过长波辐射传入室内和室外，这种玻璃以自身吸热的方式阻隔部分太阳辐射热；反射玻璃则是改变玻璃表面的物理性质，以单层或多层金属氧化物薄膜覆盖玻璃，使其具有对太阳辐射的强反射作用，以此减少透入的太阳辐射；低辐射玻璃又称

83 柳孝图．建筑物理[M]．3版．北京：中国建筑工业出版社，2010.

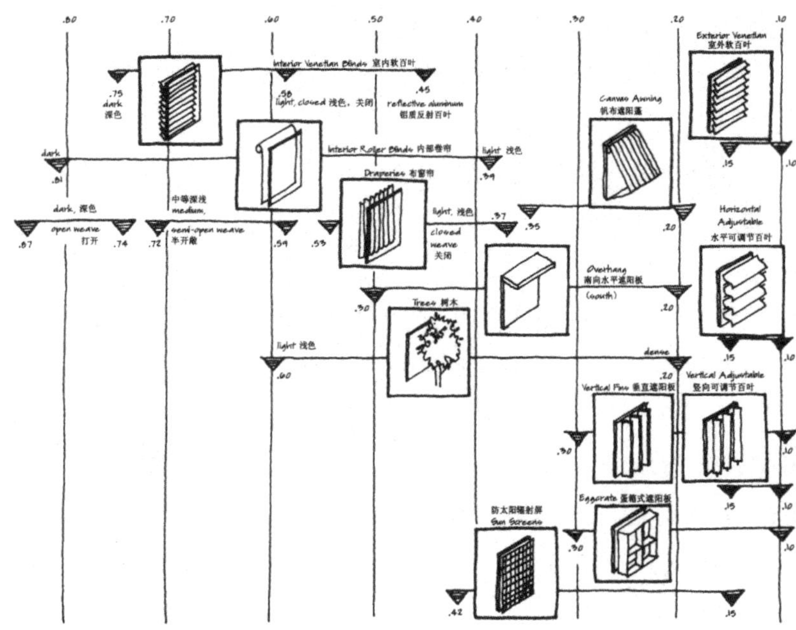

图 4.8 不同形式窗户的遮阳系数（图片来源：布朗，德凯，《太阳辐射 · 风 · 自然光》，2006）

为 Low-e 玻璃，它具有高透光低传热的优点，既可以阻止玻璃吸热产生的热辐射进入室内，还可以将室内物体产生的热辐射反射回来。

窗口外遮阳具有多种形式，如挑檐、外廊、凹阳台、遮阳板、遮阳格栅、遮阳帘等，从形式构成角度可以分为水平遮阳、垂直遮阳、组合遮阳与挡板遮阳四种方式。这些遮阳构件的形式与其应对的太阳光线息息相关（图 4.8）。

水平遮阳能够有效遮挡太阳高度角较大、从窗口前上方投射下来的直射阳光。就我国而言，北回归线以北地区的建筑，其南界面开启窗适宜设置水平遮阳；北回归线以南的地区，水平遮阳既可设置在南界面开启窗，也可用于北界面。

垂直遮阳可以有效遮挡太阳高度角较小，并且从窗侧向斜射过来的直射阳光，主要用于北向、东北向与西北向的开启窗。

组合遮阳则是由水平遮阳与垂直遮阳组合而来的，它能够有效遮挡从窗前侧向斜射下来的中等大小太阳高度角的直射阳光，主要适用于东南向或西南向的开启窗。这种遮阳方式适应的范围较广。

挡板遮阳可以有效遮挡从窗口正前方射入、太阳高度角较小的直射阳光，主要用于东西向的开启窗。

根据《公共建筑节能设计标准》（GB 50189—2005），水平遮阳、垂直遮阳、组合遮阳与挡板遮阳的窗口外遮阳系数计算公式如下：

水平遮阳: $SD_h=a_hPF^2+b_hPF+1$ 4-16

垂直遮阳: $SD_v=a_vPF^2+b_vPF+1$ 4-17

组合遮阳: $SD_c=SD_h \cdot SD_v$ 4-18

挡板遮阳: $SD_s=1-(1-\eta)(1-\eta^*)$ 4-19

SD_h——水平遮阳板夏季外遮阳系数

SD_v——垂直遮阳板夏季外遮阳系数

SD_c——组合遮阳夏季外遮阳系数

SD_s——挡板遮阳夏季外遮阳系数

a_h, b_h, a_v, b_v——计算系数

PF——遮阳板外挑系数 = 遮阳板外挑长度 / 遮阳板根部到窗对边距离

η——挡板轮廓透光比

η^*——挡扳构造透射比

综上，综合遮阳系数体现了建筑界面中开启扇遮挡或抵御太阳光的能力，可以作为界面“开启”形式因子的重要物理参数之一。

至此，建筑形式因子中的界面要素已经被拆解为如下的物理参数：**太阳辐射吸收系数、综合传热系数与热惰性指标、窗墙面积比、进出风口面积比与高度差、风向投射角、综合遮阳系数**。这些物理参数明确地界定了界面的环境调控性能与形式呈现的逻辑关联，为建筑形式与性能的量化机制分析搭建了基础。

4.2.2 体形

4.2.2.1 建筑“体形”的语义辨析

“体”在物理学中的定义是由“面”开始的：一个面沿着非自身方向延伸就变成体[84]。“界面”的围合、覆盖与包裹形成了“体”，界面的形状与交接方式划定出体的轮廓而使其被感知为实体。“体形”是“体”所具有的基本的、可识别的特征。

“体形”在建筑学语境中有很多类似或相近的语汇表述，例如“体量”“容积”或“形状”，但它们不具备“体形”在环境调控领域的概括性与准确性。“体量”一词侧重于建筑在空间中的体积，强调建筑在外部环境中呈现的实体感；“容积”则偏重于建筑内部的虚空，强调容纳的空间大小；“形状”则是特定形式的独特造型或表面轮廓，是我们识别建筑实体的主要依据。从环境调控的角度而言，“体形”反映了内外能量过程的双向调节，不仅阐明了占据空间的“体量”，同时暗示围合内部空间的“容积”，还是环境调控的结果，具有可识别的、具体的“形状”，能清晰地反映气候及地域特征。

建筑学历史中对“体形”的讨论是形式研究的重要组成部分，对“体形”的认识经历了多次变迁，从单一的实体，到包含虚空的容器，从建筑本身的客观条件到建筑与环境主客体互动的选择与适应。劳吉尔的原始小屋给出了建筑与环境相互作用影响的基本建筑形态，是一种概念性的建筑原型。吉迪恩在《空间，时间和建筑》（*Space, Time and Architecture*）中提出，早在古埃及、苏美尔与希腊文明里，“体量”就先于“空间”出现在对建筑的讨论中。对于金字塔、方尖碑与山岳台，体量最能体现建筑于外部环境中存在的雕塑感。新古典主义时期才开始有意识地将几何体量作为一种基本的设计要素来运用，这种运用在布雷和勒杜的设计中达到巅峰。布雷认为规则几何形体具有不变的秩序，如立方体、圆柱体、棱锥体和球体，这种形式感的力量很大一部分来

84 程大锦，Ching F K，刘丛红．建筑：形式，空间和秩序 [M]. 天津：天津大学出版社，2008.

源于重力法则。而 19 世纪初，巴黎的学院派建筑则开始思考建筑体形的内部功能性。迪朗将建筑重新归纳为三个基本部分，即要素、构图和类型，将视野从外部转向内部，从表现性转向功能性。到了现代主义时期，路斯开创性地将不同空间容积根据功能要求的不同形状、大小和高度进行理性组织，他称之为“容积设计”（Raumplan）。另外，路斯又坚持外观上纯粹的几何体量，这带来了外部体量与内部容积的形式分裂。而勒·柯布西耶把体量组合的构图方式与结构形式相结合，在钢筋混凝土框架结构的基础上进行功能体块的组织，提出了“构图四则”：“积累式构图”可以完全满足内部功能的分类与分级（拉罗歇别墅，图 4.9a）；“几何体构图”则以完整的外部形象满足精神需求（加歇别墅，图 4.9b）；“外廊式构图”则是以上两者的结合，也解决了遮阳问题（斯图加特住宅，图 4.9c）；“内院式构图”更好地实现了外部形象的纯粹与内部功能的完善，更进一步地实现了采光与通风（萨伏伊别墅，图 4.9d）。虽然勒·柯布西耶体量构图的基点是新的结构形式，但从其演变可以窥见体量操作中环境调控的内在逻辑。伯纳德·鲁道夫斯基《没有建筑师的建筑：简明非正统建筑导论》以世界各地传统民居丰富的建筑体形类型，冲破了统御我们建筑历史感知的狭隘学术苑囿，使人们意识到建筑体形与地域、气候、环境的深刻关联。建筑的“体形”是环境调控系统平衡室内外能量流、创建舒适室内环境的方式、媒介与结果。建筑对所在环境的反应包含了对能量的态度，建筑体形本身是对气候环境的一种选择与适应。

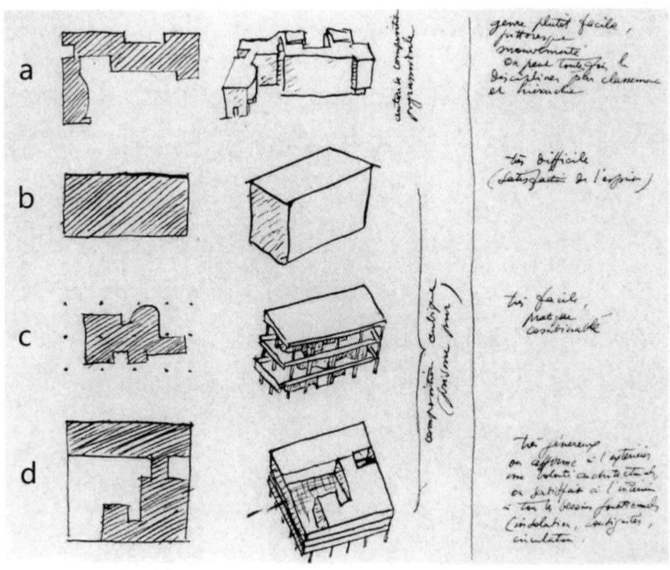

图 4.9 勒·柯布西耶的“构图四则”（图片来源：Hernández Vásquez L G, Le Corbusier en Ahmedabad: Los atributos del sitio como arquitectura presentida, 2016）

4.2.2.2 建筑体形的构成要素

建筑的体形包括“形状（shape）”“朝向（orientation）”与“负体形（counter-shape）”。“形状”表示某一特定建筑体量的独特造型或轮廓；“朝向”是在建筑所处的环境或者用来观察形式的视域相关的特定地点，建筑所面向的方向；“负体形”则是在建筑体形中削减掉的体量，其目的是采光、通风与热缓冲等，例如内院、中庭、天井等空间。

4.2.2.3 建筑体形的影响因子

发生在建筑体形上的传热过程，如前文所述，包含以下三个过程：从外部气候环境到建筑外表面、从建筑内表面到室内环境、室内环境中冷热源的传热。与建筑体形相关的影响这些能量过程的物理参量则有：建筑朝向，建筑体形的高宽比、长宽比，传热面积，太阳辐射投影面积，对流换热系数，热压空间的高宽比、口底比，被调控房间的容积。可以直观地发现，建筑体形的形状、朝向和负体形等形式要素对建筑的环境调控存在重大影响。这些形式因子可以用几个相关的物理量进行表征。因此，根据建筑体形参与的传热过程与相关物理参量，归纳出四组体形形式因子的影响参数，为形式与性能的量化影响机制提供直接联系的路径。本书中体形形式因子与参数的定义与归纳同样参考了《绿色建筑评价标准》（GB/T 50378—2019）、《民用建筑热工设计规范》（GB 50176—2016）、《严寒和寒冷地区居住建筑节能设计标准》（JGJ 26—2018）。

1）体形系数 *S*

体形系数（surface area to volume ratio）的概念最早被用于物理学与生物学中，意为表面积与体积之比。在物理学中，体形系数代表某种物质参与化学反应的能力。体形系数越大，与周围物质接触从而发生化学反应的表面积就越大。在生物学中，体形系数是细胞和生物体的特征参数。越小的动物，其体形系数越大，必须摄取更多的能量。伯格曼（Bergmann）法则指出，在恒温动物中，即使是同种动物，生活在寒冷地方的动物个体，其体积、体重一般较之生活在温暖地方的个体大。这是因为随着体积、体重的增加，表面积的比例变小从而有利于防止热量的散失，这是生活在寒冷地区的恒温动物为保持体温的一种气候适应。随后的艾伦（J. A. Allen）法则有所补充：同一物种在不同气候环境影响下，其体表相对面积也有很大差异，气温高的地区，其体表面积有增大趋势。在前文中笔者频繁地将建筑与生物类比以体现建筑与环境的相互作用，实际上，在建筑中体形系数同样是衡量建筑体形热工性能的重要参数（图 4.10）。其推演过程详见下文。

在稳态传热条件下，建筑的热损失量主要由两个部分组成，通过外围护结构以热传导方式损失的热量以及通风损失的空气热量。

$$Q = Q_{\mathrm{h}} + Q_{\mathrm{v}} = K \cdot (t_{\mathrm{in}} - t_{\mathrm{out}})A + 0.278c \cdot nV \cdot \rho(t_{\mathrm{in}} - t_{\mathrm{out}}) \tag{4-20}$$

Q——稳态传热下建筑热损失量，W

Q_{h}——热传导换热量，W

Q_{v}——室内通风热损失量，W

c——空气比热容，J · kg^{-1} · K^{-1}

n——换气次数，h^{-1}

V——建筑容积，m^3

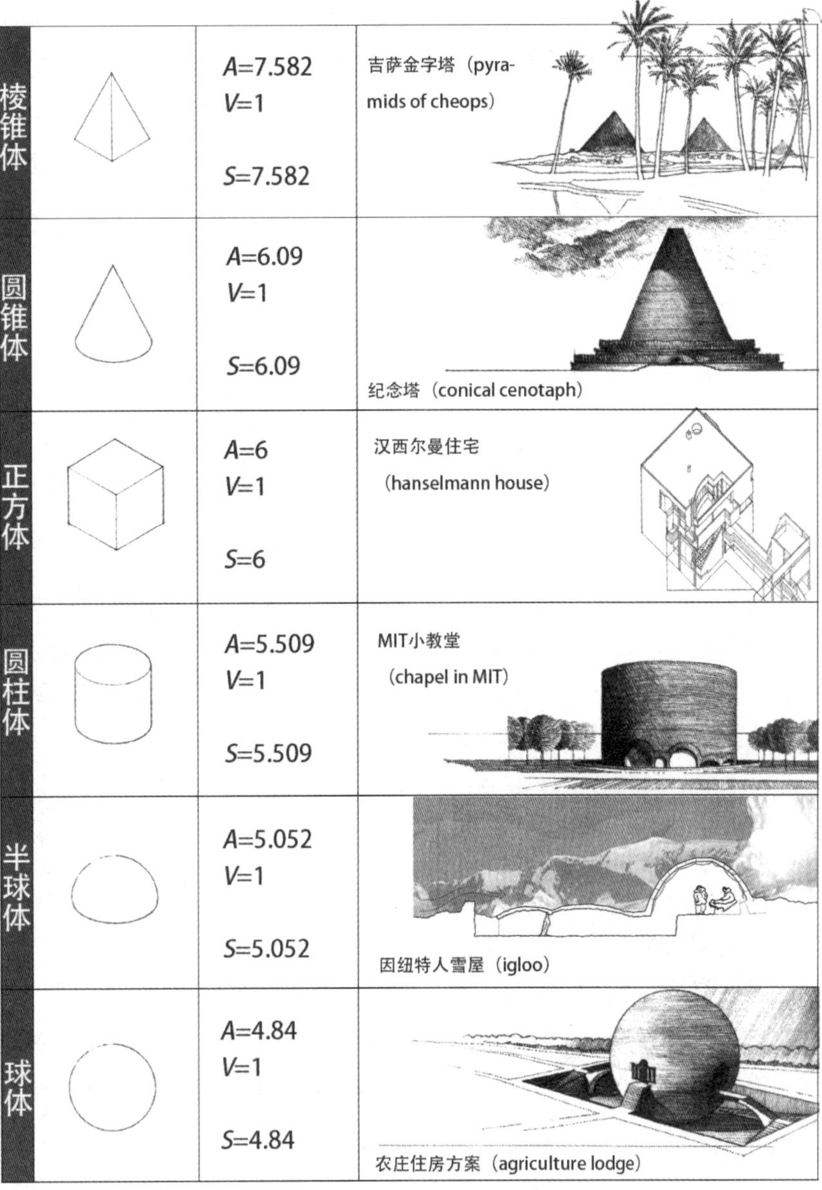

图 4.10 相同体积不同几何体的体形系数对比与建筑示意（图片来源：作者自绘）

ρ ——空气密度，$kg \cdot m^{-3}$

K——建筑界面的综合传热系数，$W \cdot m^{-2} \cdot K^{-1}$

t_{out}——建筑外表面温度，K

t_{in}——建筑内表面温度，K

A——建筑表面积，m^2

建筑热损失与以下几个变量相关：室内外温差、建筑界面的综合传热系数（墙体的材料、构造、厚度与窗墙面积比）、室内换气次数（通风效率）与建筑容积。显然，建筑容积越大、室内外温差越大，耗能越大，但这并不能反映建筑体形的差异关系。因而在式 4-20 两边同除以室内外温差与建筑容积，得到：

$$\frac{Q}{T \cdot V} = K\frac{A}{V} + 0.278c \cdot n \cdot \rho \qquad 4\text{-}21$$

由此可见，在建筑界面综合传热系数一定的情况下，建筑热工性能还受到“表面积 / 体积”的制约，这是体形系数的建筑物理学来源，其表达式如下：

$$S=\frac{A}{V}=\frac{L}{B}+\frac{1}{H} \quad 4\text{-}22$$

S——体形系数，m^{-1}

A——建筑表面积，m^2

V——建筑容积，m^3

L——建筑底面周长，m

B——建筑底面面积，m^2

H——建筑高度，m

事实上，从1986年颁布的我国第一部《民用建筑节能设计标准》（JGJ 26—1986）起，到《严寒和寒冷地区居住建筑节能设计标准》（JGJ 2—2010），《夏热冬冷地区居住建筑节能设计标准》（JGJ 134—2010）以及《公共建筑节能设计标准》（GB 50189—2005），均对体形系数作了强制性规定[85]。《公共建筑节能设计标准》（GB 50189—2005）规定：“严寒、寒冷地区建筑的体形系数应小于或等于0.4。”《夏热冬冷地区居住建筑节能设计标准》（JGJ 134—2010）规定：“建筑层数小于或等于3层时，体形系数不得大于0.55；建筑层数在4~11层时，体形系数不得大于0.4；建筑层数大于或等于12层时，体形系数不得大于0.35。否则要进行围护结构热工性能的综合判断。”由此可见，体形系数对建筑热工性能有重要影响。

体形系数反映了建筑体形的地域性特征。相较于夏热冬冷或湿热地区，体形系数的约束在严寒、寒冷、干热地区更为严格。严寒、寒冷、干热地区由于室内外温差较大，围护结构传热引起的热负荷比重很大，且建筑物的体形系数越大，其影响程度越大。因此，为降低建筑采暖能耗，严寒、寒冷、干热地区居住建筑设计仍需限制建筑体形系数。夏热冬冷地区与湿热地区室内外温差远不如严寒和寒冷地区，而且可以通过增大体形系数有效增加通风面积，提高散热或得热效率，因此可以适当放大体形系数以充分利用自然能量，降低建筑能源需求。

综上，体形系数直接关系到建筑热工性能的节能与否，是体现建筑体形因子的最具说服力的评价参数之一。

2）风向投射角、风向倾斜角

体形系数虽然能够部分说明建筑的形状与热工性能之间的相互关系，但其出发点是围护结构的热传导，缺失了建筑环境中不可忽视的对流与辐射过程。建筑所处环境中的风与太阳辐射都是有方向的，讨论建筑体形同样需要研究朝向问题。

风向投射角。建筑体形长轴方向的法线与主导风向之间的夹角，称为风向投射角。风向投射角一方面影响了建筑室内风速，另一方面影响建筑背风面的风影区大小（图 4.11）。柳孝图在《建筑物理》中列证了风向投射角对风

85 林美顺，潘毅群，朱明亚，等．关于建筑节能标准中体形系数规定的刍议 [J]. 建设科技，2016(2):73−75.

速和流场的影响（表 4-4）。当风向投射角为 0° 时，即风向垂直于建筑的长轴时，室内风速最大，风影区长度也最长，为 3.75H；风向投射角由 0° 增加到 30° 时，室内风速缓慢降低为最大风速的 87%，风影区长度缓慢减少为 3H；风向投射角继续增加到 45° 时，室内风速迅速降低为最大风速的 70%，风影区长度迅速减少为 1.5H；当风向投射角进一步增加到 60° 时，室内风速降低为最大风速的 50%，风影区长度则变化不大。风向投射角的选取，实际上是对室内风速与风影区长度的权衡。减小风向投射角虽然增加了室内风速，但却会在其背后形成较大的风影区，影响后栋建筑的通风。大量研究表明，风向投射角在 30° 与 40° 之间可以有效平衡室内风速与风影区长度。

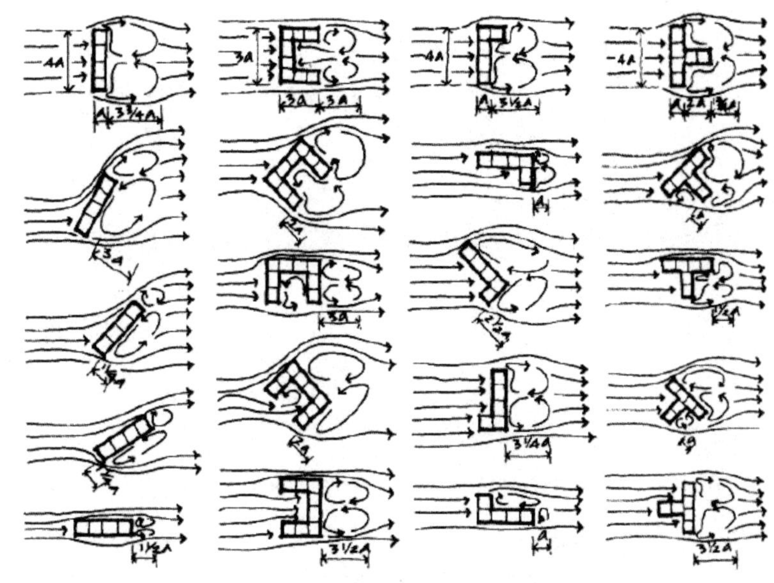

图 4.11 不同平面形式在不同朝向下的风场分布（图片来源：布朗，德凯，《太阳辐射 · 风 · 自然光》，2006）

表 4-4 风向投射角对风速与流场的影响

（示意图：建筑物；风向投射角）	风向投射角	室内风速降低值（%）	屋后旋涡长度
	0°	0	3.75H
	30°	13	3.00H
	45°	30	1.50H
	60°	50	1.50H

（表格来源：作者根据相关文献绘制）

注：H 为建筑高度

风向倾斜角。除风向投射角外，建筑体形与风向在竖直方向上同样有可能并不垂直，这一夹角的存在亦对室内外风环境产生影响。我们将建筑迎风面的法线与主导风向的夹角定义为风向倾斜角（图 4.12）。在传统的建筑要素分类中，屋面与墙面是两个主要的迎风面。墙面通常垂直于地面因而风向倾斜角常为 0° ，而屋面因其剖屋顶的形式不同而常与主导风向呈现不同的倾斜角。因而，本书对建筑体形与风向倾斜角的关系的研究主要集中于对屋面倾斜度的讨论。事实上，倾斜的屋顶对建筑风环境的营造存在三个方面的作用：首先，屋顶倾斜意味着室内空间的高度变大，能产生更大的垂直温度梯度，增

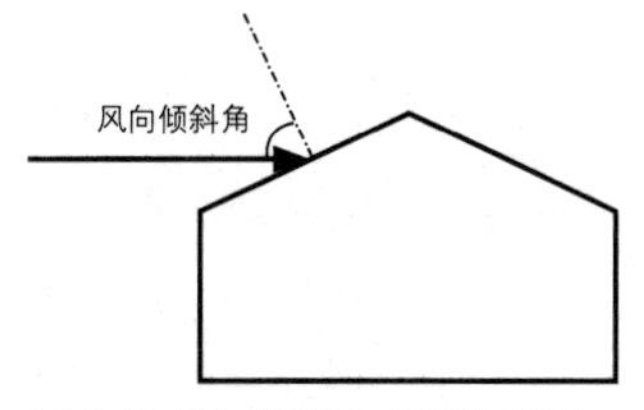

图 4.12 风向倾斜角（图片来源：作者自绘）

强热压通风的“拔风”作用；其次，热空气上升时，倾斜的屋顶使空气流经的通道逐渐变窄，根据文丘里效应，通风截面的变小会加快空气流速，促进热空气排出；最后，根据屋顶倾斜程度的不同，屋顶的风压系数的大小及方向都会改变。研究表明，风向倾斜角为 60° 时迎风面屋顶为负压区，迎风面屋顶的开口为进风口；风向倾斜角为 45° 时迎风面屋顶为正压区，其屋顶开口则为出风口[86]（图 4.13）。风向倾斜角对屋顶开口设计、室内通风设计都十分关键。

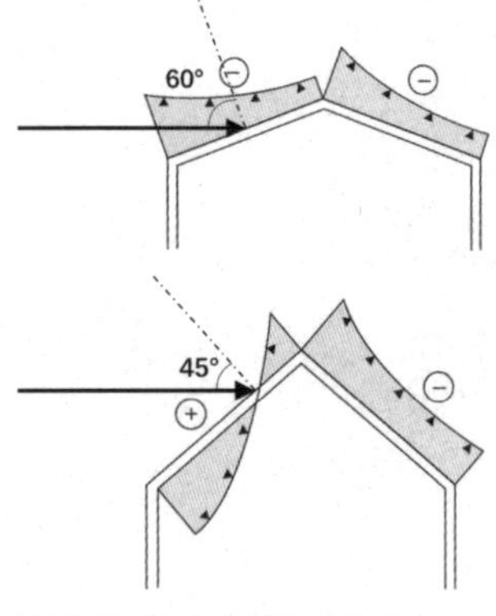

图 4.13 风向倾斜角为 60° 与 45° 时的风压分布情况（图片来源：作者根据相关文献绘制）

综上，风向投射角与风向倾斜角直接关系到建筑室内外流场、风速与风压分布，是体现建筑体形因子关于风环境营造的重要物理参数。

3）辐射方位角、辐射倾斜角

与风相似，太阳辐射是建筑所处环境中具备方向性的要素之一，其影响着建筑的形状与朝向。1913 年，法国住宅部官员 A. 雷研究了 10 个大城市住宅的日照问题，提出了太阳能利用的初步设想。1932 年，英国皇家建筑师协会发表了《建筑朝向》（*The Orientation of Building*），探讨了建筑朝向之于采光得热的重大意义。柯布西耶在光辉城市的规划中详细探讨了建筑体形、朝向与间距如何最大化利用太阳能。毋庸置疑，建筑的朝向对其规避、利用与转化太阳辐射的能力存在重要影响。

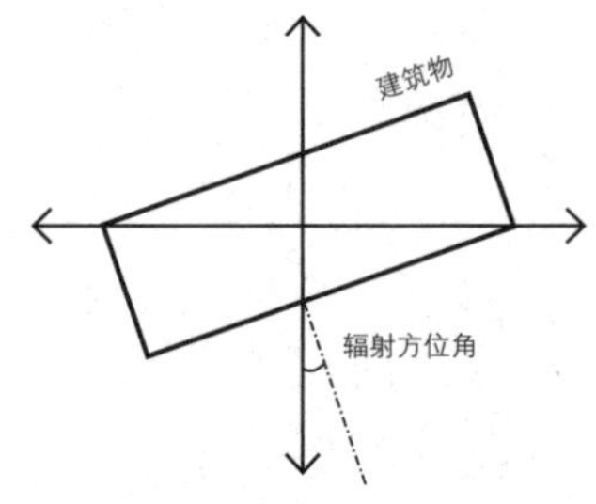

图 4.14 辐射方位角（图片来源：作者自绘）

辐射方位角。辐射方位角首先定义了建筑体形在平面上的朝向，指建筑正立面的法线与正南方的夹角（图 4.14）。辐射方位角的改变，影响了直射到每个建筑表面的太阳辐射量。通常来说，由于太阳高度角和方位角的变化，南向的墙面比东西向的墙面更易获得太阳辐射能。理论上每天日照最佳时间和方位是当地正午 12 点的正南方向，偏东或偏西的角度越大，则日照效果越差[87]。建筑各个界面的太阳辐射强度随季节变化的规律决定了不同地区建筑的适宜朝向。为了获得良好的日照，温带和寒带地区的建筑多采取坐北朝南的布局，使其在夏季辐射得热相对较少，室内温度不至于过高；而在寒冷的冬季则能够吸收大量的辐射热，保持相对温暖的室内温度。中国北方传统民居，如北京四合院、东北大院、山西合院式民居都严格遵守坐北朝南的布局原则。而对于热带地区，防止夏季得热的优先级高于冬季采暖，因而建筑朝向尽量避开南向，倾向于朝北或朝东，例如中国南方的皖南民居、泉州手巾寮、岭南民居等。

辐射方位角同时影响了建筑体形在平面上的形状。辐射方位角一旦确定，建筑各个面的辐射强度也就确定了，而获得辐射能的大小取决于每个面的面积。在建筑面积一定的情况下，主朝南的墙面面积越大，即建筑平面越接近东西向的长条形，越能获得更多的日照。在湿热地区与寒冷地区，冬季太阳高度角低，太阳辐射主要集中于南墙面，长条形平面可以尽可能多地获取南向辐射；夏季太阳高度角高，正午太阳辐射主要集中于屋顶，相反东西墙面是早晨与黄昏太阳主要照射面，长条形平面减少的东西墙面面积可以削减夏季的东西晒得热。而在干热地区，建筑需要尽可能地减少中午太阳辐射，同时利用早晨与傍晚的太阳辐射热来延缓夜晚的寒冷，因此建筑平面倾向于南北向的长条形。

86 肖葳．适应性体形绿色建筑设计空间调节的体形策略研究 [D]. 南京：东南大学，2018.

87 杨柳．建筑节能综合设计 [M]. 北京：中国建材工业出版社，2014.

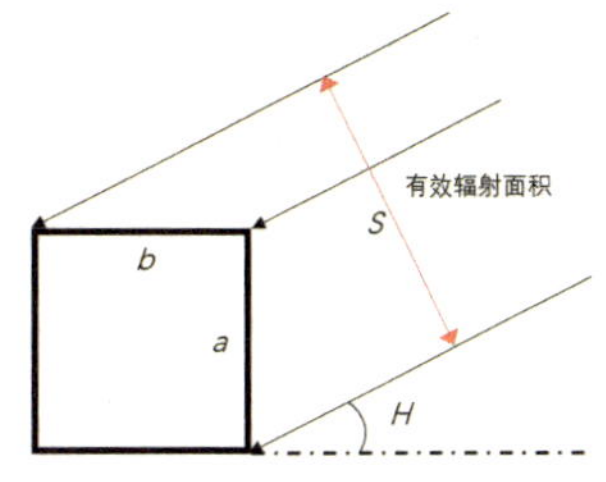

图 4.15 有效辐射面积（图片来源：作者自绘）

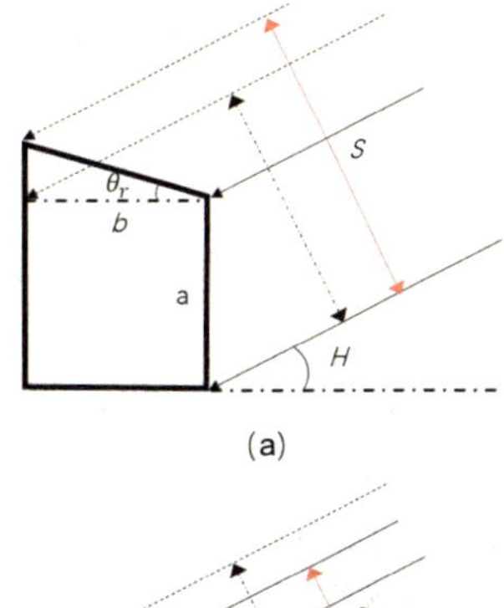

(a)

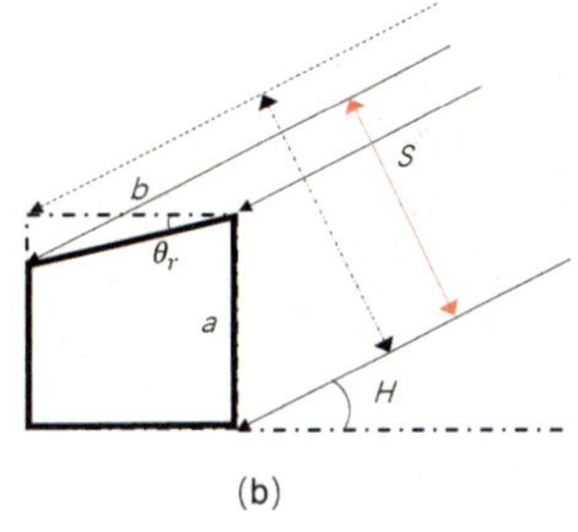

(b)

图 4.16 不同辐射倾斜角下的有效辐射面积（图片来源：作者自绘）

辐射倾斜角。辐射倾斜角影响了建筑体形在剖面上的形状。屋顶倾斜角度、屋顶出檐深度都会影响建筑获得太阳辐射的大小。当太阳高度角 H 一定时，建筑体形在太阳光方向上的投影面积即为有效辐射面积，此面积越大，建筑获得的太阳能越多（图 4.15）。定义屋顶与水平面的夹角为屋顶辐射倾斜角 θ_r，屋顶迎向太阳方向时其值为正，背向太阳方向时其值为负（图 4.16）。设建筑朝向太阳方向墙体面积为 a，屋顶面积为 b，当建筑为平屋顶时，θ_r=0°，有效辐射面积为 $S=a\cos H+b\sin H$。当 $0<\theta_r<90°$ 时，屋顶正对太阳方向倾斜，随着辐射倾斜角的增大，有效辐射面积也增大为 $S=(a+b\tan\theta_r)\cos H+b\sin H$，这意味着建筑获得更多的太阳辐射［图 4.16（a）］。当 $-H<\theta_r<0°$ 时，屋顶背向太阳方向倾斜，随着辐射倾斜角的减小，有效辐射面积也减小为 $S=(a-b\tan\theta_r)\cos H+b\sin H$，建筑获得的太阳辐射减少［图 4.16（b）］。而当 $\theta_r<-H$ 时，不论屋顶辐射倾斜角如何变化，有效辐射面积保持不变。辐射倾斜角为正时，建筑对太阳辐射呈现欢迎的态度，因此将这样的建筑体形称为“自得热体形”；相反，辐射倾斜角为负时，建筑体形反映的太阳辐射态度为拒绝，建筑通过自身体形规避阳光，此类建筑体形则称为“自遮阳体形”。

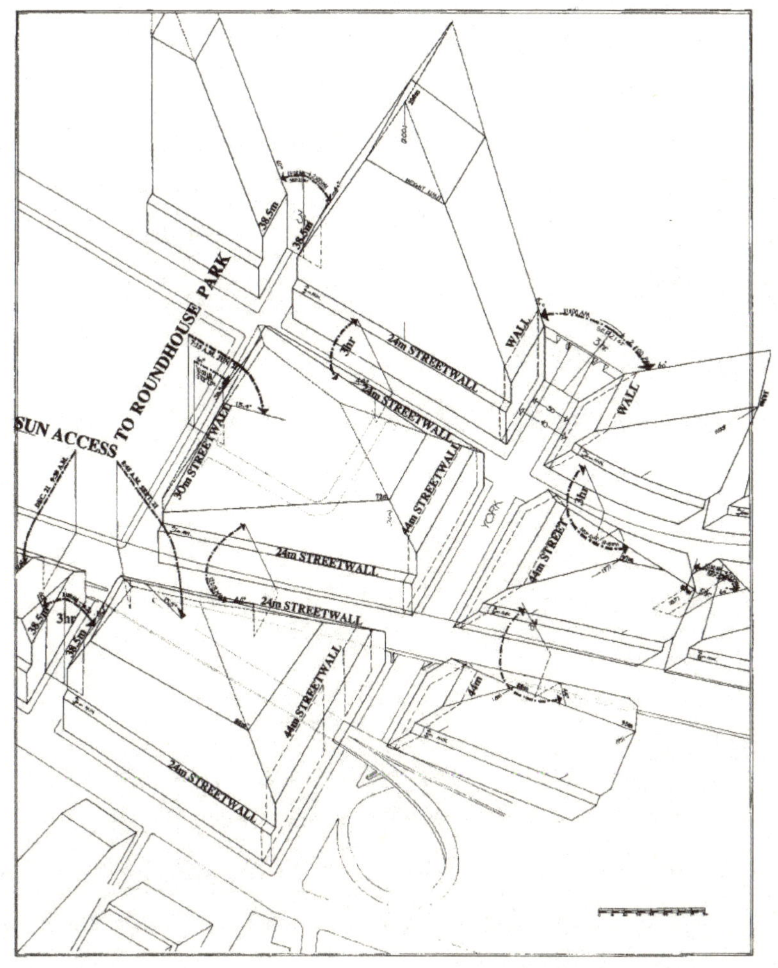

图 4.17 太阳包络体在多伦多街区中的应用（图片来源：Hartkopf V, Aziz A, Loftness V,*Sustainable Built Environments*, 2013）

辐射倾斜角在实际工程或技术中已有十分成熟的应用。南加州大学的拉尔夫 · 诺尔斯（Ralph L. Knowles）提出了太阳包络体（the solar envelop）的建筑体形算法。太阳包络体算法使建筑体形的每个表面的辐射倾斜角都与特定方位的太阳高度角一致，以确保建筑体形不会对周围建筑产生遮挡，同时尽可能多地获得日照。例如在加拿大多伦多市的街区体形实验中，基于早晨 9 点和下午 3 点的太阳高度角，使屋顶和立面倾斜，形成建筑体形的太阳包络体（图 4.17）。据此生成的建筑体形完全由太阳轨迹所决定，既能获得所需的辐射热，又不对周边建筑及自身产生遮挡。包络体算法已经广泛应用于日照分析软件中，例如国内的众智 SUN 日照分析软件，将包络体算法与遗传算法相结合，为建筑设计提供多种可能的包络体体形。

综上，辐射方位角与辐射倾斜角反映了建筑的朝向及其体形，前者体现于平面的方向与形状上，后者表征了剖面的形状，它们直接关系到建筑规避或接受太阳辐射的能力，是体现建筑体形因子的重要物理参数之一。

4）负体形高宽比、口底比

建筑体形利用“负体形”空间进行采光、遮阳、通风与蓄热的环境调控方式是建筑形式自古以来的经验与策略。以内院、中庭、天井（图 4.18）、廊厦等空间为代表的“负体形”空间，构成了传统建筑形式及内部形态构形的普遍特征，也成为现代建筑联系室内外调节气候的“大脑”。它不仅可以减缓建筑与环境的能量交换速度，充当热的“缓冲区”，同时含蓄地分配着不同空间对风与热的需求，带走室内湿气，维持建筑室内外环境的温湿度平衡。

图 4.18 徽州民居天井（图片来源：作者自摄）

总体而言，“负体形”空间的存在对建筑性能的影响主要存在于两个方面：控制太阳辐射与调节室内通风。显见地，“负体形”空间的形态和尺度很大程度上影响了建筑体形改善环境物理性能的方式与效率。我们将负体形高宽比与口底比作为一组衡量建筑“负体形”形式因子的物理参数，其定义式如下：

负体形高宽比：

$$\alpha = \frac{h}{w} \tag{4-23}$$

h—— 负体形高度，m

w—— 负体形宽度，m

负体形口底比：

$$\beta = \frac{S_{\mathrm{t}}}{S_{\mathrm{b}}} \tag{4-24}$$

S_{t}—— 负体形顶面积，m^2

S_{b}—— 负体形底面积，m^2

负体形高宽比直接影响了建筑整体太阳辐射得热。托马斯在《建筑环境》（*The Environments of Architecture*）中比较了希里斯与伦敦建筑的中庭尺度，发现负体形高宽比与地域气候存在明显的联系（图 4.19）。

设太阳高度角为 H，那么当 $\alpha = \tan H$ 时，建筑中庭的阴影刚好覆盖中庭底面，南部体量不会对北部体量产生遮挡，此时建筑形体都能获得太阳辐射，而中庭成为被遮挡的阴凉场地 [图 4.20（a）]；当负体形高宽比 $\alpha < \tan H$ 时，建筑中庭开敞扁平，南部体量对中庭底面的遮挡影响较小，整个建筑倾向于接受最大化的太阳辐射热 [图 4.20（b）]；相反，当负体形高宽比 $\alpha > \tan H$ 时，

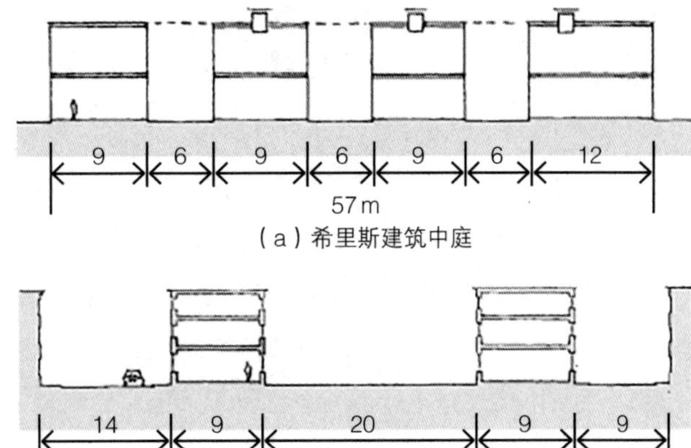

（a）希里斯建筑中庭

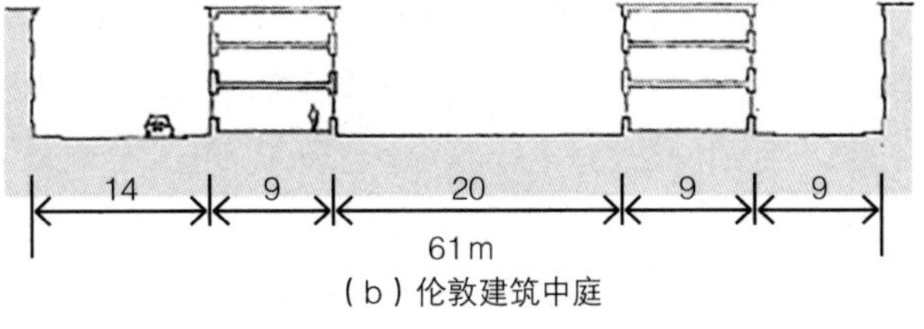

（b）伦敦建筑中庭

图 4.19 希里斯和伦敦建筑中庭尺度对比（图片来源：Thomas R, Garnham T, *The Environments of Architecture*, 2007）

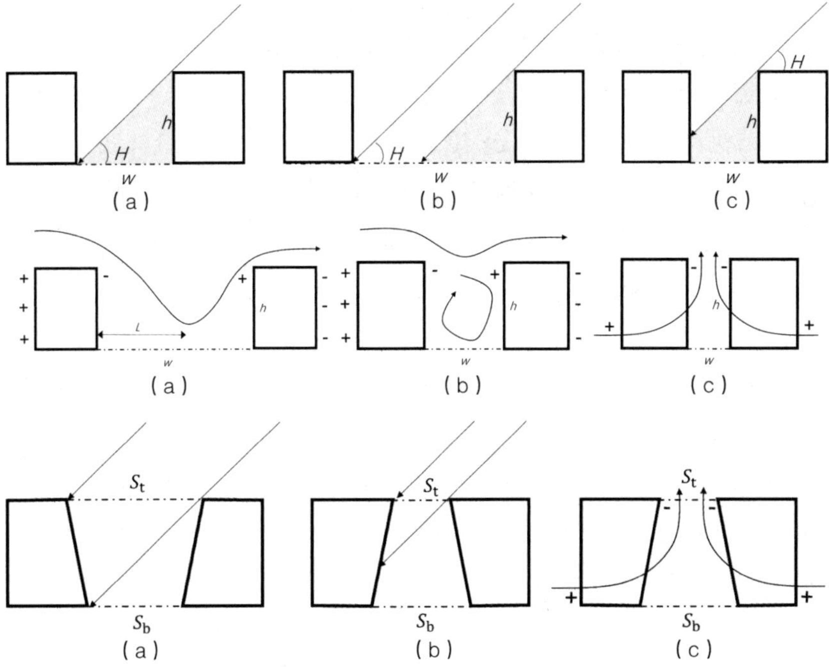

图 4.20 不同负体形高宽比的中庭太阳辐射分布情况（图片来源：作者自绘）

图 4.21 不同负体形高宽比的中庭流场分布情况（图片来源：作者自绘）

图 4.22 不同负体形口底比的中庭太阳辐射与流场分布情况（图片来源：作者自绘）

建筑中庭狭窄高耸，北部体量受遮挡严重，太阳辐射热减少[图 4.20（c）]。负体形高宽比的地域性差异可以直观地说明建筑中庭对太阳辐射的取舍。伦敦庭园建筑与我国北方四合院的负体形高宽比显然比希腊民居或我国南方手巾寮、徽州民居小很多，前者或多雨或寒冷的地域特征要求建筑尽可能多地利用太阳辐射热，后者炎热潮湿的气候则希望建筑在满足通风要求的情况下尽可能多地自遮阳。而突尼斯马特马他民居以及我国的陕北窑洞都是负体形高宽比适中的案例，陕北气候干热干冷，既有一定的太阳辐射需求，又需要避免过量的热迟滞造成的不舒适。

负体形高宽比同样会对建筑室内通风产生影响。当室外风环境较好时，建筑利用外界自然风进行风压通风。如前文所述，气流绕过建筑体形时会在建筑背风面产生风影区。风影区长度与建筑迎风面高度成正相关 $L=f(h)$。如果负体形高宽比 $\alpha <h/L$，中庭开阔扁平，那么中庭背风体量处于迎风体量风影区之外，背风体量的室内通风不受影响[图 4.21（a）]；相反，当负体形高

宽比 $\alpha>h/L$ 时，中庭狭窄高耸，背风体量处于风影区中，前后风压都为负压，通风效果大打折扣[图 4.21（b）]。当室外为静定风时，这种狭窄高耸的中庭形态反而可以有效地组织起热压通风[图 4.21（c）]。中庭上下高度差引起的温度差使空气产生了密度差，在浮力作用影响下中庭空气向上运动。上部空气被太阳辐射加热，下部空气被阴影中的地面冷却，这更加剧了上下空气的温度差与密度差，进一步促进了空气的流动。高度越高，中庭截面面积越小，也即负体形高宽比 α 越小，热压作用产生的风速就越大。南方地区深而窄的天井利用了负体形的烟囱效应进行有效的热压通风，因南方潮湿闷热少风，减少太阳辐射与增强室内通风共同形成了南方地区负体形的高深窄小的形式特征。而在北方，开阔扁平的负体形尽管可以避免热压通风产生的热损失，但是也容许了风压通风对建筑产生的对流热损失。基于北方寒冷气候对建筑环境调控的需求，获得太阳辐射热的优先度要高于排除寒冷北风，因而仍旧选择低而宽的建筑负体形，并通过挡风墙、照壁、北侧防风树等手段进行补偿。

负体形口底比对太阳辐射的影响机制可以参照前文的辐射倾斜角的影响机制。负体形口底比 $\beta>1$ 时，中庭顶面积大于底面积，中庭朝向外部打开，是自得热负体形，中庭对太阳辐射呈现欢迎的态度[图 4.22（a）]。相反，负体形口底比 $\beta<1$ 时，中庭朝向内部打开，为自遮阳负体形，中庭通过自身形体规避阳光[图 4.22（b）]。

负体形口底比对风压通风的影响较小，但对热压通风影响较大。南方地区的民居都呈现自下而上收分的天井形态，事实上，这样的形状有利于促进热压通风。根据文丘里效应，负体形口底比 $\beta<1$ 的中庭，顶面积越小，空气在上升过程中的截面越小，那么风速越大，压力越小，能进一步加快气流速度[图 4.22（c）]。而当负体形口底比 $\beta>1$ 时，顶面积增大，建筑辐射得热的面积也增大，上部空气和下部空气的温度差缩小，这也就减小了上下气压差，削弱了烟囱效应，不利于热压通风。

至此，建筑形式因子中的体形要素已经被拆解为如下的物理参数：**体形系数，风向投射角和风向倾斜角，辐射方位角和辐射倾斜角，负体形高宽比和口底比**。这些物理参数明确地界定了体形的环境调控性能与形式呈现的逻辑关联，为建筑形式与性能的量化机制分析搭建了基础。

4.3 基于数理模型的数值模拟方法

通过建筑形式因子与环境物理参数的聚类分析与完备性研究，不难发现，建筑形式与性能相互影响的作用机制是十分复杂的。某个形式因子的改变可能会同时影响对流、辐射与传导的建筑热过程，并且同时改变风环境、光环境与热环境；而形式因子与形式因子之间也不是独立的，某种形式因子的改善可以对另一种形式因子的不足进行补偿——建筑形式是作为一个整体构建建成环境的性能，能量过程也是相互渗透影响的。建筑环境本质上的矛盾性与复杂性带来了两个基本的挑战：如何以整体方式考虑建筑形式的能量机制以解决固有的复杂性？如何量化对流、辐射与导热的复杂能量过程与单一形式变量之间的关系？

4.3.1 建筑性能数值模拟概论

针对第一个问题，建筑性能数值模拟方法是当今数据时代下解决此问题的最佳途径之一。数值模拟是模型化真实或虚拟系统并予以验证的过程。数值模拟的目的是了解系统的行为或评估系统运行的效率。对该系统进行假设，并推导数学算法和关系来描述这些假设——这构成了一个“模型”，可以揭示系统的工作原理与机制。

建立反映问题各变量之间关系的影响方程与定解条件的数理模型，是数值模拟的基础。本书第 3 章构建了建筑形式与能量的系统模型，包括建筑中存在的传热模型以及人体舒适模型和气象参数模型；第 4 章针对建筑形式因子与其性相互能影响的机制建立了量化的数理模型。这两个模型共同构成了建筑性能数值模拟的基础。

数理模型建立之后，需要解决的问题是寻求高效率、高准确度的计算方法。在各专业学者多年的努力研究下，目前已发展出许多数值计算方法。其中不仅包括微分方程的离散化方法及求解方法，还包括贴体坐标的建立，边界条件的处理等。这些过去被人们忽略或回避的问题，现在得到越来越多的重视和研究。在确定了计算方法和坐标系后，就可以开始编制程序和进行计算。由于求解的问题比较复杂，比如流体运动方程维纳-斯托克斯方程（Navier-Stokes equations）就是一个非线性的复杂方程，它的数值求解方法在理论上不够完善，所以需要通过实验来加以验证。

事实上，建筑性能数值模拟的研究几乎是与计算机技术的发展同步进行的。建筑性能数值模拟的历史可以追溯到 20 世纪 60 年代，当时美国政府对有限通风条件下人员与掩体之间的热量和湿度传递进行逐时模拟，以评估战时防空洞的热环境[88]。自 20 世纪 60 年代以来，使用数字计算机模拟建筑物的热性能一直属于一个活跃的研究领域，大部分早期工作侧重于负荷计算和能耗分析。随着时间的推移，模拟领域变得越来越丰富和集成，囊括了对建筑物中的热量、风场与光照的模拟。建筑性能数值模拟作为一个充满活力的交叉学科不断发展，使各种工具不断产生，这些工具在不同的气候领域得到了科学验证。

4.3.2 传导、对流、辐射耦合的数值模拟分析方法

几种数值模拟工具分析的对象可以分为两类，其一为实体，其二为空气。以实体作为模拟对象的能耗分析软件主要针对传导与辐射传热过程进行算法

88 Kusuda T. *Early History and Future Prospects of Buildings System Simulation*[C]//Proceedings of Building Simulation 1999: 6th Conference of IBPSA, 1999.

模拟，对流传热系数、室内风速与换气次数等关于对流传热过程的参数均为预设值或假设值；而以空气作为模拟对象的计算流体力学软件则主要针对空气的对流传热与运动过程进行模拟，将实体的温度与表面热通量作为已知的边界条件。两者不能共同运算的根本在于，空气与实体互为对方边界条件的参数，求解一方必须以另一方的明确数值作为已知条件。这也是目前建筑性能模拟软件不能同时运算对流、辐射、传导传热的主要原因。

因此，针对上述问题，为详细解析建筑环境中的复杂热交换情况，需要结合两种数值模拟软件，进行包括对流、辐射与传导传热的解析在内的耦合计算。本节结合能耗分析软件 OpenStudio 和计算流体力学软件 OpenFOAM 这两个模拟工具进行联立计算，并将结果与实验测试数据对比，验证此方法的准确性。同时，以一个具体的模拟案例为例，讨论此方法在算法选择、边界条件设置、模型简化、网格密度等方面的取值，从而平衡准确性与方便性。

4.3.2.1 传导、对流、辐射的耦合解析原理

如果重视传导、对流和辐射传热现象的严谨性，则其物理、数学的文字符号表述就变得极其复杂，计算工作量也将大幅度增加。在维持足够的预测精度的同时要尽可能地削减计算量，则需要在此做如下假设：

a. 空间内气体对辐射的影响不予考虑；

b. 所有固体表面为均匀扩散面，即对其热辐射与反射的指向性不予考虑。

在建筑环境问题的应用案例中，可以认为上述假设对预测精度的影响很小。

1）空气的数学解析模型

显而易见的是，对流与辐射的建筑环境性能模拟的媒介是人类生存与生活必需的流体之一——空气。但其研究的价值对建筑学而言存在更深远的意义。阿历杭·德拉·霍塔（Alejandro Aravena）认为“建筑就是空气，空气就是建筑”，现代主义早期的技术主义大师们敏感地观察到建筑物质性躯壳之后的“空气”是一个联系的重要媒介。通过对能量流动与空气动力的同步关注，建筑不再被视为与外部隔绝的物体。能量与空气在更广大的建筑空间、集群、城市与外部的环境、气候，以及在地的社会文化之间，建立起一种长久的、值得不断探究的深刻关联。这种关联指向建筑的非物质议题——能量，关乎建筑的能量建构。

相较于传统的建筑学原理，建筑中空气的能量与动力机制的研究，遵循着更为简洁与坚固的原理——能量守恒与动量守恒。空气流场所体现的非压缩、非等温、湍流和黏性的特点用以下的基础方程式表示：

连续性方程：

$$\nabla\cdot(u)=0 \quad 4\text{-}25$$

纳维－斯托克斯方程（动量方程）：

$$\frac{\partial(u)}{\partial t}+\nabla\cdot(uu)=-\nabla p_{rgh}-(g\cdot r)\nabla\left(\frac{\rho}{\rho_0}\right)+\nabla\cdot\left[2v_{eff}D(u)\right] \quad 4\text{-}26$$

能量方程：
$$\frac{\partial(T)}{\partial t}+\nabla\cdot(Tu)=k_{eff}\nabla^2 T \qquad 4\text{-}27$$

2）固体表面热平衡式

通常在固体表面，热量通过与周围空气进行热交换（对流传热）、与周边的固体表面进行热交换（辐射传热）、与固体内部进行热交换（导热）三种方式进行传递。对这些传热过程进行耦合解析时，必须满足如下的热平衡式：

$$Q_{cv}+Q_{r}+Q_{cd}+Q_{g}=0 \qquad 4\text{-}28$$

Q_{cv}——因对流产生的热移动，W

Q_{r}——因辐射（长波）产生的热移动，W

Q_{cd}——因导热产生的热移动，W

Q_{g}——发生项或消散项（例如太阳辐射引起的得热或因蒸发潜热引起的热损失），W

4.3.2.2 传导、对流、辐射的耦合解析法

在进行对流、辐射、传导的耦合解析时，为简化运算，Q_g 默认为 0。因传导、对流以及辐射的传热现象被一一解析的前提是固体表面的边界条件，因此对上述热平衡方程式以固体表面温度作为边界的解析流程如图 4.23 所示。

利用预估的室内风速进行太阳辐射与壁面辐射、导热的传热解析，计算得出建筑壁面温度 T_{wi}。利用建筑壁面温度 T_{wi} 进行 CFD 解析可以求解出空气温度场与流场，算出新的室内风速。用这个被修正的风速值再进行导热和辐射传热解析，按此顺序反复计算直至收敛。

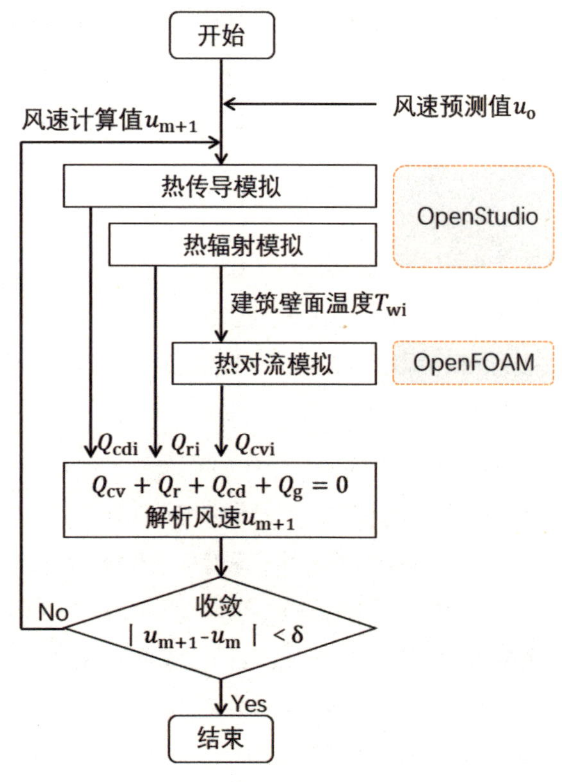

图 4.23 数值模拟解析流程（图片来源：作者自绘）

4.3.2.3 工作流程与软件

1）工作流程

工作流程与软件交互如图 4.24 所示。

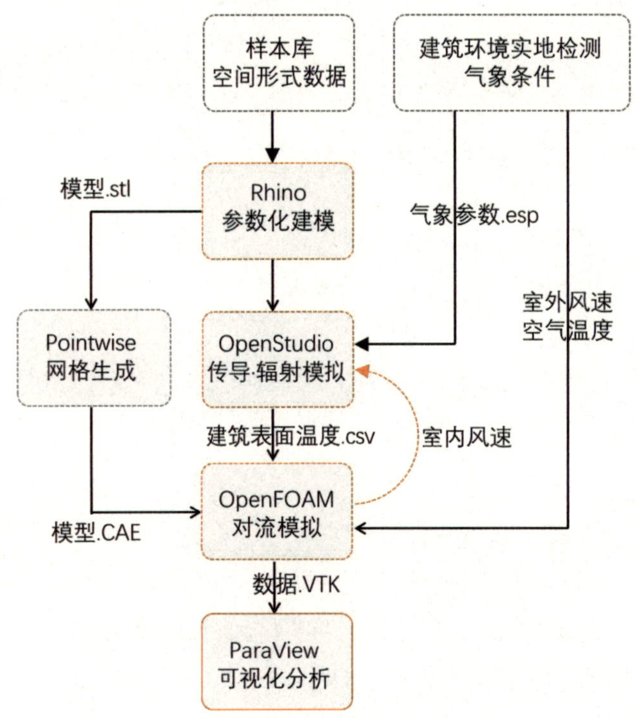

图 4.24 工作流程与软件交互（图片来源：作者自绘）

2）软件简介

导热和辐射模拟 EnergyPlus。EnergyPlus 是美国能源部资助开发的新一代建筑能耗模拟软件。OpenStudio 是美国可再生能源实验室（National Renewable Energy Laboratory，NREL）领导多家单位开发的集成 EnergyPlus 进行能耗模拟的建筑能耗模拟软件。简单来说，可以将 OpenStudio 视为 EnergyPlus 的一种可视化用户界面，其应用模块包括 SketchUp 的插件、输入编辑管理器 OpenStudio Application、结果查看器 Results Viewer、参数分析工具 Parametric Analysis Tool 等。

前处理网格生成软件 Pointwise。Pointwise 的主要功能是网格划分，空间离散生成，用于 CFD 分析。Pointwise 主要基于点、线、面、体的网格思想构建辅助线，可以对非常复杂的几何模型快速生成具有边界层的体网格，可以实现边界层向主流区的均匀过渡。

流体数值解析软件 OpenFOAM。OpenFOAM 是一个完全由 C++ 编写的面向对象的 CFD 类库，其采用经验的方法在软件中描述偏微分方程的有限体积离散化，支持多面体网格，因而可以处理复杂的几何外形，支持大型并行计算。简单来说，OpenFOAM 是一个针对不同流体编写的不同 C++ 程序集合，每一种流体流动都可以用一系列的偏微分方程表示，求解这种运动的偏微分方程的代码，即为 OpenFOAM 的一个求解器。

后处理数据可视化及分析软件 ParaView。ParaView 是一个开源跨平台的数据处理和可视化程序，可以迅速建立起可视化环境，利用定量或定性的手段去分析数据，可以在二维图形或三维模型中进行数据处理。

4.3.2.4 耦合解析法的验证与应用

本节提出的传导、对流、辐射耦合解析法，主要目的是在考虑计算成本和准确性的情况下，寻找一种合适的方法来模拟建筑中的物理环境与能量过程，以解析建筑形式因子与环境性能相互作用与影响的机制。首先，结合导热和辐射分析软件 OpenStudio 与流体数值解析软件 OpenFOAM，基于风洞试验的对照分析，对此方法进行验证。主要对三个算法模型选择（标准 $k-\varepsilon$ 模型，RNG $k-\varepsilon$ 模型和 SST $k-\omega$ 模型）和两种边界层建模方法（壁面函数法 wall-function 与低雷诺数建模 LRNM）进行了比较和讨论。而不同的算法模型与边界层建模方法既有准确性的差异，又存在计算成本（网格差异造成的建模与运算时间成本）的不同。本节以日本奈良的典型民居建筑“町屋”[89] 作为应用示例进行数值模拟，以寻求准确性与计算成本适用于本研究的一种平衡[90]。

1）耦合解析法的风洞试验验证

验证研究主要是对中村（Nakamura）等人的风洞试验（图 4.25）进行数值模拟（图 4.26），设计了四个试验工况（表 4-5），分别得到了四个工况下的对流传热系数（图 4.27）与风速场分布（图 4.28）。通过与实验数据的比对，得到四种条件下的拟合优点与缺陷，筛选出适合的算法模型与边界层建模方法，从而实现方法的高效性与准确性。其结论如下：

在验证研究中，对三种 RANS 模型和两种边界层建模方法进行了比较和分析。对于综合传热系数的预测，采用低雷诺数建模比采用壁面函数的模型更准确。与实验数据相比，使用壁面函数可产生高达 50% 的误差。与 RNG $k-\varepsilon$ 和标准 $k-\varepsilon$ 模型相比，采用 LRNM 方法的 SST $k-\varepsilon$ 模型在预测综合传热系数方面表现出更好的性能，尤其是在迎风面和背风面。Steady RANS 建模因其时间平均的本质而不能充分考虑流体的不稳定性，因此无法精确地解决流体分离和再循环区域的问题。侧面和背面的综合传热系数相比实验数据略小，相差约 14.3%。尽管壁面函数在综合传热系数预测中表现出很大的偏差，但与 LRNM 相比，仍然能够得到较准确的速度场和温度场。

2）耦合解析法的实际应用案例

以往的数值模拟研究通常集中在简单的建筑形状（例如立方体）上，但是实际建筑几何形状的复杂性对表面的流场和传热过程具有至关重要的影响。一方面，应该精确计算建筑中的风速、温度与湿度、墙体表面温度等物理环境要素；另一方面，在实证研究中需要对样本数量众多的案例进行模拟研究，需要一种精简快捷的模拟手段。因此，耦合解析法的实际应用实际上是在准确性和效率之间进行权衡。根据前文验证研究的结果，将日本本土建筑“町屋”作为应用案例进行验证。

日本的气候范围相当广泛，并不亚于中国。町屋所处的奈良夏季炎热、

89 “町屋”是日本本土建筑的典型案例，它通过自身的体形与界面等形式组织，有效地进行风压与热压通风，减少室内湿度和温度。

90 笔者于 2017 年至 2018 年在东京工业大学田村哲郎研究室进行数值模拟耦合解析法的研究，因而将日本被动式民居作为此方法的应用案例。此部分内容发表于 SCI 期刊 *Sustainability*, Volume 11, 2019，本书中仅对结论进行简要概述。

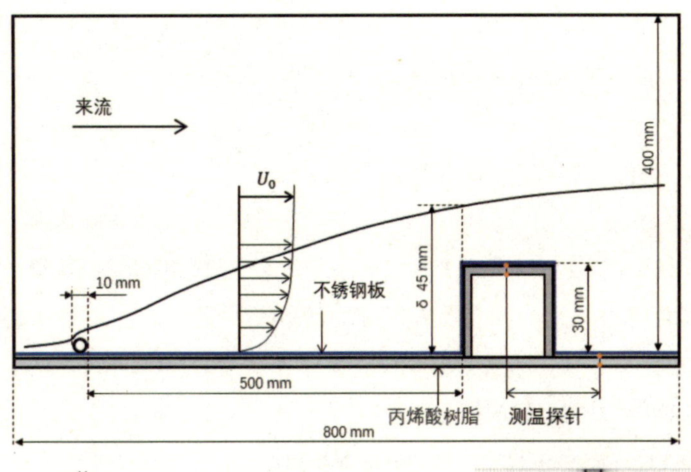

图 4.25 Nakamura 风洞试验设置（图片来源：作者自绘）

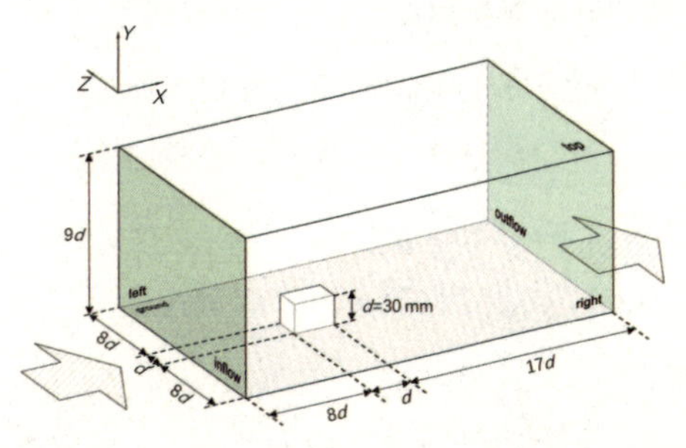

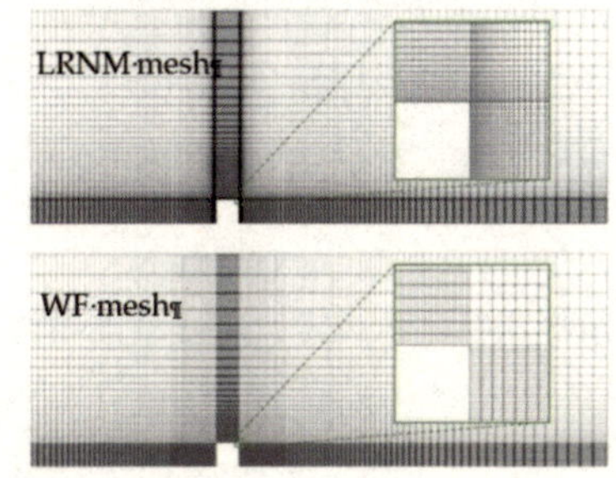

图 4.26 数值模拟边界条件与两种边界层建模方法（图片来源：作者自绘）

表 4-5 工况设置

工况	RANS 模型	边界层建模方法	网格系统
工况 1	标准 $k-\varepsilon$	LRNM	LRNM
工况 2	RNG $k-\varepsilon$	LRNM	LRNM
工况 3	SST $k-\omega$	LRNM	LRNM
工况 4	RNG $k-\varepsilon$	WF	WF

（表格来源：作者自绘）

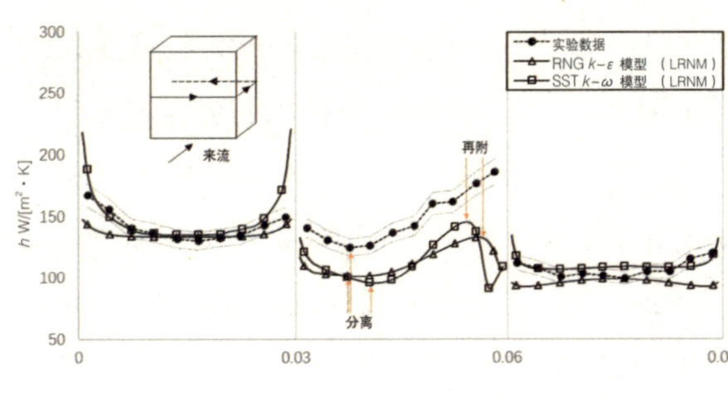

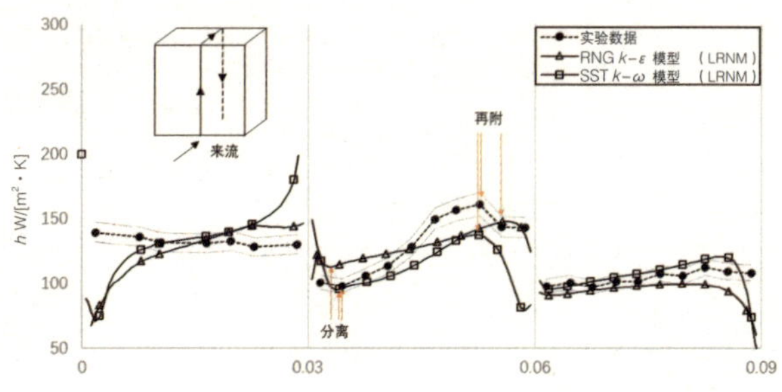

图 4.27 对流传热系数分布情况与对比（图片来源：作者自绘）

工况1

工况2

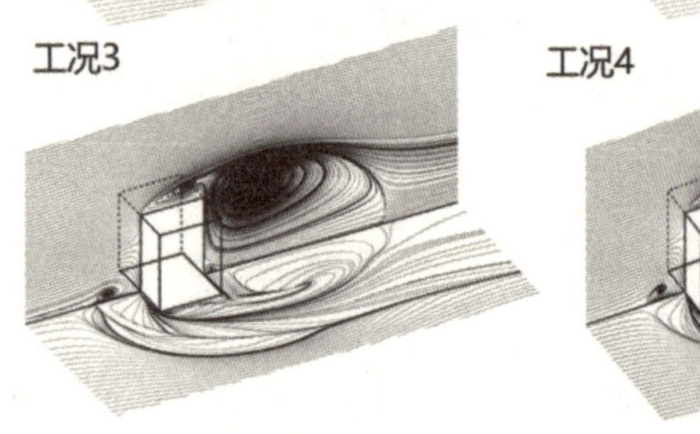

工况4

图 4.28 风速场分布情况与对比（图片来源：作者自绘）

冬季寒冷。然而，町屋的建筑形式主要针对夏季。因为在冬季，火炉、篝火与暖炉等能量设备的广泛使用可以补偿轻薄隔墙与冷风渗透产生的热量损失。而相比之下，明治时代并不存在夏季提供冷量的人工装置，因而在夏季生存与舒适的需求是建筑形式的原生驱动力。

奈良处于盆地，四面环山，虽然可以防台风，但自然通风却很少，夏季炎热潮湿。町屋的建筑形式完全对应于通风的组织，以有效地排除热量与湿气。被称作“土间（doma）”或“通庭（toriniwa）”的灰空间贯穿狭长的建筑平面，开辟出风压通风的通道，有助于在京都炎热潮湿的夏季使建筑室内保持凉爽。通庭在垂直方向贯穿二层楼面，在侧边山墙的位置开有高窗，有利于形成促进热压通风的垂直温度梯度。此类通高空间在日本建筑学语境中被称作“吹拔”空间，该称呼可以显现空间所蕴含的环境调控策略。通庭的一端正对街道，住户习惯在炎热的夏季用水喷洒路面，这种做法名为“打水（uchimizu）”，可以有效降低空气温度、增加湿度。通庭的另一端通常连接一个微型庭院，称为“坪庭（tsuboniwa）”，是建筑气候界面的自然开启。布朗（Brown）认为坪庭“执行着关键的环境调控功能，提供持久的自然冷却空气，并将二楼的居住空间与整体空气循环方案联系起来，通过巧妙地使用滑门和百叶窗，使其成为一个高度可控的双层交叉通风系统”[91]（图 4.29）。在对自然要素的选择与隔绝中，日本传统民居发展出具备空间性的气候界面，在建筑表面与内部划定出舒适可持续的微气候环境，以呈现出形式本身的环境调控理性[92]。

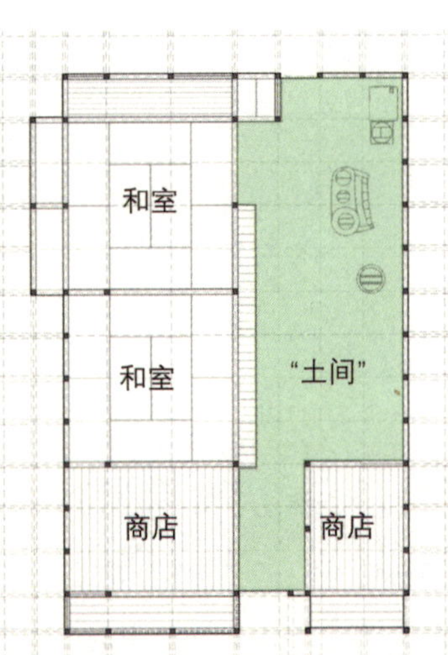

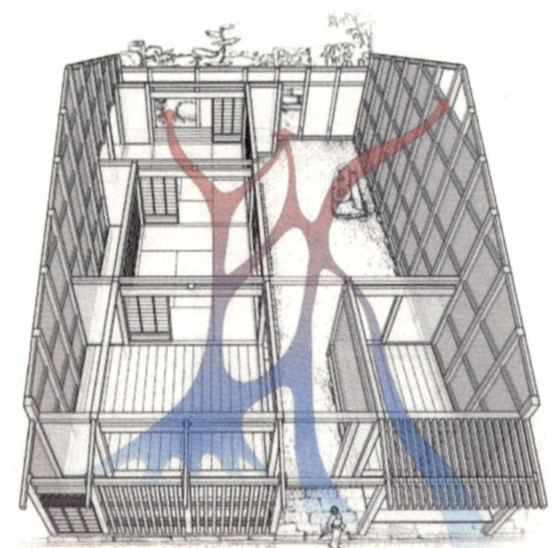

图 4.29 左：町屋的室内外照片；中：町屋的平面；右：町屋的通风示意（图片来源：作者自绘）

这样的环境调控理论和机制可以通过数值模拟的耦合解析法来验证。首先，将气象数据文件导入 Ecotect 的气象分析模块，设定建筑所处的经度与纬度，选取典型气象日。此案例中选取一年中平均气温最高的一天，得到室外的风速、温度与湿度等外部能量系统信息。在能耗分析软件 OpenStudio 中导入这些气候信息，同时建立模拟辐射与导热的模型，确定相关的建筑形式要素，并对建筑材料与构造进行设定。此时的室内风速 u_m 由换气次数表征，赋值假设为室外风速的 50%。模拟得到一天内建筑表面温度的波动值（图 4.30），此数值即

91 Brown A. Just Enough: Lessons in Living Green from Traditional Japan[M]. Rutland: Tuttle Publishing, 2013.

92 仲文洲，田村哲郎．日本民居中的环境调控理性 [J]. 建筑与文化，2019(8):58-60.

为流体模拟的边界条件。进而在流体力学软件 OpenFOAM 中设定室外风速、边界条件、网格模型，模拟得到室内的温度场与速度场。此时的室内风速为 U_{m+1}，用 U_{m+1} 迭代 u_m 重复上述模拟，使算法逐步收敛，即得到综合传导、辐射与对流传热耦合解析下的建筑环境物理参数。

根据验证研究的结论，对表面传热系数的模拟需要采用低雷诺数建模 LRNM，因而对网格精度要求较高，为了节省运算成本，建筑模型需要适当简化。而速度场与温度场采用壁面函数，对网格精度要求略低，可以精细化建模以得到更为准确的室内风场结果。

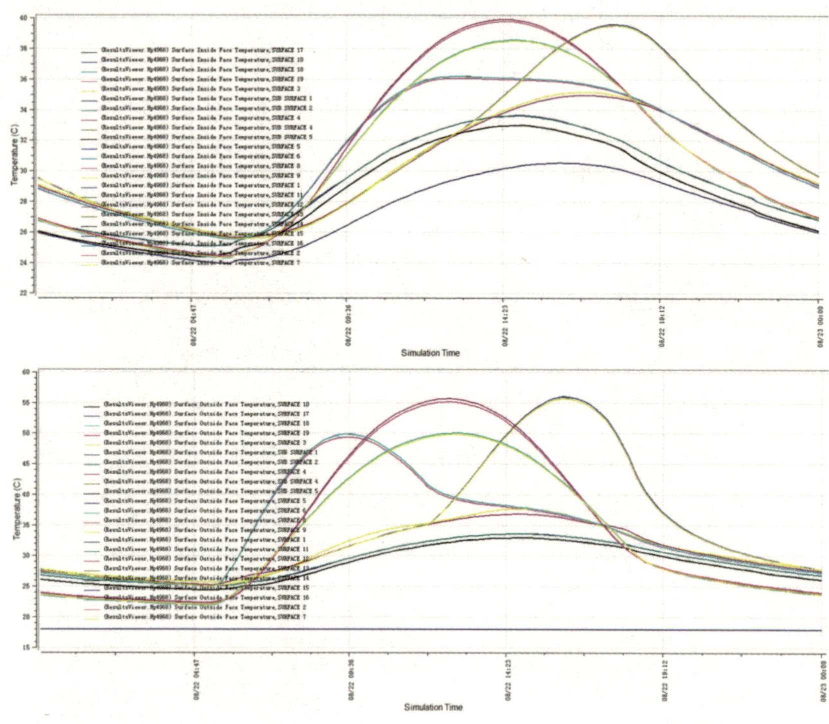

图 4.30 OpenStudio 导出的建筑内外界面温度波动值（图片来源：OpenStudio 导出）

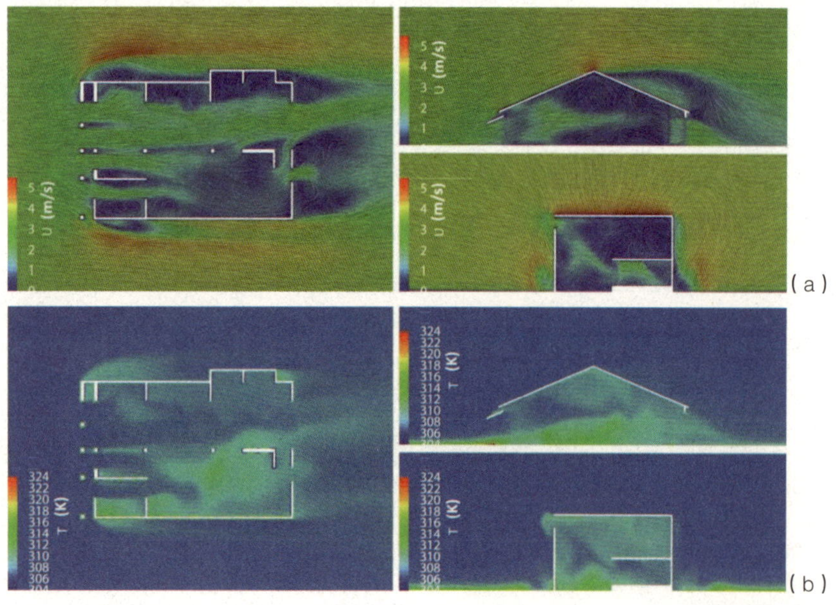

图 4.31 OpenFOAM 导出的室内外风速场（a）与温度场（b）（图片来源：OpenFOAM 导出）

模拟结果得到，迎风区和背风区之间的风压差允许气流通过建筑物并将热空气从室内转移到室外，贯穿前后的“土间”成了“穿堂风”的通道。高度封闭的角落空间容易形成涡流，导致对流传热和通风效率低下；相对开放的空间的通风和热交换效果更好，尤其是在迎风面与背风面开口相对时。此外，高度封闭、小开口的房间，其风速和传热速率较低。町屋中可随意打开、关闭的日式移门，使建筑“空气”与“空间”都具备了高度的流动性。即使出于隐私原因关闭了一些门，“土间”仍然像风洞一样，可以激活风压通风与热压通风。空气穿过房间时逐渐被加热，在此过程中，空气密度降低，浮力效应使热空气在贯穿两层的“土间”中被抬升并通过侧壁上的窗口排出室外（图 4.31）。

综上，传导、对流、辐射的耦合解析法能在节省运算资源的同时较为准确地模拟建筑风环境、热环境，可以在实际案例中运用。

4.4 本章小结

本章通过构建形式与能量机制的数理模型，明确相关的变量参数及其完备性，提取与能量相关的形式因子及其参数；对建筑形式与能量交互机制进行物理与数学建模，使建筑中的能量过程成为可以模拟的对象。

传导、对流、辐射耦合解析法作为对形式与能量系统模型和数理模型的技术运用，将外部能量系统、建筑调控系统与人体反应系统整合为综合的、整体的、量化的数理关系，成为快捷准确的模拟预测工具，该工具能够直观地呈现建筑形式因子的环境物理性能，从而为后文能量建构模型的提取与研究提供技术基础。

5 建筑形式与能量原型的分析模型构建

5 建筑形式与能量原型的分析模型构建

无论是从认识上将对建筑的认知纳入环境调控的理论框架中，还是从结构上将建筑环境解构为能量的层级系统与数理关系，抑或从方法上实现建筑形式因子与环境性能因子的数值模拟，都是为研究建筑形式与能量交互机制所做的铺陈，对形式与能量的研究必须回到具体的气候环境与分析对象上。

早期人类建房与动物性建造之间的深切联系，萌生于人以自然环境为生存条件，以自然材料为资源进行尝试与改良，从自然生息中学习空间营造与环境调控，并形成相应地域文化与居住类型这一过程中。乡土民居中体现的建筑形式与气候能量的质朴关系也是其成为主要研究对象的原因之一。然而乡土民居具有因地制宜的复杂性，建筑形式本身除了环境调控的目的外还受经济、文化与社会的诸多影响，即便同一个村子内的民居也呈现多样的形态。这就需要将纷繁复杂的形式样本归纳为典型的反映环境调控策略与气候应对机制的类型——类型反映了乡土民居环境调控特性。从形式到类型的抽象过程，剔除了与环境调控无关的其他要素，而类型的具体还原，就呈现出纯粹的环境调控原型。“原型与初始的、根本的形态相关，是对复杂系统原初状态的追溯。对原型的研究涉及抽象思维、内在的法则以及挖掘形式和意象表层之下的结构[93]。”从类型到原型，乡土民居的环境调控原型还原出最基本的形式特征，这些特征是确定而具体的，但产生这些形式的法则是模糊的。形式是一种结果，而能量以何种程度在何处以何种方式作用于建筑形式，仍然是一种“知其然，不知其所以然”的状态。从乡土建筑中归纳出的原型，如果缺失了量化的数理分析，仍然不能成为设计转化的范型。因而需要一种能解释能量原理与机制的分析模型，将乡土民居原型内部的能量过程可视化、数值化，以反映体形与界面的环境调控策略与机制，同时约定形式因子的范围——这是提出“建筑能量建构模型”的契机。

5.1 建筑能量建构模型的定义

5.1.1 类型·原型与范型·模型

5.1.1.1 类型（type）

人类至今一切的理性认知活动都是归纳与还原的分类过程（classification），分类是认知事物特征的方法与途径。认知学与心理学将人类认识事物的多维视野和丰富层次概括为“具体—抽象”的意识行为，具体事物通过不同的分类途径被归纳为具有普遍特征的类型，抽象的类型是人类正确认识世界本质的基本。将连续的、统一的系统分组归类处理的方法体系，即是类型学（typology）。因为一个类型只需研究一种属性，所以类型学可以用于各种变量和转变中的各种情况的研究。根据研究者的目的和所要研究的现象，类型

93 李麟学 . 热力学建筑原型 [M]. 上海 : 同济大学出版社 , 2019.

学可以引出一种特殊的次序，而这种次序能对解释各种数据的方法有所限制。

“具体—抽象”是通过分类活动进行的认知过程，而在认知活动之后的创造性活动中，通过“抽象—具体”的转化，抽象的类型被还原、拓扑、转译为新的事物。舒威霍弗（Anton Schweighofer）认为类型学是一种通过发现的再发明，利用它剖析、分析、撷取从前既有的东西后就会发现新的东西，它是过去不知道且今日未使用的。“具体—抽象—具体”的还原步骤正是类型学的内核，如果仅仅是从“具体”到“具体”就会沦为单纯形式的模仿，而抽象的分类过程有助于抓住事物的本质特征、原理或机制，在此基础上进行的创造性活动由“体”及“用”，因为通晓了内在法则而在外在呈现上更坚实有力。

类型学是认识、解析建筑形式的有力工具，建筑类型学就是对建筑进行类型划分和形态划分的学科，是一种理解建筑本质的方法论[94]。建筑形式是千差万别的，这是由地域、技术、材料、功能、风格等客观或主观、个体或社会的综合影响导致的。建筑类型则是复杂形式普遍特征的归纳总结。建筑类型学就是通过对建筑形式的抽象与归纳，解析其内在结构，找出具有普遍性特性的连续、系统的方法[95]。森佩尔认为：“建筑风格问题是根本不可能被发明的，但会根据自然选择的法则以不同的方式演变。演变的方式是基于原始类型(Urtypen)的继承和调整，就像是有机生物领域内的物种进化。”阿尔多·罗西更是将类型定义为“先于形式且构成形式的逻辑原则”。而建筑类型的各种拓扑变形、推演与异构，形成了多种多样新的形式。

5.1.1.2 原型（prototype）与范型（paradigm）

帕拉迪奥在《建筑四书》中以类型学的观点对建筑的基本要素进行了分类，包括屋顶、梁楣、门窗、柱子、台基；同时对他考察测绘过的古罗马建筑遗迹进行了类型分类与原型总结，对比了希腊式巴西利卡和拉丁式巴西利卡的差异；此外，介绍了他设计的22座别墅和9座府邸，确定了后人称为帕拉迪奥式建筑的形式范型。不难发现，早在16世纪，建筑类型学中就已经有两个最重要的概念产生了：原型与范型。前者从“具体—抽象”回望历史；后者从“抽象—具体”指导未来。两者共同构成了19世纪后建筑类型学的两个主要分支：原型类型学与范型类型学。

原型类型学从自然历史中汲取力量，包括从历史中寻找“原型”的新理性主义与从地区中寻找“原型”的新地域主义。原型类型学归纳并还原出某种分类原则下，历史或地域建筑最原初、最基本、最普遍的类型集成，以此试图解决新的形式问题。“原型”通常是具体的、明确的，因为我们需要从具体的事物中认识到抽象的类型。例如劳吉尔的原始小屋，垂直的树干暗示了“柱子”，倾斜的枝叶暗示了“山花”，交叉的分支便成了“柱头”。通过对原型的提取，劳吉尔将无用的装饰剔除出去。劳吉尔认为建筑的起源是对自然的模仿，只有必要的构件才是美的，以此抨击古典建筑复杂的装饰。

范型类型学的目的是启发未来。范型类型学建立在工业化文明的新技术

94 汪丽君．建筑类型学 [M]. 天津：天津大学出版社，2005.

95 沈克宁．建筑类型学与城市形态学 [M]. 北京：中国建筑工业出版社，2010.

与新材料产生的新的形式类型之上，以新类型的产生为中心主题。机械时代的新建筑类型并不以原始类型为范本，而是通过标准化与工业化创造自身的范式，使建筑如同工业产品一样具有普遍的参照意义。如果说原型类型学是将建筑看作对自然规律的有机模仿，那么范型类型学就是对机械的推崇与物化。与“原型”相反，“范型”一般而言是抽象的，因为需要从抽象的类型中转译出新的形式。

5.1.1.3 模型（model）

建筑类型学的雏形最早由法国新古典主义建筑理论家德·昆西（Quatremere de Quincey）于19世纪初提出。他于1832年撰写的两卷本《建筑学历史词典》（*Dictionnaire Historique de l'Architecture*），通过对“模型”的语义辨析，首次明确定义了“类型”的概念，“类型不是指被精确复制或模仿的形象，而更多的是有关各个要素的思想，这种思想本身就应该作为模型里的法则。从实际建造的角度来看，模型是一种被依样复制的物体，而类型却正好相反，人们可以根据类型构型出完全不同的作品，原型中的一切都是精确和给定的，而类型中的各个部分的多少却是模糊的。”显然德·昆西给出的定义略显宽泛，他认为“类型”与“模型”的差异在于：类型是抽象而模糊的，模型是具体而精确的；类型因其不确定性以一种萌芽的方式影响设计，而模型因其确定性只能模仿和重复。

19世纪的“模型（modèle）”离不开“模具（matrice）”“印章（empreinte）”“范（moule）”这些语义[96]，意味着“复制”，这是建筑师所无法容忍的。而21世纪的“模型”在数学与计算机科学的重新定义下，意味着“模拟”，通过数学算法与关系的假设，揭示系统的工作原理和机制。从广义上讲，如果一件事物能随着另一件事物的改变而改变，那么此事物就是另一件事物的模型。模型是通过主观意识借助实体或者虚拟表现构成客观阐述形态结构的一种表达目的的形式。当模型与事物发生联系时会产生一个具有性质的框架，此性质决定模型怎样随事物变化。

如果说“类型”是抽象的，具有普遍的特征，“原型”是具体的，是历史或地域既有普遍特征的典型呈现，“范型”是概念的，对新类型的形式转化起指导作用；那么，“模型”则是涵盖了“类型”的归纳性、“原型”的可视性、“范型”的示范性，同时具备数理分析性的反映事物本质或关系的形式。

在环境调控的语境下，研究各地民居的气候适应性以提取在地的环境调控原型，一直是建筑学科的研究重点。以往大部分研究侧重于特定气候区下乡土民居的环境调控策略与技术，对形式的研究也偏重于定性的类型归纳，缺乏定量的计算。然而，近年来出现了越来越多的以数值模拟手段为研究工具的乡土民居气候适应性研究，从定性走向定量逐渐成为学科发展的趋势。如果“模型”并不意味着简单地复制，而是采用新的科学成果，以更为精确有效的方法结构化建筑内部的能量过程，体现建筑基于能量的非物质建构，那么，

96 汪丽君，舒平. 类型学建筑[M]. 天津：天津大学出版社，2004.

我们又有什么理由拒绝呢？

5.1.2 建筑环境调控的类型研究

建筑学的发展历史不仅仅是建筑类型的历史，也是环境调控的历史。借助类型，可以清晰地厘清建筑环境调控的模式及其形式特征。对环境调控的类型研究拥有深远的历史，并且还将不断发展。

劳吉尔的原始小屋代表了初始的建筑原型，应对气候环境是其形式生成的原生驱动力。德·昆西在定义类型学时从原型的意义上归纳了 3 种建筑类型：古希腊的木屋、古埃及的洞窟，以及古中国的帐篷，分别对应于特定环境气候下农耕或游牧的生产生活方式（图 5.1）。

图 5.1 德 · 昆西推断的三种初始建筑类型（图片来源：常青，《论现代建筑学语境中的建成遗产传承方式——基于原型分析的理论与实践》，2017）

中国古代的建筑原型可以从晋代张华所著《博物志》中窥见："南越巢居，北溯穴居，避寒暑也。"这句话揭示出中国建筑的两种原型——穴居与巢居，并指出其与地域气候的重要关联。中国古代还有以茅盖屋、四面无壁、环水为辟雍的礼制建筑范型，以及负阴抱阳、拱卫朝揖的风水图示范型等。

森佩尔提出的建筑四要素：屋面、围合、火炉、基座，是基本的建筑构成类型，对应于遮蔽、挡风、采暖、防潮的环境调控动机。勒 · 柯布西耶参考了意大利、土耳其、希腊、西班牙、阿尔及利亚的风土建筑，将风土原型吸收到新的建筑形式中，并积极地采用工业化的新技术，提出了"新建筑五要素"的形式范型与"多米诺"框架结构体系模型。

班汉姆在《环境调控的建筑学》中以"帐篷"和"篝火"两种环境调控的原型，揭示了自古以来"建造"与"燃烧"就是人类抵抗气候的两种手段，紧接其后确定了三种环境调控系统模型："保温型""选择型"和"再生型"。班汉姆的分类源自于对历史建筑的经验观察，并有效地服务于其历史分析的目的。

迪恩 · 霍克则更强调明确自然环境中使用环境能量的建筑与主要倚靠机电设备创建受控于人工环境的建筑物之间的区别。前者他称之为"选择型"，后者为"隔绝型"。迪恩 · 霍克的模型比班汉姆更强调建筑能量驱动的来源，对两者人工或自然的能量逻辑进行区分。

兰道尔 · 托马斯在《建筑环境》中将寒冷地区大热质、厚墙、形体集中的建筑类型比作大象，将湿热地区具有轻质隔墙、形体松散的建筑类型比作蝴蝶，从生物适应的角度阐释建筑体形与热力学的关联性（图 5.2）。

图 5.2 两种环境调控模式建筑类型的生物比喻（图片来源：Thomas R, Garnham T, *The Environments of Architecture*, 2007）

伊纳吉 · 阿巴罗斯基于"室内"与"室外"概念的辨析，提出了两种基本的"气候 - 建筑"原型——寒冷地区的"温室"和温暖地区的"遮阳棚"，表达了建筑调控系统对太阳辐射的两种态度——"接纳"与"拒绝"，并辨析出建筑的两种热力学原型——热源（source）与热库（sink）。

东南大学张彤教授的研究团队将建筑热力学系统结构中机械与有机的二元对立解释为"空气调节"和"空间调节"这两种环境调控类型。"空气调节"

多数反映为强环境调控的机电设备通过对空气的加热或冷却调节室内热环境，在“供给侧”消耗大量能源；“空间调节”则以空间和形态设计为先导，通过合理的建筑形式在“需求侧”减少耗能，强调利用自然能量而非机械手段来实现人体热舒适。

5.1.3 建筑能量建构模型——分析模型

以往的环境调控类型研究无论是从自然与历史中寻找原型，还是热力学模型的构建，都侧重于概念化、定性化的解读，缺少量化、精确的模拟分析。基于形式与能量的量化机制研究，笔者所在研究团队提出能量建构模型，该模型整合为反映建筑与气候关系，帮助建筑师理解气象条件、提取环境调控策略、启发建筑形式生成的建筑图示工具。

建筑能量建构模型是基于形式能量法则的、综合反映所在气候区域建成环境热力学机制的一种分析模型。其中包含体现建筑形式生成与环境物理性能参数间相互影响作用的风、光、热环境机制。建筑能量建构模型在其所在气候环境中具有类型的归纳性、形态的可视性、量化运算的分析性以及设计决策的工具性。通过能量建构模型，能量流动所表达的物理变化真实对应于物质形式所表达的环境变化，可以为环境调控的建筑设计提供形式范型、气候策略、构造机理等参照，为从建筑学专业自主性出发探索绿色建筑发展构建具有归纳性、可视性、分析性、工具性的知识库。

具体而言，能量建构模型的研究对象是乡土民居。乡土建筑蕴含了形式与能量的互联机制，它们生来就是有机的、绿色的、自组织的。从乡土建筑内在的形式生成逻辑和环境物理性能参数间相互影响作用的风、光、热机制中，可以提取出在地的热力学范式模型。能量建构模型是乡土民居环境调控的类型基因，通过对乡土民居复杂形式的逐层归纳与提取，将与环境调控无关的要素剔除，提炼出真正体现其气候应对机制与环境调控策略的内核，这是一个由“表现型”还原到“基因型”的过程。因此，能量建构模型的建构由以下两个步骤构成：

1）物质形式的类型解析——环境调控原型的提取

对形式的类型解析包含了体形类型与界面类型两个聚类，影响建筑环境调控的各个形式因子的具体形态、数值与范围都可以被统计和归纳为量化的数字信息，这些信息构成了具有普遍性的形式类型，为乡土建筑的原型提取提供基础。

2）能量过程的量化解析——能量建构模型的转化

该步骤对乡土建筑的原型进行传导、对流与辐射的耦合数值模拟解析，使其内部的能量过程可视化、可分析，验证其形式的环境调控策略，并以此为基础去除与能量无关的形式因素，将其转化为体现形式能量法则的能量建构模型。

建筑形式分析是形式因子层面的物质结构分析，建筑能量分析则是对建筑内能量过程的模拟验证。如果只讨论形式，不免沦为形而上的风格与要素的辩解，将乡土建筑的物质形态与其生成法则孤立起来，缺失了建筑实体与环境调控逻辑的关联性。如若只讨论能量，就会陷入虚浮与抽象的概念辨析，不能落到形式本体的物质结构上，缺乏实体因素的支撑，无法确实地指导建筑设计。因而，对乡土建筑的能量建构模型研究需要结合建筑形式物质与能量的双重性，坚持物质形式与能量过程相结合的原则。

5.2 酷寒区环境调控原型——东北汉族民居

5.2.1 概述

酷寒区冬季漫长，寒冷干燥，年平均温度在 0 ℃左右；降水少，年均相对湿度适中；太阳辐射强，年均晴空指数为 0.555。该区域主要包括内蒙古东北部、黑龙江、吉林以及辽宁北部。地理学中将黑龙江、吉林、辽宁三省和内蒙古自治区东部的地域统称为东北地区。东北地区属温带大陆性季风气候，直接受西伯利亚寒冷干燥的西北风影响，冬季漫长而寒冷，1 月平均最低气温低于 −20 ℃，极端低温达 −52.3 ℃，盛行干冷西北风，采暖期长达 6 个月。

东北民居在与严苛自然地理和气候条件的长期共生中培育出独特的形式特点，积累了丰富的建筑环境调控的经验与技术。东北自古以来就有形容民居形式的谚语：“高高的，矮矮的，宽宽的，窄窄的”[97]。“高高的”指民居的台基高，利于防潮防雨雪；“矮矮的”指房屋室内净高较矮，以减小体型系数；“宽宽的”指南向的窗较宽大，以获取更多太阳辐射热；“窄窄的”则是指建筑进深较窄，利于居室的防寒保温。

不论是东北满族民居、汉族民居，还是朝鲜族民居，大部分为合院式民居，这充分体现了酷寒区乡土民居的气候适应性，但它们之间也存在些微的差异。笔者在甄选酷寒区环境调控原型时，为排除民族性造成的生活习惯与建造习惯的不同，选择东北汉族民居作为研究对象（图 5.3）。东北汉族在历史上不同时期由中原迁徙至东北地区，因而东北汉族民居既能体现汉族自身的建造习俗，又有地域气候影响下的形式变异。通过将东北汉族民居与其他气候区的汉族民居进行横向对比，可以得出气候环境对建筑形式的重要影响。

5.2.2 形式的类型解析

5.2.2.1 界面类型

1）围合类型

a. 太阳辐射吸收系数

东北平原土地辽阔，特产青黄、细腻的碱土。轻易可获取的碱土随即成为一种建筑材料，被广泛运用于屋顶和墙面的外饰面。材料表面越粗糙，颜

97 周立军．东北民居 [M]. 北京：中国建筑工业出版社，2009.

图 5.3 东北汉族民居典型案例（图片来源：作者自绘）

色越深，太阳辐射吸收系数越大。深色、粗糙的建筑界面，能够显著增加太能辐射得热。屋顶的面层除了土屋面还有瓦屋面与草屋面，前者为青黑色，后者为深棕色，太阳辐射吸收系数约为 0.68（图 5.4）。

b. 综合传热系数与热惰性指标

历来重视墙体保温的东北民居形成了独特的墙体界面体系。夯土墙、红砖墙是东北汉族民居较常采用的界面围合墙体类型。在材料的选择上，东北汉族民居的墙体大多采用砖、石、木、草等混合材料建成，或在围护结构内外两侧砌砖，中间是碎砖石并灌白灰浆使其结合紧密；或在黏土中加入稻草秸秆夯实垒起成夯土墙。砖、石、木、草等墙体材料本身具有很低的传热系数，可以有效阻隔建筑散热。东北汉族民居的气候界面的另一个最典型的特征是厚重的墙体。通常来说，直接面对冬季西北风的北侧墙体最厚，南墙次之，东西山墙再次，室内隔墙最薄。厚重砖墙同时具备强大的蓄热能力，不仅可以防止热量散失，还可以延迟周期性热流。东北汉族民居中，位于建筑外墙部位的柱子大多被整个埋于墙内，这种做法有效地避免了在柱子处形成冷桥，避免建筑局部传热系数过大而引起热量损失。与此产生鲜明对比的是湿热区与湿晦区的乡土民居，其柱子与墙体交接处为“八”字形的豁口，把柱子暴露在外面，以防止木材蒙在砖墙中受潮腐坏。东北汉族民居虽然墙体厚重，但是采用单层瓦屋面的屋顶相对单薄，保温隔热性能较差。因此建筑内部常在屋架上设吊顶天棚，使屋顶内外界面之间产生一个隔寒腔层。或在天棚中放置锯末或草木灰，进一步增强保温效果；或在天棚下裱糊纸张，增强气密性。草屋面也是东北汉族民居常见的屋面形式，椽子上铺设秸秆席子，并于其上铺厚约 4~10 cm 的黏土，再厚铺苫羊草，防止屋顶雨水渗漏，保温隔热。

2）开启类型

a. 窗墙面积比

东北汉族民居门窗的大小决定了进入室内的太阳辐射热与通风所能带走的热量。东北汉族民居的门为朝南的双层门，大部分窗设于南面，以获得最大的太阳辐射热，北向开口很少，以躲避寒风。窗户大都采用“支窗”形式。“支窗”为双层窗，外层糊纸或安玻璃，内层为纱窗。秋季以后会以纸糊窗缝，以减少冷风渗透。窗纸上抹油，增加室内亮度的同时防水防潮。

b. 进出风口面积比

东北汉族民居的南北墙面开窗位置相对，而不是错位布置，并且位于房间正中。开窗大小远大于北向窗户，进出风口面积比非常大。这在夏季有利于形成穿堂风，带走室内热量。而冬季北向窗口完全密封，南向同侧开口通风，对流效果有限，有利于室内保温。

c. 风向投射角

在酷寒区，防风的优先级要大于通风，为了规避寒冷的西北风，背风建宅、迎风闭口已成为东北汉族民居选址的一项重要原则，建筑界面对冬季主导风的风向投射角接近 130°（图 5.4）。

	界　面						
典型案例	太阳辐射吸收系数	综合传热系数	热惰性指标	窗墙面积比	进出风口面积比	风向投射角	综合遮阳系数
1	0.68 圆木垒垛，粗糙，棕色 	0.88  墙体：20 cm 圆木 + 黏土填缝 屋顶：10 cm 红松木瓦	6.08	南 0.17 	— （仅在南墙开窗） 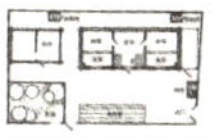	157.5° 冬季主导风向：北西北 NNW（337.5°） 建筑朝向：正南	0.87 明纸窗 大窗格 窗户本身遮阳系数 ≈ 0.87 出檐浅 冬夏檐口对窗户均无遮挡 窗口外遮阳系数 ≈ 1
2	0.58 碱土，粗糙，青黄 	0.65 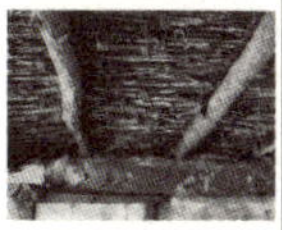 墙体：60~90 cm 碱土 屋顶：35~50 cm 碱土 + 羊草	9.76 	南 0.21 	— （仅在南墙开窗）	157.5° 冬季主导风向：北西北 NNW（337.5°） 建筑朝向：正南	
3	0.68 青砖瓦房  青砖墙体，旧，浅灰 灰瓦屋面，旧，深灰	0.71 墙体：40~80 cm 青砖墙 砖石混砌，石材多用于墙心 屋顶：小青瓦仰铺 内置黄土和羊剪草混合而成的保温层，隔热防寒	8.03	南 0.24 北 0.16	1.5	125.5° 冬季主导风向：西西北 WNW（295.5°） 建筑朝向：南偏东 10°	
4				南 0.3	— （仅在南墙开窗）	115.5° 冬季主导风向：西西北 WNW（295.5°） 建筑朝向：正南	
5				南 0.26 北 0.11	2.36	110.5° 冬季主导风向：西西北 WNW（295.5°） 建筑朝向：南偏东 5°	
6				南 0.25	— （仅在南墙开窗）	127.5° 冬季主导风向：北西北 NNW（337.5°） 建筑朝向：南偏东 30°	
7				南 0.32 北 0.15	2.13	145.5° 冬季主导风向：西西北 WNW（295.5°） 建筑朝向：南偏东 30°	
8	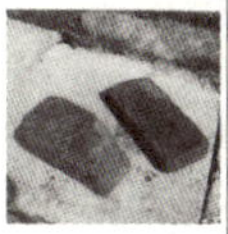			南 0.25 北 0.09	2.78	135.5° 冬季主导风向：西西北 WNW（295.5°） 建筑朝向：南偏东 20°	
9		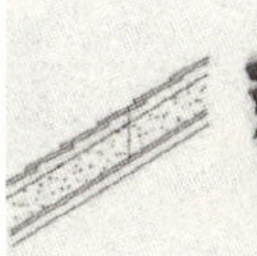		南 0.28 北 0.13	2.15	135.5° 冬季主导风向：西西北 WNW（295.5°） 建筑朝向：南偏东 20°	
10				南 0.24 北 0.15 	1.60	127.5° 冬季主导风向：北西北 NNW（337.5°） 建筑朝向：南偏西 30°	
11				南 0.29 北 0.09	3.2	120.5° 冬季主导风向：西西北 WNW（295.5°） 建筑朝向：南偏东 5°	
12				南 0.3 北 0.12	2.5	120.5° 冬季主导风向：西西北 WNW（295.5°） 建筑朝向：南偏东 5°	

图 5.4 东北汉族民居典型案例的界面因子与参数（图片来源：作者自绘）

d. 综合遮阳系数

酷寒区的采暖优先级要大于遮阳，东北汉族民居几乎没有遮阳构件，仅有的较小出檐主要是为了保护墙体在下雨或融雪的时候，屋顶的雨雪不会侵蚀墙面。相较之下，南方民居出檐深远，需要兼顾排水与遮阳。为了让出檐不影响采光与采暖，东北汉族民居外檐出挑的方式为二道椽子“飞椽”，可以让檐部倾斜角度放缓，以利于排水的同时不影响室内太阳照射。

	体　形						
典型案例	体形系数	风向投射角	风向倾斜角	辐射方位角	辐射倾斜角	内院负体形高宽比	负体形口底比
1	0.65 	157.5° 冬季主导风向：北西北 NNW（337.5°） 建筑朝向：正南	50° 屋顶坡度 40°	0° 	40° 	—	0.96
2	0.58 	157.5° 冬季主导风向：北西北 NNW（337.5°） 建筑朝向：正南	— 平拱顶	0°	— 平拱顶 	—	0.99 
3	0.58	125.5° 冬季主导风向：西西北 WNW（295.5°） 建筑朝向：南偏东 10°	57° 屋顶坡度 33°	10°	33°	—	0.96
4	0.54	115.5° 冬季主导风向：西西北 WNW（295.5°） 建筑朝向：正南	55° 屋顶坡度 35°	0°	35° 	—	0.98
5	0.46 	110.5° 冬季主导风向：西西北 WNW（295.5°） 建筑朝向：南偏东 5°	60° 屋顶坡度 30°	5°	30°	0.34	0.97
6	0.45	127.5° 冬季主导风向：北西北 NNW（337.5°） 建筑朝向：南偏东 30°	58° 屋顶坡度 32°	30°	32° 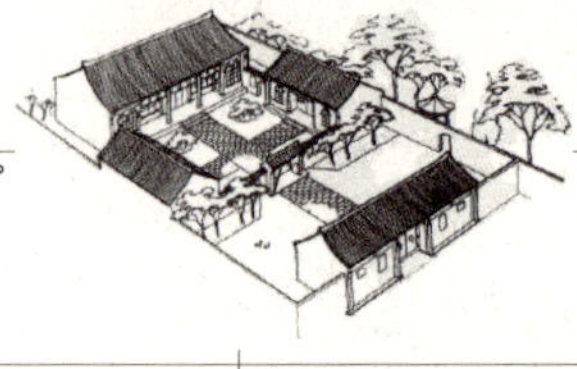	0.39	0.97
7	0.55	145.5° 冬季主导风向：西西北 WNW（295.5°） 建筑朝向：南偏东 30°	57° 屋顶坡度 33°	30°	57°		0.94
8	0.39	135.5° 冬季主导风向：西西北 WNW（295.5°） 建筑朝向：南偏东 20°	60° 屋顶坡度 30°	20°	30°	0.34 	0.92
9	0.50	135.5° 冬季主导风向：西西北 WNW（295.5°） 建筑朝向：南偏东 20°	63° 屋顶坡度 27°	20°	27°	0.31	0.97
10	0.48	127.5° 冬季主导风向：北西北 NNW（337.5°） 建筑朝向：南偏西 30°	62° 屋顶坡度 28°	30°	28° 	0.29	0.98
11	0.44	120.5° 冬季主导风向：西西北 WNW（295.5°） 建筑朝向：南偏东 5°	60° 屋顶坡度 30°	5°	30° 	0.30	0.95
12	0.50 	120.5° 冬季主导风向：西西北 WNW（295.5°） 建筑朝向：南偏东 5°	57° 屋顶坡度 33°	5° 	33°	0.30	0.94 

图 5.5 东北汉族民居典型案例的体形因子与参数（图片来源：作者自绘）

5.2.2.2 体形类型

1）朝向类型

a. 风向投射角与风向倾斜角

从主导风向而言，东北汉族民居在朝向上尽量选择背向主导风的方向，建筑长轴几乎垂直于主导风向，以加强建筑之间的挡风作用，降低热损耗。但建筑的朝向并不只受冬季主导风向影响，还关乎于太阳方位角——采暖与防风对东北汉族民居而言同样重要。

从屋顶坡度而言，理论上坡度越大，建筑越高，主屋投射在院子中的风影区就越大，越能遮挡寒风。然而，屋顶坡度越大，风向倾斜角越小，建筑的体形系数越大，越不利于保温。随着屋顶坡度增加，屋顶面逐渐由风压负压区转变为正压区，等效于建筑迎风的面积增大了，通过对流传热带走的热量增加，同样不利于保温。不仅如此，东北汉族民居冬季室内多采用火炕、火炉等主动式环境调控设备进行热补偿，屋顶负压区有助于排出室内的烟气。因而，东北汉族民居的风向倾斜角较大，且受多方面综合影响。

b. 辐射方位角与辐射倾斜角

酷寒区的民居需要尽可能多地利用太阳辐射以抵御寒冷的天气。民居大多建在南低北高的向阳山坡上，向阳坡与背阴坡的温度差可以达到 10 ℃左右[98]。幅员辽阔的东北平原地区允许当地民居自由选择适宜的朝向，而大多数东北汉族民居坐北朝南。辐射方位角为正南方向 0° 或南偏东方向 0° ~25°（图 5.5），这是民居面向南方阳光与背向西北寒风的综合结果。

理论上为了获得更多的太阳辐射热，建筑的辐射倾斜角（也即屋顶坡度）要尽可能大。但相对来说，建筑辐射倾斜角的增大势必会造成体形系数的增加，不利于建筑保温。东北汉族民居的屋顶坡度是在获取太阳能、建筑保温与排出雨雪等环境调控目标下，多方面权衡协调产生的形式结果。

2）形状类型

特殊的自然环境影响着东北民居的体形。大部分民居单体在平面上呈长方形，具有良好的气候适应性。在平面布局上，为了接收更多的阳光和避免北方袭来的寒流，将房屋长的一面向南。为了减少建筑散热，东北汉族民居大多矮小紧凑，形体规整，采用硬山顶形式。这样的体形特征的形式生成逻辑有三个：一是尽量增大进深以减小体形系数，使建筑平面形式尽可能向四个方向扩展，接近于正方形，从而使建筑在满足功能使用的情况下获得尽可能小的体形系数，减小气候界面散热面积；二是南向的外界面可以获得太阳辐射热，因而体形系数相同时，南向面积越大，得到的太阳辐射热越多——因此建筑的平面布局呈现南北向的矩形而非正方形，在维持一定进深的基础上，沿面阔方向增加开间数量；三是平屋顶的体形系数最小，但考虑到雨雪等气候要素的影响，东北汉族民居的屋顶采用坡度较缓的硬山顶形式，这一方面能有效排水，减少雨雪的荷载与渗漏，另一方面在屋顶上适量保存一定的积雪，能使雪成为有效的保温层。

98 周立军 . 东北民居 [M]. 北京：中国建筑工业出版社，2009.

3）负体形类型

庭院作为东北汉族民居中的负体形，充分发挥了环境调控的作用。为了采暖，东北汉族民居院落组织布局松散，从而可获得更多的阳光。东北汉族民居的院落围合多以矮墙为主，高度低于屋脊。院墙高度适应于北方较高纬度下较小的太阳高度角，使庭院内部获得更多更久的日照。建筑与外墙之间多留有一定距离，利用冬夏太阳入射角的差别、早晚日照阴影的变化、庭院天井和檐廊的结合，可以有效抵抗寒风侵袭。东北汉族民居的进深较小，正房与厢房的间距较宽，因此庭院的横向距离拉得很大，负体形高宽比在0.3~0.4之间（图5.5）。庭院负体形北高南低，因为正屋屋脊高于厢房，高大的正屋可以有效阻挡北风。东北汉族民居的庭院由围墙划分为内外院，内院被外院包裹，外院成为内院的气候缓冲区，负体形本身存在气候梯度。从功能上看，被保护的内院一般用于休憩，外院则用于停放车马、安置劳动工具和贮存粮食。出檐很浅的东北汉族民居，其负体形口底比接近1∶1（图5.5）。

5.2.2.3 原型提取

受地形、家庭组成、社会地位、经济实力等影响，东北汉族民居存在各种各样的具体形式，很难找到两个完全一样的民居。而东北汉族民居可以被归纳成一种原型，首先得有一个基本的判断：这些复杂形式中存在相对恒常且稳定的形式语汇与内在逻辑，而笔者研究的基点在于，这种形式生成的内在逻辑首先对应于建筑适应气候环境的机制。

通过上述定性的类型研究，不难发现东北汉族民居中既有的稳定形式特征：建筑体形紧凑规整，为坐北朝南的矩形平面；建筑界面为厚重墙体，南侧开大窗，北侧开小窗；庭院作为捕获太阳能的环境调控负体形占据了空间组织的核心。如果说建筑的形状、朝向、界面围合与开启的方式在东北汉族民居中已经成为相对固定的制式做法，那么负体形则是较难确定的要素组成。

就负体形类型而言，东北汉族民居可能存在内院、外院、前院和后院等不同功能属性与空间属性的院落。从前院—外院—内院—后院的序列中，功能属性由生产、休闲到后勤过渡，空间属性也由公共、半公共过渡到私密、半私密。两层院墙形成了如同洋葱圈的空间结构，从环境调控的意义上来说，带腰墙的内院被外院环抱在中心，前院、外院与后院成为内院的气候缓冲区。最私密与最贴近家庭生活的内院空间，也成为建筑环境调控的重点对象。从典型案例中可以发现，不论外院、后院和前院如何变化，内院的尺寸和比例都是相对一致的。这说明外院的形制更多地受到建筑规模、场地大小的限制并呈现出各异性，而内院则更多地体现出东北汉族民居所面对的共同的环境问题，因而呈现出恒常性——内院的形状和尺寸与环境调控有着直接的关联。

为了验证东北汉族民居中形式与能量的量化关联，对典型案例形式因子的物理参数进行了归纳与对比。从体形与界面的各个物理参数范围中，选取具有普遍意义的平均值，并使其再度还原为一个具体的民居形式，这就成为

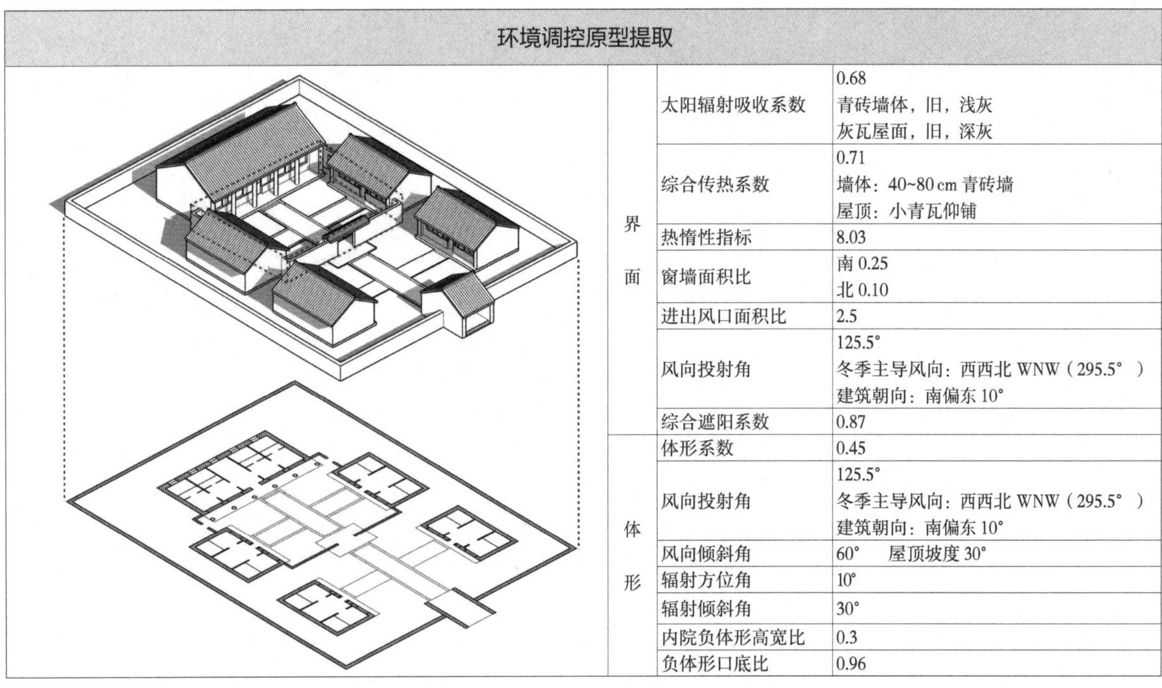

环境调控原型提取		
界面	太阳辐射吸收系数	0.68 青砖墙体，旧，浅灰 灰瓦屋面，旧，深灰
	综合传热系数	0.71 墙体：40~80 cm 青砖墙 屋顶：小青瓦仰铺
	热惰性指标	8.03
	窗墙面积比	南 0.25 北 0.10
	进出风口面积比	2.5
	风向投射角	125.5° 冬季主导风向：西西北 WNW（295.5° ） 建筑朝向：南偏东 10°
	综合遮阳系数	0.87
体形	体形系数	0.45
	风向投射角	125.5° 冬季主导风向：西西北 WNW（295.5° ） 建筑朝向：南偏东 10°
	风向倾斜角	60° 屋顶坡度 30°
	辐射方位角	10°
	辐射倾斜角	30°
	内院负体形高宽比	0.3
	负体形口底比	0.96

图 5.6 酷寒区环境调控原型提取（图片来源：作者自绘）

体现酷寒区建筑形式与能量流动关系的环境调控原型（图 5.6）。

5.2.3 能量的量化解析

5.2.3.1 模型建立与条件设定

物理模型：酷寒区能量建构模型的原型建筑为东北汉族民居，院落组织为带腰墙的二进三合院落：正房尺寸 9.5 m × 17.5 m，屋脊高度 7.5 m；四个厢房均为 5.5 m × 10 m，屋脊高度低于正房，为 5 m；各单体建筑均为硬山坡屋顶。腰墙围合正房与两侧厢房形成内院，外围墙环绕建筑一周，腰墙与外围墙均高 2 m。外围护界面为青砖墙体和灰瓦屋顶，太阳辐射吸收系数 0.68；北墙厚 800 mm，窗墙面积比 0.1，南墙厚 500 mm，窗墙面积比 0.25，综合传热系数 0.71，热惰性指标 8.03，综合遮阳系数 0.87。建筑体形系数 0.45，朝向为南偏东 10°，风向投射角 125.5°；屋顶坡度 30°，风向倾斜角 60°，辐射倾斜角 30°；内院负体形高宽比 0.3，负体形口底比 0.96。

数学模型：传导、对流与辐射的数学解析模型，湍流模型选用 RNG $k-\varepsilon$ 模型。

边界条件：边界层建模方法为壁面函数法与低雷诺数建模 LRNM。为简化运算，模拟风场时并未考虑地面粗糙度。建筑各界面温度数据由 OpenStudio 导出。

工况选取：根据对酷寒区气象参数的分析，模拟工况分为冬夏两季典型工况。夏季典型工况为：7 月 21 日，空气最高温度 26 ℃，风速 4.8 m/s，风向南偏东 10° 。冬季典型工况为：1 月 21 日，空气最低温度 -24.1℃，风速 12.4 m/s，风向西偏北 21.5°。为考虑风速衰减对建筑风环境与热环境的影响，对冬夏两个工况进行 1/2 风速与 1/4 风速的模拟对照实验。同时，根据外界面与内界面温度变化曲线选择三个时间点，分别为 5:00、13:00，以及 17:00，对每个工况进行分时刻模拟。

5.2.3.2 模拟结果分析

1）风速场分析

冬季主导风以 12.4 m/s 的风速从民居西北方向流入，受外层院墙的影响，西北来风到达院墙时风速被削弱至 7~8 m/s，进入后院后风速降至 5~6 m/s，说明 2 m 高的院墙能有效阻挡北部寒风。在正房、两侧厢房与腰墙围合的内院，风速则骤降至 3 m/s 以下，被重重保护、包裹的内院生活空间处于较为舒适的风速场区。高大的正房对西北来风具有较强的阻挡作用，来风被分离至两侧厢房与外围墙之间的区域，并形成狭管效应，其风速高达 10 m/s，不适于人的活动。外院风场的风速略高于内院风速，气流均匀度也低于内院，处于次舒适的风场区（图 5.7）。

在院落的组织方式与腰墙、围墙的联合作用下，围墙与正房对来风的抵挡作用被凸显为主要的风环境调控手段，由此带来正房迎风面与背风面巨大的压差，模拟结果显示最高达到 22 Pa。巨大的压差会导致正房西侧与北侧墙有较大的冷风渗透隐患，因而建筑北侧墙体普遍较厚，门窗的密封性、保温隔热的要求也更高。相比之下，其他厢房的风压差较小，内院与外院则大部分普遍处于负压之下。

6.8 m/s 和 3.4 m/s 的对照组模拟结果显示，对不同风速的来流情况，东北汉族民居独特的空间组织模式对风速场的调节作用均十分显著，在以外院墙和内腰墙为界的室外、外院和内院，风速逐渐削弱降低，最终达到相对适于人活动的风速阈值。

夏季主导风以 4.8 m/s 的风速从民居南侧人流，虽然双重围墙对南部来风存在同样的阻挡作用，但在夏季院门开启的情况下形成了贯通的风道。三合院向南侧打开的空间格局也易于使南面来风到达庭院内部，模拟显示到达内院的风速仍然可以达到 3 m/s。正房门窗正对来风，风向投射角接近 0°，通风效果最佳。正房南侧大开窗、北侧小开窗的界面开启方式也使室内气流涡流区较小，最大气流速度在出风口附近，利于通风排风。同时，两侧厢房与东西外墙之间的狭管效应仍然存在，此区域风速骤增。两侧厢房仅对内院打开，东西两侧并无开窗。对内院开启的门窗，其风向投射角接近 90°，因而两侧厢房的通风效果远远不及正房（图 5.7）。

2）温度场分析

冬季典型工况选取了 1 月 21 日，阴天，全天温度波动平稳。建筑外表面与内表面温度波动不大，内外表面温度差维持在 17 ℃左右，说明外围护结构能够维持 17 ℃左右的温度梯度。同时，由于双重院墙对风速有削弱作用，风

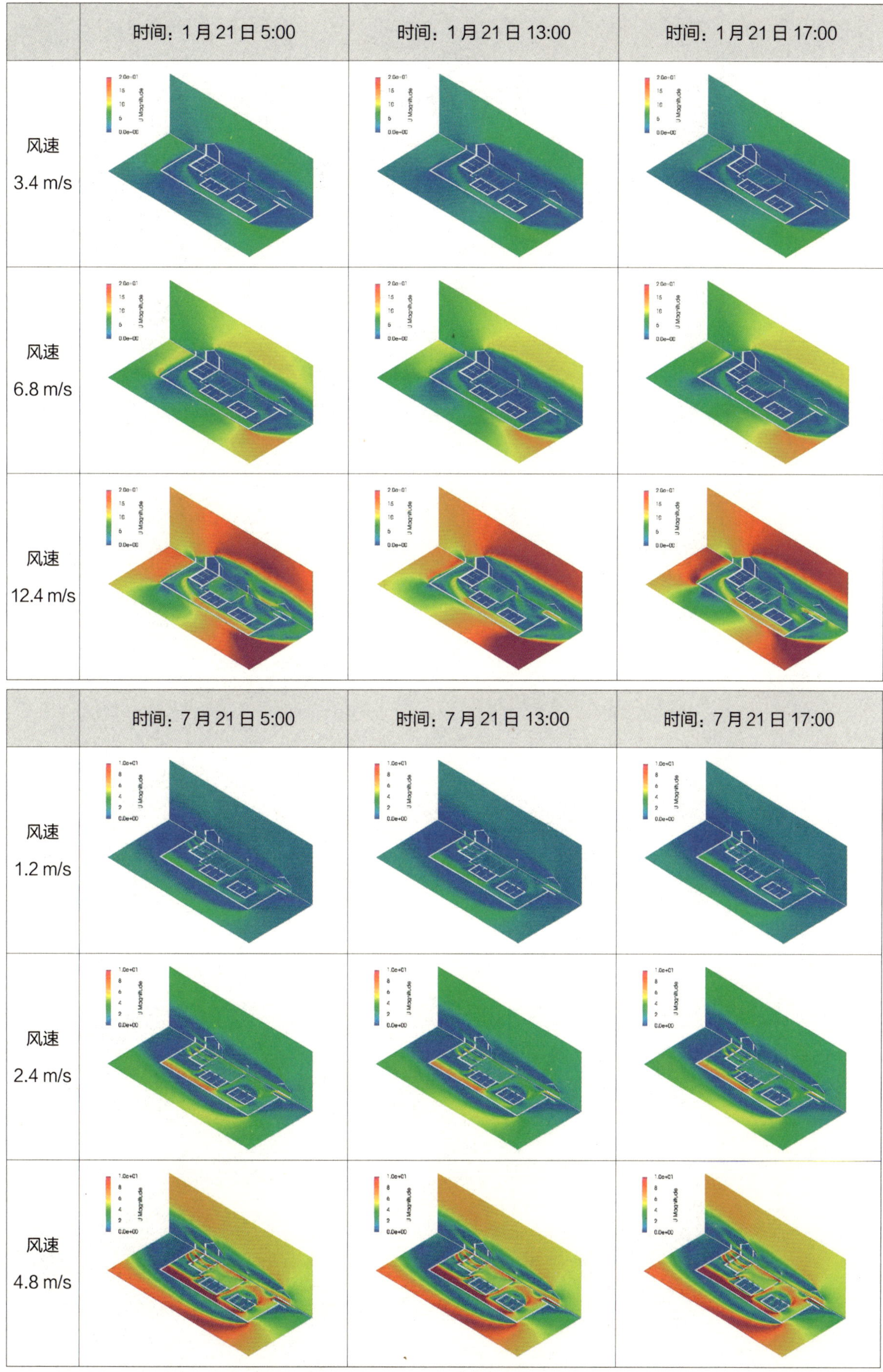

图 5.7 冬季（上）与夏季（下）的风速场分布情况（图片来源：作者自绘）

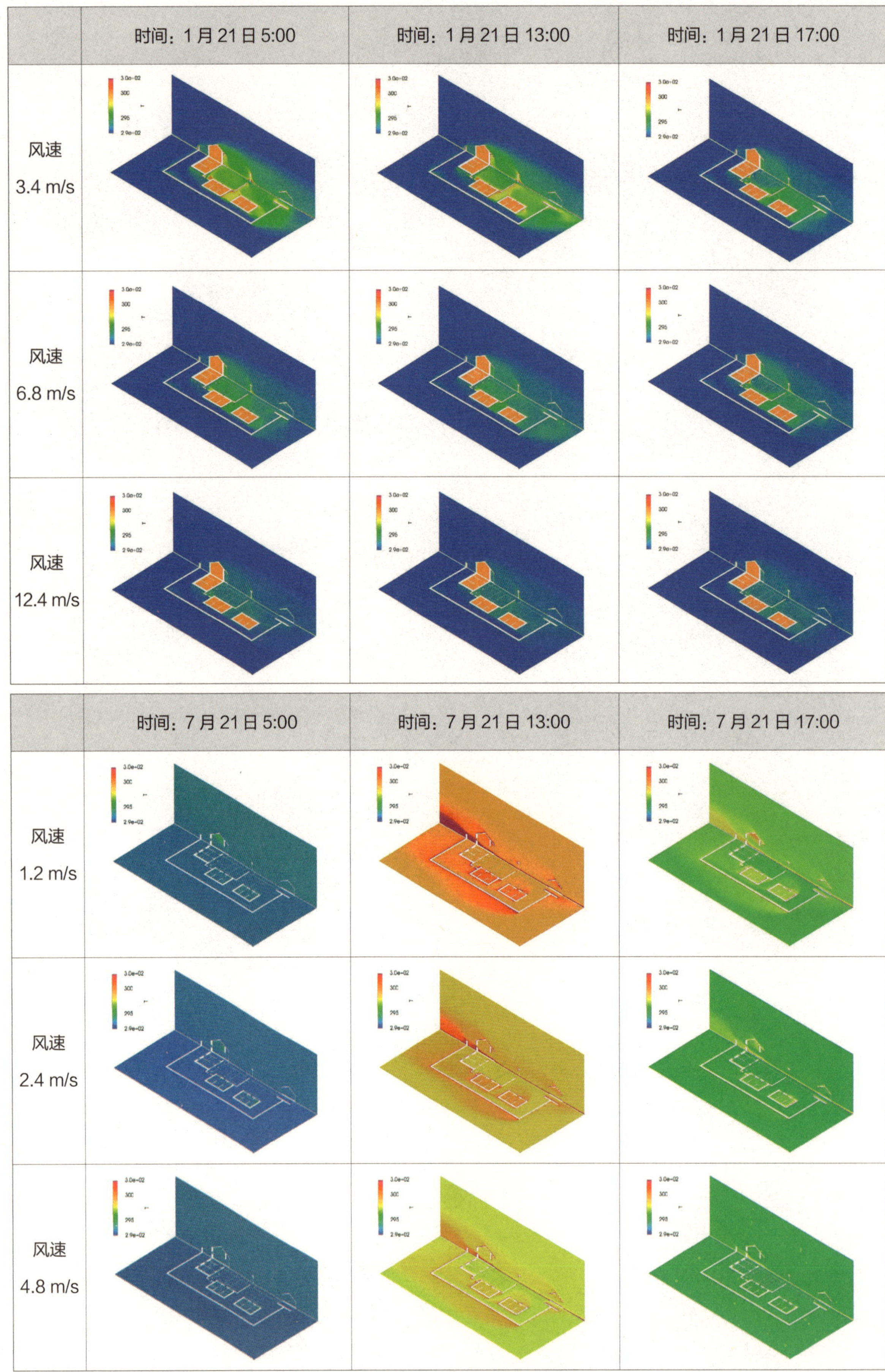

图 5.8 冬季（上）与夏季（下）的温度场分布情况（图片来源：作者自绘）

在内院形成了稳定涡流区，减少了内院区域的对流换热。在 12.4 m/s 的风速下，内院相较外院存在 0.2 ℃的温差，外院温度又比室外温度高 0.2 ℃，这就形成了洋葱圈层结构的温度场，使核心生活区域的温度场舒适、稳定。厚重的围护结构使得室内温度分布均匀，通过简单有效的火炕等加热设备可以在少耗能的情况下维持室内温度舒适。6.8 m/s 和 3.4 m/s 风速的工况则显示，风速越大，对流换热越强，内院温度越小（图 5.8）。

夏季典型工况为 7 月 21 日，晴天。较小的负体形高宽比和较大的负体形口底比，保证了建筑对太阳辐射的无条件接纳。由于太阳辐射温度的影响，建筑外表面温度波动较大。外墙面温度由 5:00 的 18 ℃，到 13:00 的 48 ℃，直到 17:00 的 30 ℃，剧烈的温度变化表明建筑表面对太阳辐射热的吸收能力较强。而相反的是，内表面温度波动较平缓，从 5:00 的 24 ℃，到 13:00 的 27 ℃，直到 17:00 的 30 ℃，这一方面说明墙体具有较好的保温隔热性能，另一方面反映了建筑外围护结构优异的热惰性指标，建筑内外表面温度峰值延迟了近 28 个小时。温度场的模拟结果同样印证了速度场的结论，正房的通风效率要远远高于厢房，正房室内温度在良好的通风下几乎与室外温度一致，而厢房温度则普遍比室外高 0.6 ℃左右。需要说明的是，夏季中午室外空气温度较高，甚至高于建筑内表面温度，此时进行自然通风反而会置换掉原本温度较低的室内空气，并不利于创造凉爽的室内环境。相反，在早晨与夜晚进行通风更有利于排除室内热量（图 5.8）。

5.2.3.3 能量建构模型

通过对以上建筑原型的模拟分析，综合形式因子与气候要素的相关性分析、建筑原型的对比分析（详见本章第 8 节），可以提取出酷寒区能量建构模型（详见本章第 9 节），用以解释形式因子、调控策略与能量机制的对应关系。

5.3 寒冷区环境调控原型——晋西半地坑窑民居

5.3.1 概述

寒冷区年平均气温较低，冬季长且寒冷干燥，夏季潮湿温和。该区域包括山东、河北、河南、陕西、山西中南部、四川北部和甘肃南部。其中山西中南部地处寒冷区的中间位置，其气候冬季寒冷干燥，夏季高温多雨，昼夜温差大，日照充足，具备典型的寒冷区气候特征。

山西地形复杂，存在台地、盆地、高原、丘陵、山地等多种地貌。构成地貌表层的黄土遍布山西境内，特殊的地质与地理结构为山西窑洞建筑的诞生与存续提供了得天独厚的资源条件。穿土为窑，就陵阜而居[99]，原住民在生产力低下的原始社会创造并发展出独特的居住空间与环境调控方式。黄土窑洞

99 王金平，徐强，韩卫成．山西民居 [M]. 北京：中国建筑工业出版社，2009.

经济实用，抗寒隔热，防火隔声，是山西民居惯常采用的形式。在广阔的境域内，山西民居既具有稳定的共同性特征，又因其自然地理环境的复杂多样而呈现出地域性差异。王金平等在《山西民居》中参考了山西历史地理、农业区划和方言分区，以民居内部结构和外部表现特征为依据，将山西民居界定为五个区域，即晋中民居、晋南民居、晋西民居、晋北民居和晋东南民居。晋北地区与酷寒区毗连，因而建筑形式也与东北民居极其相似，一般为四合院落，主屋坐北朝南；南侧开大窗；用厚重的砖墙砌筑，以御寒风；因雨量稀少，屋顶为缓坡或平顶。晋南民居与晋东南民居大多采用砖木结构的“楼院”，“楼院”是以四合院与三合院为主的多组合院落。晋中居民兼有山西各地居民样式，缺少类型化样本意义。晋西民居则多为窑房，一方面与陕西窑洞民居类似，利用生土的大热质、低导热性、大热惰性来保温隔热；另一方面通过砖木结构的楼房围合成院落，进行采光、排水与通风等环境调控行为。因而，笔者认为，晋西民居可以作为晋陕民居进行环境调控的范式类型，成为研究寒冷区环境调控原型的典型案例。

晋西的窑洞建筑在类型上有砖石砌筑的锢窑、靠崖窑、地坑窑和半地坑窑。锢窑是以砌筑或垒叠的方式在平地上建造窑洞，四面临空，无须靠山依崖。靠崖窑常见于山区和丘陵地带，利用断崖面向内横挖洞穴，平面为长方形，顶部为拱券形。地坑窑多见于平原，将竖穴居室与横挖窑洞相结合，在深坑院中四面挖窑，形成下跌院子。半地坑窑则是在沟坡地形中，三面竖向开挖，形成与北方三合院相似的合院式半地坑窑院。半地坑窑的主屋正窑为横挖的窑室，被称为“上窑”，两侧厢房与门房倒座则多为木构房屋，四面围合，形成半地坑四合院落。窑洞上方一般构筑披檐，或抱厦形成回廊。半地坑窑洞更有利于采光和排水，兼具靠崖窑与地坑窑的优点。因此，本节主要选取晋西半地坑窑作为寒冷区能量建构模型的研究对象（图 5.9）。

5.3.2 形式的类型解析

5.3.2.1 界面类型

1）围合类型

a. 太阳辐射吸收系数

积极获取太阳辐射热是晋西半地坑窑民居抵御寒冷气候的环境调控方式之一。围护结构界面表面越粗糙，颜色越深，太阳辐射吸收系数越大。深色、粗糙的建筑界面，能够显著增加太能辐射得热。黄土高原自身光照资源富足，年辐射总量为 540~580 kJ/cm^2，年日照时数 2700 h。因而，晋西半地坑窑的墙体与屋顶面层都为粗糙的深色材料。其中广泛使用的生土墙、青砖墙、灰瓦屋面，多以黄土、砖、石、瓦等材料的本色构成，多为深灰色、深棕色且表面粗糙，易形成漫反射，能够有效增强建筑界面的太阳辐射得热（图 5.10）。同时，晋西半地坑窑的内部常被粉刷成白色，通过反射太阳光提升室内照度。

图 5.9 晋西半地坑窑民居典型案例（图片来源：作者自绘）

b. 综合传热系数

面对冬季寒冷，昼夜温差大的气候条件，防寒隔热是晋西半地坑窑的首要环境调控目标，而外围护界面则是建筑防寒的主要"防线"。在围合层面上，建筑空间不是被包覆在厚重土层之下，就是以生土墙或掩土砖墙为界面，拱券结构的屋顶之上更是覆以厚重土层。不同部位的墙体也呈现不同的厚度，如山墙和后檐墙厚度可达 600~1000 mm，而前檐墙和室内隔墙则只有 400~600 mm 左右。生土的传热系数很小，具有优异的保温隔热性能，更是随处可取可用，因而成为晋西窑洞最典型普遍的围合界面材料。厚重生土墙结合草泥、砖石等材料，具有优异的热惰性，可以将白天吸收的太阳辐射热延迟到晚上，在寒冷的夜晚长效加热窑内空间，抵抗并消除不同季节、昼夜之间室内外温差。不仅如此，裸露的生土可以有效平衡室内的湿度，室内湿度过高时，土墙吸收空气中的水分，而当室内过于干燥，贮存在泥土中的水分又会被释放到空气中。总体而言，生土作为晋西民居广泛采用的围合界面材料，可以有效调控室内温度与湿度，使冬日温暖湿润，夏日干燥凉爽。据测量，窑洞在冬季没有采暖措施的情况下，温度可保持在 10~20 ℃之间，比室外平均温度高 10 ℃以上，相对湿度在 30%~75% 之间；而在夏季，窑室内平均温度要比室外的平均温度低 13~14 ℃。

覆土屋顶是晋西窑洞极为重要的环境调控形式要素，屋顶上的土层常常厚达 5~10 m，"洞顶为田，洞中为室"[100]。而正房窑洞上盖楼房，两侧厢房与门房倒座一般采用木构体系，屋顶相对轻薄，热稳定性较差，不利于冬季建筑保温。为了补偿屋顶的热工性能，晋西民居的屋顶常做吊顶，在吊顶与屋顶自身的结构层之间形成空气腔层，起到热缓冲作用。从晋西南、晋南民居到晋中、晋西、晋北民居，屋顶厚度越来越厚，反映出纬度导致的温度差异对建筑形式的影响。而晋西半地坑窑的屋顶材料由碱性淤泥与绝热材料麦秸秆混合而成，这样能在提高材料稳定性的同时加强屋顶的保温隔热性能（图 5.10）。

2）开启类型

a. 窗墙面积比

从建筑热工的角度而言，通风与保温是相互矛盾的，建筑界面的门窗开启一般意味着采光、采暖、通风等有利影响以及冷风渗透与薄弱的保温性等不利因素。在开启层面上，对位于寒冷区的晋西半地坑窑而言，保温的生存限度始终要比采光和通风高。传统单层木窗的传热系数为 4.5 W/(m^2 · K）左右，要远大于墙体。因而，绝大多数围护结构实多虚少，窑洞北面不开窗，仅对庭院一侧开窗，除南向窗之外的开窗较小，以隔绝内外气流的循环，保证室内空气温湿度的恒定；窑洞南向开窗则尽可能大，窑洞南立面的窗下墙高度仅占墙体高度的 1/3，以使坑窑在冬季能最大限度地接收太阳辐射热，提高窑内温度。此外，晋西民居的窗棂形式多样，多为上下扇开启，镂空窗格，窗上糊桐油刷过的明纸，以增强室内采光的同时减少眩光。

100 王金平，徐强，韩卫成．山西民居 [M]. 北京：中国建筑工业出版社，2009.

b. 进出风口面积比

晋西半地坑窑三面靠山或毗连相邻建筑，因而外墙不能直接开窗。加之晋西在历史上长期动荡不安，房屋的外墙注重防卫功能，因而对在外墙上直接开设门窗十分谨慎。北侧极少开窗，窑洞仅庭院一侧开窗。窑洞内院的开窗一般为双层窗扇，冬天加棉帘以防止冷风渗透，夏天挂薄纱防蚊驱虫。单侧

典型案例	界面						
	太阳辐射吸收系数	综合传热系数	热惰性指标	窗墙面积比	进出风口面积比	风向投射角	综合遮阳系数
1	0.61	0.78	7.82	正房 0.37 厢房 0.21	— （单侧开窗）	135° 冬季主导风向： 东北 NE（45°） 建筑朝向：正南	0.59 ≈ 0.8 ≈ 0.74
2	生土墙 0.68 粗糙，旧，灰褐色	生土墙 0.67 20 mm 草筋灰 +800 mm/600 mm/ 400 mm 夯土	生土墙 9.85	正房 0.42 厢房 0.28	— （单侧开窗）	135° 冬季主导风向： 东北 NE（45°） 建筑朝向：正南	0.51 ≈ 0.8 ≈ 0.64
3				正房 0.43 厢房 0.31 倒座 0.14	— （单侧开窗）	165° 冬季主导风向： 东北 NE（45°） 建筑朝向：南偏西 30°	0.55 ≈ 0.8 ≈ 0.68
4	夯土顶 0.68 粗糙，旧，灰褐色	夯土顶 0.61 20 mm 石灰砂浆 + 1000 mm 夯土 + 50 mm 麦秸与黄土 + 20 mm 石灰砂浆	夯土顶 11.17	正房 0.38 厢房 0.23 倒座 0.11	— （单侧开窗）	135° 冬季主导风向： 东北 NE（45°） 建筑朝向：正南	0.50 ≈ 0.8 ≈ 0.62
5				正房 0.46 厢房 0.28 倒座 0.31	— （单侧开窗）	135° 冬季主导风向： 东北 NE（45°） 建筑朝向：正西	0.51 ≈ 0.8 ≈ 0.64
6	青砖墙 0.50 不光滑，素灰	青砖墙 0.85 20 mm 石灰砂浆 + 580 mm 砖砌体	青砖墙 7.25	正房 0.43 厢房 0.39	— （单侧开窗）	180° 冬季主导风向： 东北 NE（45°） 建筑朝向：南偏西 45°	0.51 ≈ 0.8 ≈ 0.64
7				正房 0.34 厢房 0.22	— （单侧开窗）	90° 冬季主导风向： 东北 NE（45°） 建筑朝向：正东	0.58 ≈ 0.8 ≈ 0.72
8				正房 0.31 厢房 0.20 倒座 0.17	— （单侧开窗）	135.5° 冬季主导风向： 东北 NE（45°） 建筑朝向：南偏东 20°	0.51 ≈ 0.8 ≈ 0.64
9		灰瓦顶 1.62 坨，脊柱，檩木，椽子 + 20 mm 秸秆 + 20 mm 黄土（或泥灰）+ 10 mm 瓦	灰瓦顶 1.69	正房 0.35 厢房 0.31	— （单侧开窗）	135° 冬季主导风向： 东北 NE（45°） 建筑朝向：正南	0.50 ≈ 0.8 ≈ 0.63
10	灰瓦顶 0.52 旧，浅灰			正房 0.38 厢房 0.32	— （单侧开窗）	165° 冬季主导风向： 东北 NE（45°） 建筑朝向：南偏西 30°	0.51 ≈ 0.8 ≈ 0.64
11				正房 0.33 厢房 0.16	— （单侧开窗）	135° 冬季主导风向： 东北 NE（45°） 建筑朝向：正南	0.50 ≈ 0.8 ≈ 0.63
12		双层木窗 2.3 空气间层厚度 50~100 mm		正房 0.44 厢房 0.32 倒座 0.19	— （单侧开窗）	135° 冬季主导风向： 东北 NE（45°） 建筑朝向：正南	0.49 ≈ 0.8 ≈ 0.61

图 5.10 晋西半地坑窑民居典型案例的界面因子与参数（图片来源：作者自绘）

开窗不利于形成对流通风，这是出于保温隔热的目的，但对于使用火炕作为主动式采暖措施的窑洞而言，室内通风排烟是必要的。晋西半地坑窑民居常在门窗上设置可开启的小卷轴，并在窑洞顶上留一孔天窗，门槛下也留一孔，称为“猫道”，用于必要的空气对流。

c. 风向投射角

风大且寒冷是高原山地气候的一大特征，因此建筑通常坐落在向阳背风的场所。主要的窗户均朝南向，东西方向较少开窗，北向绝无洞口，尽可能阻隔冷风入侵，最大限度地隔离外部恶劣气候环境。因而建筑界面对冬季主导风的风向投射角常超过 90°（图 5.10）。

d. 综合遮阳系数

晋西地区冬季太阳入射角低，建筑主要考虑冬季纳阳，因此屋顶坡度平缓且出檐较小，窑洞外的披檐或廊厦主要起到防止雨水侵蚀土墙的作用，并不影响冬季阳光的照射。而到了夏季太阳入射角变大，这些披檐与走廊就成了绝佳的“遮阳伞”，阻挡过多的太阳光直射室内。

5.3.2.2 体形类型

1）朝向类型

a. 风向投射角与风向倾斜角

寒冷区冬季多为西北风，因此民居选址多采取坐西北面东南方向和坐东北面西南方向，这样能合理利用夏季东南风，规避冬季西北风（图 5.11）。

晋西半地坑窑院大多背靠沟坡，突出的地形可以有效阻挡寒风，因而屋顶的坡度就不太受风向的影响。相较而言，屋顶坡度受排水影响更大。由于窑洞屋顶覆土深厚，一般不做特殊防水处理，只需要起坡 3% ~ 5%，自然排水。而在窑前加建的檐廊、窑上楼与厢房的硬山屋顶，则根据不同的降水量存在不同的坡度类型。总体而言，山西民居屋顶坡度北平南坡，北缓南高，北无瓦南有瓦，并且以等降水量 300 mm、500 mm 为界限，随地区降雨量的增多呈现较为明显的变化趋势[101]。

b. 辐射方位角与辐射倾斜角

晋西多山而少耕地，为了把平坦的土地留作耕地，村落民居往往随形就势坐落于沟坡之上。因而，晋西半地坑窑的朝向大多依据山形地势而无定律。但大多村落民居都倾向于坐落在冲沟的阳坡上，沿等高线顺沟势纵深发展，朝向东南或西南。

晋西半地坑窑中，采光采暖的优劣直接决定了院落中不同窑洞的使用地位，主窑一般朝向东南或西南，东西朝向的厢房则作为厨房、临时用房、储藏室、牲口棚等辅助用房。

2）形状类型

控制体形系数是寒冷区民居通过体形应对气候的主要措施之一。体形系数越小，建筑界面表面积越小，外围护结构的热损失就越小。晋西半地坑窑

101 王笑菲 . 晋西北传统民居的生态节能经验与应用研究 [D]. 太原：太原理工大学 , 2016.

	体形						
典型案例	体形系数	风向投射角	风向倾斜角	辐射方位角	辐射倾斜角	内院负体形高宽比	负体形口底比
1	0.49 	135° 冬季主导风向： 东北 NE（45°） 建筑朝向：正南	70° 屋顶坡度 20°	0°	20°	0.43	0.87
2	0.42	135° 冬季主导风向： 东北 NE（45°） 建筑朝向：正南	73° 屋顶坡度 17°	0°	17° 	0.31	0.82
3	0.48	165° 冬季主导风向： 东北 NE（45°） 建筑朝向：南偏西 30°	66° 屋顶坡度 24°	30°	24°	0.38	0.69
4	0.47	135° 冬季主导风向： 东北 NE（45°） 建筑朝向：正南	62° 屋顶坡度 28°	0°	28° 	0.31	0.66
5	0.42 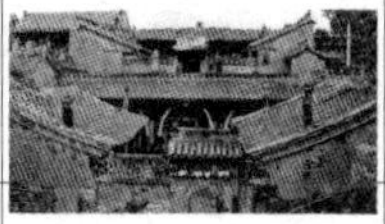	135° 冬季主导风向： 东北 NE（45°） 建筑朝向：正西	60° 屋顶坡度 30° 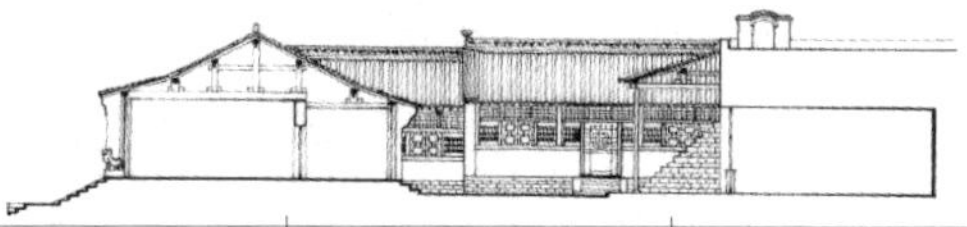	90°	30°	0.45 	0.66
6	0.39	180° 冬季主导风向： 东北 NE（45°） 建筑朝向：南偏西 45°	69° 屋顶坡度 21°	45°	21°	0.34	0.68
7	0.45	90° 冬季主导风向： 东北 NE（45°） 建筑朝向：正东	64° 屋顶坡度 26°	90°	26° 	0.38	0.65
8	0.42 	135.5° 冬季主导风向： 东北 NE（45°） 建筑朝向：南偏东 20°	67° 屋顶坡度 23°	20°	23°	0.49	0.61
9	0.38	135° 冬季主导风向： 东北 NE（45°） 建筑朝向：正南	63° 屋顶坡度 27°	0°	27°	0.33 	0.63
10	0.37	165° 冬季主导风向： 东北 NE（45°） 建筑朝向：南偏西 30°	62° 屋顶坡度 28°	30°	28° 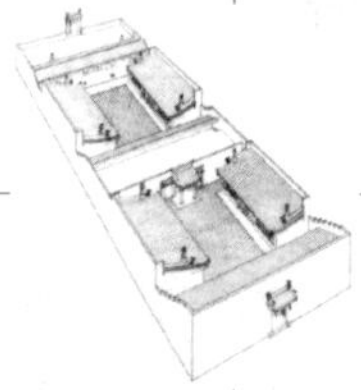	0.28	0.79
11	0.43	135° 冬季主导风向： 东北 NE（45°） 建筑朝向：正南	60° 屋顶坡度 30°	0°	30°	0.36	0.63
12	0.38 	135° 冬季主导风向： 东北 NE（45°） 建筑朝向：正南	59° 屋顶坡度 31°	0°	31° 	0.33	0.70

图 5.11 晋西半地坑窑民居典型案例的体形因子与参数（图片来源：作者自绘）

在形态上紧凑低伏、围合封闭、屋顶平缓，并通过减少窑室的面宽，加大进深，在可能的情况下增加建筑物的层数，紧凑规整的平面等减小了体形系数，从而减少了建筑热损失。《吕氏春秋》载："室大则多阴，台高则多阳"。晋西半地坑窑院中各房高度以正房最高，厢房次之，门房倒座最低，总体房屋层高低矮。北房的台基还会被额外垫高以获得更多太阳辐射，控制体形系数的同时尽可能地利用高差获取更多的太阳辐射热。此外，晋西半地坑窑三面环土，暴露在气候中的界面仅有屋顶和面向庭院的立面，这大大减小了体形系数，有助于建筑保温隔热。

3）负体形类型

a. 负体形高宽比

晋西半地坑窑民居的采光通风任务是由负体形空间——院落来承担的。半地坑窑的负体形空间，不仅是空间组织的重心，交通联系的枢纽，更是建筑环境调控、沟通内外的中介。寒冷区地处中高纬度地区，太阳高度角较小，为了尽可能多地争取太阳辐射，建筑物的间距设置得较大，因而形成了宽大院落，负体形高宽比较小。此外，庭院空间也是晋西半地坑窑民居调节内外空气流通的通道，其在冬季形成相对闭合的空间，缓冲寒风侵袭，在夏季则利用地面与植物降温，将冷空气送到窑室内。楼高院狭，使一个相对稳定的小气候形成了，这样既可防风沙又能组织必要的自然通风。除却采光、通风之外，不少院落自掘水井，设置明沟或暗沟等排水设施，巧妙地解决了院落的给水排水问题[102]。

b. 负体形口底比

晋西民居中，木结构房屋需要注意防潮防腐。硬山顶房屋的山墙通常延伸到檐柱之外，以防止雨水侵蚀。此外，相较于东北民居，晋西民居的出檐较深，可以有效保护建筑前檐的门窗等木制构件。宅院用作围护的独立墙体在顶部设脊排瓦，使滴水外倾，利于排水防潮。晋西半地坑窑的负体形还囊括了很多半室外灰空间，例如窑洞前加建的廊厦、厢房挑檐，或是为楼梯开辟的窄天井。虽然这些灰空间一定程度上减小了负体形口底比，但相比于偌大的庭院，晋西半地坑窑的负体形口底比仍然是较大的，约为 0.7（图 5.11）。

5.3.2.3 原型提取

晋西半地坑窑在建筑形态上呈现出近乎一致的格局与模式，折射出当地的自然气候与地理人文条件的共同作用。地处黄土高原的晋西，春季多风沙，夏季潮湿，冬季严寒，昼夜温差悬殊。面对这种极端严酷的自然气候条件，尽量减少外界的影响以保持自身的能量平衡是一种千年传承下的质朴策略。反映到建筑形态上，这种防热御寒的意图呈现为"内向封闭"的建筑形式：坐北朝南，厚重墙体，深厚覆土，合院组织，仅对内院开窗，规整平面，紧凑布局。如果说建筑的形状、朝向、界面围合与开启的方式在晋西民居中已经相对固定，那么负体形则是较难确定的要素组成。其往往受建筑的规模、开间的数量、

102 王金平，徐强，韩卫成．山西民居 [M]. 北京：中国建筑工业出版社，2009.

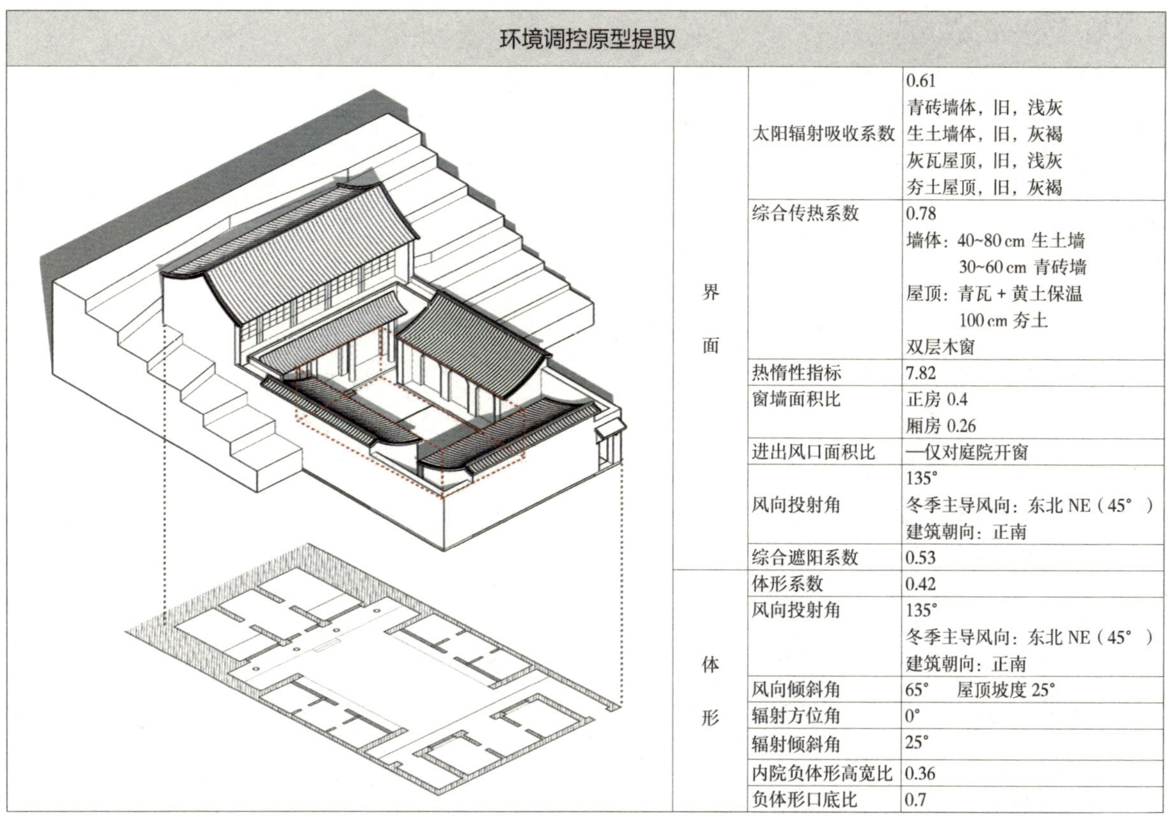

环境调控原型提取		
界面	太阳辐射吸收系数	0.61 青砖墙体，旧，浅灰 生土墙体，旧，灰褐 灰瓦屋顶，旧，浅灰 夯土屋顶，旧，灰褐
	综合传热系数	0.78 墙体：40~80 cm 生土墙 30~60 cm 青砖墙 屋顶：青瓦 + 黄土保温 100 cm 夯土 双层木窗
	热惰性指标	7.82
	窗墙面积比	正房 0.4 厢房 0.26
	进出风口面积比	—仅对庭院开窗
	风向投射角	135° 冬季主导风向：东北 NE（45°） 建筑朝向：正南
	综合遮阳系数	0.53
体形	体形系数	0.42
	风向投射角	135° 冬季主导风向：东北 NE（45°） 建筑朝向：正南
	风向倾斜角	65°　屋顶坡度 25°
	辐射方位角	0°
	辐射倾斜角	25°
	内院负体形高宽比	0.36
	负体形口底比	0.7

图 5.12 寒冷区环境调控原型提取（图片来源：作者自绘）

主人的身份等影响，存在各种组合变化，这是晋西乡土民居类型拓扑的核心。

就负体形类型而言，晋西半地坑窑民居和多数合院式民居一样，通过院落组织建筑群的空间结构。从围合空间的角度来说，晋西半地坑窑民居存在二合、三合、四合院落的组织形式，数量上以三合和四合院落居多。其中三合院落多见于地势陡峭的南坡，便于建筑接纳更多的太阳辐射热。四合院落则更多出现在平缓的平地与盆地，在采光采暖的同时能防御风沙。从负体形的构成而言，窑洞前搭设的用于防雨水侵蚀墙面的廊厦与挑檐，有一字廊、凹字廊和回字廊等形式，形成了负体形中的灰空间存在。相比于南方地区廊院的遮阳作用，晋西民居的廊子主要用于应对雨水，其下凹的曲线使得出檐的角度非常平缓，几乎不影响冬季室内采光与采暖。从组织空间的角度来说，既存在横向的联排式院落，也存在纵向的多进院落，也有侧边组织的并联式院落，院落的组织多受地形与建筑规模的影响。从空间等级而言，多进院落从外至内，其功能属性由生产、后勤过渡到休闲，空间属性也由公共、半公共过渡到私密。主屋前的院落等级最高，同样也是建筑环境调控的重点关照对象。笔者在典型案例的比对中发现，其他功能性院落的尺寸与性状并没有可循的规律，但是主屋前的内院，其进深呈现相对稳定的状态，与主屋檐口高度存在近乎正比的关系。

为了验证晋西半地坑窑民居中形式与能量的量化关联，对典型案例形式因子的物理参数进行了归纳与对比。从体形与界面的各个物理参数范围中，选取具有普遍意义的平均值，并使其再度还原为一个具体的民居形式，这就成了体现寒冷区建筑形式与能量流动关系的建筑原型（图 5.12）。

5.3.3 能量的量化解析

5.3.3.1 模型建立与条件设定

物理模型：寒冷区能量建构模型的原型建筑为晋西半地坑窑民居，院落组织为凹字廊四合院落。正房尺寸 7.5 m × 12.5 m，屋脊高度 13 m；厢房与倒座平面尺寸约为 4.5 m × 10.5 m，屋脊高度均为 6.5 m，体形系数 0.42。各单体建筑均为硬山坡屋顶，坡度约为 25°。外围护界面为生土墙体、青砖墙体和灰瓦屋顶，综合传热系数 0.78，热惰性指标 7.82，太阳辐射吸收系数 0.61；建筑仅向内院开窗，正房窗墙面积比 0.4，厢房则为 0.26。建筑朝向为正南，风向投射角 135°；屋顶坡度 25°，风向倾斜角 65°，辐射倾斜角 25°；内院负体形高宽比 0.36，负体形口底比 0.7。

数学模型：传导、对流与辐射的数学解析模型，湍流模型选用 RNG $k-\varepsilon$ 模型。

边界条件：边界层建模方法为壁面函数法与低雷诺数建模 LRNM。为简化运算，模拟风场时并未考虑地面粗糙度。建筑各界面温度数据由 OpenStudio 导出。

工况选取：根据对寒冷区气象参数的分析，模拟工况分为冬夏两季典型工况。夏季典型工况为：7 月 21 日，空气最高温度 27 ℃，风速 4.4 m/s，风向南偏西 15°。冬季典型工况为：1 月 21 日，空气最低温度 -22.2 ℃，风速 8.4 m/s，东北风。为考虑风速衰减对建筑风环境与热环境的影响，对冬夏两个工况进行 1/2 风速与 1/4 风速的模拟对照实验。同时，根据外界面与内界面温度变化曲线选择三个时间点，分别为 5:00、13:00，以及 17:00，对每个工况进行分时刻模拟。

5.3.3.2 模拟结果分析

1）风速场分析

冬季主导风以 8.4 m/s 的风速从建筑东北方向流入，首先被建筑北侧的地形削弱，在建筑与坡地间形成涡流，之后在正房二层屋脊处分离，在建筑南侧地面再附，形成较大范围的风影区。晋西半地坑窑的院落空间被完全包裹在这个风影区中，这归功于二层正房、两侧厢房与倒座的围合，院落内的风速普遍被削弱到 0.6 m/s 以下，流场均匀平稳，能够有效阻挡冬季寒风侵袭。由于地形本身对东北风的遮挡作用，在建筑北侧形成的涡流大大减小了建筑北向迎风面的风压，减小了建筑迎风面与背风面的压差，从而减小冷风渗透的危害。西侧立面属于背风面，处于风影区中，其两侧风压较为接近，因而建筑西侧房间冷风渗透量较小。与之相反的东侧立面面对来流，其两侧风压差较大，发生冷风渗透的可能性更大。4.2 m/s 与 2.1 m/s 的对照组模拟结果显示，晋西半地坑窑民居对不同风速的东北来流均具有十分显著的削弱作用。一方面，三个工况中院落内的风速都保持在一个较小的数值；另一方面，随着室外风

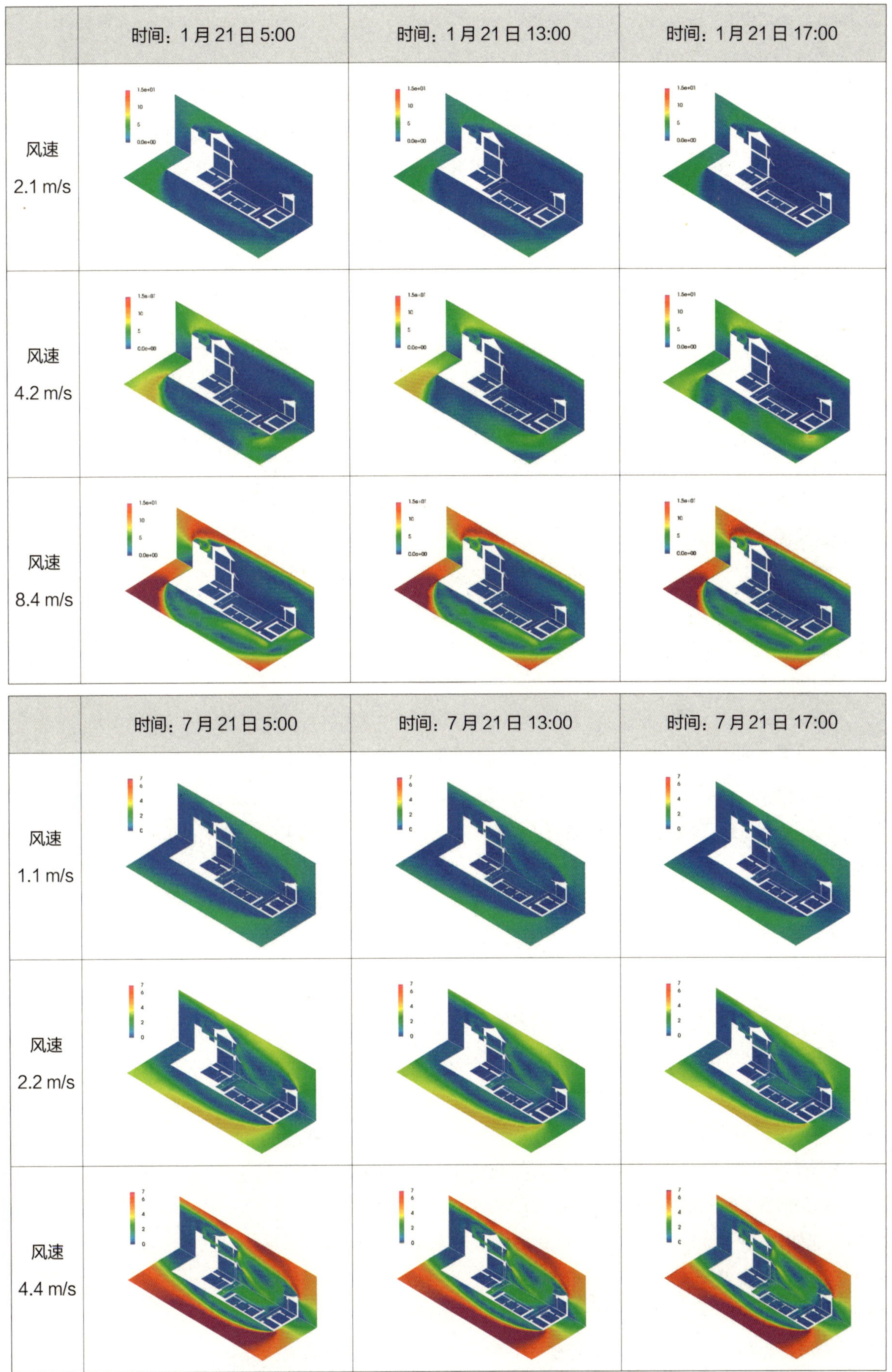

图 5.13 冬季（上）与夏季（下）的风速场分布情况（图片来源：作者自绘）

速的增大，院落中的风速仅有较小的提升幅度，室外风速越大，形体、院落与开启构成的环境调控系统越能发挥防风抗寒的作用（图 5.13）。

夏季主导风以 4.4 m/s 的风速从民居南侧流入，建筑南面为迎风面，气流在倒座屋脊处分离，在正房二层屋顶再附，然后又在其屋脊处分离。虽然倒座本身较为低矮，但其风影区范围已经将庭院和正房南面包含进去，这在一定程度上影响了内院和房屋的风压通风。从数值上来看，在 4.4 m/s 的风速下，内院平均风速约为 1.8 m/s，且不同时刻下温度边界条件的差异对风速场的影响微乎其微。正房二层平均风速为 0.7 m/s，其夏季通风情况优于正房一层与厢房（室内平均风速分别为 0.16m/s 和 0.09 m/s），倒座室内风速最小，为 0.03 m/s。正房一层、厢房和倒座仅对庭院开放，气流从同一个开启面进出，通风效果并不好。即便是正对来流的正房一层窑洞，风向投射角接近 0°，气流也仅仅带动了房间靠外的区域，进深较大的房间内部，其空气流动几乎静止。2.2 m/s 与 1.1 m/s 风速的对照组结果显示，随着室外风速的降低，庭院与室内风速同比降低，同样几乎不受不同时刻温度边界条件差异的影响，说明晋西半地坑窑夏季通风的主要方式为风压通风，并且通风效果十分有限（图 5.13）。

综合而言，晋西半地坑窑民居的风速场模拟结果显示，其冬季防风的性能要远远优于夏季通风，这折射出寒冷区民居的环境调控优先级，冬季防寒优先级远高于夏季防热。

2）温度场分析

冬季典型工况选取了 1 月 21 日。室外空气温度 −22.2 ℃，建筑外表面背阴面温度约为 −19.5 ℃，温度波动较小，内表面温度在 0 ℃左右，向阳面温度在 −19.5 ℃至 20.5 ℃之间波动，在 14:00 达到峰值，室内温度在 −3 ℃至 0 ℃之间波动。实验说明，建筑围护结构保温隔热性能佳，可以保持建筑内外表面将近 20 ℃的温差；墙体能有效吸收并利用太阳辐射热；建筑围护结构的大热质特性，使热延迟效应显著。厚重的围护结构使得室内温度分布均匀，能减少热损失。在实地考察中也发现，晋西半地坑窑民居在冬季采暖期仅使用柴火或炊事余温加热火炕，就可使得室内温度保持在 12~18 ℃之间。建筑是背向冬季主导风向呈四面围合的院落组织，其高大的正房又抵挡了来自北方的寒风，形成的风影区包覆院落区域，减少了院落空间的对流换热，其温度要比室外温度高 0.3 ℃左右。1/2 与 1/4 室外风速的对照组模拟结果则显示，室外风速的变化对院落温度场的影响较小，庭院风速在民居院落围合作用下已经降低到一个较小的数值，此时其温度场受室外空气温度的影响更大，反映出晋西半地坑窑民居在冬季优异的防风防寒性能（图 5.14）。

夏季典型工况为 7 月 21 日。由于外围护结构材料本身太阳辐射吸收系数较大，建筑外表面温度波动较大。外墙面温度由 5:00 的 21 ℃，到 13:00 的 33 ℃，直到 17:00 的 27 ℃。相比而言，内表面温度波动较平缓，从 5:00 的 21 ℃，到 13:00 的 23 ℃，直到 17:00 的 25 ℃，这一方面说明墙体具有较好的保温隔热性能，另一方面反映了建筑外围护结构优异的热惰性指标。温度场

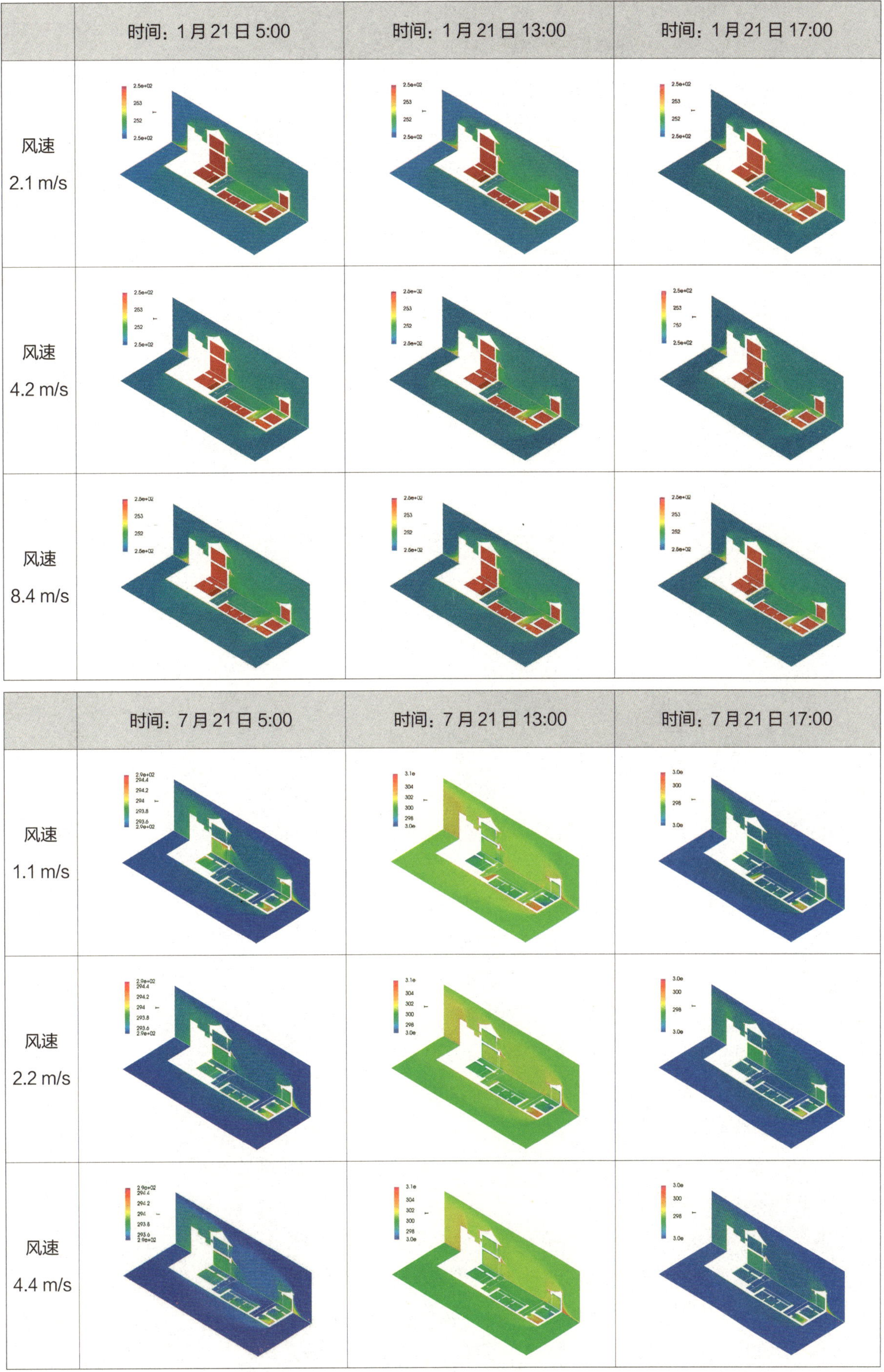

图 5.14 冬季（上）与夏季（下）的温度场分布情况（图片来源：作者自绘）

的模拟结果则显示，通风较好的正房二楼，其室内温度跟室外温度更为接近。在早晨和傍晚，室外空气温度低于室内空气温度时，二层阁楼的室内空气温度比一层窑洞的室内空气温度分别低 0.8 ℃与 0.6 ℃；而在中午时分，室外空气温度要高于室内空气温度，二层阁楼的室内空气温度反而比一层窑洞高 0.5 ℃。这表明，正房二楼的对流换热效率更高，早晨和傍晚进行通风可以有效排除室内热量，使室内凉爽宜人；一层窑洞的保温隔热性能更好，进深越大的地方空气温度波动越小，可以在中午室外温度较高的时候通过围护结构大热质提供冷量传递，降低室内温度。1/2 与 1/4 室外风速的对照组模拟结果表明，室内空间和庭院空间的气流速度与室外风速正相关，但温度分布受室外风速影响较小，这从侧面说明了晋西半地坑窑民居在夏季通风方面存在一定的局限性（图 5.14）。

5.3.3.3 能量建构模型

通过对以上建筑原型的模拟分析，综合形式因子与气候要素的相关性分析、建筑原型的对比分析（详见本章第 8 节），可以提取出寒冷区能量建构模型（详见本章第 9 节），用以解释形式因子、调控策略与能量机制的对应关系。

5.4 干寒区环境调控原型——青甘庄窠民居

5.4.1 概述

干寒区冬季寒冷干燥，夏季炎热干燥，温度季节变化大、昼夜变化大。平均采暖度日数大于 3500 ℃ · d，年平均温度较低。干寒区主要包括北疆、青海北部、甘肃中北部、西藏、内蒙古西部地区。其中青海东北部与甘肃中北部处于干寒区腹地，具备典型的干寒区气候特征；又不似北疆、西藏和内蒙古为少数民族聚居区，多为汉族、少数民族混居，可以排除民族性差异对建筑形式的干扰；同时，具有反映地区气候的典型乡土建筑类型——庄窠民居。

甘肃中北部地处祁连山和北山之间，位于黄河以西，因而也被称为“河西走廊”。河西走廊由于地处欧亚大陆腹地，远离海洋，在气候区划上大部分地区属荒漠化暖温带大陆性气候，具有光照充足、冬夏温差大、昼夜温差大、干燥少雨、多风沙等气候特征。青海东北部与甘肃中北部为邻，地处青藏高原东北部，柴达木盆地干旱区，大致上包括日月山以东，祁连山以南，西宁四区三县，这一区域被统称为“河湟”。河湟地区总体日照时间长，年日照数 2300~3600 h；昼夜温差大，平均气温低，年平均气温在 −5.7~8.5 ℃之间；降水量少，大部分地区降水量在 400 mm 以下；风能资源丰富，风沙较大。总体而言，河西走廊地区与河湟地区气候特征极其相似，为典型的内陆荒漠化干热干冷气候。恶劣的气候环境同样伴随着富足的太阳能、风能等可再生能源。“大漠孤烟直，长河落日圆”，独特的气候环境成为培育民居类型的自然基底。

青甘地区的民居形式经过历史的打磨，遵循着相互适应与补偿的协同式

图 5.15 青甘庄窠民居典型案例（图片来源：作者自绘）

演化规律，逐渐与地区生态环境融为一体，演变为独特的乡土建筑类型——庄窠民居。干寒区的建筑因其所处的地理环境而对形式有着特殊的要求，比如：建筑物必须充分满足防寒、保温要求，夏季需要兼顾防热；尽量争取冬季日照、防寒风和风沙；减少外露面积，加强密闭性等。从结果而言，庄窠民居恰恰满足了这些气候适应性条件，是青海河湟地区和甘肃河西走廊地区乡土建筑环境建构的主体，是反映干寒区建筑与气候、形式与能量的典型民居类型，因而被选取作为研究干寒区能量建构模型的典型民居案例（图 5.15）。

庄窠又名庄廓，廓同郭，意为高大的围墙，庄窠即是以高大土筑围墙围合成的院落。庄窠主要分布在青海河湟地区与甘肃河西走廊地区，这里是黄土高原和青藏高原的交界处，丰富的黄土资源被庄窠民居充分利用，土坯垒成的厚重夯土墙具有很好的防寒保温、隔风防尘功能。据考，河西走廊地区与河湟地区的庄窠民居起源于古代的“坞壁”。“坞壁”是在南北朝时期出现的集防御、居住功能于一体的民居类型[103]。其中“坞”在《辞源》中被解释为构筑在村落外围，起防御、屏蔽作用的土堡。敦煌莫高窟第257窟须摩提女的故事画、嘉峪关魏晋墓的画像砖都体现了坞壁民居的形制。高大的坞墙在抵抗敌犯的同时起到了遮挡风沙与防止日晒的作用，因而在历史的演变中始终作为一种稳定的形式特征持续地存在。

青甘庄窠民居一般坐北朝南，形状方整、敦实，平面呈正方形或长方形，是由高大夯土墙围合而成的合院式民居。夯土围墙没有任何开窗，这样能起到防御作用，同时有利于抵挡风沙、防寒、保温与蓄热。院落内倚靠四面围墙建房，分为正房、配房和辅助用房。庄窠民居常见的单体建筑平面形式，通常沿东、西、南三个朝向布置。这种形式的单体建筑容易被并排连接或面对面和背对背组合修建，房屋之间则由檐廊连接。独院庄窠根据内部建筑的分布和围合关系分为一合院、二合院、三合院和两面平行建房的多种形式。多院庄窠则是将几个独院庄窠依据地形与场地横向或纵向串联而成，庭院之间区分主次。每户院落以院墙相连，布局集中，有利于减小外墙的散热面（图5.15）。

5.4.2 形式的类型解析

5.4.2.1 界面类型

1）围合类型

a. 太阳辐射吸收系数

庄窠民居的主体颜色为土黄色，为生土建筑的本色。相较于酷寒区东北汉族民居与寒冷区晋西半地坑窑民居生土建筑所呈现的黄褐色，青甘庄窠民居的生土颜色更浅，饱和度更低，为浅黄色。这是由于青甘地区本身所处的青藏高原土壤肥力远不及黄土高原与东北平原，加上该地区干旱少雨，土壤湿度很小，因而颜色较浅。从结果上来说，青甘庄窠民居获取太阳辐射热的能力要逊于酷寒区与寒冷区民居。这种形式结果与其环境调控的意图不谋而合，因为干寒区民居不仅要面对冬季的寒冷，也要应对夏季的炎热，因而对太阳辐射热的获取是有节制、有刻度的。其中广泛使用的生土墙、红砖墙、草泥屋面，多呈现黄土和红砖的本色，为浅黄色或浅棕色，太阳辐射吸收系数适中，投射出庄窠民居建筑界面对获取太阳辐射热的折中态度（图5.16）。

b. 综合传热系数与热惰性指标

青甘地区冬季严寒，昼夜温差能达到20℃以上，夯土的热惰性指标数值较大，使得廓墙具有优秀的蓄热能力，能够抵抗室内外温度的波动，能将白天吸收的热量保持到夜晚，提高室内的热舒适性和热稳定性。据考，在夯土墙较小传热系数、较大热惰性、蓄热和延迟作用下，到达外墙内表面的热流量、热流波幅和温度波幅大大降低，使内表面的温度最大值时间推迟近30 h[104]。高

103 戚欢月．敦煌荒漠化地区民居浅析[J]. 建筑学报，2004(3):29–31.

104 张涛．国内典型传统民居外围护结构的气候适应性研究[D]. 西安：西安建筑科技大学，2013.

	界面						
典型案例	太阳辐射吸收系数	综合传热系数（$W \cdot m^{-2} \cdot K^{-1}$）	热惰性指标	窗墙面积比	进出风口面积比	风向投射角	综合遮阳系数
1	0.60	0.71	8.24	北内立面 0.25	— （单侧开窗）	135° 冬季主导风向： 西北 NW（315°） 建筑朝向：正南	0.46 ≈ 0.75 ≈ 0.61
2	生土墙 0.62 粗糙，旧，浅黄色		生土墙 10.26	北内立面 0.34 南内立面 0.22	— （单侧开窗）	135° 冬季主导风向： 西北 NW（315°） 建筑朝向：正南	0.46 ≈ 0.75 ≈ 0.62
3		生土墙 0.64 20 mm 草筋灰 + 850 mm 夯土 + 20 mm 草筋灰		北内立面 0.28 东内立面 0.21 南内立面 0.15	— （单侧开窗）	135° 冬季主导风向： 西北 NW（315°） 建筑朝向：正南	0.46 ≈ 0.75 ≈ 0.62
4				北内立面 0.36 东内立面 0.30 西内立面 0.30	— （单侧开窗）	135° 冬季主导风向： 西北 NW（315°） 建筑朝向：正南	0.47 ≈ 0.75 ≈ 0.62
5	红砖墙 0.7 旧，红色			北内立面 0.24 东内立面 0.21 南内立面 0.22	— （单侧开窗）	135° 冬季主导风向： 西北 NW（315°） 建筑朝向：正南	0.46 ≈ 0.75 ≈ 0.61
6		红砖墙 0.65 20 mm 石灰砂浆 + 380 mm 砖砌体	红砖墙 6.71	北内立面 0.22 东内立面 0.17 西内立面 0.17 南内立面 0	— （单侧开窗）	135° 冬季主导风向： 西北 NW（315°） 建筑朝向：正南	0.48 ≈ 0.75 ≈ 0.62
7				北内立面 0.24 西内立面 0.20	— （单侧开窗）	150° 冬季主导风向： 西北 NW（315°） 建筑朝向：南偏东 15°	0.58 ≈ 0.75 ≈ 0.61
8	夯土顶 0.62 粗糙，旧，浅黄色		夯土顶 5.59	北内立面 0.29 西内立面 0.37 南内立面 0.26	— （单侧开窗）	135° 冬季主导风向： 西北 NW（315°） 建筑朝向：正南	0.51 ≈ 0.75 ≈ 0.61
9		夯土顶 0.62 50 mm 草泥 + 150 mm 黄土 + 10 mm 麦秸 + 40 mm 树枝		北内立面 0.22 东内立面 0.19 南内立面 0.17	— （单侧开窗）	135° 冬季主导风向： 西北 NW（315°） 建筑朝向：正南	0.48 ≈ 0.75 ≈ 0.64
10				北内立面 0.18 西内立面 0.15	— （单侧开窗）	170° 冬季主导风向： 西北 NW（315°） 建筑朝向：南偏东 35°	0.48 ≈ 0.75 ≈ 0.64
11	灰瓦顶 0.52 旧，浅灰	双层木窗 2.3 空气间层厚度 50~100 mm		北内立面 0.21 东内立面 0.13 西内立面 0.16	— （单侧开窗）	170° 冬季主导风向： 西北 NW（315°） 建筑朝向：南偏东 35°	0.46 ≈ 0.75 ≈ 0.62
12				北内立面 0.26 东内立面 0 西内立面 0.19	—（单侧开窗）	180° 冬季主导风向： 西北 NW（315°） 建筑朝向：南偏东 45°	0.48 ≈ 0.75 ≈ 0.64

图 5.16 青甘庄窠民居典型案例的界面因子与参数（图片来源：作者自绘）

大厚重的夯土院墙阻隔了院内外的导热，也屏蔽了大部分的热辐射，有利于遮挡风沙。

庄窠民居的显著特点是先起围墙后盖房，首先打起庄廓墙，廓墙约 80~90 cm 厚，4 m 高，然后搭建木屋架，再砌各房屋的围护隔墙。房屋或以院墙作为后墙，或与围墙之间留一定距离单独建墙，使中间形成空气腔层，以起到很好的保温、防寒作用。廓墙具有很大的热阻，即综合传热系数很小，具有卓越的抵抗热流通过的能力，保温隔热的性能绝佳。

无瓦平屋顶的构造与施工，是在生土承重墙上放置木檩条，檩条间距为 1.5 m 左右，檩条上布置椽子，椽间距为 20~40 cm。椽上铺木板或苇席，其上再用草泥墁成平顶。草泥厚度为 7~10 cm，一般分三层，底层房泥厚度为 3~5 cm，掺入长麦草；中间层厚度约为 3 cm，掺入短麦草；顶层厚度约为 1 cm，掺入麦草屑，至草泥完全干燥后再抹灰土。无瓦坡屋顶与无瓦平屋顶的构造相似，仅在房顶一面垫高，不起屋脊，使屋面呈 7° 左右的坡度。蓄热能力良好的草泥和麦草保温层可以有效保温、隔热。这样的草泥屋顶厚度可达 25~30 cm，其热阻和热惰性指标要远大于 10 cm 厚的钢筋混凝土屋面。这表明善于利用黄土的庄窠民居屋面在减少室内外热能传递，抵抗室外温度波动，保持室内热稳定性和热舒适性方面具有得天独厚的优势（图 5.16）。

2）开启类型

a. 窗墙面积比

在干寒区，以庄窠为代表的乡土民居往往开窗数量少、面积小，对视野和采光的考虑通常让位于对保温的要求。绝大多数庄窠民居背面一般不开窗户，到了冬天，窗户不仅从不开启，而且要用纸糊得毫无缝隙。青甘庄窠民居的外门常采用单层木板门，窗户多为单层木框玻璃窗，传热系数比土墙要大 5~10 倍。因而，青甘庄窠民居外墙甚少开窗，仅对内院开窗，且严格控制窗户尺寸，窗墙面积比较小，南向的窗墙面积比要大于东、西向。

b. 进出风口面积比

青甘庄窠民居廓墙上极少开窗，院内建筑仅对庭院一侧开窗，这一方面是出于保温隔热的考虑，另一方面是为了抵御风沙。出于防寒、防沙、防盗的目的，庄窠民居常单侧开窗，这显然不利于形成对流通风。对于使用火炕作为主动式采暖措施的庄窠民居而言，室内通风排烟是必要的。为了解决这一问题，院内民居常在外墙距地面约 30 cm 处开半米见方的小型风窗，风窗有两面开启扇，室内扇为实心木制平开窗，在需要通风时开启；室外扇为固定的格栅纱窗，用以过滤风沙与蚊虫。

c. 风向投射角

寒风凛冽并伴随有沙尘是干寒区风环境的一大特征，因此向阳背风通常是庄窠民居的朝向诉求。其主要的界面开启均朝向气候稳定的内院，以尽可能阻隔冷风入侵，最大限度地隔离外部恶劣气候环境。因而建筑界面对冬季主导风的风向投射角接近 180°（图 5.16）。

d. 综合遮阳系数

面对夏季炎热，昼夜温差大的气候特征，庄窠民居在房屋前常设外檐柱廊，当地称其为“拔廊”。院中紧挨拔廊又设凉棚，凉棚往往高于屋面，为庭院提供遮阳。短檐廊是室内与室外的缓冲空间，挑出墙面 600~900 mm 不等，由于太阳高度角的季度变化，檐廊在冬季并不遮挡阳光，在夏季则起到遮阳纳凉的作用。院内常设葡萄架、可拆卸凉棚与果树绿化，夏季搭上凉棚，草木繁茂，具有一定的遮阳作用；冬季则拆下凉棚，落叶树亦不影响冬季的采光和采暖需求。

5.4.2.2 体形类型

1）朝向类型

a. 风向投射角与风向倾斜角

庄窠民居的选址与朝向十分考究，需要请风水先生择卜宅邸、定位四角，按照“后有所倚，前有所凭，左右完固，地势平夷，四承来潮，地基滋润”[105]的标准来相宅。实际上，风水理论透露了庄窠民居“防风”的环境调控意图。庄窠民居前后左右都需要遮挡，以防寒风和风沙；建筑场地需要设在地势高的平地上，因洼地、沟底等凹形地块容易造成冷空气沉积，形成“霜洞效应”；建筑要尽可能地背向冬季主导风向，减少冷空气侵害，因而建筑的风向投射角接近 180°（图 5.17）。

庄窠民居的屋顶平缓，有助于防风沙。青藏高原凛冽的风沙对围护结构的风蚀作用明显，尤其是对生土围护结构，平缓的屋顶减小了风力作用的角度，可以防止风正面吹打建筑屋面。不仅如此，过于陡峭的屋顶会使屋脊处产生气流的分离现象，使局部风速大大增强，这不利于屋面材料的结构安全。

b. 辐射方位角与辐射倾斜角

庄窠民居多坐北朝南，以南向、东向居多，西向次之，较少朝向北面，以利用丰富的太阳能资源；在内部空间排布方面，房间布置在院落北侧和西侧，门窗分别朝南和朝东，这里采光采暖条件最好，西北角布置厨房，猪圈、牛圈和厕所则布置在前院，与人类生活空间分离，这样在区分功能的同时充当气候缓冲空间。

廓墙自下而上收分，底宽约为 80~100 cm，按 1∶15~1∶12 的比率向上收分，截面呈等腰梯形。这固然是夯垒墙体时保持结构稳固的做法，但从结果而言，墙面向上倾斜，增大了辐射倾斜角，使墙体获得的太阳辐射热增加。针对干寒区干寒少雨且蒸发量少的气候特征，屋顶形式基本不考虑降水因素影响，多为略倾斜的无瓦平顶形式，坡度在 2%~5% 之间，朝内院倾斜。

2）形状类型

庄窠村落往往是组团式集中布局，以道路、河流和自然地形为脉络，形成分群成片的建筑群。布局紧凑密集的庄窠村落相互倚仗遮挡，一方面可以抵御冷、热风和风沙的袭击，另一方面减少了建筑吸收和散失辐射热的面积，

105 郑传寅，张健．中国民俗辞典 [M]. 武汉：湖北辞书出版社，1987.

减小了体形系数，防止建筑中过多的热量获取或损失（图 5.17）。

庄窠民居院落布局严谨，庭院平面一般近似正方形，长宽比接近 1∶1。在所有的矩形中正方形的边长面积比最小，因而在三维空间中，正方形的平面形状可以使庄窠民居具有较小的体形系数。

图 5.17 青甘庄窠民居典型案例的体形因子与参数（图片来源：作者自绘）

	体形						
典型案例	体形系数	风向投射角	风向倾斜角	辐射方位角	辐射倾斜角	内院负体形高宽比	负体形口底比
1	0.59 	135° 冬季主导风向： 西北 NW（315°） 建筑朝向：正南	83° 屋顶坡度 7°	0° 	7°	0.35 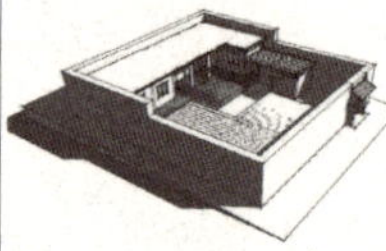	0.89
2	0.62	135° 冬季主导风向： 西北 NW（315°） 建筑朝向：正南	85° 屋顶坡度 5°	0°	5°	0.30	0.71
3	0.68 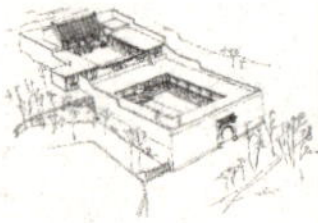	135° 冬季主导风向： 西北 NW（315°） 建筑朝向：正南	86° 屋顶坡度 4° 	0°	4°	0.20	0.83 
4	0.63	135° 冬季主导风向： 西北 NW（315°） 建筑朝向：正南	85° 屋顶坡度 5°	0°	5°	0.21	0.70
5	0.72	135° 冬季主导风向： 西北 NW（315°） 建筑朝向：正南	82° 屋顶坡度 8°	0°	8° 	0.41	0.81
6	0.59 	135° 冬季主导风向： 西北 NW（315°） 建筑朝向：正南	85° 屋顶坡度 5°	0°	5°	0.48	0.69
7	0.57	150° 冬季主导风向： 西北 NW（315°） 建筑朝向：南偏东 15°	84° 屋顶坡度 6°	15°	6°	0.25 	0.84
8	0.61	135° 冬季主导风向： 西北 NW（315°） 建筑朝向：正南	86° 屋顶坡度 4°	0° 	4°	0.27	0.67
9	0.61 	135° 冬季主导风向： 西北 NW（315°） 建筑朝向：正南	85° 屋顶坡度 5°	0°	5°	0.32	0.63 
10	0.60	170° 冬季主导风向： 西北 NW（315°） 建筑朝向：南偏东 35°	86° 屋顶坡度 4°	35°	4° 	0.38	0.71
11	0.59 	170° 冬季主导风向： 西北 NW（315°） 建筑朝向：南偏东 35°	83° 屋顶坡度 7°	35°	7°	0.43	0.72
12	0.54	180° 冬季主导风向： 西北 NW（315°） 建筑朝向：南偏东 45°	85° 屋顶坡度 5°	45°	5° 	0.28	0.81

庄窠民居单体在形态上为敦实低伏、封闭内向、屋顶平缓、平面形状规整。建造前在院内平地找坡形成北高南低的形态，利用地形变化将建筑嵌合在坡中，利用部分土坡的遮挡减小体形系数；民居层高较低，约 3 m，屋顶平缓，屋架无梁，檩条直接架在土墙上，以减小结构高度，节约空间。

3）负体形类型

a. 负体形高宽比

庄窠民居的院落负体形平面形状近乎正方形，面宽略小于进深，高宽比适中，便于平衡纳阳与遮阳。

干寒区自然环境严苛，而高耸的廓墙使庭院负体形空间防风、藏风。随着海拔的升高，墙体的高度会有一定程度的提升，但为了不影响日照，其高度仅在一定范围内浮动，有时仅仅只将北侧廓墙高筑，以阻挡冬季寒风的同时不遮挡南向的阳光。

b. 负体形口底比

院落负体形封闭内聚，分化出檐廊、凉棚等灰空间。挑出墙面 600~900 mm 不等的短檐廊减小了院落负体形的口底比。院内常设葡萄架和凉棚。庭院绿化不仅可以吸附尘土、净化空气，还可以调节负体形空间的温度和湿度，提高舒适度。内向封闭的庭院使得院中的空气和周围的房屋升温缓慢，凉棚与屋顶之间的高差使得上部被加热的空气能够迅速排出，温度梯度能促进热压通风。

5.4.2.3 原型提取

青甘庄窠民居所显现的应对气候与资源的营造智慧，折射出建筑与气候、形式与能量之间深刻的关系，体现在环境气候选择、气候调控界面与气候适应体形等方面。庄窠民居的选址、朝向与村落布局，及其结合当地的地理环境和气候的特点，体现了其因地制宜、因势利导、顺应自然的气候环境选择观。这种气候观念深植于干寒区民居建造中，庄窠民居作为干寒区人民协调自身与自然关系的主要平台，受到诸如温度、降水、风力、日照等气候要素全面、持久的约束，最终逐步形成与环境相呼应，与生产生活紧密相扣的稳定形式类型。青甘庄窠民居高大廓墙围合，庭院封闭内向，建筑形态敦实低伏，屋顶平缓，平面形状规整，开窗小且仅对庭院开窗，是一种“能量隔离”的隔绝型环境调控模式。

在上述研究中不难发现，在众多具体民居形式中，建筑单体的形状、朝向、界面围合与开启的方式，已经呈现出相对一致的普遍性。而建筑单体围合院落的方式，以不同的组合变化适应地形与人的需要，因而形成了多种多样的民居形式。笔者因此根据广泛存在于青甘庄窠民居中的负体形类型，选取了典型民居案例，通过对其形式因子物理参数的归纳分析，寻求不同形式中的恒常要素，提取出干寒区能量建构模型。

青甘庄窠民居的负体形类型相对简单。从围合空间的角度来说，青甘庄

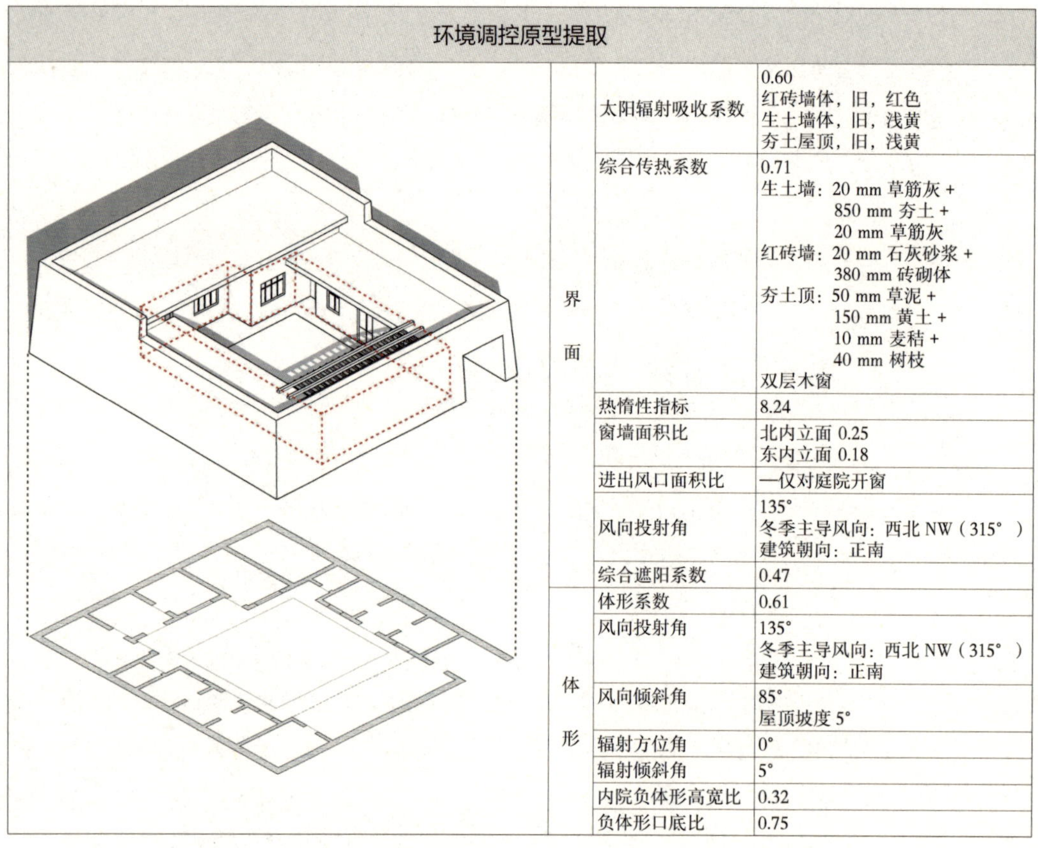

环境调控原型提取		
界面	太阳辐射吸收系数	0.60 红砖墙体，旧，红色 生土墙体，旧，浅黄 夯土屋顶，旧，浅黄
	综合传热系数	0.71 生土墙：20 mm 草筋灰 + 850 mm 夯土 + 20 mm 草筋灰 红砖墙：20 mm 石灰砂浆 + 380 mm 砖砌体 夯土顶：50 mm 草泥 + 150 mm 黄土 + 10 mm 麦秸 + 40 mm 树枝 双层木窗
	热惰性指标	8.24
	窗墙面积比	北内立面 0.25 东内立面 0.18
	进出风口面积比	—仅对庭院开窗
	风向投射角	135° 冬季主导风向：西北 NW（315°） 建筑朝向：正南
	综合遮阳系数	0.47
体形	体形系数	0.61
	风向投射角	135° 冬季主导风向：西北 NW（315°） 建筑朝向：正南
	风向倾斜角	85° 屋顶坡度 5°
	辐射方位角	0°
	辐射倾斜角	5°
	内院负体形高宽比	0.32
	负体形口底比	0.75

图 5.18 干寒区环境调控原型提取（图片来源：作者自绘）

窠民居存在一合、二合、三合、四合院落的组织形式，数量上以二合和三合院落居多。从负体形的构成而言，庄窠民居的负体形院落包含了屋顶出挑的短檐廊以及可拆卸的凉棚，短檐廊存在一字廊、凹字廊和回字廊等形式，凉棚则大多分布在院落南侧。通过对青海河湟地区与甘肃河西走廊地区负体形高宽比的对比研究，可以发现：虽然同地区的廓墙高度与院落宽度之比还是有所差异，但都遵循着基本的规律，负体形高宽比随着庄窠民居所在地纬度的升高而增加。随着纬度与海拔的逐渐升高，太阳辐射热由南向北递减，年平均气温下降，年平均风速增大。因而更高的廓墙有利于保温、防风沙，故而越是纬度高的地区，占地面积越大的庄窠院落的廓墙也就越高大。综上，庄窠民居的院落负体形高宽比实际上是防风与采光协调制衡之下，处于历史演变中被验证可行的参数范围。

为了验证青甘庄窠民居中形式与能量的量化关联，对典型案例形式因子的物理参数进行了归纳与对比。从体形与界面的各个物理参数范围中，选取具有普遍意义的平均值，并使其再度还原为一个具体的民居形式，这就成为体现干寒区建筑形式与能量流动关系的环境调控原型（图 5.18）。

5.4.3 能量的量化解析

5.4.3.1 模型建立与条件设定

物理模型：干寒区能量建构模型的原型建筑为青甘庄窠民居，院落组织为带凉棚的三合院落，建筑平面规整、体形方正、布局紧凑，体形系数约为0.61。建筑朝向正南，正房与两侧厢房，连同凉棚，经由高大的廓墙围合形成内院，内院负体形高宽比约为0.32，负体形口底比约为0.75。廓墙占地面积21.7 m × 23.8 m，北侧墙高约7.5 m，南侧墙高约6 m。正房与两侧厢房均为夯土平屋顶，正房檐口高度约为5.7 m，厢房檐口高度约为4 m。正房与厢房通过室外檐廊连接，出挑约为0.9 m，正房内凹，通过挑檐形成3 m进深的灰空间。廓墙与建筑外围护界面均为生土墙体，颜色浅黄，质地粗糙，太阳辐射吸收系数0.60，墙厚约1.2 m，综合传热系数0.71 $W \cdot m^{-2} \cdot K^{-1}$。建筑仅对庭院开窗，正房开窗面积大于两侧厢房，窗墙面积比分别为0.25和0.18。短檐廊、内凹窗与凉棚构成了有效的遮阳系统，综合遮阳系数0.47。

数学模型：传导、对流与辐射的数学解析模型，湍流模型选用RNG $k-\varepsilon$模型。

边界条件：边界层建模方法为壁面函数法与低雷诺数建模LRNM。为简化运算，模拟风场时并未考虑地面粗糙度。建筑各界面边界条件由OpenStudio导出。

工况选取：根据对干寒区气象参数的分析，模拟工况分为冬夏两季典型工况。夏季典型工况为：7月21日，空气最高温度30.7 ℃，风速12.4 m/s，正南风。冬季典型工况为：1月21日，空气最低温度 -18.1 ℃，风速4.7 m/s，西北风。为考虑风速衰减对建筑风环境与热环境的影响，对冬夏两个工况进行1/2风速与1/4风速的模拟对照实验。同时，根据外界面与内界面温度变化曲线选择三个时间点，分别为5:00、13:00，以及17:00，对每个工况进行分时刻模拟。

5.4.3.2 模拟结果分析

1）风速场分析

青甘庄窠民居环境调控原型的西北侧为冬季主导风来流方向，风速4.7 m/s。北侧高大的廓墙有效地阻挡了西北风，来流在廓墙顶部分离，并形成较大范围的风影区，整个内院及建筑东南侧都被包含在这个风影区中。风影区中形成了风速较小的涡流，涡流进一步受民居西南廓墙的阻挡，使建筑内院的风速小于建筑上空风速。根据模拟结果，建筑上空风速接近2 m/s，建筑内院风速约为1.2 m/s。从平面分析，建筑的西北廓墙为迎风面，风压较大，建筑界面两侧存在较大的风压差，导致较大的冷风渗透隐患。来风在民居的廓墙西南角和东北角分离，此处的风速骤增，并在建筑东南侧形成风影区。建筑东南侧的入口位于风影区中央，避开了较大的来风，同时采用凹进建筑界面侧开门的设计，开口方向与风影区内涡流方向垂直，进一步避免来流入侵内院。

建筑的朝向、院落的组织以及入口的设置，都是青甘庄窠民居应对冷风所形成的环境调控策略，凸显其对冷风躲避与隔绝的环境调控意图。不同时刻的温度边界条件对建筑风场的影响微乎其微，说明青甘庄窠民居主要通过风压方式来调节风环境。2.4 m/s 和 1.2 m/s 风速的对照组模拟结果显示，青甘庄窠民居的建筑体形与空间组织模式对风速场的调节作用均十分显著，以廓墙、檐口和房间外墙为界的室外西北区域、室外东南区域、建筑上空、内院和室内，风速逐渐削弱降低，最终达到相对宜人的风速阈值（图 5.19）。

夏季主导风以 12.4 m/s 的风速从民居南侧流入，形成了较大的风影区，使得内院风速降低至 2.4 m/s。并且由于建筑仅对内院开窗，形成不了穿堂风，开启面积也较小，室内风速仅为 0.1 m/s。6.2 m/s 与 3.1 m/s 风速的对照组模拟同样显示类似的结果。民居的体形、界面与院落组织使得建筑在夏季对气流的态度同样是隔绝与规避。显而易见的是，通风降温并不是青甘庄窠民居夏季进行环境调控的主要方式。

2）温度场分析

冬季典型工况选取 1 月 21 日，室外空气温度从早上的 -18.1℃上升到中午的 -4.2 ℃，并在傍晚降低至 -12.5 ℃。由于太阳辐射换热与室外空气对流换热的影响，建筑外表面温度从早上的 -17.1 ℃上升到中午的 -3.4 ℃，并在傍晚降低至 -10.1 ℃，建筑内表面温度从早上的 0.5 ℃上升到中午的 6.2 ℃，并在傍晚降低至 4.3 ℃。厚重的墙体具有较低的传热系数与较大的热惰性指标，使得建筑内外表面能够维持 9~17 ℃的温度差。同时，由于高大廓墙对风速的有效削弱，内院形成了稳定涡流区，减少了内院区域的对流换热。在 4.7 m/s 的风速下，院落内空气温度相较室外在早、中、晚分别存在 0.3 ℃、0.6 ℃、0.8 ℃的温差。2.4 m/s 和 1.2 m/s 工况则显示，风速越小，对流换热越弱，内院温度越高（图 5.20）。

夏季典型工况为 7 月 21 日，晴天，风速 12.4 m/s。室外空气温度从早上的 24.1 ℃上升到中午的 30.7 ℃，并在傍晚降低至 28.8 ℃。外墙面温度由 5:00 的 23.5 ℃，到 13:00 的 30 ℃，到 17:00 的 28 ℃。相对于建筑外表面，建筑内表面的温度波动较为平缓，从早上的 26 ℃，上升到中午的 27.2 ℃，再到傍晚的 28.1℃。这是由于厚重生土墙体较小的综合传热系数以及较大的热惰性指标，使得建筑围护结构具备优异的保温隔热性能与热延迟效用。模拟结果显示，在中午以及晚上，青甘地区室外空气温度要大于建筑内表面温度。因而，在白天绝大多数时间进行自然通风反而会将室外热空气引入室内，置换原有的冷空气，不利于营造舒适的室内热环境。而当建筑内表面的壁面温度小于室外空气温度时，宜采用冷辐射的方式调节室内空气温度，此时应闭紧门窗，以防被壁面冷却的室内温度再度被室外气流加热。此即虽然夏季炎热，青甘庄窠民居却不开大窗进行自然通风的环境调控内因，辐射散热比对流换热更为适宜有效。

5.4.3.3 能量建构模型

通过对以上建筑原型的模拟分析，综合形式因子与气候要素的相关性分析、建筑原型的对比分析（详见本章第 8 节），可以提取出干寒区能量建构

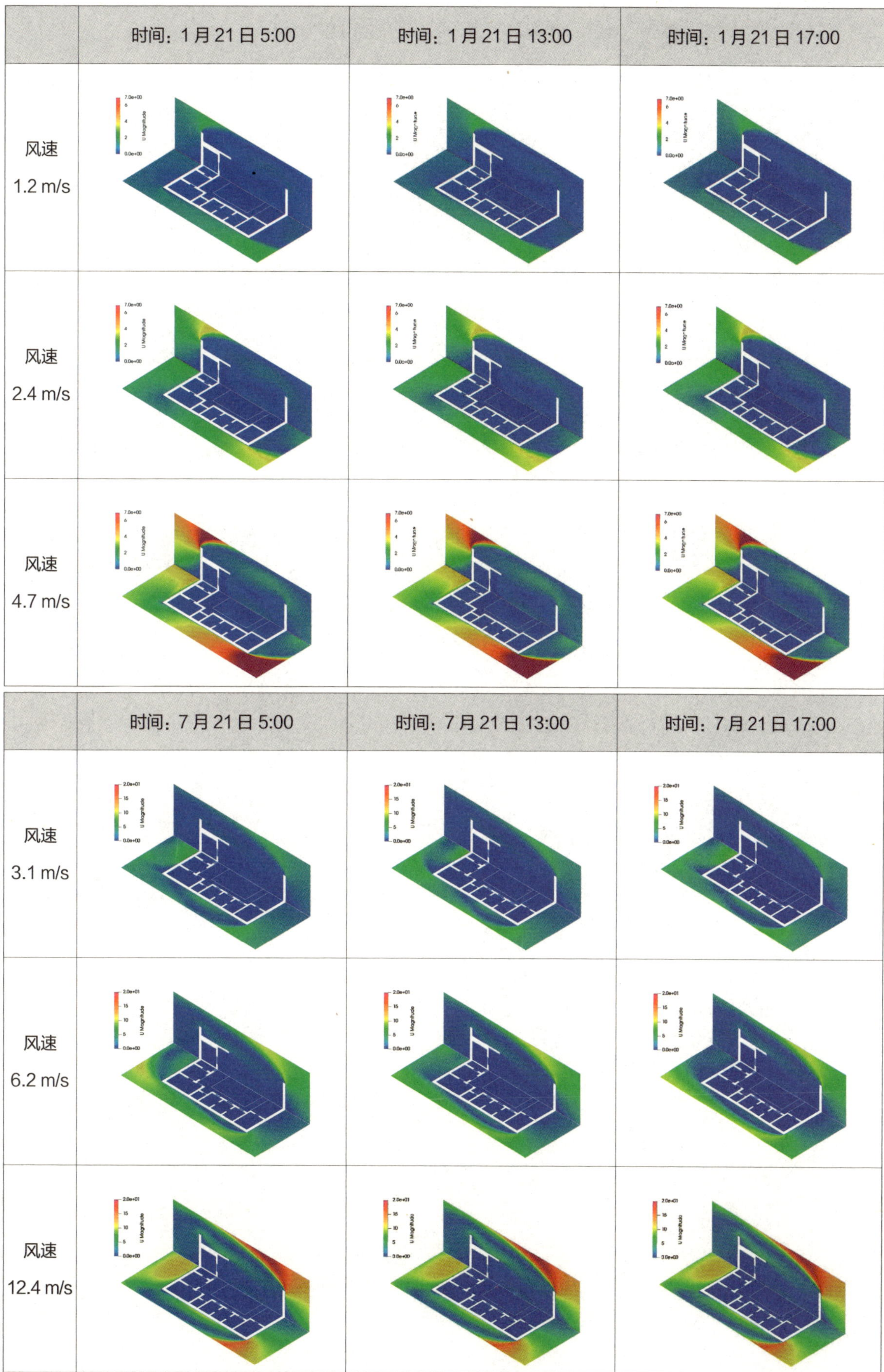

图 5.19 冬季（上）与夏季（下）的风速场分布情况（图片来源：作者自绘）

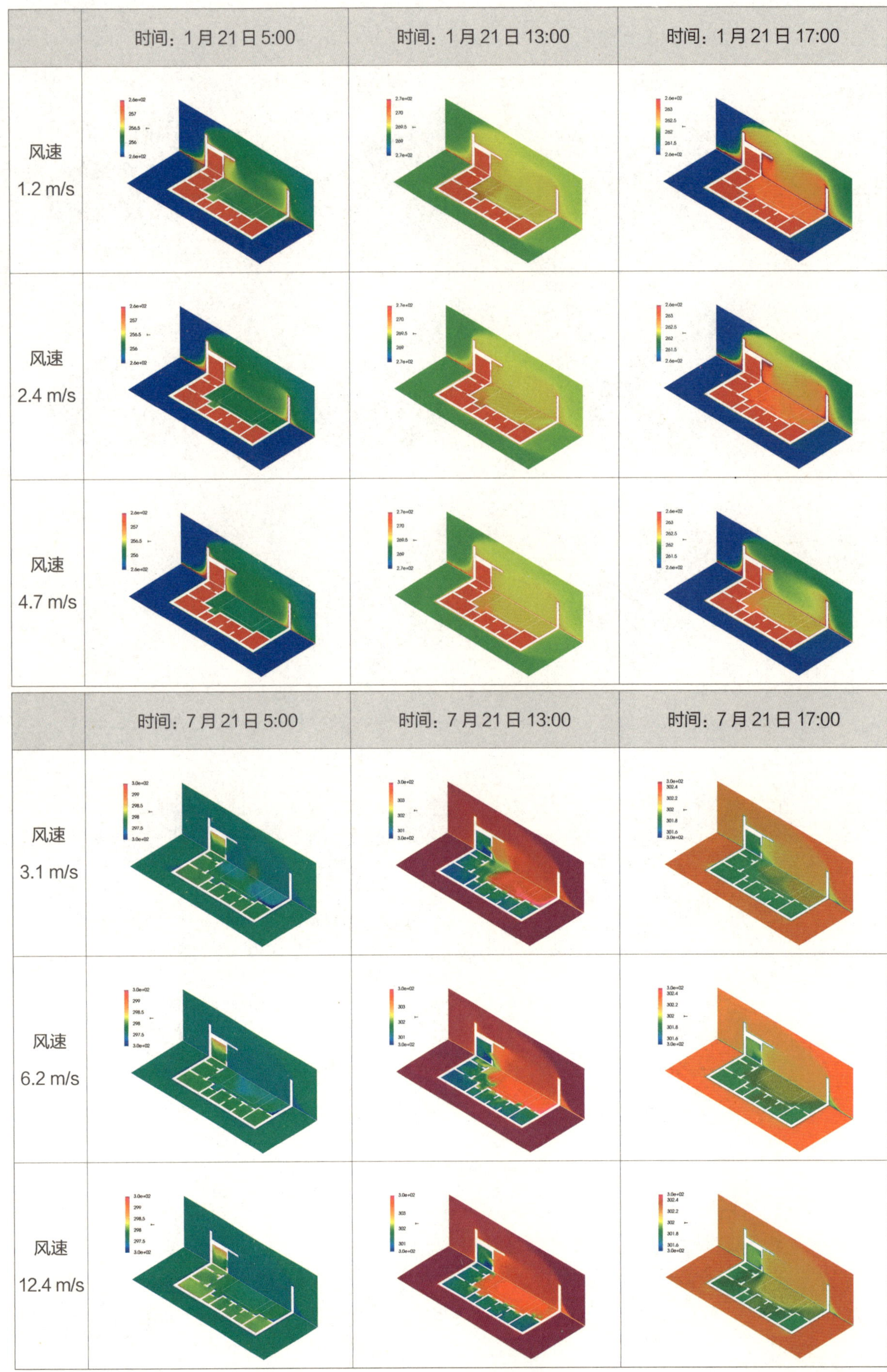

图 5.20 冬季（上）与夏季（下）的温度场分布情况（图片来源：作者自绘）

模型（详见本章第 9 节），用以解释形式因子、调控策略与能量机制的对应关系。

5.5 温暖区环境调控原型——云南汉式合院民居

5.5.1 概述

温暖区采暖度日数小于 1000 ℃ · d，年平均温度适宜且变化幅度小，冬季温度较高，降水多，气候湿润，相对湿度大于 70%。温暖区主要为云南平坝地区。受印度洋季风、太平洋季风和地形地貌的影响，云南具有以下气候特点：年温差小，日温差大；干湿季节界限分明，雨量充沛而分布不均；气候垂直变化十分显著。

云南最突出的特征是气候类型众多，少数民族众多，民居类型众多。云南地区占据广阔的纬度与海拔范围，因而具备寒、温、热三带并存的气候特点，一如民谚“一山分四季，十里不同天”。除此之外，云南地区北接青藏高原，南连中南半岛，是古代各民族分别沿横断山脉峡谷和三江、红河流域南北迁徙的走廊，是全国 26 个少数民族“大杂居、小聚居”生息繁衍之地。每个地域文化，必定是居住在其中的各个民族文化在气候环境下的复合体。民族性作为自然气候与精神文化孕育出的共通文化，广泛反映在建造、居住与生活习惯的差异上，并使异彩纷呈的民居类型得以形成。

事实上，从温暖区归纳出一个单一的民居类型是十分困难的。从历史文献与考古资料中发现，云南地区的建筑形式多种多样，不仅受气候阈值广泛、多民族杂居的现实条件影响，更因为此地气候宜人，对满足生存需要的建筑形式十分宽容。拉普卜特提出的“气候量度”概念对这种气候与建筑的弱关联性进行了解释：气候越严苛的地方，气候对住宅形式的限制越凸显，建筑形式选择的自由度越小；反之，气候越适宜，其对宅形的限制作用越小，经济、社会、人文等其他因素对建筑形式的影响更为突出。因此，气候选择限度较高的云南地区民居受各民族自身所具有的某些独立的生活居住行为和信仰习俗影响更大。杨大禹在《云南民居》中归纳了云南民居的类型及其所对应的地域气候及主体民族（表 5-1）。不同民族的民居形式差异较大，以屋顶形式为例，西双版纳地区傣族传统干栏竹楼多用陡峭的歇山顶；景颇族则常采用短檐长脊的倒梯形；佤族、德昂族的歇山屋顶两端构成毡帽状等圆弧形状；傈僳族的歇山顶则更为平缓[106]。

106 杨大禹，朱良文．云南民居 [M]. 北京：中国建筑工业出版社，2009.

表 5-1 云南传统民居分布

民居类型		分布地区（以县为单位）	地域类型	主体民族
本土型民居	碉房	德钦	干冷地区	藏族
	土掌房	元谋、峨山、新平、元江、墨江、石屏、建水、红河、元阳、绿春、江城	干热地区	彝族、哈尼族（傣族、汉族）等
	井干式民居	中甸、丽江、宁蒗、维西、兰坪、漾濞、洱源、贡山、云龙、永平、南华	高寒地区	彝族、纳西族、藏族、白族、普米族、怒族、独龙族等
	干栏式民居	景洪、勐腊、勐海、孟连、镇海、澜沧、双江、陇川、福贡、耿马、潞西、瑞丽、盈江、泸水	温热地区（地热平坝、低热山地）	傣族、壮族、布朗族、佤族、德昂族、景颇族、拉祜族、基诺族、哈尼族等
汉化型民居	汉式合院民居	昆明、建水、石屏、大理、丽江	中暖平坝地区	汉族、白族、纳西族、彝族、回族、蒙古族、阿昌族、傣族等

（表格来源：作者根据相关文献绘制）

然虽如此，气候与建筑的关联仍然可以从云南民居中窥见一二。云南本土的民居类型大概分为三种——土掌房、井干式和干栏式民居，在受到中原汉文化影响后，也融合发展出一类汉式合院民居。本土少数民族的碉房、土掌房对应于干寒区、井干式民居对应湿晦区、干栏式民居对应湿热区，基本上与前文所述不同气候区的汉族民居类型相似。此外，即便是同一个少数民族，根据所在区域不同，其建筑形式也具有差异性。而即便是不同民族，在同一地区的民居形式也会趋向于类似的特点。对造成这种形式差异与形式趋同的机制的甄别对本研究至关重要。

云南汉式合院民居主要分布在云南腹地平坝地区，此地在历史上与汉族交往频繁，民居类型也随之产生不同程度的变异。传统的土掌房、井干式和干栏式民居原来独立式的外向型空间也逐渐转变为院落式的内向型空间，并将庭院天井作为平面布局的中心，形成明确的构成单元与轴线关系。从分布的地域情况来看，云南合院民居主要有以下几种形式：

昆明地区的“一颗印”合院民居，又被称为“三间两耳”或“三间四耳倒八尺”[107]，即为三间正房，两侧厢房，中围天井的基本平面形式。因其外形封闭紧凑，方正如官印，因而得名“一颗印”。昆明地区的“一颗印”合院民居与徽州民居及岭南民居在平面布局与进深、面宽、天井尺度等方面都极其类似；相较之下，云南通海县兴蒙乡的蒙古族“一颗印”民居虽然在结构方式、开间、举架、装饰等方面都与汉族类似，但院落面积更大，进深更大，但面宽要稍小一些；而玉溪、通海的回族“一颗印”民居，其平面布局和结构更多样化，正房也不拘泥于三间，可按照建筑规模增至五间，天井院落的进深和面宽都比昆明地区大[108]；大理白族合院民居则以三开间二楼作为基本单元，平面组合依据地形地势灵活布局，三、五开间不一而足，天井庭院开阔。

滇西北大理白族与丽江纳西族地区多见“三坊一照壁”与“四合五天井”的汉式合院民居。“三坊一照壁”为三合院落，坐西朝东，正房在西，照壁在东，庭院尺寸为三间见方，环以腰廊。“四合五天井”则是四合院落，规模较

107 王翠兰．云南民居 [M]. 北京：中国建筑工业出版社，1993.

108 杨大禹，朱良文．云南民居 [M]. 北京：中国建筑工业出版社，2009.

大，由四坊房屋围合而成，除正中一个正方形大院之外，四角各有一个漏角天井。会泽“四水归堂”民居同样为四合庭院，与“四合五天井”不同，其四周小天井并不是必要的，数量也不成定数，院落尺度同样宽阔。石屏地区的“四马推车”合院民居与会泽民居类似，区别在于院落中设腰墙，使其成为一进两院式布局，并且常常不带漏角天井，在平面布局上更为封闭紧凑。腾冲地区的“一正两厢式”合院民居与昆明“一颗印”民居类似，都为三开间正房、左右厢房和照壁倒座，围合天井组合而成。区别在于，“一正两厢式”民居入口多在倒厅一侧，庭院进深与面宽也更为开阔。

笔者在遴选不同气候区典型民居类型时，尽可能排除了民族性造成的形式差异，以集中讨论气候环境对建筑形式的影响。汉式合院民居在不同气候区的形式变迁更能说明能量与形式之间的直观联系。而平坝地区的汉式合院民居既处于温暖区典型气候中，又为汉族迁入后建筑形式调整后的结果呈现，因而被选取成为温暖区能量建构模型研究的典型案例（图 5.21）。

5.5.2 形式的类型解析

5.5.2.1 界面类型

1）围合类型

a. 太阳辐射吸收系数

建筑对太阳辐射的吸收程度主要取决于外界面的颜色和质地。在密度较高的村落中，民居外界面接收的辐射热除了来自太阳辐射外，还有其他墙体的反射辐射。与徽州民居采用较为平整的白色粉刷墙以减少直射太阳辐射吸收不同，云南民居使用未经粉刷的生土墙体、条石墙体（图 5.22），虽然它能吸收较多太阳辐射，但大大减少了反射给其他墙体的辐射热。

b. 综合传热系数与热惰性指标

云南汉式合院民居的围护结构多选用竹、木、土、石、草、藤等天然材料，以及砖、瓦、石灰等人工材料，形成由土墙、石墙、砖墙、竹编墙和小青瓦屋面构成的材料界面体系。一方面自然材料的资源分布归因于地域气候的自然基底，另一方面居住的安全性与舒适性要求对建筑结构方式、构造方法与环境调控模式提出了要求，其中围护结构的材料选择与构造形式在传统民居环境调控中起到重要的作用。

云南汉式合院民居较多采用条石墙体，墙厚约 400 mm，综合传热系数约为综合 2.06 W/($m^2 \cdot K$)，热惰性指标约为 3.55（图 5.22）。石材的比热容大，热惰性高，可以有效延迟白天室内温度的上升，夜晚室内温度下降。与湿晦区徽州民居所采用的空斗砖墙相比，条石墙体的热阻更小，综合传热系数较大，其保温隔热的性能较差，热惰性指标更大，蓄热能力强，抵抗温度变化的能力更强。这与云南日温差大，年温差小的气候特点有关。云南四季如春，年温度波动不大，室内外没有大的温度跨度，因而不要求围护结构的热阻过

图 5.21 云南汉式合院民居典型案例（图片来源：作者自绘）

大；日温差大，因而需要建筑围护结构在白天储蓄热量，在晚上向室内释放热量，起到保温作用。数据表明，在夏季白天，云南民居条石外墙的内墙面达到温度峰值的时间比外墙面约延迟了 9.6 h[109]。云南汉式合院民居的内墙多为木板墙，约 15 mm 厚，综合传热系数约为 3.8 W/(m^2·K)，热惰性指标约为 0.38，保温性能与蓄热能力均不足。

云南汉式合院的民居屋顶大多为小青瓦屋面，小青瓦直接干挂在椽子上，瓦片间留有 5 mm 左右空气层，综合传热系数约 3.4 W/ (m^2 · K)，热惰性指标约 0.29，具有良好的透气性，但这也是整个围护结构中保温性能与蓄热能力的短板所在。

2）开启类型

a. 窗墙面积比

宜人的气候使得云南汉式合院民居对围护结构的保温隔热要求不高，这体现为建筑界面有较高的开窗自由度。云南汉式合院民居四面都可开窗，南向窗墙面积比最大，北向次之，东西向最次。堂屋大门宽约 1200 mm，高 1900 mm，小门宽约 900 mm，高 1900 mm；南窗高约 1500 mm，宽 1300 mm，北窗高约 1200 mm，宽 700 mm[110]。

与徽州民居建筑界面外闭内开，大多对着天井开窗不同，云南汉式合院民居的界面更为开敞。在云南地区，建筑可以利用的风资源更为丰富，建筑界面倾向于对着主导风向打开，通风的方式以风压通风居多；同时，舒适的温度阈值使建筑并没有过多遮阳的需要，因而四面开窗，室内通透明亮。

b. 进出风口面积比

云南汉式合院民居南面开大窗，北面开小窗，进出风口面积比较大。这一方面能最大化利用南向的太阳辐射，使室内获得温暖和光亮；另一方面在冬季能规避北向的冬季寒风，在夏季能形成南北贯通的穿堂风，利于夏季通风。堂屋和卧室的窗户基本处于墙中间的位置，使气流分布较为均匀，不易产生不利于通风的涡流。

c. 风向投射角

云南平坝地区的冬季风和夏季风风向差异较小，冬半年多吹西南风和偏西风，偶尔受北方强冷空气或寒潮侵袭时才转为偏北风；夏半年受西南季风的影响，多吹西南风和偏南风[111]。云南汉式合院民居基于“冬季防风、夏季通风”的考虑，建筑朝向多为东南，建筑界面上的开口方向也较为折中，对冬夏两季主导风的风向投射角均在 60° ~90° 范围内（图 5.22）。

d. 综合遮阳系数

依据其所处地区适宜的气候特点，云南汉式合院民居往往并不需要采取过多的遮阳措施，从其屋顶出檐大小和花格窗形式可见一斑。

传统汉式合院民居向中庭的挑檐一般为 1500 mm 左右，面向外围的挑檐则为 600 mm 左右。向内的出檐深远，与其说是为了遮阳，不如说是在雨热同季的气候下在建筑中营造一个不受阴雨干扰，能让人自由行走、生产与生活

109 全瑶．滇东北河谷地带传统民居的气候适应性研究 [D]. 昆明：昆明理工大学，2016.

110 全瑶．滇东北河谷地带传统民居的气候适应性研究 [D]. 昆明：昆明理工大学，2016.

111 攸启鹤．为什么云南的冬季风和夏季风在风向上无明显差异 [J]. 楚雄师范学院学报，1998(3):118−119.

	界　面						
典型案例	太阳辐射吸收系数	综合传热系数（$W \cdot m^{-2} \cdot K^{-1}$）	热惰性指标	窗墙面积比	进出风口面积比	风向投射角	综合遮阳系数
1	0.53	1.56	3.12	南立面 0.16 东立面 0 西立面 0 北立面 0.06 内立面 0.31	1.4	87.5° 夏季主导风向： 南西南 SSW（202.5°） 建筑朝向：南偏东 75°	0.57 ≈ 0.80 ≈ 0.71
2		夯土墙 1.34 400 mm 夯土墙	夯土墙 3.61	南立面 0.16 东立面 0.06 西立面 0.06 北立面 0.09 内立面 0.38	2.3	67.5° 夏季主导风向： 南西南 SSW（202.5°） 建筑朝向：南偏东 55°	0.6 ≈ 0.80 ≈ 0.75
3	夯土墙、土坯墙 0.68 粗糙，旧，灰褐色		条石墙 3.55	南立面 0.25 东立面 0.04 西立面 0.04 北立面 0.08 内立面 0.35	1.0	117.5° 夏季主导风向： 南西南 SSW（202.5°） 建筑朝向：东偏北 15°	0.53 ≈ 0.80 ≈ 0.66
4				南立面 0.14 东立面 0 西立面 0.11 北立面 0 内立面 0.31	2.3	57.5° 夏季主导风向： 南西南 SSW（202.5°） 建筑朝向：南偏东 45°	0.49 ≈ 0.80 ≈ 0.61
5				南立面 0.21 东立面 0 西立面 0 北立面 0.09 内立面 0.27	1.9	72.5° 夏季主导风向： 南西南 SSW（202.5°） 建筑朝向：南偏东 60°	0.62 ≈ 0.80 ≈ 0.77
6		条石墙 2.06 400 mm 条石墙		南立面 0.18 东立面 0.04 西立面 0.04 北立面 0.14 内立面 0.36	1.7	57.5° 夏季主导风向： 南西南 SSW（202.5°） 建筑朝向：南偏东 45°	0.49 ≈ 0.80 ≈ 0.61
7	条石墙 0.50 不光滑，灰白色			南立面 0.26 东立面 0.10 西立面 0.10 北立面 0.16 内立面 0.33	— （北侧无开窗）	87.5° 夏季主导风向： 南西南 SSW（202.5°） 建筑朝向：南偏东 75°	0.58 ≈ 0.80 ≈ 0.73
8				南立面 0 东立面 0.07 西立面 0.03 北立面 0 内立面 0.29	— （北侧无开窗）	27.5° 夏季主导风向： 南西南 SSW（202.5°） 建筑朝向：南偏东 15°	0.57 ≈ 0.80 ≈ 0.71
9		青瓦顶 3.4 10 mm 小青瓦 + 5 mm 空气层 + 10 mm 小青瓦	青瓦顶 0.29	南立面 0 东立面 0.05 西立面 0.05 北立面 0 内立面 0.41	2.0	57.5° 夏季主导风向： 南西南 SSW（202.5°） 建筑朝向：南偏东 45°	0.50 ≈ 0.80 ≈ 0.62
10	青瓦顶 0.52 旧，浅灰			南立面 0 东立面 0 西立面 0 北立面 0.15 内立面 0.33	2.1	27.5° 夏季主导风向： 南西南 SSW（202.5°） 建筑朝向：南偏东 15°	0.54 ≈ 0.80 ≈ 0.68
11				南立面 0.12 东立面 0.03 西立面 0.03 北立面 0 内立面 0.38	1.9	57.5° 夏季主导风向： 南西南 SSW（202.5°） 建筑朝向：南偏东 45°	0.54 ≈ 0.80 ≈ 0.68
12		单层木窗 3.4		南立面 0 东立面 0.04 西立面 0 北立面 0 内立面 0.42	— （北侧无开窗）	102.5° 夏季主导风向： 南西南 SSW（202.5°） 建筑朝向：正东	0.50 ≈ 0.80 ≈ 0.63

图 5.22 云南汉式合院民居典型案例的界面因子与参数（图片来源：作者自绘）

的空间。外围的短挑檐则主要是为了防止雨水侵染墙面，亦不是为了遮阳。

窗是连接建筑内外、进行能量交流与转换的基本构件，云南汉式合院民居的窗户折射出相似的环境调控意图：重采光而非遮阳。槛窗、横批窗、直棂窗、支摘窗和拱券窗等汉式合院民居主要采用的花格窗形式，相比徽州与岭南的致密格栅窗更为疏朗敞亮。即便蕴含了很多文化与装饰意味，其形式仍然透露出重采光、轻遮阳的环境调控意义。

实际上，云南汉式合院民居对太阳辐射的态度偏向接纳而非隔离，开敞的南向界面、宽阔的中庭以及屋顶局部采用的采光瓦，都反映了这种环境调控的意图。

5.5.2.2 体形类型

1）朝向类型

a. 风向投射角与风向倾斜角

云南平坝地区村落选址多数在河谷地带。河谷地带平坦的地形不仅给生产与生活提供了方便，也丰富了场地内部的太阳辐射资源；环山面水的地理条件，白天的谷风、水风，晚上的山风，营造出舒适的微气候环境，能有效缓解夏季闷热、冬季冷飒的气候。

云南汉式合院民居的朝向选择要考虑争取夏季风、防避冬季风。云南地区夏季风为西南风，冬季风为西南风与偏北风。云南汉式合院民居主要朝向为东南，夏季风向投射角为 67.5°，冬季风为西南风时风向投射角也为 67.5°，均处于 60°~90° 范围内（图 5.23），可见这是对冬夏两季风环境的折中与协调。

从屋顶坡度而言，传统民居屋顶坡度决定了热压通风与风压通风的效率和质量。研究表明，屋顶坡度大于 45° 时，迎风面坡屋顶为正压区，建筑主要为风压通风，不利于热压通风；而当屋顶坡度在 45° 以下时，屋面为负压区，利于热压通风，30° 左右的坡屋顶对室内热压通风最有利[112]。云南汉式合院民居的屋顶坡度在 25°~35° 之间，在此范围内可以兼顾室内热压与风压通风。

b. 辐射方位角与辐射倾斜角

云南汉式合院民居的朝向选择同样要协调采光与遮阳。云南地区纬度较低，西晒造成的建筑温度波动较大，因此，云南汉式合院民居的朝向应尽量避免西向。综合考虑通风防风等气候因素，云南汉式合院民居的朝向最终常常选择以南偏东为主。

2）形状类型

云南汉式合院民居的平面形制与剖面结构都大体上沿袭了汉式合院“三间、两厢、四合、天井”的主要特征。“正三间”堂屋面宽约为 4~6 m，进深约为 8 m，长宽比为 1 : 2 左右，一层高度在 2~2.5 m 之间，屋脊高度约为 6 m，体形系数为 0.6 左右（图 5.23）。云南汉式合院民居的平面尺寸与体形系数，大体上介于徽州、岭南民居与东北、青甘民居之间，这反映了其折中的环境调控意图。一方面，与徽州、岭南民居在夏季夜晚散热的调控需求不同，云南汉

112 肖葳．适应性体形绿色建筑设计空间调节的体形策略研究[D]．南京：东南大学，2018.

	体　　形						
典型案例	体形系数	风向投射角	风向倾斜角	辐射方位角	辐射倾斜角	内院负体形高宽比	负体形口底比
1	0.66	87.5° 夏季主导风向： 南西南 SSW（202.5°） 建筑朝向：南偏东 75°	65° 屋顶坡度 25°	75°	25°	0.46	0.31
2	0.61	67.5° 夏季主导风向： 南西南 SSW（202.5°） 建筑朝向：南偏东 55°	70° 屋顶坡度 20°	55°	20°	0.38	0.44
3	0.69	117.5° 夏季主导风向： 南西南 SSW（202.5°） 建筑朝向：东偏北 15°	65° 屋顶坡度 25°	105°	25°	0.50	0.29
4	0.49	57.5° 夏季主导风向： 南西南 SSW（202.5°） 建筑朝向：南偏东 45°	68° 屋顶坡度 22°	45°	22°	0.43	0.41
5	0.51	72.5° 夏季主导风向： 南西南 SSW（202.5°） 建筑朝向：南偏东 60°	63° 屋顶坡度 27°	60°	27°	0.45	0.54
6	0.55	57.5° 夏季主导风向： 南西南 SSW（202.5°） 建筑朝向：南偏东 45°	60° 屋顶坡度 30°	45°	30°	0.43	0.54
7	0.64	87.5° 夏季主导风向： 南西南 SSW（202.5°） 建筑朝向：南偏东 75°	66° 屋顶坡度 24°	75°	24°	0.62	0.38
8	0.48	27.5° 夏季主导风向： 南西南 SSW（202.5°） 建筑朝向：南偏东 15°	64° 屋顶坡度 26°	15°	26°	0.32	0.48
9	0.64	57.5° 夏季主导风向： 南西南 SSW（202.5°） 建筑朝向：南偏东 45°	63° 屋顶坡度 27°	45°	27°	0.51	0.34
10	0.58	27.5° 夏季主导风向：南西南 SSW（202.5°） 建筑朝向：南偏东 15°	68° 屋顶坡度 22°	15°	22°	0.41	0.47
11	0.52	57.5° 夏季主导风向：南西南 SSW（202.5°） 建筑朝向：南偏东 45°	70° 屋顶坡度 20°	45°	20°	0.39	0.51
12	0.48	102.5° 夏季主导风向：南西南 SSW（202.5°） 建筑朝向：正东	66° 屋顶坡度 24°	90°	24°	0.41	0.45

图 5.23 云南汉式合院民居典型案例的体形因子与参数（图片来源：作者自绘）

式合院民居的主要环境调控目标是夜晚的蓄热，因而其体形系数小于前者；另一方面，与东北、青甘民居防风高于通风的调控优先级不同，云南汉式合院民居要协调冬季防风与夏季通风，平面形式多有进退以利于风压通风，剖面形式多有出挑以形成腔体，利于热压通风，因而其体形系数要大于后者。

3）负体形类型

云南汉式合院民居的负体形包括中庭、檐廊、敞厅或堂屋后退的灰空间，具备采光通风的环境调控功能。云南汉式合院民居的负体形，其面宽进深比、高宽比与口底比在数值上跨度较大，这一方面折射出云南地区多民族混居造就的建筑类型多样性，另一方面反映了适宜的气候对建筑形式较为自由的选择限度。

云南汉式合院民居的中庭尺度与徽州、岭南民居较为接近，中庭面宽约为堂屋宽度的 1.4 倍，进深则视厢房尺寸而定。负体形高宽比，以昆明地区“一颗印”合院民居为最大，滇西北大理白族与丽江纳西族地区的“三坊一照壁”与“四合五天井”合院民居为最小；负体形口底比视出檐深浅而异，昆明地区“一颗印”合院民居出檐较深，会泽地区“四水归堂”民居则出檐较浅（图 5.23）。此外，正堂有的全部开敞，有的仅后退一门的距离，造成了负体形口底比较大的数值区间。总体而言，云南汉式合院民居的负体形大小在徽州、岭南民居与东北、青甘民居之间，徽州、岭南民居的负体形特点对应于遮阳与通风的环境调控需要，东北、青甘民居则是通过开敞的中庭使建筑吸收白天的太阳辐射热，以在夜晚缓慢地释放到室内，而云南汉式合院民居的负体形特点主要应对于协调采光与防晒、通风与防风这两个相对的环境调控问题。

5.5.2.3 原型提取

云南汉式合院民居存在多种形式，其不仅受民族与地理民居的影响，同样根据具体的场地地形，家庭组成、社会地位、经济实力等方面分化出多样的具体建筑形式。如果说云南合院民居在平面形制与空间模式上沿袭了汉式合院的基本特点，在复杂形式中存在相对恒常且稳定的形式语汇与内在逻辑，而这种内在的形式逻辑在云南本地呈现出多样的尺度，那么显然，气候要素、建筑适应气候环境的机制与建筑形式生成的关联性就有待考证。云南汉式合院民居中既有稳定的形式特征，又有自由的变量因子，杨大禹在《云南民居》中根据不同聚集区的地域分布进行了不同民居类型的分类，笔者援引此方式，选取典型民居案例，通过对其形式因子物理参数的归纳分析，提取出温暖区环境调控的建筑原型（图 5.24）。

5.5.3 能量的量化解析

5.5.3.1 模型建立与条件设定

物理模型：温暖区能量建构模型的原型建筑为云南汉式合院民居，院落组织为“凹”字形三合院落，带两侧耳房与天井。建筑朝向为南偏东 45°，辐

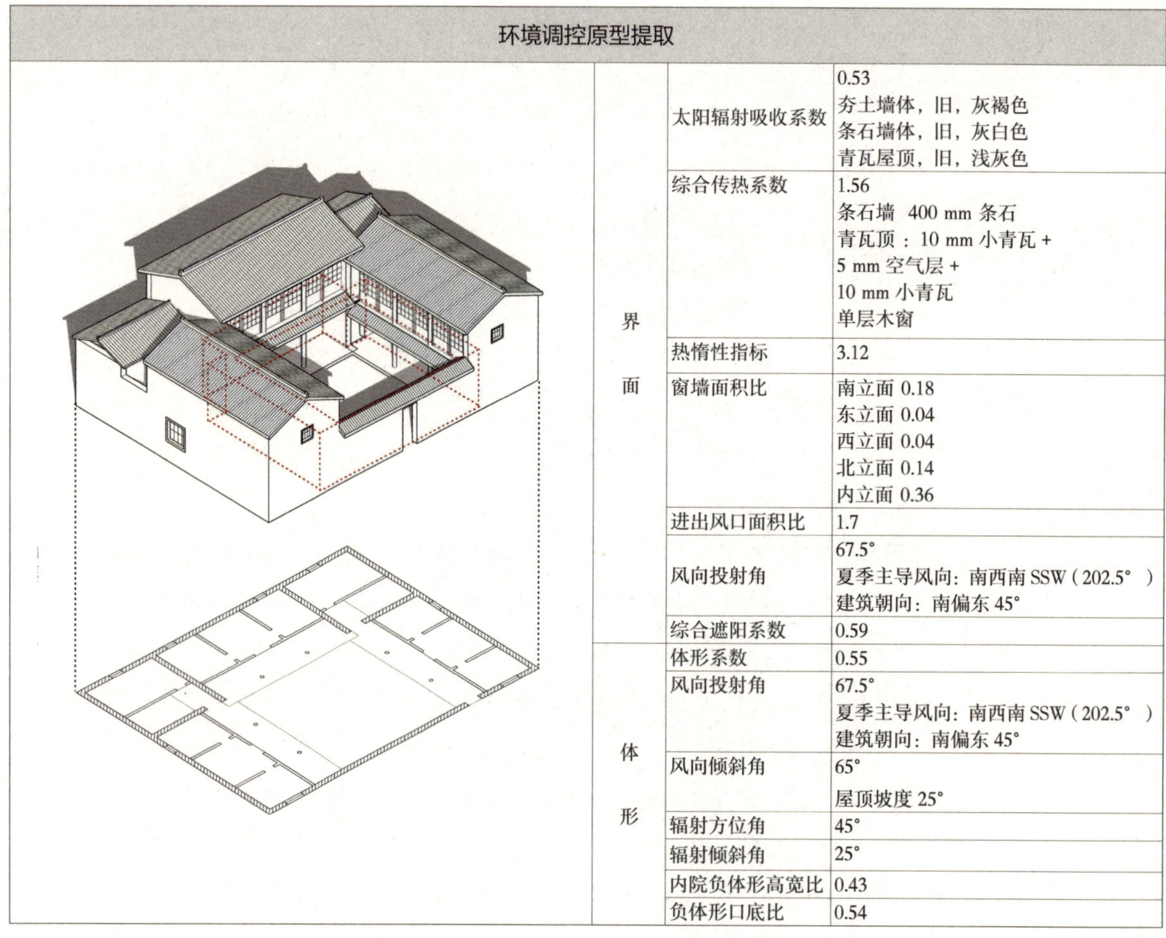

环境调控原型提取		
界面	太阳辐射吸收系数	0.53 夯土墙体，旧，灰褐色 条石墙体，旧，灰白色 青瓦屋顶，旧，浅灰色
	综合传热系数	1.56 条石墙 400 mm 条石 青瓦顶：10 mm 小青瓦 + 5 mm 空气层 + 10 mm 小青瓦 单层木窗
	热惰性指标	3.12
	窗墙面积比	南立面 0.18 东立面 0.04 西立面 0.04 北立面 0.14 内立面 0.36
	进出风口面积比	1.7
	风向投射角	67.5° 夏季主导风向：南西南 SSW（202.5°） 建筑朝向：南偏东 45°
	综合遮阳系数	0.59
体形	体形系数	0.55
	风向投射角	67.5° 夏季主导风向：南西南 SSW（202.5°） 建筑朝向：南偏东 45°
	风向倾斜角	65° 屋顶坡度 25°
	辐射方位角	45°
	辐射倾斜角	25°
	内院负体形高宽比	0.43
	负体形口底比	0.54

图 5.24 温暖区环境调控原型提取（图片来源：作者自绘）

射方位角 45°，风向投射角 67.5°（夏季主导风向：南西南 SSW）。平面尺寸 23.0 m × 17.5 m，正房厅堂开间 3.8 m，次间开间 3.4 m，进深均为 4.2 m；两侧厢房明间 4.2 m，次间开间 3.2 m，进深 3.87 m。正房屋脊高度为 8.68 m，两侧厢房屋脊高度为 7.78 m，两侧耳房屋脊高度为 5.83 m。正房与厢房一层均有“出厦”，与内院天井相连通，构成了云南汉式合院民居的负体形空间。负体形底面面积 171.3 m^2，内院开口面积 93.3 m^2，负体形口底比 0.54。院墙照壁屋脊高度为 4.2 m，内院进深 9.82 m，负体形高宽比为 0.43。建筑整体的体形系数 0.55。屋顶为悬山双坡屋顶，坡度为 25°，风向倾斜角 65°，辐射倾斜角 25°。外围护结构为 400 mm 厚条石墙，采用单层木窗与小青瓦屋顶，综合传热系数 1.56 W/(m^2 · K)，热惰性指标 3.12，太阳辐射吸收系数 0.53。建筑朝四面开窗较少，窗墙面积比为：南立面 0.18，东、西立面 0.04，北立面 0.14。建筑朝内院开窗面积较大，窗墙面积比约为 0.36。建筑二层出檐较浅，窗扇镂，空窗格舒朗敞阔，遮阳构件较少，综合遮阳系数为 0.59。

数学模型：传导、对流与辐射的数学解析模型，湍流模型选用 RNG $k-\varepsilon$ 模型。

边界条件：边界层建模方法为壁面函数法与低雷诺数建模 LRNM。为简化运算，模拟风场时并未考虑地面粗糙度。建筑各界面温度数据由 OpenStudio 导出。

工况选取：根据对温暖区气象参数的分析，模拟工况分为冬夏两季典型工况。夏季典型工况为：7 月 21 日，空气最高温度 27.1 ℃，风速 4.4 m/s，风向南偏西 22.5°；冬季典型工况为：1 月 21 日，空气最高温度 15.7 ℃，风速 8 m/s，风向为冬偏北 20°。需要说明的是，温暖区冬季主导风向为西南风，受北方强冷空气或寒潮侵袭时才转为偏北风，为模拟云南汉式合院民居冬季抗寒的环境调控性能，冬季工况选取了偏北冷风的情况。同时，为考虑风速衰减对建筑风环境与热环境的影响，夏季增设 2.2 m/s 与 1.1 m/s 风速两个模拟对照组，冬季增设 4 m/s 与 2 m/s 风速两个模拟对照组。同时，根据外界面与内界面温度变化曲线选择三个时间点，分别为 5:00、13:00、以及 17:00，对每个工况进行分时刻模拟。

5.5.3.2 模拟结果分析

1）风速场分析

冬季主导风以 8 m/s 的风速从建筑东北方向流入，在民居二层檐口处分离，在建筑南侧地面再附，形成较大范围的风影区。云南汉式合院民居的各个房间与天井都处于风影区中。由于正房与厢房的遮挡作用，风影区内部风速较小，天井平均风速约为 1.7 m/s。内院、两侧天井与廊厦组成的负体形空间成为风的通道，东侧小天井为进风口，西侧小天井为出风口，风速较小且流场均匀平稳。在 4 m/s 与 2 m/s 风速的工况中，内院、天井与廊厦的风速都保持在一个较小的数值，随着室外风速的减小而减小（图 5.25）。

夏季主导风以 4.4 m/s 的风速从民居西南侧流入，建筑南面为迎风面。平面气流在建筑东南角与西南角分离，西南侧的气流迅速在西墙再附，建筑东墙与北墙为背风面，处于 较大风影区中。建筑西侧天井与西面窗的风速较大，分别达到了 2.2 m/s 与 4.7 m/s。从西侧天井进去的气流一部分流向内院，另一部分直接经由耳房的门窗穿过耳房排出建筑外。因耳房门窗进风口大，出风口小，室内风场较为均匀，平均风速约为 0.8 m/s。从西面窗进入的气流大部分直接流向内院，小部分通过厢房明间与另一侧次间再流入内院。西厢房室内流场不均匀，平均风速约为 1.4 m/s。内院流场较为均匀，平均风速 1.9 m/s，气流经由门窗进入正房与东厢房、东耳房。相较于西侧房间，东厢房与东耳房的室内风速较低，分别为 1.1 m/s 与 0.6 m/s。正房一层室内风速由高到低为西次间、明间和东次间，分别是 1.5 m/s、1.1 m/s 和 0.9 m/s。剖面气流在院墙顶与正屋屋脊处分离，在屋顶后坡与北侧墙后形成风影区。正房二楼通风情况要明显优于一层，其室内风速分别为 2.3 m/s 与 0.9 m/s。4.4 m/s 风速下的早、中、晚时刻工况显示，不同温度边界条件对风速场的影响不大，此时民居内部自然通风的方式主要为风压通风。2.2 m/s 风速与 1.1 m/s 风速的对照组模拟结果显示，随着室外风速的降低，天井与室内风速同比降低，同样几乎不受不同时刻温度边界条件差异的影响（图 5.25）。

综合而言，云南汉式合院民居的风速场模拟结果显示，开敞宽大的负体

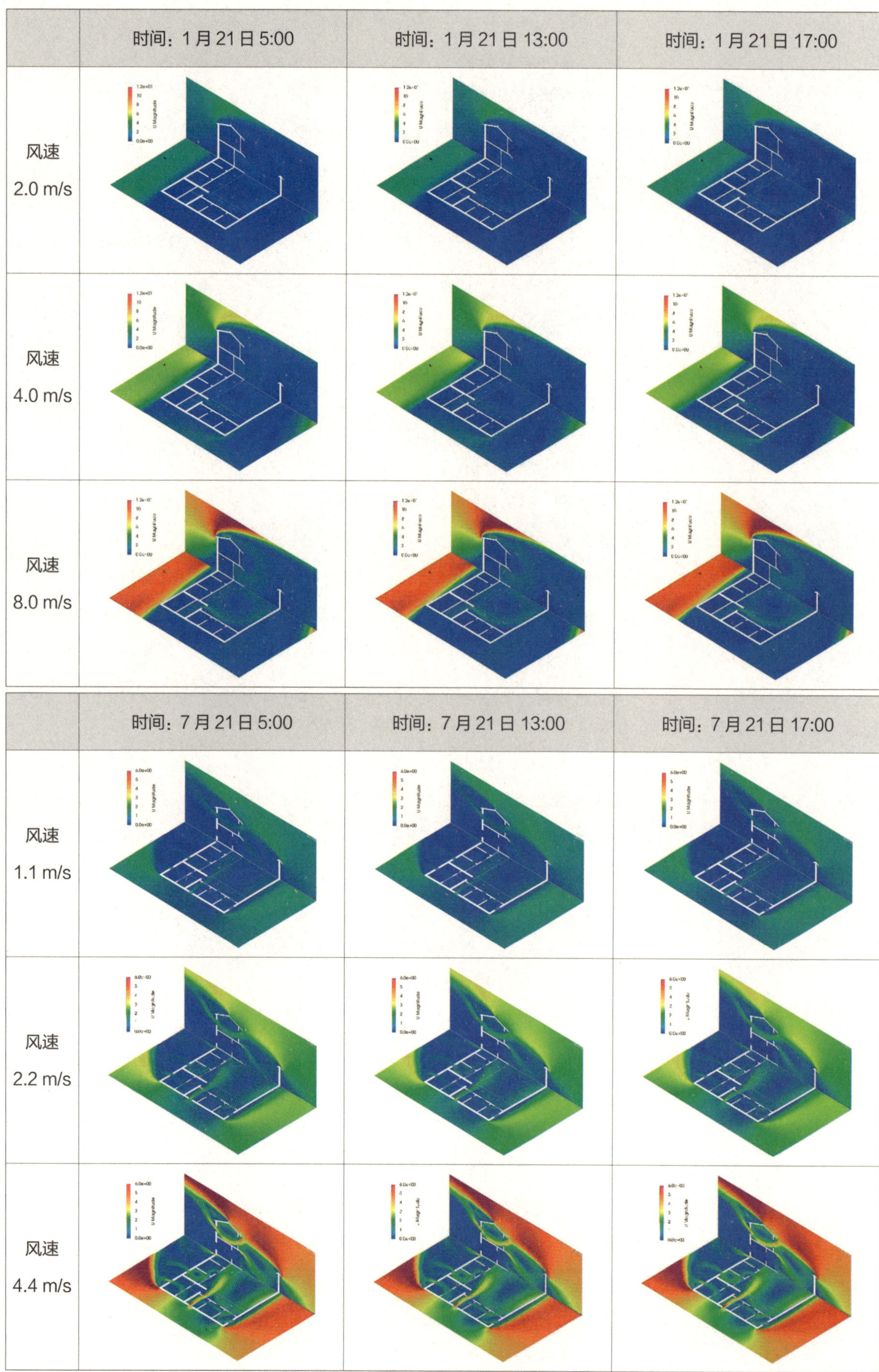

图 5.25 冬季（上）与夏季（下）的风速场分布情况（图片来源：作者自绘）

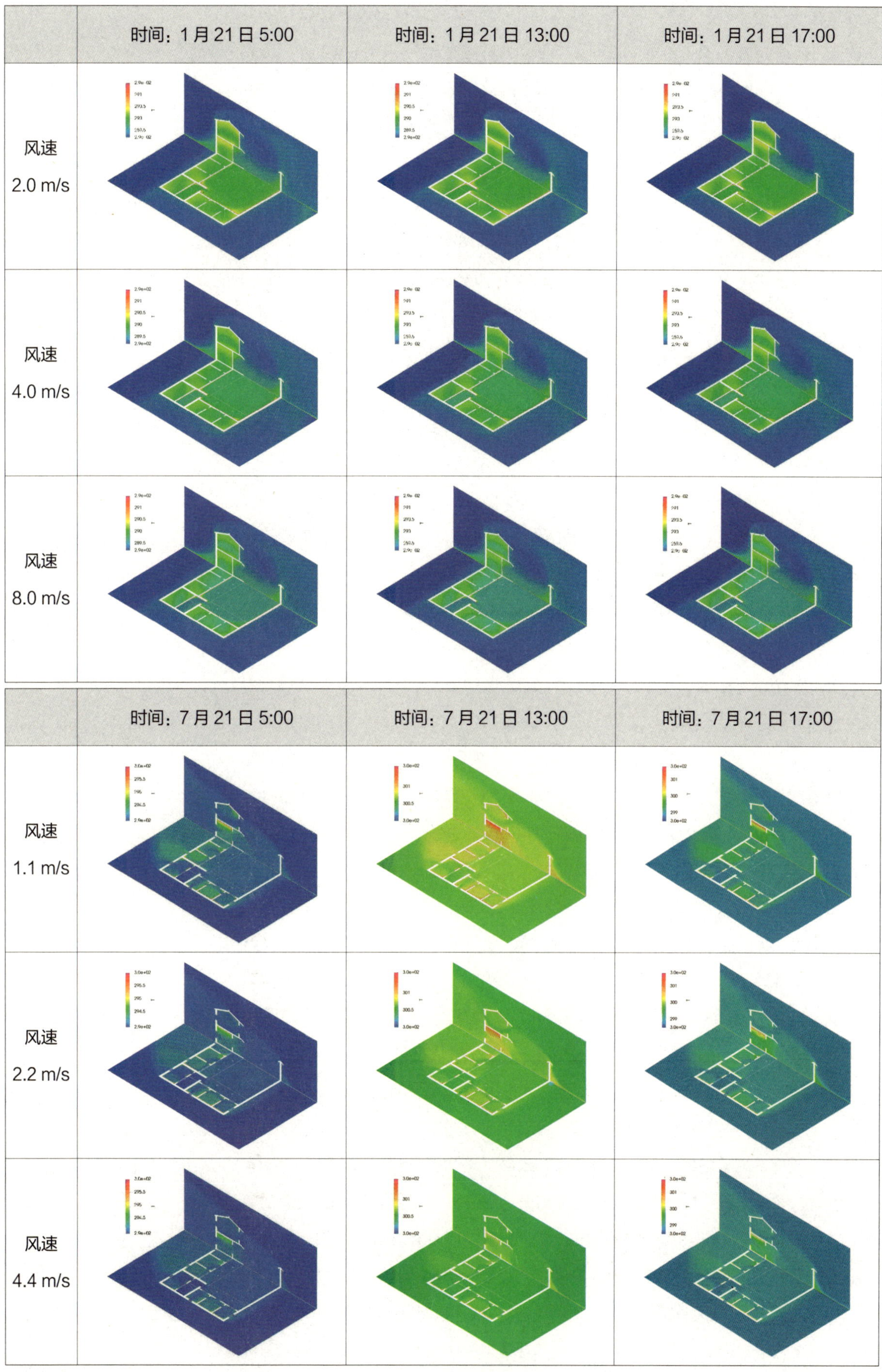

图 5.26 冬季（上）与夏季（下）的温度场分布情况（图片来源：作者自绘）

形空间有助于夏季自然通风，正房、厢房与内院的空间组织可以有效阻挡寒流来袭时的偏北风，同时兼顾冬季的自然通风。相较而言，云南汉式合院民居的环境调控目标首先是夏季通风，其次为冬季防风、冬季通风。

2）温度场分析

冬季典型工况选取了 1 月 21 日。8 m/s 风速工况下，室外空气温度 15.7 ℃，建筑外表面温度 19 ℃，内表面温度 17.8 ℃，波动较小。建筑内表面温度与外表面温度的差值较小，只有约 1.2 ℃的温差，外围护界面的热工性能并不突出。室内平均温度 17.3 ℃，仅比室外空气温度高 1.6 ℃。厢房内表面温度比室外气温高 2.1 ℃左右，说明壁面冷辐射对人体舒适度的负面影响较大。内院温度 15.9 ℃，仅比室外气温高 0.2 ℃。1/2 与 1/4 室外风速的对照组模拟结果则显示，室外风速的变化对室内温度场的影响较小，相比之下，内院温度受风速影响更大。4 m/s 风速下内院平均温度为 16.1 ℃，2 m/s 风速下内院平均温度为 16.4 ℃。总体而言，云南汉式合院民居冬季防寒的环境调控能力较弱。围护结构民居的民居传热系数过大，使得室内外温差较小；内院宽大开敞，冬季内院对流换热较强，内院温度较低。然虽如此，云南地区本身冬季温度较为舒适，建筑的热环境并不需要过多的调控即可满足舒适度要求。虽然围护结构的民居传热系数较大，但其热惰性较好，可以将白天积蓄的热量保存至夜晚（图 5.26）。

夏季典型工况选取 7 月 21 日。4.4 m/s 风速的工况下，5:00 室外空气温度 20.4 ℃，围护结构内表面温度 23.5 ℃，外表面温度 21 ℃。此时围护结构向室内空气传递热量，进行风压通风能够有效置换室内的热空气。内院平均温度与室外空气几乎一致，约为 20.4 ℃。一层平面正房与厢房室内空气平均温度接近，约为 21.3 ℃，比室外空气温度高 0.9 ℃。正房次间二层温度要低于一层，约为 20.6 ℃，这主要是因为二层室内风速较大，对流换热效率更高。同时可见一层天花板位置出现了热流囤积的现象，而在通风更好的二层，热量被气流迅速带走，因而没有形成屋顶热池。13:00，室外空气温度 27.1 ℃，围护结构外表面温度 27.6 ℃，内表面温度 28.2 ℃，厢房室内气温约为 27.4 ℃，室内气温仅仅比室外气温高 0.3 ℃。从通风效果而言，内院要优于二层厢房，二层房间则优于一层房间；室内平均温度则相反，一层房间高于二层房间，二层厢房高于内院。17:00 室外空气温度 25.4 ℃，围护结构外表面温度 26.5 ℃，内表面温度 28.3℃，厢房室内空气温度 25.9 ℃。此时围护结构向室内空气传递热量，室内空气温度要高于室外，风压通风可以有效降低室内温度。因而通风效果更好的内院、二层厢房，其温度要低于一层厢房与耳房。2.2 m/s 与 1.1 m/s 风速的对照组显示，风速越小，对流换热量越低，室内温度越高（图 5.26）。总体而言，云南汉式合院民居夏季自然通风的效果优异，良好的通风有助于夏季散热。

综上，在风速调控方面，相较于冬季防风，云南汉式合院民居更利于夏季通风。宽大扁平的负体形空间向室外大气开敞，利于组织风压通风；四面开窗的建筑界面与错落有致的内院天井合理利用了不同位置的风压差，成为夏季风的自由通道。在温度调控方面，面对四季温度波动不大的气候条件，云南汉式合院民居并不需要采取过多的措施调节冬天防寒或夏天隔热，相较而言，它更致力于弥合日夜之间的温度梯度。日夜温差大的气候条件促使建筑在白天储蓄热量，在晚上向室内释放热量。建筑的朝向、负体形的高宽比与口底比，以及适宜的太阳辐射吸收系数与综合遮阳系数，既使建筑白天不因过多的太阳辐射获取而升温，又能保证外围护结构存蓄足够的热量。在环境调控的策略上，云南汉式合院民居主要利于夏季通风，以及平衡昼夜温度波动。

5.5.3.3 能量建构模型

通过对以上建筑原型的模拟分析，综合形式因子与气候要素的相关性分析、建筑原型的对比分析（详见本章第 8 节），可以提取出温暖区能量建构模型（详见本章第 9 节），用以解释形式因子、调控策略与能量机制的对应关系。

5.6 湿晦区环境调控原型——徽州厅井民居

5.6.1 概述

湿晦区主要指长江流域地区，气候夏热冬冷，常年潮湿。该区域采暖度日数大于 1500 ℃ · d，室外平均气温与室内热舒适温度差别较大。太阳辐射少，晴空指数低至 0.368。季节性雨量大，年均相对湿度大于 75%。其中徽州地区处于湿晦区腹地，东倚浙江，西邻江西，具有湿晦区典型的气候特征。

抛开现如今的行政区划，徽州的地理概念包含了歙县、休宁、祁门、黟县、绩溪、婺源六县，地处中国原始江南古陆地带的皖南丘陵山地，黄山嶂其北，天目山屏其南，新安江及其众多支流奔泻其间[113]。由于位于北纬 30° 线周围，属亚热带湿润季风气候，徽州地区夏季闷热，冬季湿冷，年平均气温在 15~16 ℃之间。气温季度变化区间极大，以瞻淇为例，其冬季极端最低气温在 −10 ℃左右，夏季平均极端最高气温可达 40 ℃，雨量充沛，年降雨量在 1800 mm 左右，平均年降水日数可达 150 天以上，在春末夏初常伴有连绵的梅雨天气。徽州地区湿度较大，年平均相对湿度在 80% 左右，日平均相对湿度大于 80% 的天数在 180 天以上。徽州日照偏少，受皖南山区多云、多雨气候的影响，年太阳辐射为 105~115 kJ/cm^2，日照时数在 1900~2000 h 之间。地处河谷盆地，徽州地区年平均风速不大，仅为 1.5 m/s 左右，冬季盛行偏北风，夏季盛行偏南风，且受山谷风影响较为明显，夏季主导风向并不恒准。

据史料记载，古徽州先民为山越土著与北方中原流民在漫长的历史中融合而成。古越地区民居的历史原型为巢居，即适应湿热气候的楼居式干栏式建筑。而北方中原一带在两汉时就已发展出利用厚重墙体保温隔热以适应寒冷气候的合院式建筑，其历史原型为穴居。湿晦区毗连湿热区与寒冷区，徽州地区正处于古越干栏与中原合院的融合地带，孕育出了独特的“厅井楼居式”

113 单德启 . 安徽民居 [M]. 北京：中国建筑工业出版社 , 2009.

民居。高墙封闭，天井深狭，厅堂开敞，是徽州民居最具特点的院落形制。这种复合式民居有着双重作用的环境调控模式。徽州厅井民居有着与北方民居类似的高大墙体，具有很好的热阻，能抵挡外部的寒冷或炎热气候；融合了“院落式”的特征，异化为高深狭长的天井，成为冬季挡风藏风、夏季遮阴拔风的宅内负体形；具备南方“楼居式”的特点，普遍构筑两层，并且在一层地面架设木地板，并设通气孔，使其成为通气隔湿层。徽州厅井民居皆具北方合院建筑与南方干栏建筑环境调控的特点，同时能显现这两种调控模式在湿晦区夏热冬冷气候下的演变与异化，是本书能量建构模型研究承前启后、勾连南北的重要案例，因而被选取作为研究湿晦区环境调控原型的典型案例（图 5.27）。

5.6.2 形式的类型解析

5.6.2.1 界面类型

1）围合类型

a. 太阳辐射吸收系数

“粉墙黛瓦”是徽州厅井民居最具识别性的色彩特征。空斗砖墙常以白垩抹灰，形成洁白光滑的立面效果，屋面则由灰色小青瓦铺就，二者对比明显，相映成趣。白色墙体的太阳辐射吸收系数小，可以有效反射炎热夏季的太阳辐射，降低建筑的太阳辐射得热。小青瓦屋面的太阳辐射吸收系数较大，冬季可以被阳光加热，获取热能，但在夏季会为建筑输入过量的热能，不利于夏季防热（图 5.28）。表面上看，徽州厅井民居白墙黑瓦呈现出对太阳辐射完全矛盾的环境调控意图，尤其是善于吸收辐射热的深色瓦片与“防暑为主，兼顾防寒”的调控原则不符。然而实际上，深色瓦片虽然在夏季白天会吸收多余的热量，但它本身蓄热能力不强，在夜晚可以很快地散热。而与屋顶直接关联的阁楼空间在夏季保持通风，部分由屋面传入室内的热量也会被风带走。

b. 综合传热系数与热惰性指标

徽州厅井民居多采用空斗砖墙，墙厚约 300 mm，砖砌体中空，综合传热系数小，能够有效隔热，但是蓄热能力不强，热惰性指标较小，不会将热量长久地贮存在墙体中。空斗砖墙大热阻、小热容的热工性能，利于建筑冬季保温、夏季隔热、夏季夜晚散热，能够很好地适应徽州地区夏热冬冷，昼夜温差不大的气候环境。徽州厅井民居常在外墙抹白灰，能够有效减少建筑外界面在夏季的太阳辐射得热，在外墙内表面抹草筋灰，能在保温的同时防潮除湿。考究的徽州民居在外墙内侧加筑一层厚木板隔墙，主要用于防盗，木隔墙与外墙之间大约有 10 cm 的空气腔层，可以增强外围护结构的整体保温性能。除了外墙采用空斗砖外，徽州民居的内部隔墙多为木板墙，木板厚度为 1~2 cm，综合传热系数大，在 3.5~3.8 W/(m^2 · K) 之间，轻薄且透气（图 5.28）。厢房与天井相邻的墙面一般开有门窗，窗户形式常为镂空花格，内侧糊油纸，这种开

图 5.27 徽州厅井民居典型案例（图片来源：作者自绘）

启构造透气性好，有助于夏季通风散热、排出湿气，但不利于冬季保温。

徽州厅井民居的屋顶以硬山顶居多，坡度适中。其屋面做法为：在檩条上搁置椽子，其上再铺设望板，上盖小青瓦。有些民居铺设双层板瓦，其间留有空气腔层，望板上再铺设一层由泥土混合草料制作成的苫背，这样更能提高保温隔热效果。

徽州厅井民居的界面构造，常采用在多层热惰性较差的材料中间设置空气间层的做法，这大大加强了建筑外围护结构在白天的隔热能力，而空气的蓄热能力又极差，因此不会产生明显的热延迟，有利于建筑夜间散热。

2）开启类型

a. 窗墙面积比

徽州厅井民居在外墙上多不开窗或开小窗。多数文献认为这是出于安全的考虑，古代徽商在外经商时为了保护家中的老弱妇孺，因此封闭外墙。而从环境调控的视角来看，封闭的外界面可以减少窗户的热量传递，现代建筑中通过窗户产生的能耗约占建筑总能耗的 40%，不开窗或开小窗的徽州厅井民居无疑具有保温防热的优势。与封闭的外界面不同，徽州厅井民居朝向天井的界面开启率要大得多。一方面，面向天井的开启是室内采光的主要方式；另一方面，窗户使天井与厢房、阁楼之间的空气流通，室内空气可以有效率地经由天井换气通风。镂空的花格窗在夏季太阳强烈的时候提供阴影，在夏季夜晚则打开以使建筑迅速散热。厅堂直接对天井敞开，因而采光最好，最为明亮。厅堂的开启门扇多可拆卸，高大开敞的堂屋，削弱了空间的阻隔，连通天井形成横纵贯通的风道，促进通风的同时带走室内湿气。

与其说高墙小窗的气候界面迫使徽州厅井民居采用天井来采光通风，不如说正因天井的存在，徽州厅井民居才能游刃有余地在抵御外部恶劣气候和人为侵害的同时，使居住在其中的人看到自然的阳光，呼吸新鲜的空气，健康、安逸地生活和劳作。

b. 进出风口高度差

地处黄山与天目山之间群山环抱的盆地，徽州地区的风能资源并不优渥，致密的村落肌理同样限制了徽州厅井民居对室外风的直接利用，高墙小窗的气候界面同样证明了风压通风在徽州厅井民居中的局限性。然而，通过窄小、高深的天井，以及与天井连通的厅堂、厢房，徽州厅井民居可以组织起高效的热压通风，促进室内冷热空气的流动，降低温度的同时排除湿气。

因此，对徽州厅井民居而言，进出风口面积比反映的风压通风效能并不重要，影响热压通风的进出风口高度差才更为关键（图 5.28）。徽州厅井民居大多为二层三开间，一层的层高一般高于二层，底层高度通常约 3.5~4 m，楼板至二层檐口的高度约 2 m，围墙常与屋脊齐平，或为高出屋面的马头墙形式。如前文所述，热压通风的效率与进出风口的压力差、温度差有关。徽州厅井民居高深的天井无疑强化了内部的热压通风效能，室内的热空气和污染物通过阁楼与厢房的花格窗、地垄的通风口，经由天井的吹拔空间被排出室外。

典型案例	界　面						
	太阳辐射吸收系数	综合传热系数（W·m⁻²·K⁻¹）	热惰性指标	窗墙面积比	进出风口高度差（m）	风向投射角	综合遮阳系数
1	0.51 白色抹灰砖墙 0.48 光滑，灰白色	2.02	1.02 空斗青砖墙 1.06	外立面 0.07 内立面 0.65	5.6	7.5° 夏季主导风向： 南西南 SSW（202.5°） 建筑朝向：南偏西 30°	0.36 ≈ 0.60 ≈ 0.61
2				外立面 0.04 内立面 0.61	6.1	17.5° 夏季主导风向： 南西南 SSW（202.5°） 建筑朝向：南偏东 5°	0.37 ≈ 0.60 ≈ 0.62
3		空斗青砖墙 1.29 30 mm 外抹白灰 + 280 mm 五顺一丁空斗砖墙 + 20 mm 内抹草筋灰		外立面 0.05 内立面 0.75	5.8	82.5° 夏季主导风向： 南西南 SSW（202.5°） 建筑朝向：南偏东 60°	0.37 ≈ 0.60 ≈ 0.61
4				外立面 0.02 内立面 0.67	6.6	7.5° 夏季主导风向： 南西南 SSW（202.5°） 建筑朝向：南偏西 30°	0.37 ≈ 0.60 ≈ 0.62
5		青瓦顶 2.83 10 mm 小青瓦 + 空气层 + 15 mm 杉木板 + 10 mm 轻质黏土 + 20 mm 黏土砖		外立面 0.06 内立面 0.77	7.5	7.5° 夏季主导风向： 南西南 SSW（202.5°） 建筑朝向：南偏西 15°	0.37 ≈ 0.60 ≈ 0.61
6			青瓦顶 0.91	外立面 0.05 内立面 0.58	7.24	22.5° 夏季主导风向： 南西南 SSW（202.5°） 建筑朝向：南偏西 45°	0.39 ≈ 0.60 ≈ 0.64
7	青瓦顶 0.58 旧，深灰			外立面 0.09 内立面 0.63	7.55	7.5° 夏季主导风向： 南西南 SSW（202.5°） 建筑朝向：南偏西 15°	0.37 ≈ 0.60 ≈ 0.61
8				外立面 0.05 内立面 0.68	7.9	67.5° 夏季主导风向： 南西南 SSW（202.5°） 建筑朝向：南偏东 45°	0.40 ≈ 0.60 ≈ 0.66
9		单层木窗 3.4		外立面 0.06 内立面 0.67	6.4	112.5° 夏季主导风向： 南西南 SSW（202.5°） 建筑朝向：北偏西 45°	0.41 ≈ 0.60 ≈ 0.68
10				外立面 0.11 内立面 0.55	7.04	22.5° 夏季主导风向： 南西南 SSW（202.5°） 建筑朝向：南偏西 45°	0.38 ≈ 0.60 ≈ 0.63

图 5.28 徽州厅井民居典型案例的界面因子与参数（图片来源：作者自绘）

c. 综合遮阳系数

徽州厅井民居以夏季防热作为环境调控的主要目标，对太阳辐射的态度是隔离，因此发展出通过屋顶出檐与花窗格进行遮阳的方式。

徽州厅井民居的坡屋面一般都是朝向天井的内坡，出挑深远，南向的屋檐出挑距离要大于北向和东西向，利于遮挡夏季炙热的阳光。南向屋檐出檐更深，一方面是由于南向太阳光更多，水平遮阳能够有效阻挡来自正南方的太阳辐射；另一方面，正房屋檐要比其他三个方向的出檐高出 1 m 左右，如要达到相同遮阳效果，高度越高，出檐就需要更深。从这点来说，“四水归”堂坡屋面出檐南向深远，东西向次之，北向最次的形式呈现符合建筑遮阳的环境调控逻辑。

徽州厅井民居的门窗样式大多为镂空花格窗，主要有隔扇、槛窗、“落地明”、“花窗”和“天头”等。雕刻的花窗不仅具有装饰性，而且具有环境调控的意义。花窗格在通风、采光的同时又遮挡了部分的太阳辐射热。位于光线暗处的窗分格较大，装饰少，可以让更多光线进入房间里；处于光线亮处的窗子，窗格则较密，雕饰繁多，以起到遮阳作用。

5.6.2.2 体形类型

1）朝向类型

徽州地区聚落选址十分注重风水，讲究“负阴抱阳”“背山面水”，以期充分选择、利用自然资源，使得居住环境能享受到充沛的光照、回避寒风、驱除湿气。徽州村落与山和水有着密切的联系，山脉的走势、形状，河流的位置、流向都对村落选址有着决定性的影响。“背山”意味着村落处于向阳的山坡，可以更好地采光采暖；意味着建筑北侧存在天然的屏障，可以有效抵御冬季冷风。“面水”意味着可以在夏季风经过水面时通过蒸发冷却降低空气温度；意味着生活用水和消防用水的充足，筑渠引水为水圳组成了徽州村落基本的基础设施系统。

村落的整体朝向在很大程度上决定了单个民居的朝向，在完整的徽州村落中，各个建筑的脊线往往保持相对平行，因而单个建筑的朝向与村落朝向不能分开讨论。事实上，徽州地区村落与民居的朝向是十分复杂的。有学者认为，徽州三面环山，仅西南山脉留有缺口，夏季盛行西南风，因此村落与建筑应朝向西南[114]。而从太阳辐射的角度而言，徽州民居冬季应选择朝南，夏季则需要避开西向，防止西晒。从实际案例中可以发现，徽州厅井民居的朝向虽然以南为主，但不似东北合院民居和晋西半地坑窑民居那样遵循坐北朝南的朝向。相反，徽州民居大多数因势利导，顺势而为，朝向比较自由，朝向有东南与西南，不一而足。例如棠樾村落朝向南偏东 30°，瞻淇上下街段分别朝向南偏东 20° 和南偏东 50°，宏村则是整体朝南略偏西，而豸峰甚至整个村子面向东北，大部分民居朝向东偏北 25°（图 5.29）。

造成徽州厅井民居不囿于朝向的环境调控内因主要有几下几点：

首先，建筑的朝向主要取决于风和阳光，而在徽州地区，这两项气候要素都在不同程度上被削弱了。徽州地区四面环山，形如盆地的地理特点，使其既能有效地抵御偏北风，又不可避免地阻挡了夏季的偏南风，年平均室外风速较小。徽州地区多阴雨，太阳辐射总量小，年日照时数短，盆地地形也一定程度上减少了日照时间，进一步减少了徽州地区的太阳辐射总量。

其次，徽州厅井民居采取的环境调控策略体现了对太阳辐射的隔离，这种防御的姿态使其对太阳光的方向并不敏感。徽州地区夏热冬冷，在寒冷的冬季尚能采取“火桶”“手炉”等主动式环境调控设备进行加热，但到了炎热的夏季，徽州人并没有行之有效的主动式降温措施，因而在徽州地区，夏季防热的生存限度要优先于冬季抗寒，徽州厅井民居也因此遵循“防暑为主，兼

114 冯雪峰．徽州传统民居自然通风网络与流场研究 [D]. 马鞍山：安徽工业大学 ,2016.

典型案例	体形						
	体形系数	风向投射角	风向倾斜角	辐射方位角	辐射倾斜角	天井负体形高宽比	负体形口底比
1	0.94 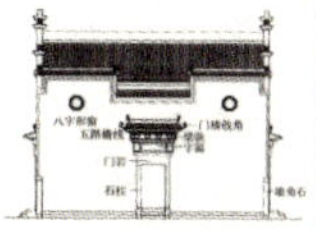	7.5° 夏季主导风向: 南西南 SSW（202.5°） 建筑朝向：南偏西 30°	71° 屋顶坡度 19°	30° 建筑朝向: 南偏西 30°	19°	3.01	0.26 
2	0.96	17.5° 夏季主导风向: 南西南 SSW（202.5°） 建筑朝向：南偏东 5°	67° 屋顶坡度 23°	5° 建筑朝向: 南偏东 5°	23°	3.28	0.22
3	0.70 	82.5° 夏季主导风向: 南西南 SSW（202.5°） 建筑朝向：南偏东 60°	64° 屋顶坡度 26°	60° 建筑朝向: 南偏东 60°	26° 	3.12	0.25
4	0.91	7.5° 夏季主导风向: 南西南 SSW（202.5°） 建筑朝向：南偏西 30°	69° 屋顶坡度 21°	30° 建筑朝向: 南偏西 30°	21°	3.55	0.25
5	0.72	7.5° 夏季主导风向: 南西南 SSW（202.5°） 建筑朝向：南偏西 15°	66° 屋顶坡度 24°	15° 建筑朝向: 南偏西 15°	24°	3.83	0.24
6	0.86 	22.5° 夏季主导风向: 南西南 SSW（202.5°） 建筑朝向：南偏西 45°	65° 屋顶坡度 25°	45° 建筑朝向: 南偏西 45°	25°	4.52 	0.39
7	0.76	7.5° 夏季主导风向: 南西南 SSW（202.5°） 建筑朝向：南偏西 15°	71° 屋顶坡度 19°	15° 建筑朝向: 南偏西 15°	19°	3.95	0.25
8	0.56 	67.5° 夏季主导风向: 南西南 SSW（202.5°） 建筑朝向：南偏东 45°	70° 屋顶坡度 20°	45° 建筑朝向: 南偏东 45°	20° 	4.79	0.12
9	0.60	112.5° 夏季主导风向: 南西南 SSW（202.5°） 建筑朝向：北偏西 45°	68° 屋顶坡度 22°	135° 建筑朝向: 北偏西 45°	22°	4.30	0.10
10	0.64 	22.5° 夏季主导风向: 南西南 SSW（202.5°） 建筑朝向：南偏西 45°	64° 屋顶坡度 26°	45° 建筑朝向: 南偏西 45°	26°	3.76 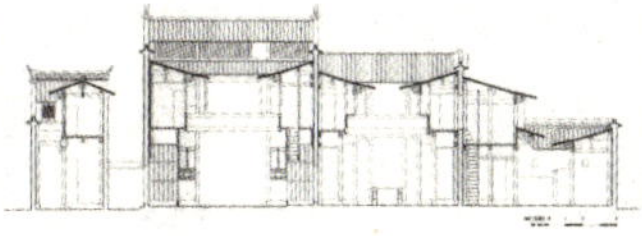	0.13

图 5.29 徽州厅井民居典型案例的体形因子与参数（图片来源：作者自绘）

顾防寒”的环境调控意图[115]。就太阳辐射而言，徽州厅井民居为了遮蔽夏季的阳光，舍弃了冬季温暖的阳光，高深的天井和深远的出檐遮挡了绝大部分直射阳光。如果说东北汉族民居对太阳光的态度是“用”，因而遵循坐北朝南的朝向，那么对太阳光态度为“防”的徽州民居来说，建筑的朝向变得不十分重要，绝大多数的直射光线都能被屋顶和天井所遮挡。

此外，徽州厅井民居的通风并不依赖室外风，而是采取天井拔风进行通风。有限的风资源，加之徽州村落聚族而居、肌理致密的特点对外界风速起到衰减作用，徽州厅井民居能利用的自然风资源极其有限。徽州厅井民居转而通过高且深的天井进行热压通风，这种通风方式不囿于朝向，不利用室外风，因而民居的朝向不太受冬、夏两季的主导风向影响。

2）形状类型

基于夏季防热的环境调控意图，徽州厅井民居通过控制体形系数来加强建筑在夏季，尤其是夏季夜晚的散热。乍见之下，徽州厅井民居与晋西半地坑窑院的外部体形较为相似，均为封闭内向、平面规整的合院式建筑。然而，与半地坑窑民居半埋在黄土中以减少建筑界面表面积的做法不同，徽州厅井民居通过各种方式增加建筑与外部空气的接触面积，这在无形中增大了体形系数。首先，徽州厅井民居的气候边界划分十分模糊，不仅包含天井、檐廊，也包括敞开的堂屋。露天的天井、檐下空间、开敞的厅堂，三者空间上相互渗透，这些半室外灰空间延伸到建筑深处并直接与外部大气相连，大大增加了建筑界面散热面积。其次，厢房地面一般在夯土地面上采用架空地垄，一般在距离地面 40 cm 处架装杉木板作为厢房地板。地垄朝向堂屋的一层常设置通风口，以增强地板下的通风，保持室内干燥舒适。地垄延续了古越巢居干栏建筑的形式，以部分增加建筑外界面面积的方式增大体形系数，利于建筑散热。同时，地垄空间受地下热源的影响，其空气温度较为恒定，冬暖夏凉，利于平衡徽州夏季炎热、冬季寒冷的气候影响。

3）负体形类型

a. 负体形高宽比

徽州厅井民居中的负体形包括了天井、檐廊和敞厅。天井是徽州厅井民居最具特点的要素之一。天井多位于正堂前，呈长方形，面宽视开间大小而定，进深则通常延伸至两侧厢房的窗中线，有利于天井光漫射到室内。天井围墙一般为白色抹灰粉刷墙，以加强直射光的漫反射，增加室内照度。夏季，高大围墙和四周出挑的屋檐阻挡了大部分的直射阳光，使天井处于阴影中；青砖优异的热阻维持了建筑内外界面的温度差；“四水归堂”的天井内排水方式，使雨水通过天井下方的阴沟排出，水源丰富的地区更是引外水入院形成水院，通过蒸发降温作用，使天井更加凉爽舒适。在宏村、西递等地，天井底部和室外水系相连，并延伸到堂屋中，在民居室内形成“土空调”，进一步降低室内温度，提高夏季舒适度。

天井不仅从形式上丰富了徽州乡土民居的空间，同时在环境调控的意义

115 王鹏. 建筑适应气候：兼论乡土建筑及其气候策略 [D]. 北京：清华大学 ,2001.

上，组织起居住环境必需的天然采光、自然通风和给水排水。因此天井负体形的高宽比直接影响建筑太阳辐射得热与通风情况。从典型案例的数据分析可推测，徽州厅井民居天井的高宽比在 2.7~3.5 之间（图 5.29）。有学者认为，当中庭高宽比大于 2 时，室内风环境风速提升有限，但整体风环境较好，还能由于高深的体形遮挡外部太阳辐射；当高宽比大于 4 时，烟囱效应明显，但此时负体形比例过高，对冬季的辐射得热和采光产生不利影响[116]。

b. 负体形口底比

由天井、檐廊和敞厅构成的徽州厅井民居负体形，其开口为挑檐围合的天井上口，其底面则包括了天井内院、檐廊与敞厅的底部，负体形口底比较小。负体形上界面开口的变化主要体现在对太阳辐射的进一步隔绝上，这会影响室内采光、室内太阳辐射得热。对风环境来说，一方面辐射得热量变化造成口底两处温差变化，继而对热压通风产生影响；另一方面口部尺寸变小也可能引起口部风压差变化从而影响进入室内的风压通风效果。

5.6.2.3 原型提取

徽州厅井民居中蕴含了乡土民居应对湿晦区夏热冬冷矛盾气候的质朴智慧，这些行之有效的环境调控策略由内而外衍生出徽州民居独特的形式类型。冬季寒冷，徽州人尚能使用“火桶”“手炉”等主动式采暖措施，夏季隔热防暑则成为建筑形式本身被动式环境调控的主要目标。这种隔热散热的意图呈现为“外部封闭、内部开敞”的建筑形式：外部体形规整，平面方正，高墙小窗，不囿于朝向；内部体形延展，轻质透气隔墙，大扇门窗；出檐深远，天井高深。不难发现，在众多案例中，建筑形状、界面围合与开启的方式是相对稳定的形式特征，负体形类型也呈现为有限的几种分类，这种恒常的形式语汇组织起了徽州民居独有的环境调控单元。这些单元的组合与拓扑，构成了随形就势、纷繁复杂的民居样式。笔者根据广泛存在于徽州厅井民居中的负体形类型与其组合变化，选取出典型民居案例，通过对其形式因子物理参数的归纳分析，寻求不同形式中的恒常要素，提取出湿晦区环境调控原型。

徽州先民聚族而居，民居选址讲究风水，空间结构完整。徽州民居平面方整，中轴对称，一厅两厢房，内置深狭天井，以抬梁式和穿斗式木构架为结构，围以空斗砖墙，覆以小青瓦。根据负体形类型，徽州厅井民居有三种基本的院落形制，即“凹”字形三合院落、“口”字形四合院落、“H”形二进三合院落，其中“凹”字形和“口”字形合院更为常见。基本的院落单元通过相互串联、并联或院落组合连接，形成规模更大的民居建筑群。串联式连接为院落单元沿轴向生长，每加一进增设一个纵向天井；并联式连接为院落单眼左右拼接，在公用的侧墙开门，门开启后，天井即相通；院落组合连接则是指院落单元以入口门外的院落为公用院落灵活组合，形成整体建筑群。

从诸多案例的形式因子中，可以选取出具有普遍意义的物理参数，使其成为反映徽州厅井民居环境调控机理的建筑原型（图 5.30）。

116 肖葳，张彤．建筑体形性能机理与适应性体形设计关键技术[J]. 建筑师，2019（6）：16-24.

环境调控原型提取		
界面	太阳辐射吸收系数	0.51 白灰墙体，旧，灰白色 青瓦屋顶，旧，深灰色
	综合传热系数	2.02 空斗墙：30 mm 白灰 +280 mm 空斗墙 +20 mm 内抹灰 青瓦顶：10 mm 小青瓦 + 空气层 +15 mm 杉木板 +10 mm 轻质黏土 +20 mm 黏土砖 单层木窗
	热惰性指标	1.02
	窗墙面积比	外立面 0.08 内立面 0.60
	进出风口高度差	6.5 m
	风向投射角	7.5° 夏季主导风向：南西南 SSW（202.5°） 建筑朝向：南偏西 15°
	综合遮阳系数	0.38
体形	体形系数	0.78
	风向投射角	7.5° 夏季主导风向：南西南 SSW（202.5°） 建筑朝向：南偏西 15°
	风向倾斜角	66° 屋顶坡度 24°
	辐射方位角	15°
	辐射倾斜角	24°
	负体形高宽比	3.5
	负体形口底比	0.27

图 5.30 湿晦区环境调控原型提取（图片来源：作者自绘）

5.6.3 能量的量化解析

5.6.3.1 模型建立与条件设定

物理模型：湿晦区能量建构模型的原型建筑为徽州厅井民居，院落组织为“凹”字形三合院落。建筑朝向南偏西 15°，辐射方位角 15°，风向投射角 7.5°（夏季主导风向：南西南 SSW）。平面尺寸 9.76 m × 9.57 m，堂屋开间 3.55 m，进深 4.45 m；两侧厢房开间 3.10 m，进深 5.30 m。堂屋与楼上厅对天井打开，不设气候边界。负体形包括天井、廊下与厅堂，底面面积 47.2 m^2，天井开口面积 12.7 m^2，负体形口底比 0.27。院墙脊高 5.4 m，天井开口宽 1.54 m，负体形高宽比 3.5。正房屋脊高度为 7.80 m。建筑体形系数 0.78。屋顶为硬山坡屋顶，三面朝向天井排水，坡度约为 24°，风向倾斜角 66°，辐射倾斜角 24°。外围护界面为 330 mm 厚白色抹灰空斗砖墙，单层木窗与小青瓦屋顶，综合传热系数 2.02，热惰性指标 1.02，太阳辐射吸收系数 0.51。建筑朝外部开窗较少，窗墙面积比仅为 0.08；朝天井开窗较多，窗墙面积比 0.60；朝向天井的开窗多采用镂空窗格遮阳，加上挑檐的水平遮阳，综合遮阳系数 0.38。

数学模型：传导、对流与辐射的数学解析模型，湍流模型选用 RNG $k-\varepsilon$ 模型。

边界条件：边界层建模方法为壁面函数法与低雷诺数建模 LRNM。为简化运算，模拟风场时并未考虑地面粗糙度。建筑各界面温度数据由 OpenStudio 导出。

工况选取：根据对湿晦区气象参数的分析，模拟工况分为冬夏两季典型工况。夏季典型工况为 7 月 21 日，空气最高温度 33.2 ℃，风速 3.2 m/s，风向南偏西 22.5° ；冬季典型工况为 1 月 21 日，空气最低温度 -1.7 ℃，风速 1.8 m/s，风向北偏西 20° 。考虑风速衰减以及静定风对建筑风环境与热环境的影响，夏季风速增设 0.8 m/s 与室外无风两个模拟对照组，冬季风速增设 0.9 m/s 与 0.45 m/s 两个模拟对照组。同时，根据外界面与内界面温度变化曲线选择三个时间点，分别为 5:00、13:00，以及 17:00，对每个工况进行分时刻模拟。

5.6.3.2 模拟结果分析

1）风速场分析

冬季主导风以 1.8 m/s 的风速从建筑西南方向流入，在民居二层檐口处分离，在建筑南侧地面再附，形成较大范围的风影区。徽州厅井民居的各个房间与天井都处于风影区内。风影区内部风速较小，天井平均风速仅为 0.36 m/s，敞厅内平均风速更小，约为 0.17 m/s。在天井、敞厅与侧廊组成的负体形空间中，空气形成涡流，风速较小且流场均匀平稳，在天井上部开口处的风速场模拟图中可以清晰地观察到风速分层现象。而温度场的模拟图显示风速分层处同样出现了温度分层，被墙面加热的室内空气形成了内部循环的涡流，一方面使得天井上下温度分布均匀，消减了因温度差产生的热压通风；另一方面涡流方向与热压通风方向相反，进一步减少了负体形空间与外部的气流与温度交换，这表明负体形空间在冬季成为优异的能量缓冲区域，能有效地防风藏风、保温隔热。在 0.9 m/s 与 0.45 m/s 风速的工况中，天井、敞厅与侧廊的风速都保持在一个较小的数值，随着室外风速的增大，院落中的风速仅有较小的提升幅度，室外风速越大，形体与界面构成的环境调控系统越能发挥其防风抗寒的作用（图 5.31）。需要说明的是，现实情况中，土、木材料构筑的徽州民居存在相当大的气密性问题，土、木、砖、石在经年累月的时间历程中会不可避免地发生形变、收缩、剥蚀与开裂，致使建筑外围护结构存在大小不一的缝隙，因而导致夏季热风渗透与冬季冷风渗透，这对室内热舒适的影响较大，而这一问题未能体现在风环境的模拟分析中。

夏季主导风以 3.2 m/s 的风速从民居西南侧流入，建筑南面为迎风面。平面气流在建筑东南角与西南角分离，西南侧的气流迅速在西墙再附，建筑东墙与北墙为背风面，处于较大风影区中。风压区与风影区的压差使建筑内部形成穿堂风，其中建筑入口与北侧后门处风速较大，达到 3.5 m/s。此时天井、侧廊与厅堂组成的负体形空间平均风速达到 2.2 m/s，风速分布不均匀，西侧廊、天井与厅堂西部风速要远大于东侧。因厢房的两个开口位于房间一侧且开口位置气压差不大，两侧厢房的室内风速较小。西侧厢房室内平均风速 0.34 m/s，东侧厢房室内平均风速较小，约为 0.21 m/s。剖面气流在院墙顶与正屋檐口处

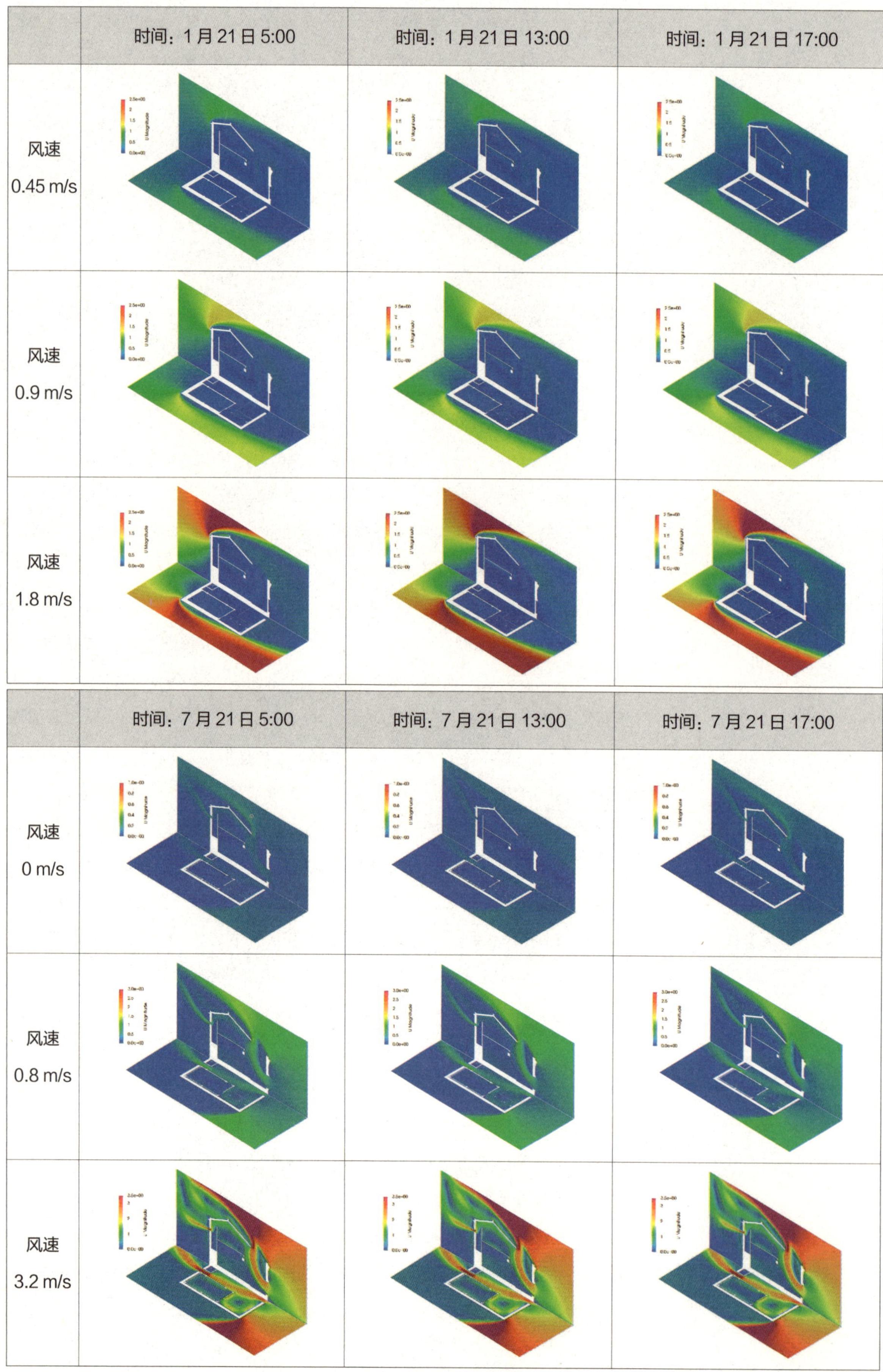

图 5.31 冬季（上）与夏季（下）的风速场分布情况（图片来源：作者自绘）

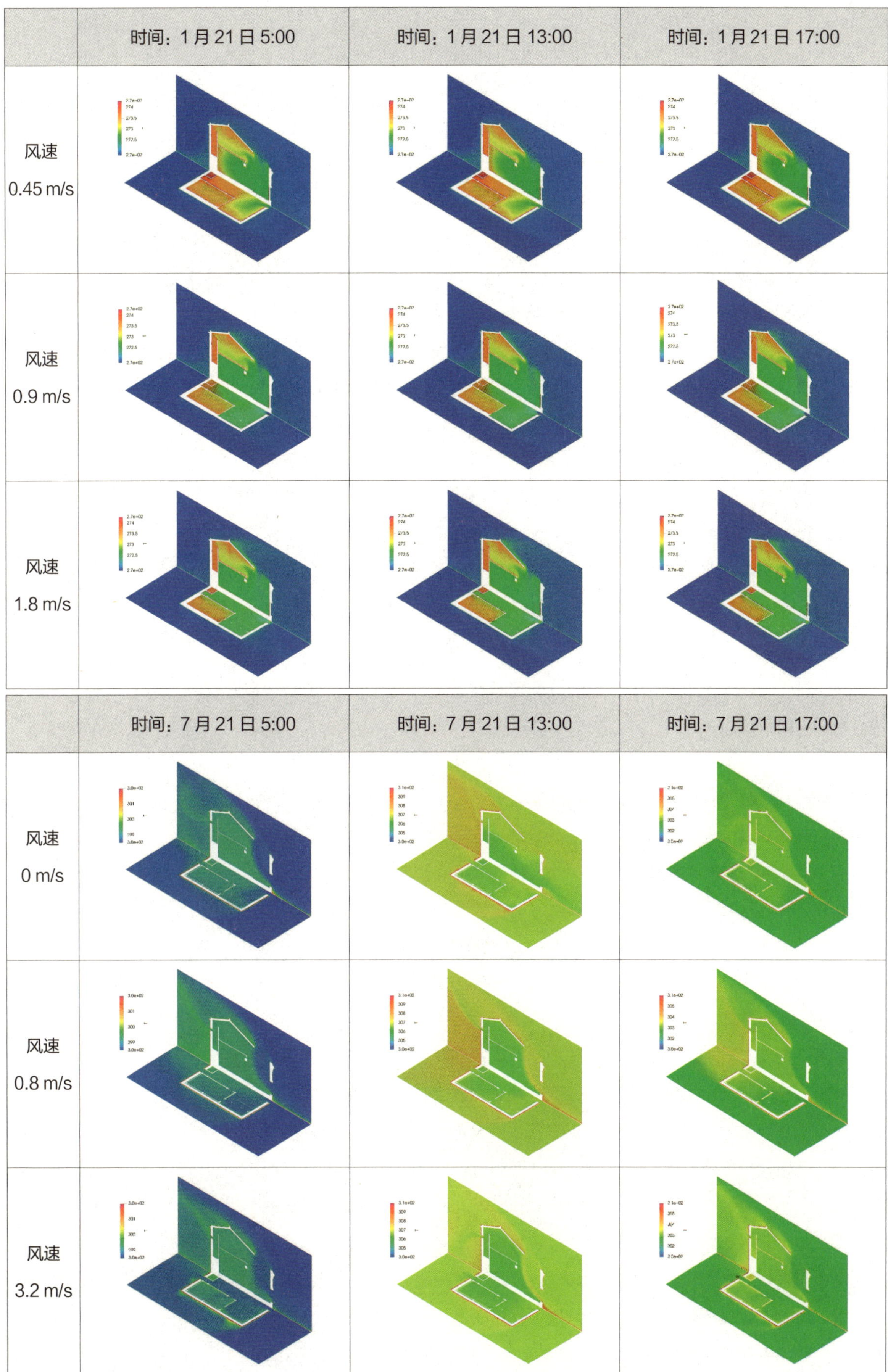

图 5.32 冬季（上）与夏季（下）的温度场分布情况（图片来源：作者自绘）

分离，在屋顶上方与北侧墙后形成风影区。正面来风通过大门进入天井后，除了在水平方向在负体形中形成穿堂风，剖面上的风大部分从天井上口排出，小部分经由楼上厅从北侧小窗排出室外。此时楼上厅的平均风速 0.78 m/s，气流主要贴着屋顶略过，可以带走屋顶热池中囤积的热量。

3.2 m/s 风速下的早、中、晚时刻工况显示，不同温度边界条件对风速场的影响不大，此时民居内部自然通风的方式主要为风压通风。0.8 m/s 风速的对照组模拟结果显示，随着室外风速降低，天井与室内风速同比降低，同样几乎不受不同时刻温度边界条件差异的影响。

静定风工况下的模拟结果表明，不同时刻温度边界调节对建筑通风效果影响较大，此时建筑中主要为热压机制下的自然通风。其中 13:00 时风速较小，天井处风速仅为 0.03 m/s，而 5:00 与 17:00 时天井处风速可以达到 0.17 m/s。通过对温度场的分析可以解释不同时刻下通风效果的差异，早晨与傍晚的室内温度都要高于室外，天井下部的空气温度也要高于上部，因而暖气流上升，室外冷空气通过门窗对室内进行补偿，置换掉原有的热气，有利于建筑纳凉。实际上，冷空气的来源除去室外空气，还有部分来自架空地垄内被地面冷却的空气，这部分冷源在模拟中被简化省略了，在实际情况中热压通风的效果会更好。而 13:00 时室内空气温度低于室外，天井下部空气的温度要低于上部空气，通风方向与热压通风的方向相反，不利于形成垂直气流。此时室内温度较低，减少通风反而可以保证室内温度不被室外热空气加热，因而有利于建筑防热（图 5.31）。

综合而言，徽州厅井民居的风速场模拟结果显示，天井、敞厅与侧廊形成的负体形空间具有优异的风环境调控性能，可以在冬季充当缓冲空间，藏风防风，也能在夏季促进热压通风，通风纳凉。徽州厅井民居在夏季风压通风的效果并不理想，更依赖于负体形空间形成的热压通风。

2）温度场分析

冬季典型工况选取了 1 月 21 日。在 1.8 m/s 室外风速下，室外气温为 -1.7 ℃，建筑外表面背阴面温度约为 -1.1℃，波动较小，内表面温度在 0.7 ℃至 0.95 ℃之间波动。厢房内表面温度与外表面温度的差值较小，有约 2 ℃的温差，建筑外围护界面的热工性能并不突出，且热延迟效应并不显著。厢房内表面温度为 1.8 ℃，仅比室外空气温度高 2.9 ℃。厢房内表面温度比室外气温高 3.5 ℃左右，壁面冷辐射对人体舒适度的负面影响较大。天井、一层敞厅与侧廊组成的负体形空间虽然没有气候边界，但是其温度比室外气温平均高 1.05 ℃，约为 -0.65 ℃。二层楼上厅的平均气温要略高，约为 -0.11 ℃，其热环境舒适度要高于底层敞厅。1/2 与 1/4 室外风速的对照组模拟结果则显示，室外风速的变化对厢房温度场的影响较小，厢房内部风速几乎为 0（图 5.32）。相比之下，负体形空间内的温度受风速影响稍大一些。总体而言，徽州厅井民居在冬季的环境调控能力略逊，围护结构的传热系数过大，热惰性指标过小，使得室内外温差较小且无明显的热延迟作用。虽然负体形空间能够藏风，具有缓冲作用，但是其效果并不能满足现如今的热舒适度标准。在田野调查中也发现，在空调等机电设备进入之前，徽州民居中广泛使用火盆、火桶等主动式环境调控措施，以便在冬季采暖期进行热量补偿。

夏季典型工况为 7 月 21 日。在夏季，徽州厅井民居的室内温度波动幅度明显小于室外。3.2 m/s 风速的工况下，厢房室内温度峰值比室外低 4.8 ℃。5:00，围护结构向室内空气传递冷量。此时进行的风压通风能够有效置换室内的热空气，其中天井平均温度为 25.4 ℃，底层敞厅平均温度为 25.9 ℃，二层楼上厅平均温度为 26.2 ℃。天井—敞厅—楼上厅—厢房的空间序列中存在明显的温度梯度。13:00，室外气温高于室内，进行通风反而会加热室内。从通风效果而言，天井要优于敞厅，敞厅则优于厢房，而此时室内平均温度的排序则是，厢房低于敞厅，敞厅低于天井。17:00，围护结构向室内空气传递热量，室内气温要高于室外，风压通风可以有效降低室内温度。因而通风效果更好的天井、敞厅，其温度要低于厢房与楼上厅。在静定风工况下，建筑主要进行热压通风，通过风速场分析可知，热压通风主要发生在室内空气温度比室外高的早晨与傍晚，缓慢的风速使室外冷空气逐步置换室内的热空气，风速较大的天井温度较低，敞厅与厢房的温度则差别不大且都略高于天井。到中午时，室外温度迅速上升，墙体向室内传送冷量，室内温度低于室外，因而不宜通风。负体形空间上热下冷的温度梯度不利于形成烟囱效应，反而能够隔热保“冷”，从数值上来看，楼上厅的室内平均温度要比一层敞厅高 0.77 ℃。总体而言，徽州厅井民居夏季自然通风的效果优异，良好的通风有助于夏季散热（图 5.32）。

综上，相较于冬季保温，徽州厅井民居在夏季散热方面更有成效。较小的太阳辐射吸收系数与综合遮阳系数，降低了建筑的太阳辐射得热；较大的综合传热系数与较小的热惰性指标，使建筑不储存过多的热量，利于散热；负体形空间充当热压通风的管道并在恰当的时刻形成热缓冲空间。在冬季保温方面，背对寒流的建筑朝向、封闭的界面与负体形空间形成的缓冲空间，有效防止了寒风侵袭。在环境调控的意图上，徽州厅井民居主要应对夏季散热，兼顾冬季保温。

5.6.3.3 能量建构模型

通过对以上建筑原型的模拟分析，综合形式因子与气候要素的相关性分析、建筑原型的对比分析（详见本章第 8 节），可以提取出湿晦区能量建构模型（详见本章第 9 节），用以解释形式因子、调控策略与能量机制的对应关系。

5.7 湿热区环境调控原型——岭南广府民居

5.7.1 概述

湿热区冬季温和潮湿，夏季酷热潮湿，平均采暖度日数小于 800 ℃ · d，年均相对湿度大于75%。湿热区主要包括福建、广东、广西和海南四省（区）。《晋书·地理志下》记载的“岭南三郡”涵盖了秦代所立的南海郡、桂林郡和象郡。[117] 如今的广东、海南、广西的大部分地区都属于“岭南”这一文化地理范围。

岭南各地具有相对一致的气候特征，属亚热带湿润季风气候。其中的广东地区，地处东亚季风气候区南部，年平均气温为18~24 ℃，一月8~21 ℃，七月气温为27~29 ℃，夏长冬暖，雨量充沛，年平均降雨量为1500~2000 mm，年平均蒸发量1000~1200 mm，具备典型的湿热区气候特点。

据汉代出土的明器模型，岭南民居最早的建筑的结构及构造具备典型干栏式建筑的特征，栏下养牲畜，栏上为居所，平面形式有三合院和四合院等。北方汉族从秦代开始，在不同时期迁徙到广东各个地区，并与当地百越土著融合，形成广府、潮汕和客家三大民系。随着民情风俗的不断汉化，建筑形式也由少数民居的干栏式向干栏式与合院式结合转变。

岭南广府常见的民居有竹筒屋、明字屋、三间两廊等类型，分别为一开间、二开间与三开间房屋，在潮汕地区则分别称为“竹竿厝”“单佩剑”“双佩剑”。竹筒屋为厨房、厅堂、厢房一字排开，是利用天井、廊道与敞厅进行空间组织与环境调控的单开间民居。规模较大的竹筒屋甚至能达到35 m的进深，每隔10 m的天井确保了大进深民居的采光与通风。通过不同层高、不同位置的天井，竹筒屋中的风经由不受限制的前后开窗、开敞的厅堂、通透的内部隔断以及南北贯通的廊道，形成流畅的自然通风。明字屋则是由厅、房、厨房和天井组成的两开间民居，两个开间可大小不一，进深可长可短。明字屋的优点是平面紧凑，功能方便，通风采光良好。竹筒屋和明字屋的平面布置相对自由灵活，平面组织开敞透风，天井位置随机应变，围护结构轻质透气，屋架形式多为穿斗，二层的层高高于一层——这些特征都可以视作干栏式民居的遗存。而三间两廊民居受北方合院的影响显然更为深远。三间两廊，即三开间主座建筑，前带两廊和天井组成的三合院民居，这也是岭南广府最主要的民居形式。除了利用天井、廊道与敞厅进行环境调控之外，三间两廊民居常在建筑一侧或两侧增加巷道。高而窄的巷道遮挡了太阳辐射，因而空气格外凉爽，巷道可以视作天井通风的冷源。

岭南广府民居以厅堂为中心，以天井为枢纽，以廊道联系交通，通过各个天井院落组织成建筑群落，形成了岭南地区形形色色的民居样本。岭南广府民居作为湿热区典型民居，充分考虑了亚热带气候的特点，采用整齐封闭的外墙以减少对太阳辐射热的获取，利用起伏的屋面、天井、敞厅、檐廊、高侧窗、天窗、楼层窗井、各种通透和可开启的门窗来组织自然通风，以获得符合人体舒适度要求的室内环境，因而岭南广府民居在本书中被选取为湿热区的环境调控原型（图5.33）。

117 陆琦．广东民居[M]．北京：中国建筑工业出版社，2008.

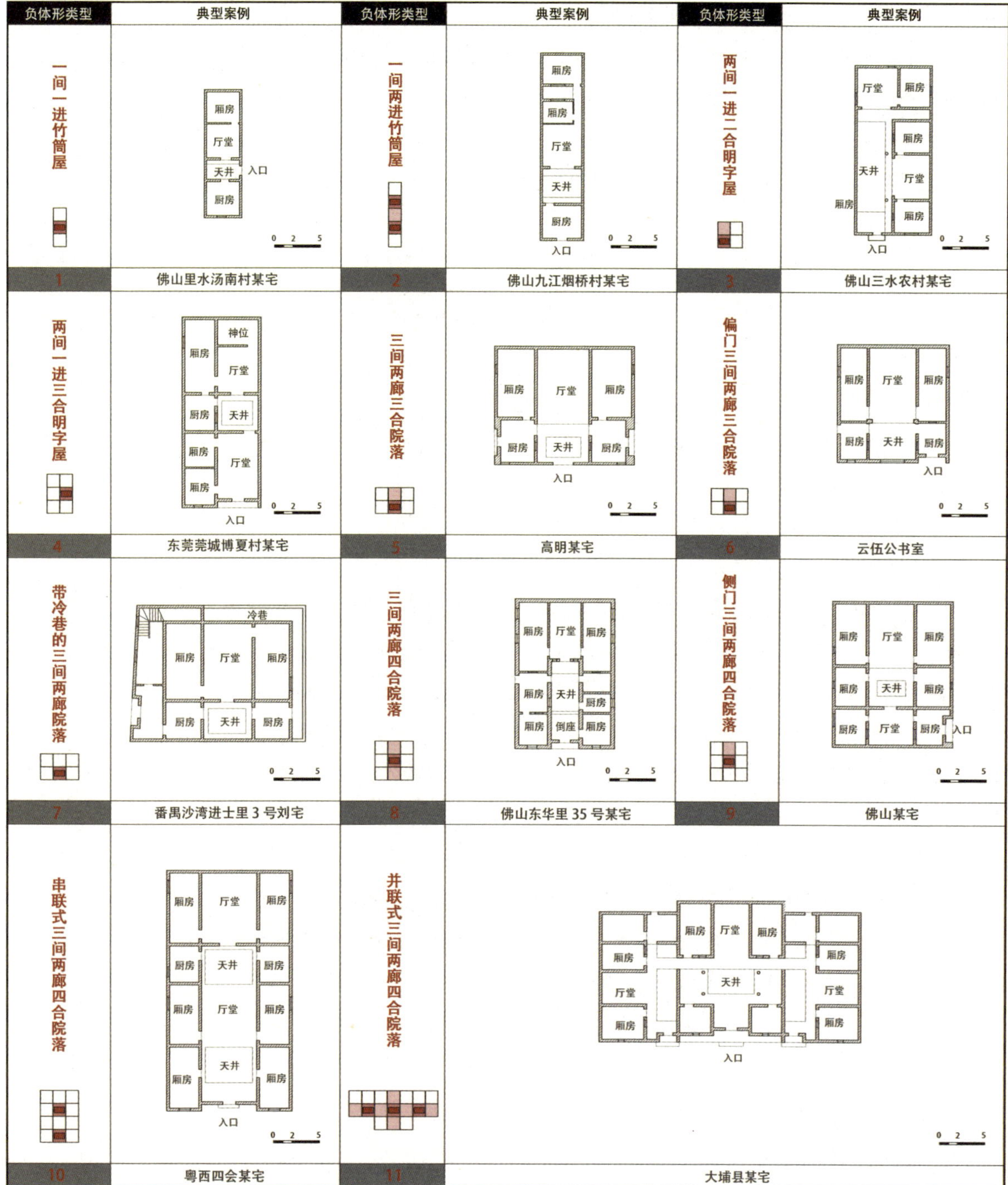

图 5.33 岭南广府民居典型案例（图片来源：作者自绘）

5.7.2 形式的类型解析

5.7.2.1 界面类型

1）围合类型

a. 太阳辐射吸收系数

岭南广府民居墙面平整、少凹凸，颜色为青砖的青灰色或抹灰的白灰色，太阳辐射吸收系数小。庭院天井的地面采用磨石，石质坚硬平滑，不易吸收辐射热，具有吸热少、散热快的优点。屋面采用灰色小青瓦，为深灰色，相较徽州民居要浅一些，太阳辐射吸收系数比墙面大。与徽州民居的白墙黑瓦类似，岭南广府民居的深灰色屋面虽然在夏季白天吸收大量的太阳辐射，但其本身能够积蓄的热量有限，深灰色表面同样加速了建筑在夜间的散热（图 5.34）。

b. 综合传热系数与热惰性指标

岭南广府民居一般采用传热系数小、热惰性大的材料作为墙体构造层，例如砖、石、黏土等，墙体内外抹灰。墙体类型也根据材料有砂土墙、砖墙、块石墙、蚌壳墙等。

土坯墙：将泥土、碎稻草混匀放到定型的木坯中制成土坯砖，风干之后用泥浆错缝砌筑。墙厚 30~45 cm 不等。这种墙体材料来源方便，经济可持续，同时热阻大、蓄热性能好。

夯土墙：粤东地区更普遍，以黄土、砂和石灰、稻草混合，用活动木模板一层层夯实而成，墙体厚度为 40 cm 左右。

青砖实墙：岭南地区最常见的墙体形式，砖砌实墙，厚约 30 cm，一般为水磨青砖砌筑。

岭南广府民居外围护界面的环境调控意图主要为隔热，白天隔热好，晚上散热快。外墙面多为浅灰色或白色，且由于连房广厦，建筑之间相互遮挡，出檐深远，外墙隔热问题并不突出，因而并不强烈要求墙体具有较小的热惰性。相反，屋面是白天受太阳辐射最多，晚上向夜空辐射散热最多的界面，因而其热工性能更为重要。岭南广府民居并没有选择厚重大热质的屋面材料，这是因为厚重材料虽然可以有效隔热，但是蓄热能力也强，白天积蓄的热量会在夜晚持续加热室内。岭南广府民居屋面多为轻质材料，屋顶构造为双层瓦屋面，两层瓦重叠铺设，中间形成一个架空层，起到隔热通风的效果。也有直接铺设双层屋面的做法，在山墙上架设双层檩条，铺双层桷板，在其上铺双层瓦，两层屋面之间留 50 cm 的空气腔层，并在山墙对应位置开小窗，形成通风隔热层[118]。

2）开启类型

a. 窗墙面积比

岭南广府民居的门窗开启都是为了最大限度地加强室内外空气流动。其外界面与徽州厅井民居封闭的立面相比较为开敞，除了厅堂后墙面为了防止“漏财”不开窗，两侧厢房和厨房都有直接对外的开窗，面向天井的界面则更为通透。厅与天井之间有开敞和设槅门两种形式，即便设置槅门，隔断也为活动式对开门，需要时可以移除。有的民居把门做成活动式隔扇，活动屏门上下可分别打开或关闭，也有在门上部设镂空格栅窗的形式；有的在实木大门外再加一道木格栅门，考究的做法是在实木门与格栅门间再加一道水平推拉的“趟栊”，在保证安全的同时满足通风的需要。岭南广府民居的窗有槛窗、满洲窗、边轴窗、中轴窗等形式，还可以在二楼开窗部位，做成落地隔扇，隔扇的下截采用通透的木栏杆，以使风从窗上下都能进入室内。

b. 进出风口面积比与高度差

与徽州厅井民居狭小高深的天井不同，岭南广府民居的天井要更大，院

118 余欣婷．广府地区传统民居自然通风技术研究 [D]. 广州：华南理工大学，2012.

墙则更矮，进出风口高度差更小，但进出风口面积比更大。这是由于相较于徽州地处盆地的少风环境，岭南地区面海，具有丰富的风环境资源，如果说徽州民居主要通过天井的热压作用通风，那么岭南广府民居主要利用风压通风。风压的利用是指借助空间尺度变化造成的空气密度的不均匀，使空气产生压

典型案例	界　面						
	太阳辐射吸收系数	综合传热系数（W·m^{-2}·K^{-1}）	热惰性指标	窗墙面积比	进出风口高度差（m）	风向投射角	综合遮阳系数
1	0.50 	1.87 实心青砖墙 1.63+ 300 mm 青砖实墙 + 10 mm 内抹草筋灰	2.87 实心青砖墙 2.62	南立面 0.12 东立面 0.08 西立面 0 北立面 0 内立面 0.45	2.6	17.5° 夏季主导风向： 南东南 SSE（157.5°） 建筑朝向：南偏东 5°	0.46 ≈ 0.70 ≈ 0.66
2				南立面 0.12 东立面 0 西立面 0 北立面 0 内立面 0.38	3.1 	7.5° 夏季主导风向： 南东南 SSE（157.5°） 建筑朝向：南偏东 15°	0.45 ≈ 0.70 ≈ 0.64
3	白色抹灰砖墙 0.48 光滑，白色	夯土墙 1.54 10 mm 外抹灰 + 330 mm 夯土 + 10 mm 内抹灰	夯土墙 3.44 	南立面 0.15 东立面 0.02 西立面 0.03 北立面 0.04 内立面 0.35	3.4	52.5° 夏季主导风向： 南东南 SSE（157.5°） 建筑朝向：南偏西 30°	0.45 ≈ 0.70 ≈ 0.62
4		土坯墙 1.08 10 mm 外抹灰 + 260 mm 土坯 + 10 mm 内抹灰	土坯墙 4.17	南立面 0.14 东立面 0 西立面 0.03 北立面 0 内立面 0.29	2.7	52.5° 夏季主导风向： 南东南 SSE（157.5°） 建筑朝向：南偏西 30°	0.47 ≈ 0.70 ≈ 0.67
5				南立面 0.18 东立面 0.05 西立面 0.05 北立面 0 内立面 0.52	2.9 	7.5° 夏季主导风向： 南东南 SSE（157.5°） 建筑朝向：南偏东 30°	0.43 ≈ 0.70 ≈ 0.61
6	青砖墙 0.50 不光滑，灰青色			南立面 0.20 东立面 0.02 西立面 0.04 北立面 0 内立面 0.43	3.5	22.5° 夏季主导风向： 南东南 SSE（157.5°） 建筑朝向：南偏东 45°	0.46 ≈ 0.70 ≈ 0.65
7		青瓦顶 2.27 10 mm 小青瓦 + 空气层 10 mm 小青瓦 + 10 mm 轻质黏土 + 20 mm 黏土砖	青瓦顶 0.91	南立面 0 东立面 0.10 西立面 0.12 北立面 0 内立面 0.33	3.3 	52.5° 夏季主导风向： 南东南 SSE（157.5°） 建筑朝向：南偏东 75°	0.44 ≈ 0.70 ≈ 0.63
8	夯土墙、土坯墙 0.68 粗糙，旧，灰褐色			南立面 0.15 东立面 0.09 西立面 0.09 北立面 0 内立面 0.29	3.2	37.5° 夏季主导风向： 南东南 SSE（157.5°） 建筑朝向：南偏西 15°	0.48 ≈ 0.70 ≈ 0.68
9	青瓦顶 0.52 旧，深灰			南立面 0 东立面 0.08 西立面 0.08 北立面 0 内立面 0.47	2.8	37.5° 夏季主导风向： 南东南 SSE（157.5°） 建筑朝向：南偏西 15°	0.48 ≈ 0.70 ≈ 0.69
10		单层木窗 3.4		南立面 0.15 东立面 0.05 西立面 0.05 北立面 0 内立面 0.31	2.9 	7.5° 夏季主导风向： 南东南 SSE（157.5°） 建筑朝向：南偏东 15°	0.50 ≈ 0.70 ≈ 0.71
11				南立面 0.09 东立面 0 西立面 0 北立面 0.01 内立面 0.42	3.8	7.5° 夏季主导风向： 南东南 SSE（157.5°） 建筑朝向：南偏东 15°	0.46 ≈ 0.70 ≈ 0.66

图 5.34 岭南广府民居典型案例的界面因子与参数（图片来源：作者自绘）

力差，从而形成相邻空间的空气交换。岭南广府民居以封闭的房间、半室外的敞厅和檐廊、露天的天井形成空间的开放性差异，从而形成稳定的压力差，促进风压通风。而引进室内的空气多为相邻建筑之间狭窄巷道中的空气，已经被“冷巷”冷却因而格外凉爽。

c. 风向投射角

岭南广府民居朝向大致与夏季主导风向平行，建筑体形为前低后高，南低北高，建筑界面北面封闭，南面开敞。岭南广府民居冬暖夏凉，门开通气，迎合夏季主导风向，风向投射角很小，利于夏季通风；门闭聚气，倚靠楼宇和院墙减少冬季风和台风的侵袭。

d. 综合遮阳系数

遮阳防晒是岭南广府民居最主要的一项环境调控策略。岭南广府民居遮阳的方式有很多种，除了控制天井进深，使建筑相互遮挡以外，还在门窗上采取构件或体形层级上的遮阳措施。例如，利用挑檐、廊道等为门窗提供水平遮阳厅，堂前的檐廊称“大廊下”，其进深有 6.4 尺（1 尺≈ 0.33m）、6.9 尺、7.2 尺、7.8 尺等，而倒座前的檐廊被称为“内廊”，进深为 4.2 尺、4.8 尺等，左右厢房的出檐则稍小一些；或将门窗设置在凹入墙面的一侧，使外墙窗檐、门檐本身成为遮阳板；或在墙面中部单独设一道腰檐进行墙面遮阳；或用砖挑人字檐、波纹檐、折现檐、叠涩出檐、木板飘蓬等门窗本身的构造进行遮阳；或利用窗户本身的纹样雕刻进行遮阳，常见的槛窗、满洲窗、边轴窗、中轴窗，都具有镂空花格，通风透气的同时阻挡部分的太阳辐射热，起到遮阳的作用（图 5.34）。

5.7.2.2 体形类型

1）朝向类型

a. 风向投射角与风向倾斜角

岭南广府民居在营建时十分注重风水，宜选在聚“气”之地，“气乘风则散，迁水则止”。为了应对湿热气候，岭南广府民居利用山势地形，沿南坡建村，不仅利于采光，更能利用昼夜交替产生的山谷风。村落宅址要靠近河流、湖塘，或在宅院中挖井，满足生活用水需求的同时，利用风吹过水面蒸发吸热进行降温。村落布局大部分为梳式布局，朝向夏季主导风向，具备良好的引风条件。

b. 辐射方位角与辐射倾斜角

岭南广府民居的主要环境调控意图包括夏季遮阳、夏季通风、防避台风。其中，遮阳防晒是最主要的一项，尤其是防西晒。因此建筑朝向尽量避开西向，再结合风向等气候因素，最终呈现为南偏东和南偏西等朝向（图 5.35）。

岭南广府民居的屋顶多为硬山顶，坡度较陡，以应对南方多雨的天气，同时出于防漏的考虑，屋脊做得特别粗大。山墙较厚，同时增加泄风的孔洞和空隙，减少风阻。坡屋顶后坡比前坡长，前坡坡度为 28°，后坡坡度为 26°，天窗多开在后坡上。一方面利用坡屋顶和突出屋面的山墙减少太阳辐射的面积；另一方面加强室内通风，降低屋顶内表面的温度，减弱对室内的长波辐射；而浅色的瓦片与较高的屋顶外表面温度使建筑向外辐射散热的效率加大，达到屋面白天蓄热少，晚上散热多的效果。

2）形状类型

总体而言，岭南广府民居应对的主要自然气候问题是夏季通风散热与遮阳隔热，反映到建筑形式上就要求平面与剖面尽量开敞、通透，同时利用天井、廊道等空间通风除湿，还需要建筑聚集内缩，防止太阳辐射得热过多。

岭南广府民居的平面体形与徽州厅井民居类似，都为由通透开敞的敞厅、天井和檐廊组成的空间结构，可以有效增强建筑在夏季夜晚的散热。岭南广府民居在整座建筑的墙基下、地面上安置一圈石板条，使其成为地袱或地梁，将厢房地板架空，形成通风层，以有效通风防潮。敞厅、天井和外廊增加了建筑暴露在外部空气中的面积，同时架空木地板也可以视作建筑增加的散热面积，可实现夏季散热的环境调控意图。内部空间开敞的同时建筑的外部体形聚集收缩，使得暴露在太阳下的建筑外界面面积减少。岭南广府民居的多进院落也多为纵向排布，相互遮阳，防止太阳辐射得热过多。

3）负体形类型

a. 负体形高宽比

庭院天井不仅是岭南广府民居的活动空间，也是重要的环境调控负体形。天井进深小，高度高，阻隔了太阳辐射热，形成了凉爽舒适的室外空间。岭南广府民居的天井常为东西向的长方形，天井的进深与面宽，根据岭南营造法规确定，“浮捏合宫步，喜单不喜双，四尺半为一步，不可行尽步”[119]。即天井的模数为一步，约 135 cm，并且天井的进深要与厅堂的宽度相适应，厅堂开间越多，宽度越大，天井的进深也越大。天井的进深直接影响了通风的效果。在实际调研中，天井进深一般在 3.5~6 m 之间，平面进深与宽度之比一般在 1 : 1 与 1 : 3 之间，檐口高度在 2.6~4 m 之间（图 5.35）。

此外，剖面关系必须满足“过白”的规定，即从后厅神案上的香炉顶向前厅望去，擦过后厅檐廊下的封檐板下皮，到前厅屋顶，要能看见一部分的天空[120]。传统文化中这种做法的寓意为天人相通，而从环境调控的角度而言，这是使建筑在采光与遮阳中取得平衡的方式。在剖面进深尺寸中，后厅、前厅和檐廊深度是定数，香炉位置离后库门三尺也是约定俗成的，因而主要由天井的进深来决定“过白”的大小。天井进深太小，则后厅深处看不到天空，室内昏暗；天井进深太大，则前厅无法形成有效遮挡，不利于遮阳。“过白”的风俗民约实际上是对天井深度进行相应的规定，以使其实现采光遮阳的环境调控意图。

岭南广府民居中还存在一种特殊的负体形，被称为“楼井”。楼井是在天井上盖，在楼板上开洞设格栅地板，有的还在竖直方向的屋面开天窗，而形成的一种模糊的负体形空间。楼井不但可以通风，还可以起到采光的作用。

119 陆琦．广东民居 [M]. 北京：中国建筑工业出版社，2008.

120 汤国华．岭南传统建筑中的“过白”[J]. 华中建筑，1997, 15(4):66-68.

	体形						
典型案例	体形系数	风向投射角	风向倾斜角	辐射方位角	辐射倾斜角	内院负体形高宽比	负体形口底比
1	0.97 	17.5° 夏季主导风向： 南东南 SSE（157.5°） 建筑朝向： 南偏东 5°	71° 屋顶坡度 19°	5°	19°	2.65 	0.40
2	0.91	7.5° 夏季主导风向： 南东南 SSE（157.5°） 建筑朝向：南偏东 15°	62° 屋顶坡度 28°	15°	28° 	1.35	0.47
3	0.67	52.5° 夏季主导风向： 南东南 SSE（157.5°） 建筑朝向：南偏西 30°	64° 屋顶坡度 26°	30°	26° 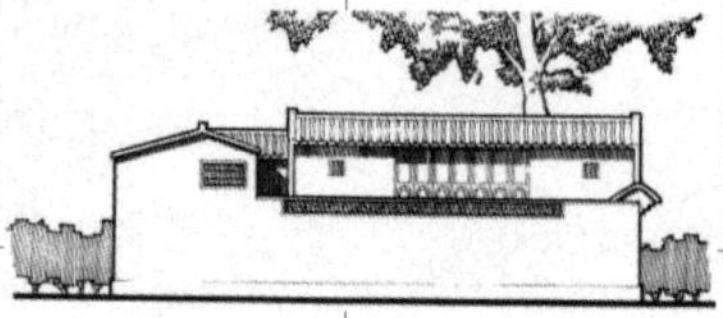	1.36	0.47
4	0.57 	52.5° 夏季主导风向： 南东南 SSE（157.5°） 建筑朝向：南偏西 30°	67° 屋顶坡度 23°	30°	23°	1.35	0.40
5	0.63	7.5° 夏季主导风向： 南东南 SSE（157.5°） 建筑朝向：南偏东 30°	64° 屋顶坡度 26° 	30°	26°	1.12 	0.42
6	0.83	22.5° 夏季主导风向： 南东南 SSE（157.5°） 建筑朝向：南偏东 45°	60° 屋顶坡度 30°	45°	30°	1.67 	0.33
7	0.43 	52.5° 夏季主导风向： 南东南 SSE（157.5°） 建筑朝向：南偏东 75°	71° 屋顶坡度 19°	75° 	19°	1.50 	0.44
8	0.66	37.5° 夏季主导风向： 南东南 SSE（157.5°） 建筑朝向：南偏西 15°	64° 屋顶坡度 26°	15°	26°	0.80	0.40
9	0.65	37.5° 夏季主导风向： 南东南 SSE（157.5°） 建筑朝向：南偏西 15°	63° 屋顶坡度 27°	15°	27°	1.65	0.17
10	0.57	7.5° 夏季主导风向： 南东南 SSE（157.5°） 建筑朝向：南偏东 15°	64° 屋顶坡度 26°	15°	26°	0.88 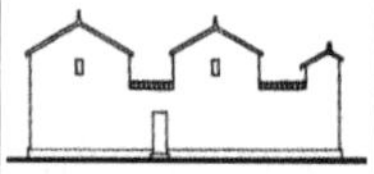	0.27
11	0.61 	7.5° 夏季主导风向： 南东南 SSE（157.5°） 建筑朝向：南偏东 15°	71° 屋顶坡度 19°	15°	19° 	1.40	0.16

图 5.35 岭南广府民居典型案例的体形因子与参数（图片来源：作者自绘）

b. 负体形口底比

由天井、檐廊和敞厅构成的岭南广府民居负体形，其开口为挑檐围合的天井上口，其底则包括了天井内院、檐廊与敞厅的底部，负体形口底比较小（图5.35）。负体形上界面开口的变化主要是为了对太阳辐射进行进一步隔绝，这会影响室内采光、室内太阳辐射得热。对风环境来说，一方面由辐射得热量变化造成的口底两处温差的变化，会对热压通风产生影响；另一方面口部尺寸变小也可能引起口部风压差变化从而影响室内的风压通风效果。

5.7.2.3 原型提取

岭南广府民居是对中国南方湿热地区的气候和地域因素的长期适应演变而逐渐形成的建筑类型，其对地域气候的适应性反映出形式与能量的内在关联。岭南广府民居通过顺应自然的朝向选择，外部规整、内部松散的形体类型，利用敞厅、外廊与天井的负体形空间结构实现“选择性”的气候界面，完成了湿热地区隔热散热、遮阳防晒、引风通风的环境调控要求。其中的建筑形状、界面围合与开启的方式亦成为岭南广府民居最具代表性的形式特征，构成了岭南广府民居环境调控的基本单元。

岭南广府民居单元的组合方式有横向并联与纵深串联两种。并联的对象不限于三间两廊，也可以横向拼接竹筒屋与明字屋成为多开间民居，增建的房屋中往往同设一个天井以联系交通、采光、通风和排水。纵向发展的民居或在三间两廊中设置前屋倒座成为四合院落，或串联多个三间两廊成为多进院落。

对典型民居案例进行聚类研究，通过对其形式因子物理参数的归纳分析，寻求不同形式中的恒常要素，提取出湿热区建筑环境调控的原型（图5.36）。

5.7.3 能量的量化解析

5.7.3.1 模型建立与条件设定

物理模型：湿热区能量建构模型的原型建筑为岭南广府民居，院落组织为“三间两廊”的三合院落。建筑朝向南偏东15°，辐射方位角15°，风向投射角7.5°（夏季主导风向：南东南SSE）。建筑平面占地面积12.70m × 15.24m。厅堂开间6m，进深8m；两侧厢房连通厅堂和厨房，开间4.30m，进深7.60m。负体形空间包括天井与廊下，底面面积23.40 m^2，天井开口面积9.80 m^2，负体形口底比0.42。院墙脊高4.46m，内院进深3.98m，负体形高宽比1.12。正房为硬山双坡屋顶，坡度约为28°，屋脊高度为6.80m；两廊厨房为硬山单坡屋顶，屋脊高度为4.46m。建筑的风向倾斜角为62°，辐射倾斜角28°。建筑体形系数0.63。外围护界面为300mm厚实心青砖墙，内抹灰厚度为10mm，单层木窗，小青瓦双层屋面，综合传热系数1.87，热惰性指标2.87，太阳辐射吸收系数0.50。建筑南向朝外部开窗较大，南向窗墙面积比约为0.18，东、西向次之，窗墙面

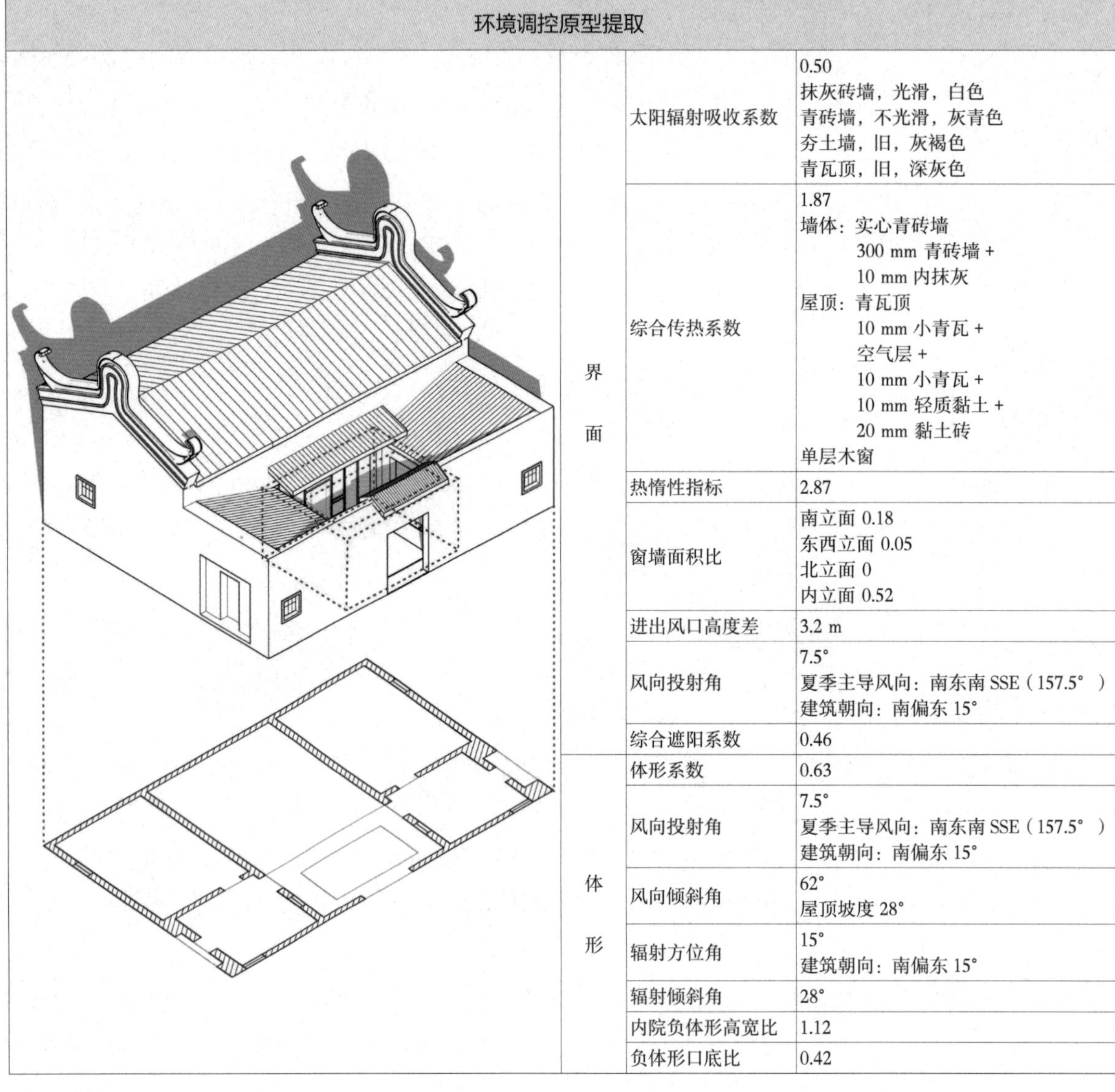

环境调控原型提取		
界面	太阳辐射吸收系数	0.50 抹灰砖墙，光滑，白色 青砖墙，不光滑，灰青色 夯土墙，旧，灰褐色 青瓦顶，旧，深灰色
	综合传热系数	1.87 墙体：实心青砖墙 300 mm 青砖墙 + 10 mm 内抹灰 屋顶：青瓦顶 10 mm 小青瓦 + 空气层 + 10 mm 小青瓦 + 10 mm 轻质黏土 + 20 mm 黏土砖 单层木窗
	热惰性指标	2.87
	窗墙面积比	南立面 0.18 东西立面 0.05 北立面 0 内立面 0.52
	进出风口高度差	3.2 m
	风向投射角	7.5° 夏季主导风向：南东南 SSE（157.5°） 建筑朝向：南偏东 15°
	综合遮阳系数	0.46
体形	体形系数	0.63
	风向投射角	7.5° 夏季主导风向：南东南 SSE（157.5°） 建筑朝向：南偏东 15°
	风向倾斜角	62° 屋顶坡度 28°
	辐射方位角	15° 建筑朝向：南偏东 15°
	辐射倾斜角	28°
	内院负体形高宽比	1.12
	负体形口底比	0.42

图 5.36 湿热区环境调控原型提取（图片来源：作者自绘）

积比约为 0.05，北向几乎不开窗。建筑朝中庭开窗较多，窗墙面积比 0.52。窗格较徽州民居稍大，短檐廊，综合遮阳系数 0.46。

数学模型：传导、对流与辐射的数学解析模型，湍流模型选用 RNG $k-\varepsilon$ 模型。

边界条件：边界层建模方法为壁面函数法与低雷诺数建模 LRNM。为简化运算，模拟风场时并未考虑地面粗糙度。建筑各界面温度数据由 OpenStudio 导出。

工况选取：根据对湿热区气象参数的分析，模拟工况分为冬夏两季典型工况。夏季典型工况为：7 月 21 日，空气最高温度 35.0 ℃，最低温度 28.1 ℃，风速 2.4 m/s，风向南偏东 22.5°。冬季典型工况为：1 月 21 日，空气最高温度 12℃，风速 7.6 m/s，北风。为考虑风速衰减以及静定风对建筑风环境与热环境的影响，夏季风速增设 1.2 m/s 与室外无风两个模拟对照组，冬季风速增设 3.8 m/s 与 1.9 m/s 两个模拟对照组。同时，根据外界面与内界面温度变化曲线选择三个时间点，分别为 5:00、13:00，以及 17:00，对每个工况进行分时刻模拟。

5.7.3.2 模拟结果分析

1）风速场分析

冬季主导风以 7.6 m/s 的风速从建筑北侧流入，在正房檐口处分离，分离处风速较大，最高达到 12 m/s。气流在建筑南侧地面再附，形成较大范围的风影区。厅堂、厢房与天井内院都处于风影区中。受正房与院墙遮挡，风影区内部风速衰减较大，天井平均风速约为 1.12 m/s，开启的厅堂平均风速更小，约为 0.34 m/s。此时气流从天井上部流入，部分气流经过天井由正门流出，部分在敞厅内部形成涡流，风速较小且流场均匀平稳。考虑到排烟问题，在模拟中两廊厨房设置为开启状态。模拟结果显示厨房内风速较高，平均风速为 2.78 m/s，气流从侧门进入，从厨房门窗排出，后经由天井、院门流向室外。在 3.8 m/s 与 1.9 m/s 风速的工况中，随着室外风速降低，厨房平均风速显著降低，天井、敞厅与侧廊的风速都保持在一个较小的数值，随着室外风速的减小，天井中的风速同样减小。岭南广府民居利用建筑朝向，用较高的正房遮挡了部分北风，使进入天井与室内的气流大小适宜、均匀稳定。在三个不同风速的工况中，不同时刻、不同温度边界条件对风速场的影响几乎可以忽略不计，说明在冬季建筑内部的通风主要为风压通风（图 5.37）。

夏季主导风以 2.4 m/s 的风速从民居东南侧流入，建筑南面为迎风面。平面气流在建筑西南角、东南角与东北角均有不同程度的分离，建筑东墙与北墙为背风面，处于较大风影区中。建筑西墙外风速较大，最高达 3.5 m/s，东墙外风速较小，约为 1.1 m/s。建筑南墙的入口是主要的进风口，风压区与风影区的压差使建筑内部形成对流。因西侧墙风压相较东侧墙更小，天井东部、东厢房与东厨房的室内风速要普遍大于西侧。东厢房平均风速 1.31 m/s，西厢房平均风速 0.87 m/s。从入口经由天井进入厅堂的气流先至厅堂东墙，逆时针环流后至厅堂东墙，通过西厢房和西厨房的开口流出，厅堂平均风速 0.66 m/s。西厢房朝向厅堂的开口是西厢房主要的进风口，室外气流在厅堂回流后再进入西厢房，从空气龄的角度而言，室外空气直接进入东厢房，因此相较于东厢房，西厢房室内空气新鲜度要劣于东厢房。天井西南角存在一个较小的涡流，通风效果不佳。从剖面分析，气流从南入口进入，部分从天井上部开口流出，此时天井平均风速为 2.17 m/s。与徽州厅井民居气流在檐口分离，使整个屋顶处于风影区不同，在岭南广府民居中，天井上升气流在檐廊的挑檐处分离，并迅速在向南屋顶坡面上再附，至屋脊处再度分离，在屋脊处的风速骤然增大。这种现象的成因一方面是天井负体形高度较矮，另一方面是平缓的屋顶与气流的方向相合。岭南地区沿海多风，屋面易被台风损坏，平缓的屋顶可以有效防止气流在檐口分离，破坏檐口构件。屋面一面受正风压，另一面受负风压，可以避免在台风中被整体掀起。同时，天窗多开启在背风屋面，以利用风压差促进自然通风。气流在屋脊处分离，风速骤升，屋脊处以及屋面侧向边缘是易受台风破坏的部位，因而在建筑形式上岭南广府民居在屋脊和两侧山墙上具有明显的加强构造。屋脊宽大厚实，多为砖砌而非排瓦，山墙多采用远高出屋

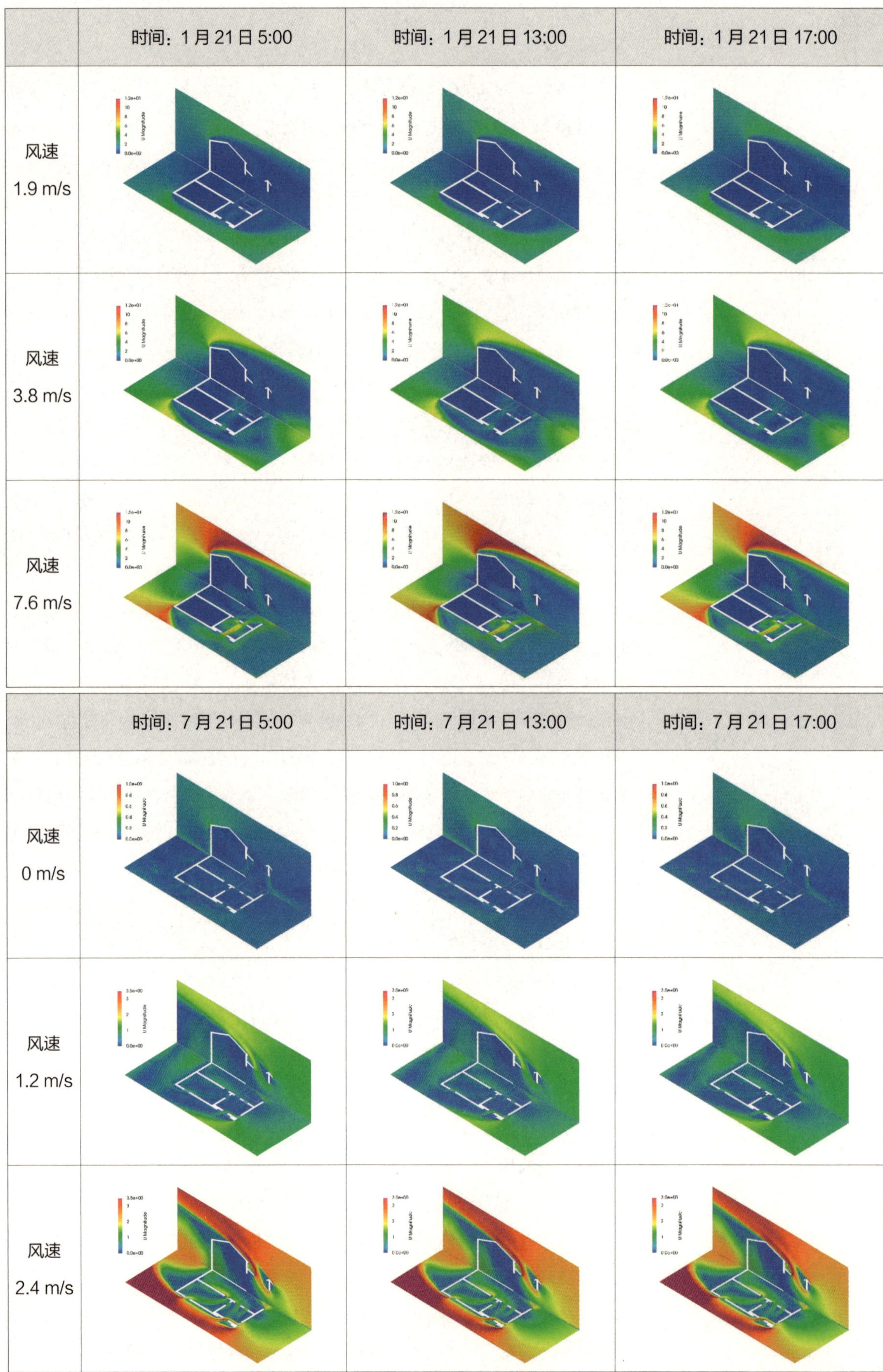

图 5.37 冬季（上）与夏季（下）的风速场分布情况（图片来源：作者自绘）

面的锅耳山墙，着重保护屋脊和屋面边缘。

2.4 m/s 风速下的早、中、晚时刻工况显示，不同温度边界条件对风速场的影响不大，此时民居内部自然通风的方式主要为风压通风。1.2 m/s 风速的对照组模拟结果显示，随着室外风速降低，天井与室内风速同比降低，同样不受温度边界条件差异的影响（图 5.37）。

静定风工况下的模拟结果表明，在室外无风时，民居中的自然通风并不显著，天井平均风速仅为 0.03 m/s。不同时刻温度边界条件对建筑通风效果影响较小，建筑中没有显著热压通风。

2）温度场分析

冬季典型工况选取了 1 月 21 日。7.6 m/s 风速工况下，室外空气温度为 12 ℃，建筑外表面温度约为 18.4 ℃，内表面温度约为 13.5 ℃，一天内波动较小。厢房内表面温度与外表面温度的差值约为 4.9 ℃，建筑外围护界面具有较好的隔热性能。早晨、中午与傍晚不同时刻工况下，由于建筑内外界面的温度波动较小，室内温度在不同时刻的差异不明显。天井、敞厅与开启的厨房，其平均空气温度较为接近，约为 12.3 ℃，比室外空气温度高约 0.3 ℃；封闭的厢房室内平均温度约为 13.1 ℃，比室外空气温度高 1.1 ℃。1/2 与 1/4 室外风速的对照组模拟结果则显示，室外风速降低对天井、敞厅与厨房的空气温度影响较大，对厢房室温影响较小。室外风速 3.8 m/s 与 1.9 m/s，相较于室外风速 7.6 m/s 工况，天井、敞厅与厨房的平均空气温度分别升高了 0.4 ℃与 0.7 ℃，厢房的平均空气温度分别升高了 0.2 ℃与 0.4 ℃（图 5.38）。总体而言，岭南地区冬季气候本身已经十分舒适宜人，建筑并不需要过多地对气候进行干预。围护结构综合传热系数较小，能够有效地保温；湿热地区昼夜温差不大，并不需要墙体将白天积蓄的热量延迟到晚上释放，因而围护结构的热惰性指标不大。建筑的体形、朝向与空间组织，使其在防风的同时允许内部进行适当的自然通风，从室外、天井、敞厅、厨房到厢房，风速逐渐降低，形成明显的风速梯度。同时，通风效率的不同，使围护结构向室内空气传递的热量也不同，从室外、天井、敞厅、厨房到厢房，空气温度逐渐升高，形成明显的温度梯度，厢房空间被包裹在核心，是严格环境调控区域。

夏季典型工况为 7 月 21 日。在夏季，岭南广府民居的室内温度波动幅度明显小于室外。2.4 m/s 风速的工况下，5:00，室外空气温度 28.1 ℃，围护结构外表面温度 24.2 ℃，围护结构内表面温度 28.3 ℃，室内温度要比室外温度高，厢房内温度约为 28.2 ℃，从厢房、敞厅到厨房、天井，温度逐渐降低，此时围护结构向室内空气传递热量。因建筑围护结构内表面温度与室外温度相差不大，早晨进行的自然通风对室内热环境的优化作用并不显著。但适量的通风对改善室内空气龄、调节室内湿度仍然大有益处。13:00，室外空气温度 35 ℃，在太阳辐射的加热下，建筑围护结构外表面温度达到了 46.6 ℃，围护结构内表面温度 39.1 ℃，此时围护结构依然向室内传递热量。室外空气温度比围护结构内表面温度低约 4.1 ℃，此时进行自然通风可以有效置换室内热空

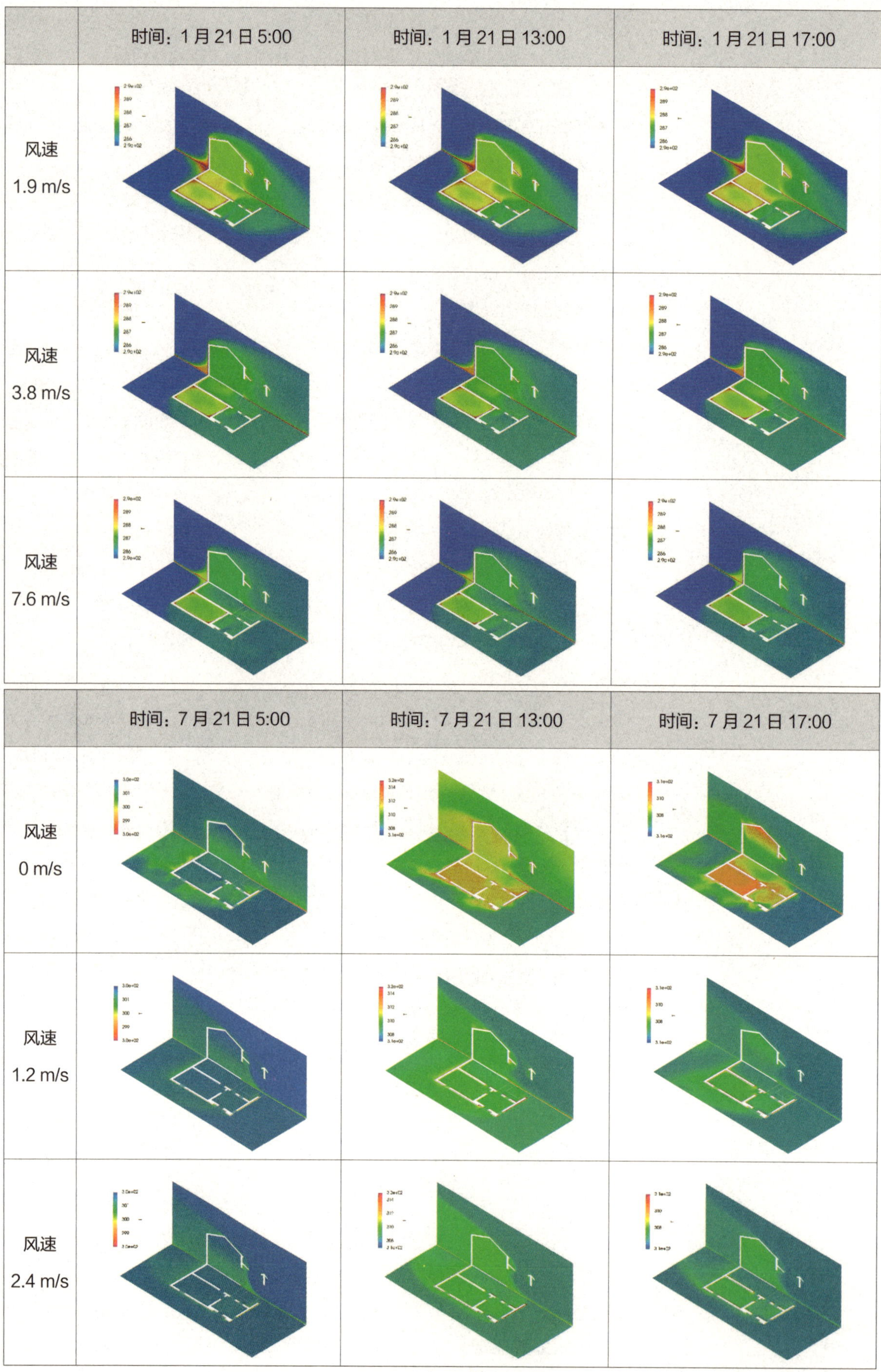

图 5.38 冬季（上）与夏季（下）的温度场分布情况（图片来源：作者自绘）

气。模拟结果显示，风速越高的空间，其温度越低，从厢房、敞厅到厨房、天井，温度逐渐降低。其中天井平均空气温度 35.4 ℃，敞厅平均空气温度 35.6 ℃，厨房平均空气温度 36.4 ℃，厢房平均空气温度 36.5 ℃。17:00，室外空气温度 32.8 ℃，建筑围护结构外表面与内表面温度均为 38.7 ℃。建筑内部各空间依旧存在着类似的温度梯度，相较于 13:00 工况，厢房温度降低了 0.7 ℃。围护结构仍然向室内传递热量，室内空气温度要高于室外，风压通风可以有效降低室内温度。静定风的工况显示，由于没有明显的热压通风，建筑室内温度相较室外有风的情况更高。从天井、敞厅到厨房、厢房，温度逐渐升高。在 13:00，厢房平均空气温度达到 37.9 ℃，此时厨房内平均空气温度 37.6 ℃，敞厅平均空气温度 37.2 ℃，天井平均空气温度 35.6 ℃。综上可见，一方面，在早、中、晚三个时刻，岭南广府民居的围护结构具有较低的综合传热系数，可以有效维持建筑围护结构内外表面的温度差，阻挡夏季因太阳辐射产生的外部热量。另一方面，应对昼夜温差不大的气候条件，岭南广府民居需要兼顾夏季夜晚的散热，因而围护结构的热惰性指标不能过大。在这两项相互矛盾的变量作用下，岭南广府民居对自然通风尤其依赖。从结果而言，在早、中、晚三个时刻，围护结构内表面的温度均高于室外空气温度，自然通风对室内热环境的调控效能十分卓越。

综上，由于湿热区本身的气候特征，其在冬季的热舒适程度要远高于夏季，夏季防热的环境调控需求比冬季采暖迫切。岭南广府民居在夏季隔热与夏季散热之间取得了适宜的平衡。适中的体形系数，能兼顾夏季白天减少太阳辐射热获取与夏季夜晚通过环境辐射散热。适中的综合传热系数与热惰性指标，既能阻隔室外热流进入室内又能防止围护结构存续过多的热量。较小的太阳辐射吸收系数与综合遮阳系数，降低了建筑的太阳辐射得热。开敞的负体形空间与较大的窗墙面积比，为建筑提供可控、适度的自然通风，可有效置换室内热空气。

5.7.3.3 能量建构模型

通过对以上建筑原型的模拟分析，综合形式因子与气候要素的相关性分析、建筑原型的对比分析（详见本章第 8 节），可以提取出湿热区能量建构模型（详见本章第 9 节），用以解释形式因子、调控策略与能量机制的对应关系。

5.8 建筑形式因子气候适应性综合分析

建筑单体及其围合的组织关系构成了我国汉式合院民居最基本的形式特征，这些形式因子根据地区气候的不同进行了长久的演变与异化，最终使形式各异的民居类型得以形成。本节从建筑形式因子与气候要素的相关性分析及不同气候区建筑环境调控原型的对比分析出发，研究不同气候条件对建筑形式的影响，从而揭示其中作用的能量机制与调控策略。

建筑适应气候的本质，是其对气候要素有针对性（对象）、目的性（意图）与有效性（策略）的接纳、规避与延迟。前文的研究对应于三种建筑调控环境的能量机制：能量捕获、能量隔离与能量阻尼。建筑形式因子与气候要素的相关性分析可以明确建筑形式所对应的环境调控对象，不同气候区环境调控原型的对比分析可以解释环境调控的意图与策略。

5.8.1 建筑形式因子与气候要素的相关性分析

5.8.1.1 分析方法

通过对中国境内六个气候区环境调控原型的模拟分析，不难发现建筑形式的差异性主要归因于地区气候的多样性，尤其是在自然气候较为严苛的地区，建筑形式因子与气候要素之间的相关性存在某种必然性而非可能性。更准确地说，反映建筑环境性能的形式因子与地域气候参数之间呈现某种显见的相关性。随地区气候的不同，它们之间联系的程度和性质也各不相同。

回归分析是研究这种相关关系的一种数学工具，客观世界中变量与变量之间存在着普遍的联系，回归分析能够帮助我们从两组变量之间找到其相关的程度。统计学中将描述变量间的相关程度与变化方向的量数，称为相关系数。在本节中，相关系数采用卡尔·皮尔逊（Karl Pearson）提出的皮尔逊相关系数（Pearson correlation coefficient）来表示。其定义式为：

$$r(X,Y)=\frac{Cov\,(X,Y)}{\sqrt{Var[X]Var[Y]}} \qquad 5\text{-}1$$

其中，相关系数 $r\,(X,Y)$ 表征了变量 X 和变量 Y 的相关程度，$\mathrm{Cov}(X,Y)$ 为 X 与 Y 的协方差，$Var[X]$ 为 X 的方差，$Var[Y]$ 为 Y 的方差。r 取值在 -1 和 1 之间，r 越接近 1，表明变量之间正相关性越强；r 越接近 -1，表明变量之间负相关性越强；r 越接近 0，则表明变量之间相关性较弱。r 取值所对应的相关程度见表 5-2。

本书依据统计结果，利用 Excel 绘制出建筑形式因子与相关气候要素之间的关系曲线，其不仅可以明确各气候区建筑形式的气候适应性，同样直观表明了建筑形式因子与气候要素之间的相关性，并尝试描述其相关的程度。

5.8.1.2 建筑形式因子与温度的相关性分析

建筑诞生的首要功能就是满足人类对热环境适应的补偿。这种补偿发生作用的媒介首先是温度的调节。建筑的体形与表皮为应对不同气候条件而演化出对应的形式因子特征，生成不同的体量关系、空间组织与构造尺寸，从而产生不同的热工性能，营造出区别于室外环境的相对舒适稳定的内部环境，而这种内外差异首先体现为温度梯度的产生。

因而，为直观显现建筑形式因子与温度之间的关系，联立各形式因子与各地区的温度参数（年平均温度 t、最冷月平均温度 $\bar{t}_c$、最热月平均温度 $\bar{t}_h$、日平均温度波幅 A_t，见表 5-3），绘制出形式因子与温度参数之间的关系曲线。

建筑的形式因子中，与大气温度呈现高度相关与极高相关关系的形式因子有：**太阳辐射吸收系数、综合传热系数、热惰性指标、综合遮阳系数、风向投射角以及负体形口底比。**

表 5-2 相关系数 r 的取值与相关程度

完全负相关　无线性相关　完全正相关

负相关程度　正相关程度

-1.0　-0.5　0　0.5　1.0

$\|r\|$ 的取值范围	相关程度
0.00~0.19	极低相关
0.20~0.39	低度相关
0.40~0.69	中度相关
0.70~0.89	高度相关
0.90~1.00	极高相关

（表格来源：作者自绘）

表 5-3 各气候区温度参数

气候分区	年平均温度 t (℃)	最冷月平均温度 $\bar{t}_c$ (℃)	最热月平均温度 $\bar{t}_h$ (℃)	日平均温度波幅 $\bar{A}_t$ (℃)
酷寒区（吉林）	5.7	-15.1	26.6	10.5
寒冷区（山西）	9.1	-0.9	31.3	8.2
干寒区（甘肃）	7.3	-9.3	26.9	13.7
温暖区（云南）	14.9	8.1	23	9.3
湿晦区（安徽）	15.8	2.6	31.4	6.2
湿热区（福建）	22	13.6	31.8	6.9

（表格来源：作者自绘。数据来源：《民用建筑供暖通风与空气调节设计规范》（GB 50736—2012）附录 A）

太阳辐射吸收系数与大气年平均温度拟合曲线呈递减趋势，相关系数 -0.92，为极高的负相关关系（图 5.39）。也就是说，随着年平均温度升高，建筑界面的太阳辐射吸收系数降低。从环境调控的意图解释，大气温度升高，对建筑界面采暖的需求减小、散热的需求增加，因而太阳辐射吸收系数降低。同时，太阳辐射吸收系数与最冷月平均温度呈极高相关关系，与最热月平均温度呈低度相关关系，说明太阳辐射吸收系数这一形式因子主要与冬季采暖相关。最冷月平均温度越低，建筑界面越倾向于增加太阳辐射吸收系数来获取足够的太阳辐射热。此外，太阳辐射吸收系数与日平均温度波幅呈现中度正相关关系，昼夜温差越大的地方，太阳辐射吸收系数越大，以保证建筑界面围护结构在白天能够获得足够多的热量，使越多的周期性热流延迟到晚上释放。

综合传热系数与大气年平均温度呈现极高正相关关系，相关系数 0.91（图

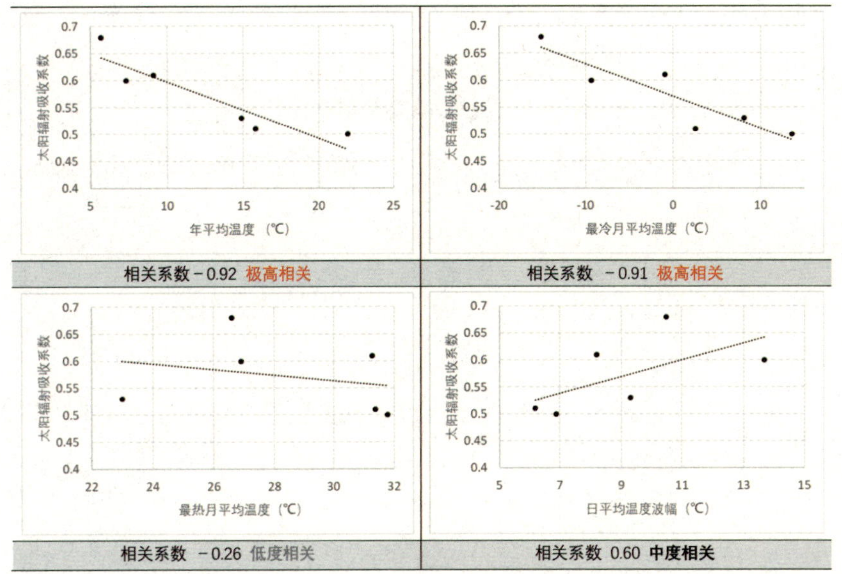

图 5.39 太阳辐射吸收系数与温度的散点关系图（图片来源：作者自绘）

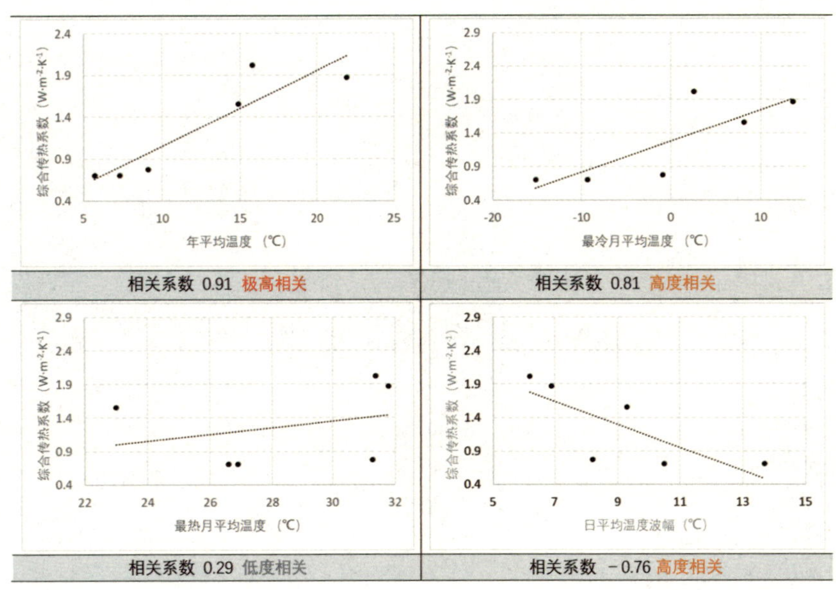

图 5.40 综合传热系数与温度的散点关系图（图片来源：作者自绘）

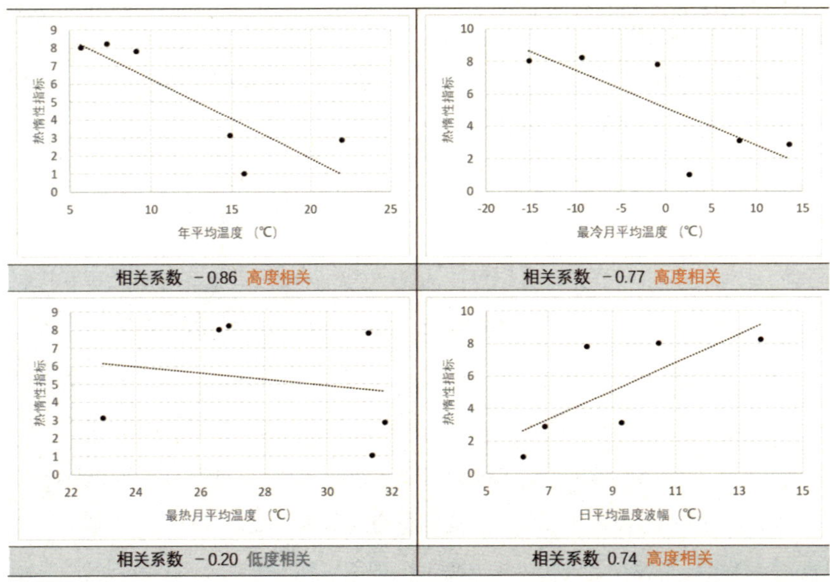

图 5.41 热惰性指标与温度的散点关系图（图片来源：作者自绘）

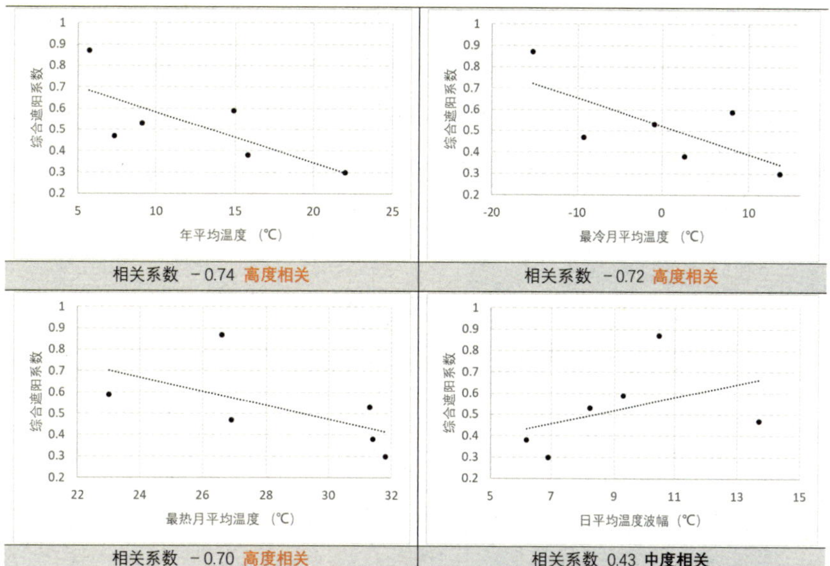

图 5.42 综合遮阳系数与温度的散点关系图（图片来源：作者自绘）

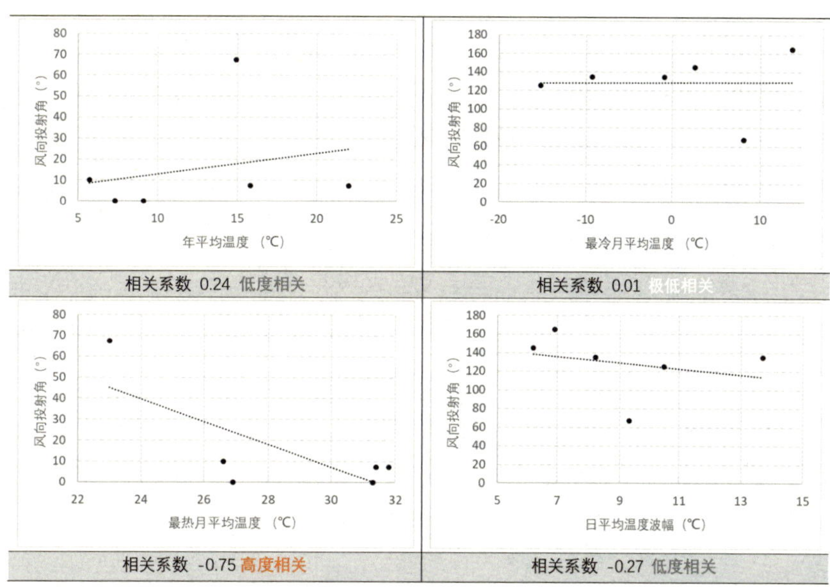

图 5.43 风向投射角与温度的散点关系图（图片来源：作者自绘）

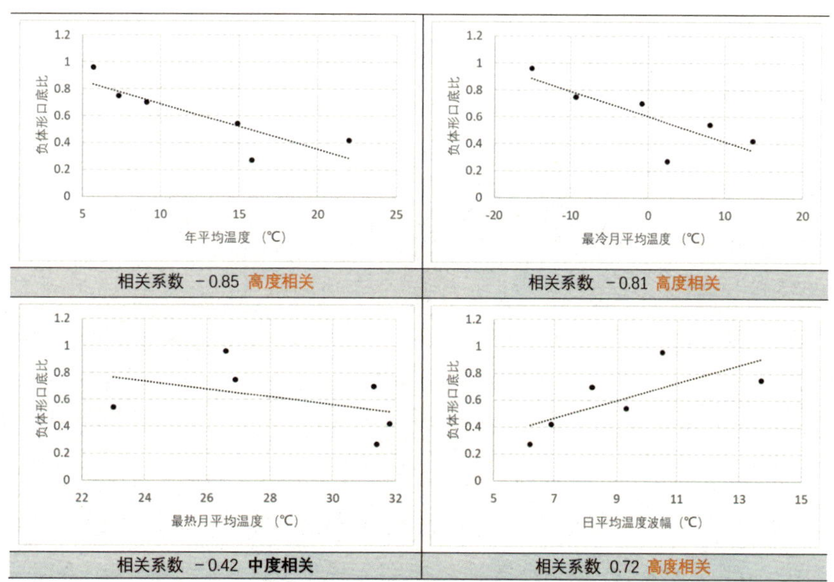

图 5.44 负体形口底比与温度的散点关系图（图片来源：作者自绘）

5.40）。随着年平均温度的升高，综合传热系数升高，建筑界面围护结构的保温隔热需求降低。同时，综合传热系数与最冷月平均温度为高度相关关系，与最热月平均温度为低度相关关系，说明综合传热系数这一形式因子主要对应于冬季保温而不是夏季隔热。此外，综合传热系数与日平均温度波幅呈现高度负相关关系，昼夜温差越大的地方，综合传热系数越小，建筑界面围护结构对其保温隔热性能的要求越高。

热惰性指标与大气年平均温度为高度负相关关系，相关系数 -0.86（图 5.41）。表明温度越高的地方，建筑热惰性指标越低，建筑界面越要求尽快散热，以减少周期性热流的延迟；温度越低的地方，建筑热惰性指标越高，建筑界面围护结构尽可能地增加周期性热流延迟的要求越高。同时，昼夜温差越大的地方，热惰性指标越大，建筑界面抵抗温度波动的要求越高。

综合遮阳系数与大气年平均温度为高度负相关关系，相关系数 -0.74（图 5.42）。温度越高的地方，越要避免建筑围护结构得到过多的太阳辐射热，使综合遮阳系数越小，建筑遮阳效果越好。

风向投射角与最热月平均温度为高度负相关关系，相关系数 -0.75（图 5.43）。温度越高的地方，建筑越倾向于朝向夏季主导风的方向。

负体形口底比与大气年平均温度呈高度负相关关系，相关系数 -0.85（图 5.44）。温度越高的地方，负体形口底比越小，越有利于进行热压通风；温度越低的地方，负体形口底比越大，越能减少相互遮挡，促进太阳辐射得热。

5.8.1.3 建筑形式因子与湿度的相关性分析

除了温度以外，建筑环境调控的另一个对象是湿度。《墨子 · 辞过》曰：“古之民，未知为宫室时，就陵阜而居，穴而处。下润湿伤民，故圣王作为宫室。为宫室之法，曰室高足以辟润湿……”湿度的利用与防避是建筑环境调控的重要一环。

为直观显现建筑形式因子与湿度之间的关系，本节结合各形式因子与各地区的湿度参数（年平均相对湿度 RH、最热月相对湿度 RH_h、最冷月相对湿度 RH_c、年平均降水量 P，见表 5-4），绘制出形式因子与湿度参数之间的关系曲线。

表 5-4 各气候区湿度参数

气候分区	年平均相对湿度 RH(%)	最热月相对湿度 RH_c(%)	最冷月相对湿度 RH_h（%）	年平均降水量 P（mm）
酷寒区（吉林）	61	73	71	710
寒冷区（山西）	53	65	38	580
干寒区（甘肃）	45	44	40	370
温暖区（云南）	71	75	72	1000
湿晦区（安徽）	76	82	53	990
湿热区（福建）	72	76	66	1680

（表格来源：作者自绘。数据来源：中国气象数据网 www.nmic.cn）

建筑的形式因子中，与空气湿度呈现高度相关与极高相关关系的形式因子有：**综合传热系数、热惰性指标、窗墙面积比、体形系数、负体形高宽比，**

以及负体形口底比。

综合传热系数与年平均相对湿度为极高正相关关系，相关系数 0.95（图 5.45）。**热惰性指标**与年平均相对湿度则呈极高负相关关系，相关系数 -0.96（图 5.46）。相对湿度越高的地方，建筑越依赖于通过自然通风调节湿度，越要求建筑围护结构轻质、通透，使其综合传热系数越大、热惰性指标越小，越有利于建筑通风散热除湿。建筑促进自然通风主要对应于夏季防热，因而从图表可见，相对于最冷月相对湿度，综合传热系数和热惰性指标与最热月相对湿度的相关程度更高。

窗墙面积比与年平均相对湿度呈高度正相关关系，相关系数 0.71（图 5.47）。湿度越高，窗墙面积比越大，越有利于夏季通风除湿。

体形系数与年平均相对湿度为高度正相关关系，相关系数 0.73（图 5.48）。湿度越高的地方，越要求建筑松散布局，以最大化地接触大气，增加通风的可能性。

负体形高宽比与最热月相对湿度呈现高度正相关关系，相关系数 0.76（图 5.49）。**负体形口底比**与年平均相对湿度为高度负相关关系，相关系数 -0.79。负体形高宽比越大，口底比越小，越有助于建筑组织热压通风，在湿度高的地区可以有效通风除湿。

5.8.1.4 建筑形式因子与风速的相关性分析

在大部分气候类型中，建筑环境调控需要考虑夏季通风与冬季防风。

因而，为直观显现建筑形式因子与风速之间的关系，结合各形式因子与各地区的风速参数（夏季平均风速、夏季最多风向的平均风速、冬季平均风速、冬季最多风向的平均风速，见表 5-5），绘制出形式因子与风速参数之间的关系曲线。

表 5-5 各气候区风速参数

气候分区	夏季平均风速（m/s）	夏季最多风向的平均风速（m/s）	冬季平均风速（m/s）	冬季最多风向的平均风速（m/s）
酷寒区（吉林）	3.2	4.8	2.6	4
寒冷区（山西）	3.1	5	2.4	2.8
干寒区（甘肃）	3.2	3.6	3.6	4.5
温暖区（云南）	1.8	2.6	2.2	3.7
湿晦区（安徽）	2.9	3.4	2.7	3
湿热区（福建）	3	4.2	2.4	3.1

（表格来源：作者自绘。数据来源：《民用建筑供暖通风与空气调节设计规范》（GB 50736—2012）附录 A）

建筑形式因子中，与风速呈现高度相关与极高相关关系的形式因子有：**窗墙面积比与风向投射角**。

南立面窗墙面积比与夏季最多风向的平均风速呈高度正相关关系，相关系数 0.71（图 5.50）。夏季风速越大，建筑越倾向于增大窗墙面积比，促进自

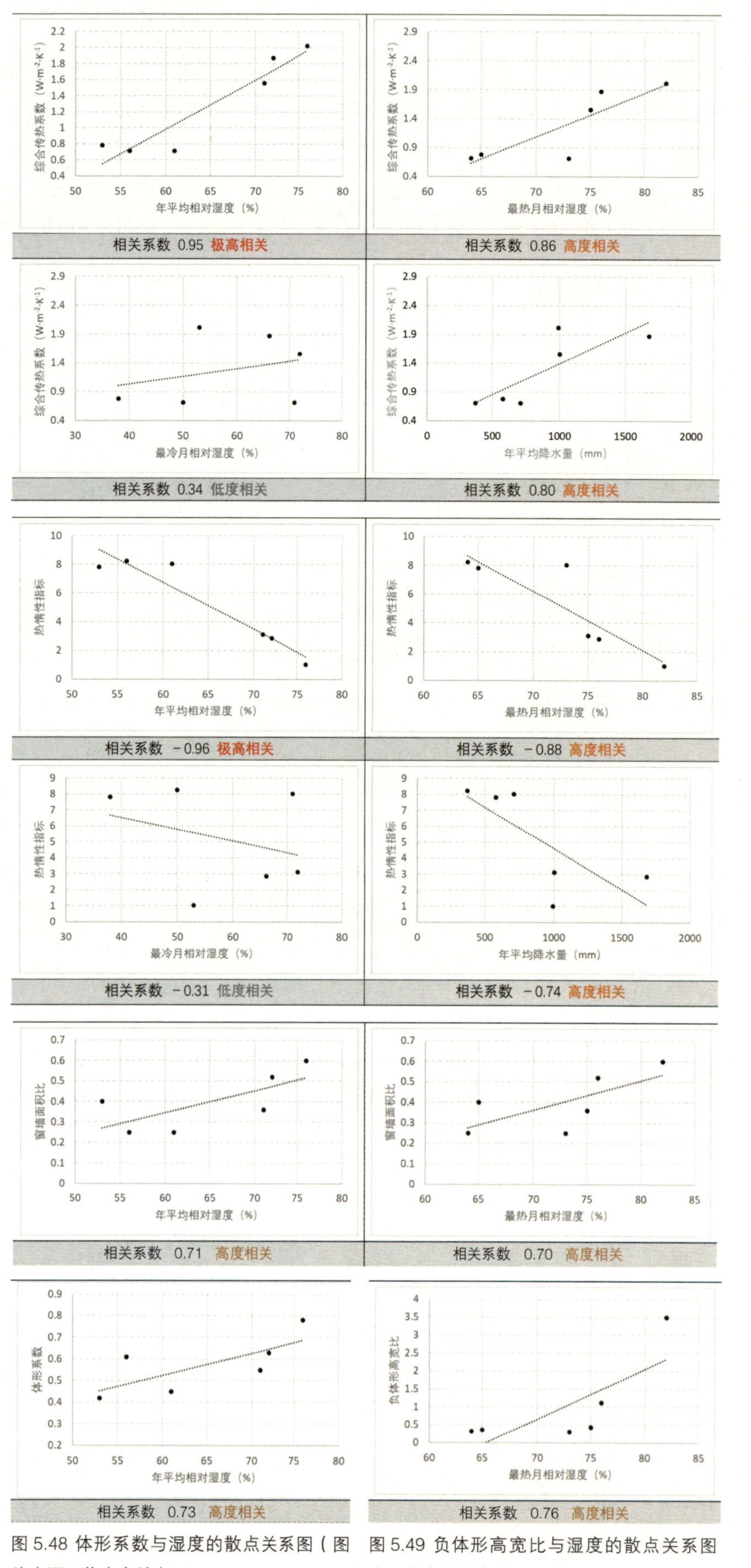

图 5.45 综合传热系数与湿度的散点关系图（图片来源：作者自绘）

图 5.46 热惰性指标与湿度的散点关系图（图片来源：作者自绘）

图 5.47 窗墙面积比与湿度的散点关系图（图片来源：作者自绘）

图 5.48 体形系数与湿度的散点关系图（图片来源：作者自绘）

图 5.49 负体形高宽比与湿度的散点关系图（图片来源：作者自绘）

然通风。**北立面窗墙面积比**与冬季最多风向的平均风速呈高度负相关关系，相关系数 -0.70。冬季风速越大，建筑越倾向于减小北向窗墙面积比，以阻止冷风渗透。

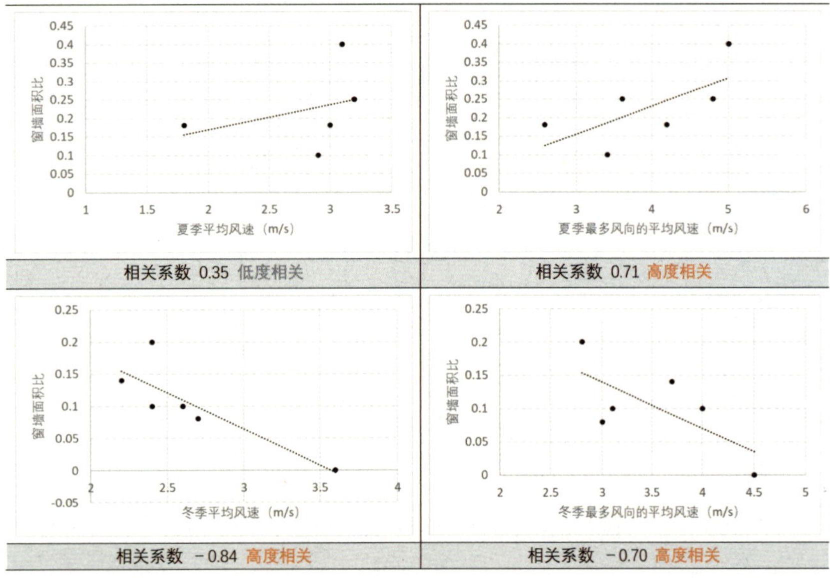

图 5.50 窗墙面积比与风速的散点关系图（图片来源：作者自绘）

风向投射角与夏季平均风速呈极高负相关关系，相关系数 -0.97（图 5.51）。夏季风速越大，风向投射角越小，建筑越倾向于朝向夏季主导风来风方向，利于夏季通风。风向投射角与冬季平均风速呈高度正相关关系，相关系数 0.75。冬季风速越大，风向投射角越大，建筑越倾向于背向冬季主导风，以达到冬季防风的环境调控目的。

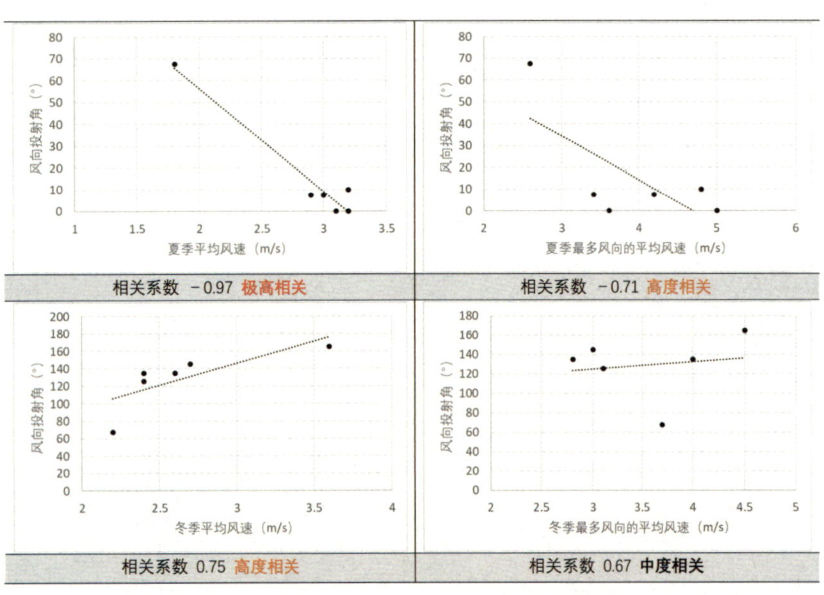

图 5.51 风向投射角与风速的散点关系图（图片来源：作者自绘）

5.8.1.5 建筑形式因子与太阳辐射的相关性分析

太阳辐射一方面是冬季采暖的重要热源，另一方面也是造成夏季过热的重要原因。“纳阳”与“遮阳”是建筑调控太阳辐射的两种措施，这两种措施下同样产生了不同的形式特征。

因而，为直观显现建筑形式因子与太阳辐射之间的关系，结合各形式因子与各地区的太阳辐射参数（月平均日辐照量 H_t、最热月日照小时数 S_{mh}、最冷月日照小时数 S_{mc}、大气晴朗指数 K_t，见表 5-6），绘制出形式因子与太阳辐射参数之间的关系曲线。

表 5-6 各气候区太阳辐射参数

气候分区	月平均日辐照量 H_t[MJ/（m^2·d）]	最热月日照小时数 S_{mh}	最冷月日照小时数 S_{mc}	大气晴朗指数 K_t
酷寒区（吉林）	13.6	256.1	195.5	0.52
寒冷区（山西）	15.8	253.8	191.5	0.57
干寒区（甘肃）	17.5	330	227	0.63
温暖区（云南）	14.6	128.4	231.5	0.73
湿晦区（安徽）	12.5	204	126	0.4
湿热区（福建）	11.8	122.3	209.4	0.55

（表格来源：作者自绘。数据来源：中国气象数据网 www.nmic.cn）

建筑形式因子中，与太阳辐射呈现高度相关与极高相关关系的形式因子有：**太阳辐射吸收系数、窗墙面积比、辐射方位角、辐射倾斜角与负体形高宽比。**

太阳辐射吸收系数、南立面窗墙面积比与月平均日辐照量分别呈极高、高度正相关关系（图 5.52、图 5.53）。从酷寒区到湿热区的六个分区中，太阳辐射吸收系数、南向窗墙面积比与月平均日辐照量都大致呈现相反的趋势。日辐照量高的地区大都冬季采暖需求较大，增加太阳辐射吸收系数和南向窗墙面积比可以帮助建筑得热；相反，日辐照量低的地区夏季防热的需求较大，减小太阳辐射吸收系数和南向窗墙面积比可以减少建筑得热。

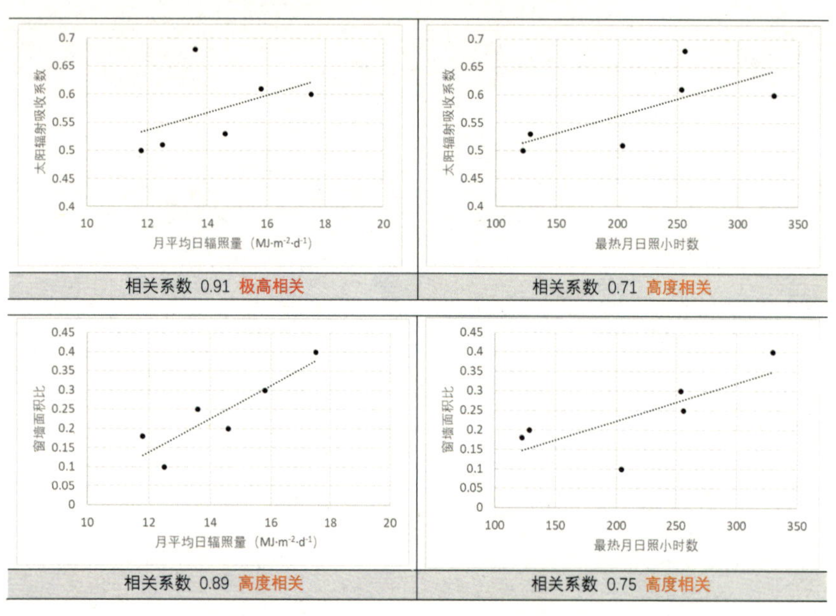

图 5.52 太阳辐射吸收系数与太阳辐射的散点关系图（图片来源：作者自绘）

图 5.53 窗墙面积比与太阳辐射的散点关系图（图片来源：作者自绘）

辐射方位角与月平均日辐照量呈高度负相关关系，相关系数 -0.96（图 5.54）。减少辐射方位角，建筑获得的太阳辐射热增多，与日辐照量高的地区大都冬季采暖需求较大的现状吻合。

辐射倾斜角与月平均日辐照量为高度负相关关系，相关系数 -0.76

（图 5.55）。月平均日辐照量越大的地区，屋顶坡度越小，增加了所获得的太阳辐射热，这与日辐照量高的地区大都冬季采暖需求较大的现状吻合。

负体形高宽比与最冷月日照小时数及大气晴朗指数为高度负相关关系（图 5.56）。冬天日照小时数愈多，天空愈晴朗，建筑负体形高宽比的敏感性越高，越倾向于降低院墙高度或增加院落进深以接纳更多的太阳辐射。

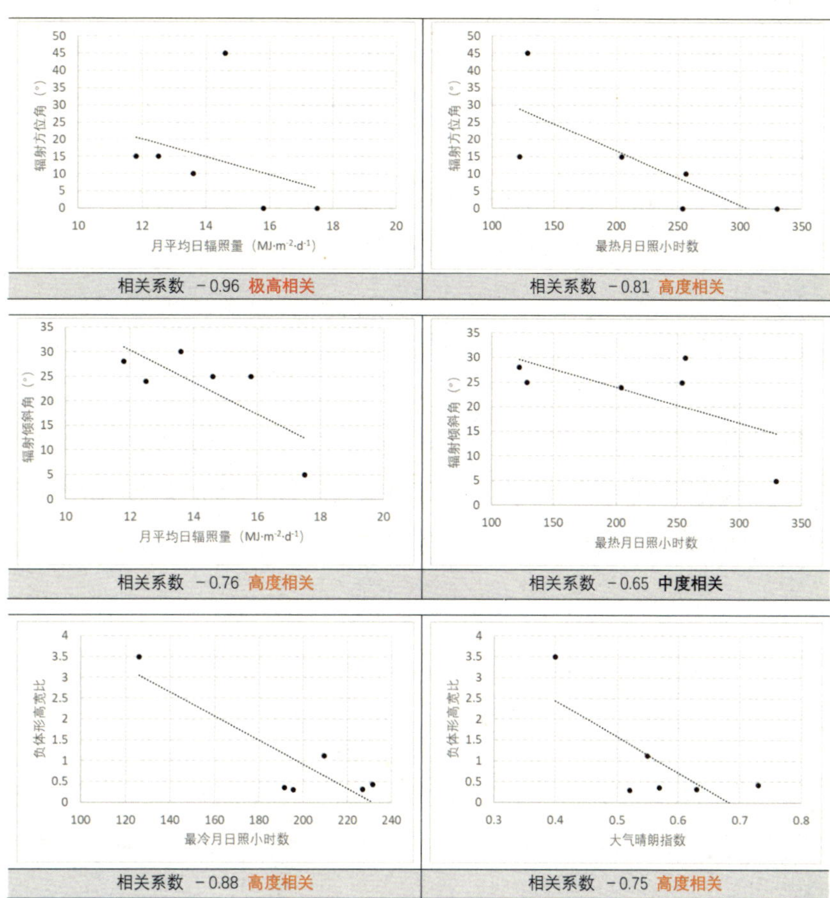

图 5.54 辐射方位角与太阳辐射的散点关系图（图片来源：作者自绘）

图 5.55 辐射倾斜角与太阳辐射的散点关系图（图片来源：作者自绘）

图 5.56 负体形高宽比与太阳辐射的散点关系图（图片来源：作者自绘）

5.8.2 各气候区环境调控原型的对比分析

在明确建筑形式因子与特定气候要素的相关性之后，通过对不同气候区建筑环境调控原型的对比分析，明确各气候区所要应对的环境调控问题与其所采取的环境调控策略，进一步揭示其中的能量运行机制。

5.8.2.1 建筑形式对热传导的“捕获”“隔离”与“阻尼”

地处酷寒区、寒冷区与干寒区的东北汉族民居、晋西半地坑窑民居和青甘庄窠民居，其建筑界面外围护结构的综合传热系数都很小，有助于减少室内外传热总量；东北汉族民居、晋西半地坑窑民居和青甘庄窠民居的北向窗墙面积比也明显低于其他气候区民居，就热工性能而言，门窗的保温隔热能力要远远劣于墙体，减少窗墙面积比利于保温隔热；此外，东北汉族民居、晋西半地坑窑民居的体形系数远小于其他气候区民居，越小的体形系数意味着同等体积的建筑暴露在大气中的表面积越小，通过围护结构的室内外传热量也越少。

就热传导而言，低综合传热系数、低窗墙面积比与小体形系数的形式特征体现为“能量隔离”的能量机制，对应的环境调控策略为减少外围护结构导热，这也符合酷寒区、寒冷区必须满足冬季保温，干寒区侧重冬季保温、兼顾夏季防热的环境调控意图。

地处温暖区、湿晦区与湿热区的云南汉式合院民居、徽州厅井民居和岭南广府民居，其综合传热系数、窗墙面积比与体形系数都比其他气候区民居大，有助于增强室内外传热，在夏季促进建筑散热。

在热传导方面，大综合传热系数、高窗墙面积比与大体形系数的形式特征中蕴含的是“能量捕获”的能量机制，对应的环境调控策略为增加外围护结构散热，这符合湿热区充分满足夏季防热，湿晦区必须满足夏季防热、适当兼顾冬季保温，以及温暖区兼顾夏季防热与冬季保温的环境调控意图。

从酷寒区、寒冷区、干寒区，到温暖区、湿晦区、湿热区，综合传热系数、体形系数与窗墙面积比整体呈现递增的趋势（图 5.57）。形式特征演变的方向性，内里蕴藏着环境调控策略从**“减少外围护结构导热”**到**“促进外围护结构散热”**，能量机制从**“能量隔离”**到**“能量捕获”**的转变。

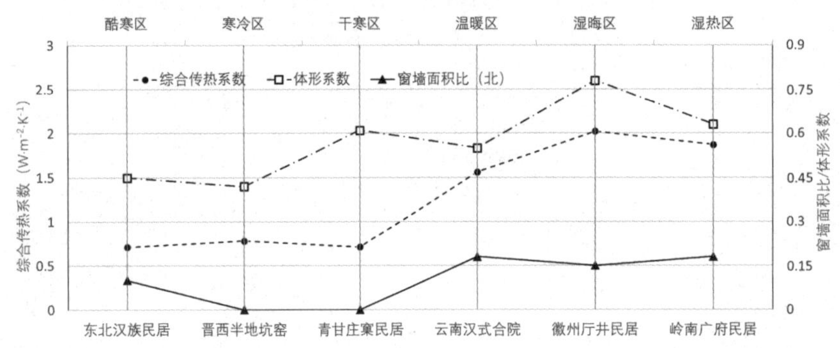

图 5.57 各气候区形式因子对比分析——综合传热系数、体形系数、窗墙面积比（图片来源：作者自绘）

地处酷寒区、寒冷区与干寒区的东北汉族民居、晋西半地坑窑民居和青甘庄窠民居，其建筑界面外围护结构的热惰性指标要高于温暖区、湿晦区和湿热区的云南汉式合院、徽州厅井民居与岭南广府民居（图 5.58）。对于冬季气候寒冷的地区，较大的热惰性指标有助于延迟周期性热流，平抑室内温度波动。尤其对于季度温差与昼夜温差都较大，且气候干燥寒冷的干寒区，提高围护结构材料的蓄热性能对于冬季防寒与夏季隔热都具有显著效能。同理，虽然云南汉式合院民居处于温度宜人的温暖区，但因其昼夜温差较大，建筑围护结构仍然选择热质量较大的夯土墙与条石墙。而湿晦区与湿热区湿度大，昼夜温差小，徽州厅井民居与岭南广府民居的围护结构热惰性指标也较小。徽州民居采用空斗砖墙以减少围护结构热容，防止其存续过多的热量，减少周期性热流的延迟，同时利于夜晚散热。

从酷寒区、寒冷区、干寒区，到温暖区、湿晦区、湿热区，热惰性指标整

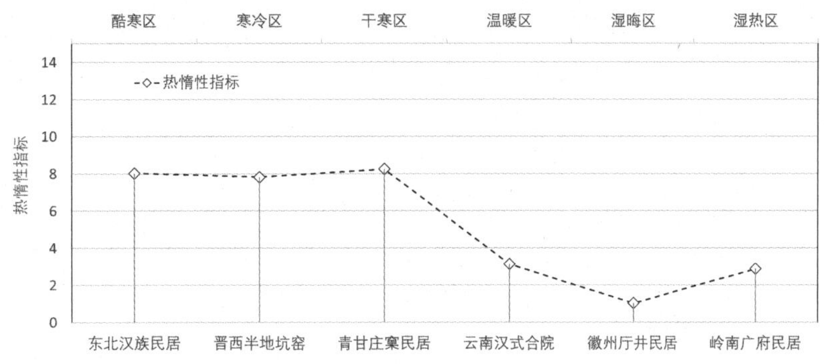

图 5.58 各气候区形式因子对比分析——热惰性指标（图片来源：作者自绘）

体呈现递减的趋势。形式因子的嬗变归因于从**“增加周期性热流延迟”**到**“减少周期性热流延迟”**的环境调控策略的转变，以及**“能量阻尼”以增强到削弱**的机制转换。

5.8.2.2 建筑形式对热对流的“捕获”与“隔离”

建筑形式对风及其产生的热对流存在两个向度的能量应对机制：“捕获”与“隔离”。

酷寒区、寒冷区和干寒区地处我国北方，冬季寒冷，盛行西北风，冬季防风是民居重要的环境调控意图。东北汉族民居、晋西半地坑窑民居和青甘庄窠民居都采取了类似的防风措施，面对冬季主导风向的北向界面不开窗或仅开小窗，防止冷风渗透。从结果而言，前者的北向窗墙面积比要低于其他气候区（图 5.59）。在建筑朝向上，东北汉族民居、晋西半地坑窑民居和青甘庄窠民居的冬季风向投射角都大于 90° 。建筑大致背向冬季主导风向，加之建筑北端主房的体量高于其他房屋，使院落处于风影区中，起到防风避风的作用。

需要说明的是，窗墙面积比一方面与热对流相关，另一方面与太阳辐射相关。增大窗墙面积比，在促进通风的同时还意味着获取太阳直射光，增加太阳辐射得热。这也可以解释，为何湿热区与湿晦区民居虽然迫切地需要夏季自然通风，但其南向窗墙面积比却不大，相比自然通风，建筑遮阳防热的优先级更高。因而，湿晦区与湿热区另辟蹊径地通过天井内院进行通风。窄小高深的天井在夏季遮挡太阳辐射的同时促进热压通风，调节温度与湿度。在形式呈现上，徽州厅井民居与岭南广府民居的负体形高宽比要大于其他气候区民居，负体形口底比要低于其他地区（图 5.60）。

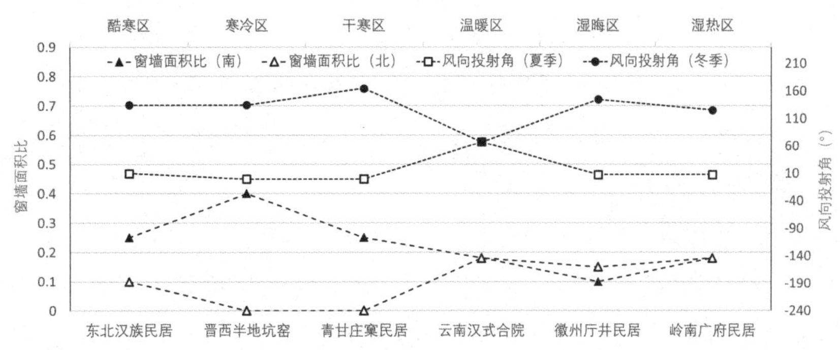

图 5.59 各气候区形式因子对比分析——窗墙面积比、风向投射角（图片来源：作者自绘）

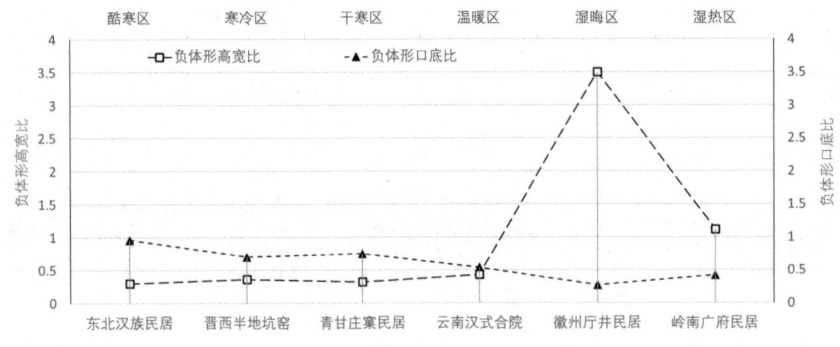

图 5.60 各气候区形式因子对比分析——负体形高宽比、口底比（图片来源：作者自绘）

从酷寒区到湿热区，由北至南从“**能量隔离**”到“**能量捕获**”的能量机制的转化，对应于从“**冬季防止冷风渗透**”到“**夏季促进自然通风**”环境调控策略的转变。

5.8.2.3 建筑形式对热辐射的“捕获”与“隔离”

从界面形式因子而言，从酷寒区到湿热区的典型民居类型，其太阳辐射吸收系数、窗墙面积比与综合遮阳系数呈现整体下降的趋势（图 5.61）。东北汉族民居、晋西半地坑窑民居与青甘庄窠民居，多使用粗糙且深色的围护结构材料，使建筑界面尽可能多地吸收太阳辐射热；南向开大窗，能充分接纳阳光；出檐短小，窗格疏朗通透，能减少对阳光的遮挡。岭南广府民居、徽州厅井民居，其外界面则多为浅色且质地光滑，通过反射阳光减少太阳辐射得热；南向开小窗或不开窗，减少阳光直射；出檐深远，窗栅细密，进一步遮挡阳光。温暖区的云南汉式合院民居，其界面形式因子的数值多处于中间，围护结构既要获取足够的太阳辐射热以存续到夜晚，又要进行适度的遮阳防止西晒。

从体形形式因子而言，从酷寒区到湿热区，民居的负体形口底比呈现递减的趋势（图 5.62）。出檐由短及深、檐廊与敞厅等灰空间的占比增加，是民居负体形口底比逐渐降低的直接原因。民居口底比越低，其形体自遮阳的效果越好；口底比越高，庭院越开敞，越利于接纳阳光。负体形高宽比同样呈现南高北低的整体趋势。地处湿热区与湿晦区的岭南广府民居和徽州厅井民居，其负体形高宽比远高于其他气候区民居，天井深狭，有利于遮挡太阳辐射。酷寒区的东北汉族民居，庭院开场，建筑单体各自拉开距离，院墙低矮，以最大限度地获取太阳辐射热；寒冷区的晋西半地坑窑民居，院墙低于屋脊高度，庭院进深狭长，利于采光，开间窄小，防止西晒；干寒区的青甘庄窠民居，庭院开敞，出檐短小，院中设置可拆卸的凉棚，兼顾冬季采暖与夏季遮阳。就建筑朝向来说，各个气候区民居原型大多坐北朝南，辐射方位角小于 45°，酷寒区、寒冷区与干寒区的辐射方位角要稍小于湿晦区与湿热区，表明前者对太阳辐射的依赖性更强。

以上形式因子由北至南的梯度演变，反映出建筑形式对热辐射的能量运行机制由“**能量捕获**”转变为“**能量隔离**”，其环境调控策略也由“**冬季增加太阳辐射得热**”转化到“**夏季减少太阳辐射得热**”。

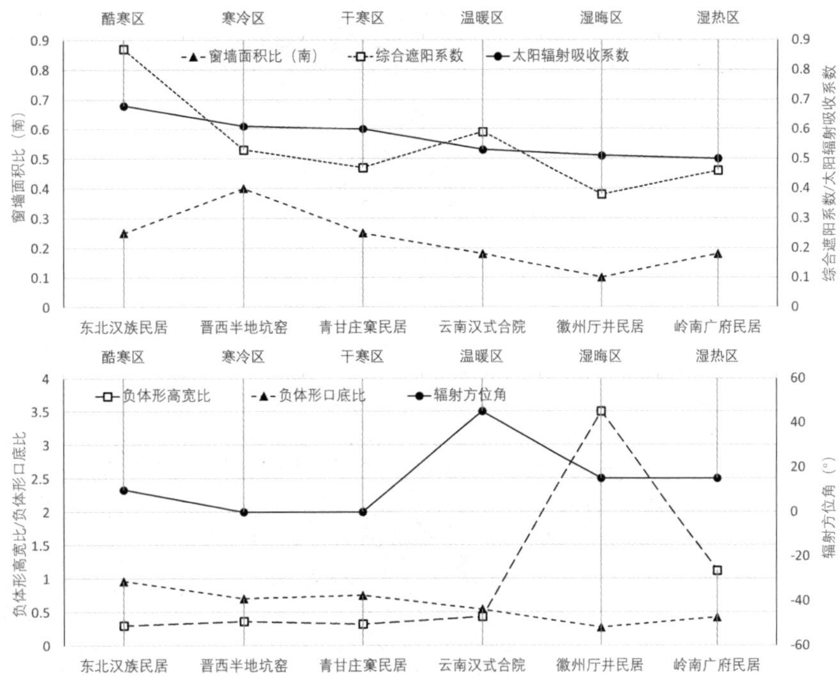

图 5.61 各气候区形式因子对比分析——窗墙面积比、综合遮阳系数、太阳辐射吸收系数（图片来源：作者自绘）

图 5.62 各气候区形式因子对比分析——负体形高宽比、口底比，辐射方位角（图片来源：作者自绘）

5.9 能量建构模型

面对各个地区的气候和环境资源，建筑的类型与范式在长期的建造活动中存在统一而多样化的标准，能反映建筑建造体系对环境气候的适应与利用，这些建筑策略的背后有气候环境作为类型产生的支撑。本节通过总结前文对不同气候区热力学原型建筑的数值模拟、形式因子的相关性分析与对比分析，总结不同气候区的建筑能量建构模型，提取、归纳在适应地域气候演变的过程中，建筑类型的能量机制、调控策略及形式特征。

5.9.1 酷寒区能量建构模型

酷寒区能量建构模型反映了三种能量机制、四种环境调控策略以及对应的十一项形式因子的呈现（表 5-7）。这些能量机制和调控策略反映到建筑形式上，则呈现为以下几个酷寒区民居的基本特征：建筑朝向以南为主，平面紧凑、体形规整，庭院开敞，建筑界面深色且粗糙，建筑有厚重的墙体、双层门窗，南向开大窗，北向开小窗，极少的遮阳构件，平缓且短小的外檐。总结为界面与体形两个向度的形式因子聚类及趋势（图 5.63）：

（1）**气候调控界面：**增大太阳辐射吸收系数，减小综合传热系数，增大热惰性指标，增大南向窗墙面积比，减小北向窗墙面积比，增大综合遮阳系数，增大冬季主导风风向投射角。

（2）**气候适应体形：**减小辐射方位角，减小体形系数，减小负体形高宽比，增大负体形口底比。

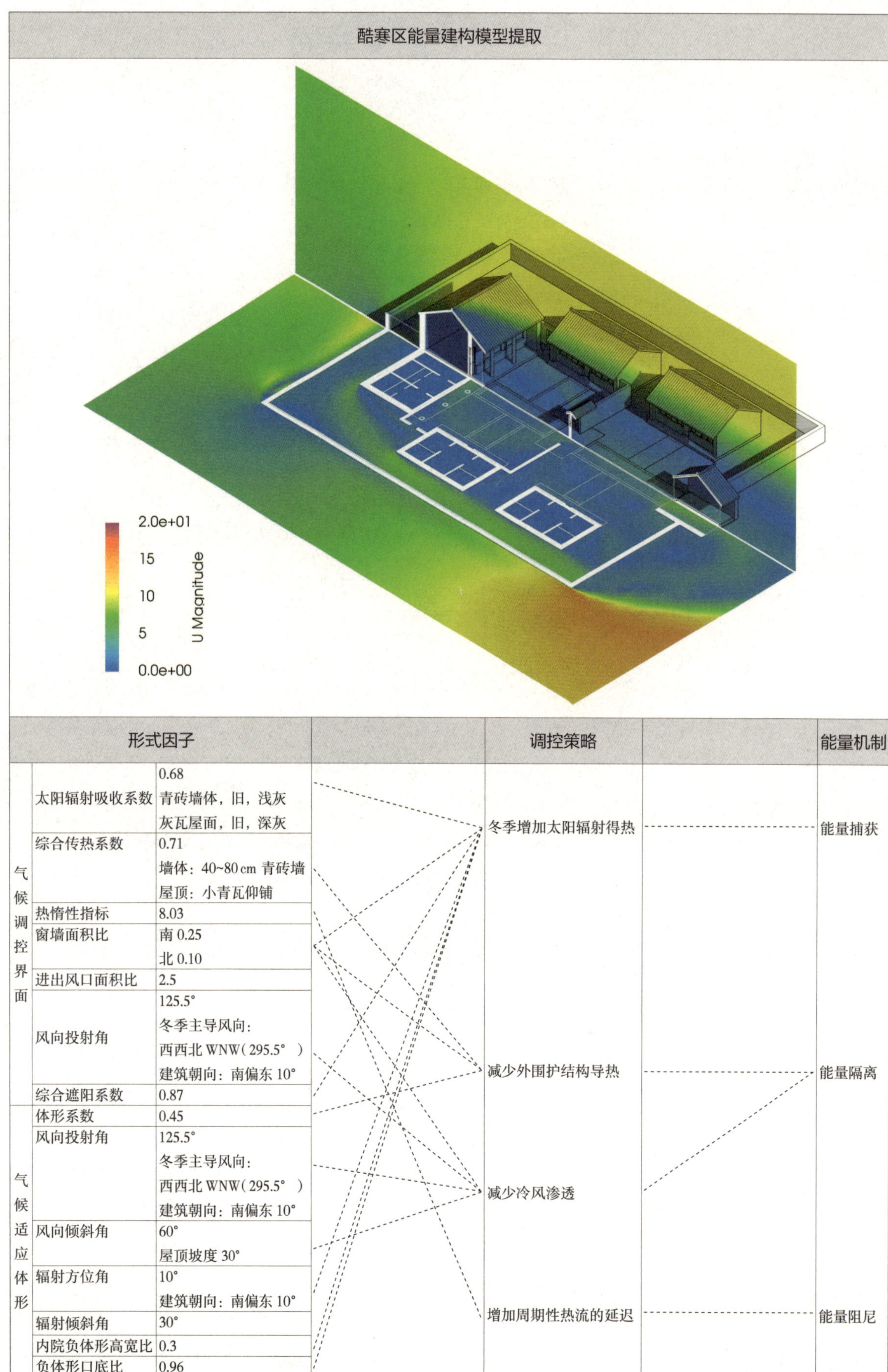

形式因子		
气候调控界面	太阳辐射吸收系数	0.68 青砖墙体，旧，浅灰 灰瓦屋面，旧，深灰
	综合传热系数	0.71 墙体：40~80 cm 青砖墙 屋顶：小青瓦仰铺
	热惰性指标	8.03
	窗墙面积比	南 0.25 北 0.10
	进出风口面积比	2.5
	风向投射角	125.5° 冬季主导风向： 西西北 WNW（295.5°） 建筑朝向：南偏东 10°
	综合遮阳系数	0.87
气候适应体形	体形系数	0.45
	风向投射角	125.5° 冬季主导风向： 西西北 WNW（295.5°） 建筑朝向：南偏东 10°
	风向倾斜角	60° 屋顶坡度 30°
	辐射方位角	10° 建筑朝向：南偏东 10°
	辐射倾斜角	30°
	内院负体形高宽比	0.3
	负体形口底比	0.96

调控策略	能量机制
冬季增加太阳辐射得热	能量捕获
减少外围护结构导热	能量隔离
减少冷风渗透	能量隔离
增加周期性热流的延迟	能量阻尼

图 5.63 酷寒区能量建构模型提取（图片来源：作者自绘）

表 5-7 酷寒区能量建构模型的能量机制、调控策略与形式因子

能量机制	调控策略	形式因子
能量捕获	冬季增加太阳辐射得热	**增大太阳辐射吸收系数** 青黄碱土、青黑瓦片和深棕茅草构成了深色且粗糙的建筑界面，东北汉族民居通过墙体与屋顶面层的材料与性状增加建筑界面的太阳辐射得热
		增大南向窗墙面积比 东北汉族民居南向开窗较大，以获得最大的太阳辐射热
		增大综合遮阳系数 极少的遮阳构件、平缓且短小的外檐，减少对太阳光线的遮挡，尽可能多地获取太阳辐射热
		减小辐射方位角 建筑朝向尽可能朝南以获得最佳日照条件
		减小负体形高宽比 宽敞的庭院减少院墙对建筑自身的太阳光线的遮挡
		增大负体形口底比 平缓且短小的外檐形成较大负体形口底比，以减少对太阳光线的遮挡
能量隔离	减少外围护结构导热	**减小综合传热系数** 选用砖、石、木、草等较低传热系数的墙体材料；增加墙体厚度，尤其是直接面对冬季西北风的北侧墙体；双层门窗，有效减少外围护结构的导热
		减小北向窗墙面积比 北面开小窗以减少冬季对流换热
		减小体形系数 紧凑平面与规整体形，有效减少与环境进行热量交换的外围护结构面积
	减少冷风渗透	**减小北向窗墙面积比** 北面开小窗以减少冬季对流换热
		增大冬季主导风的风向投射角 使建筑尽可能背向冬季主导风向，降低风压差
能量阻尼	增加周期性热流的延迟	**增大热惰性指标** 建筑外围护结构吸收热量的昼夜交换，使冬季白天吸收的热量在寒冷的夜晚缓慢释放

（表格来源：作者自绘）

5.9.2 寒冷区能量建构模型

寒冷区能量建构模型反映了三种能量机制、四种环境调控策略以及对应的十三项形式因子的呈现（表 5-8）。这些能量机制和调控策略反映到建筑形式上来，则呈现为以下几个寒冷区民居的基本特征：建筑朝向以南为主，平面紧凑、体形规整，能利用地形与覆土，庭院开敞，建筑界面为深色且粗糙，有厚重墙体、双层门窗，南向开大窗，北向开小窗，适宜的屋顶出檐、披檐与廊厦。总结为界面与体形两个向度的形式因子聚类及趋势（图 5.64）：

（1）**气候调控界面**：增大太阳辐射吸收系数，减小综合传热系数，增大热惰性指标，增大南向窗墙面积比，减小北向窗墙面积比，进出风口面积比（单侧开窗）适宜的综合遮阳系数。

（2）**气候适应体形**：增大冬季主导风的风向投射角，减小辐射方位角，减小体形系数，减小负体形高宽比，适宜的辐射倾斜角，适宜的负体形口底比。

表 5-8 寒冷区能量建构模型的能量机制、调控策略与形式因子

能量机制	调控策略	形式因子
能量捕获	冬季增加太阳辐射得热	**增大太阳辐射吸收系数** 黄土、砖、石、瓦等材料的本色构成，多为深灰色、深棕色且表面粗糙，易形成漫反射，能够有效增强建筑界面的太阳辐射得热
		增大南向窗墙面积比 窑洞南向开窗尽可能大，以使冬季最大限度接收太阳辐射热，提高窑内温度
		适宜的综合遮阳系数 屋顶坡度平缓且出檐适中，水平遮阳，不遮挡冬季较低太阳高度角的阳光
		适宜的辐射倾斜角 屋顶坡度适中，适宜的出檐角度遮挡夏季阳光，不阻碍冬季阳光
		减小辐射方位角 建筑朝向尽可能朝南以获得最佳日照条件
		减小负体形高宽比 宽敞的庭院减少院墙对建筑自身的太阳光线的遮挡
		适宜的负体形口底比 适中的出檐形成较大负体形口底比的庭院，以减少对太阳光线的遮挡
能量隔离	减少外围护结构导热	**减小体形系数** 紧凑平面，规整体形，三面环土，暴露在气候中的界面仅有屋顶和面向庭院的立面，有效减小与环境热量交换的外围护结构面积，大大减小了体形系数
		减小综合传热系数 选用砖、石、木、草等较低传热系数的墙体材料；增加墙体厚度，尤其是直接面对冬季西北风的北侧墙体，屋顶覆盖厚土；对内院的开窗一般为双层窗扇。冬天加棉帘以防止冷风渗透
		减小北向窗墙面积比 北面开小窗以减少冬季对流换热
	减少冷风渗透	**减小北向窗墙面积比** 北面开小窗以减少冬季对流换热
		减小进出风口面积比（单侧开窗） 单侧开窗不利于形成对流通风，冬天加棉帘以防止冷风渗透
		增大冬季主导风的风向投射角 选址多采取坐西北面东南方向和坐东北面西南方向，使建筑尽可能背向冬季主导风向
能量阻尼	增加周期性热流的延迟	**增大热惰性指标** 建筑外围护结构吸收热量的昼夜交换，使冬季白天吸收的热量在寒冷的夜晚缓慢释放

（表格来源：作者自绘）

5.9.3 干寒区能量建构模型

干寒区能量建构模型反映了三种能量机制、五种环境调控策略以及对应的十四项形式因子的呈现（表 5-9）。这些能量机制和调控策略反映到建筑形式上，则呈现为以下几个干寒区民居的基本特征：敦实低伏、封闭内向、屋顶平缓、平面形状规整，建筑朝向以东南为主，院落负体形平面形状近乎正方形，面宽略小于进深，高宽比适中，建筑界面浅色且粗糙，墙体厚重、开窗较小，出檐较短，有可拆卸的遮阳构件。总结为界面与体形两个向度的形式因子聚类及趋势（图 5.65）：

（1）**气候调控界面：**适宜的太阳辐射吸收系数，减小综合传热系数，增大热惰性指标，减小窗墙面积比，进出风口面积比（单侧开窗），适宜的综合遮阳系数。

寒冷区能量建构模型提取						
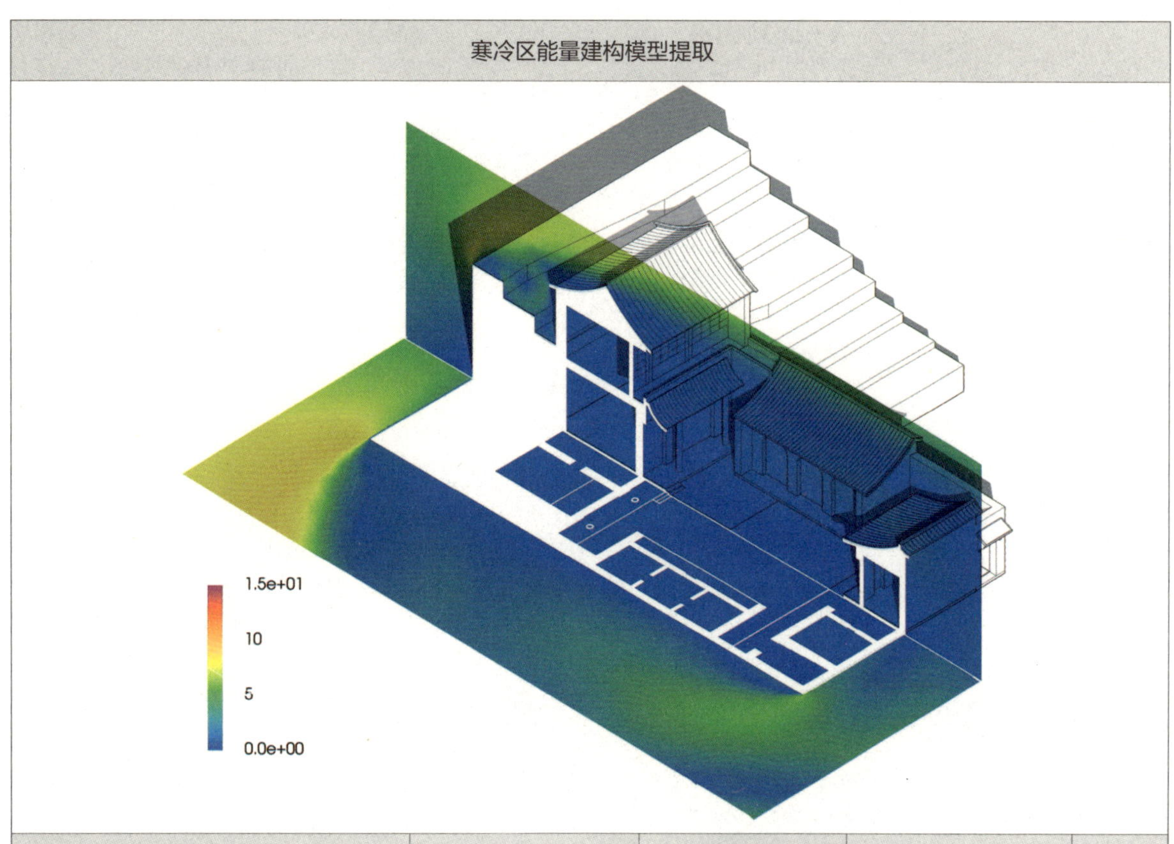						
形式因子				调控策略		能量机制
气候调控界面	太阳辐射吸收系数	0.61 青砖墙体，旧，浅灰 生土墙体，旧，灰褐 灰瓦屋顶，旧，浅灰 夯土屋顶，旧，灰褐		冬季增加太阳辐射得热		能量捕获
	综合传热系数	0.78 墙体：40~80 cm 生土墙 30~60 cm 青砖墙 屋顶：青瓦 + 黄土保温 100 cm 夯土 双层木窗		减少外围护结构导热		能量隔离
	热惰性指标	7.82				
	窗墙面积比	正房 0.4 厢房 0.26				
	进出风口面积比	—（仅对庭院开窗）				
	风向投射角	135° 冬季主导风向：东北 NE（45°） 建筑朝向：正南		减少冷风渗透		
	综合遮阳系数	0.53				
气候适应体形	体形系数	0.42				
	风向投射角	135° 冬季主导风向：东北 NE（45°） 建筑朝向：正南				
	风向倾斜角	65° 屋顶坡度 25°				
	辐射方位角	0° 建筑朝向：正南		增加周期性热流的延迟		能量阻尼
	辐射倾斜角	25°				
	内院负体形高宽比	0.36				
	负体形口底比	0.7				

图 5.64 寒冷区能量建构模型提取（图片来源：作者自绘）

表 5-9 干寒区能量建构模型的能量机制、调控策略与形式因子

能量机制	调控策略	形式因子
能量捕获	冬季增加太阳辐射得热	**适宜的太阳辐射吸收系数** 湿度较低的生土与红砖，呈现为浅黄色和浅棕色，太阳辐射吸收系数适中，兼顾冬季得热与夏季防热
		适宜的综合遮阳系数 短檐廊起到水平遮阳的作用，出檐适中，在冬季并不遮挡阳光，在夏季则起到遮阳纳凉的作用。葡萄架、可拆卸凉棚与庭院果树绿化，夏季搭上凉棚，草木繁茂，具有一定的遮阳作用；冬季则拆下凉棚，树木落叶不影响采光和采暖需求
		增大辐射倾斜角 平屋顶使建筑能够更多地接收太阳辐射
		减小辐射方位角 建筑朝向尽可能朝南以获得最佳日照条件
		适宜的负体形高宽比 院落负体形平面形状近乎正方形，面宽略小于进深，高宽比适中，便于平衡纳阳与遮阳
		适宜的负体形口底比 冬季葡萄架、可拆卸凉棚与庭院果树绿化撤除，负体形口底比增大，减少对太阳光线的遮挡
能量隔离	夏季减少太阳辐射得热	**适宜的太阳辐射吸收系数** 湿度较低的生土与红砖，呈现为浅黄色和浅棕色，太阳辐射吸收系数适中，兼顾冬季得热与夏季防热
		减小体形系数 组团式集中布局，敦实低伏、封闭内向、屋顶平缓、平面形状规整，减少了建筑吸收和散失辐射热的面积，防止建筑中过多的热量获取或损失
		适宜的负体形高宽比 院落负体形平面形状近乎正方形，面宽略小于进深，高宽比适中，便于平衡纳阳与遮阳
		适宜的负体形口底比 夏季增设葡萄架、可拆卸凉棚与庭院果树绿化，使负体形口底比减小，便于遮阳纳凉
	减少外围护结构导热	**减小体形系数** 紧凑平面，规整体形，三面环土，暴露在气候中的界面仅有屋顶和面向庭院的立面，有效减少与环境进行热量交换的外围护结构面积，大大减小了体形系数
		减小综合传热系数 选用生土、红砖等较低传热系数的墙体材料；增加墙体厚度，尤其是直接面对冬季西北风的北侧墙体，屋顶覆盖厚土；在廊墙与房屋外墙之间设置空气腔层，减少直接传导的热流；在屋顶设置草泥和麦草保温层
		减小窗墙面积比 仅对内院开小窗，减少外围护结构导热
	减少冷风渗透	**减小窗墙面积比** 仅对内院开小窗，减少冷、热风渗透
		进出风口面积比（单侧开窗） 单侧开窗不利于形成对流通风，防寒、防热、防沙
		增大冬季主导风的风向投射角 选址多采取南向，使建筑尽可能背向冬季主导风向
		增大冬季主导风的风向倾斜角 平缓的屋顶减小了屋顶对风力作用的角度，防止风正面吹打建筑屋面
能量阻尼	增加周期性热流的延迟	**增大热惰性指标** 建筑外围护结构吸收热量的昼夜交换，使冬季白天吸收的热量在寒冷的夜晚缓慢释放

（表格来源：作者自绘）

干寒区能量建构模型提取

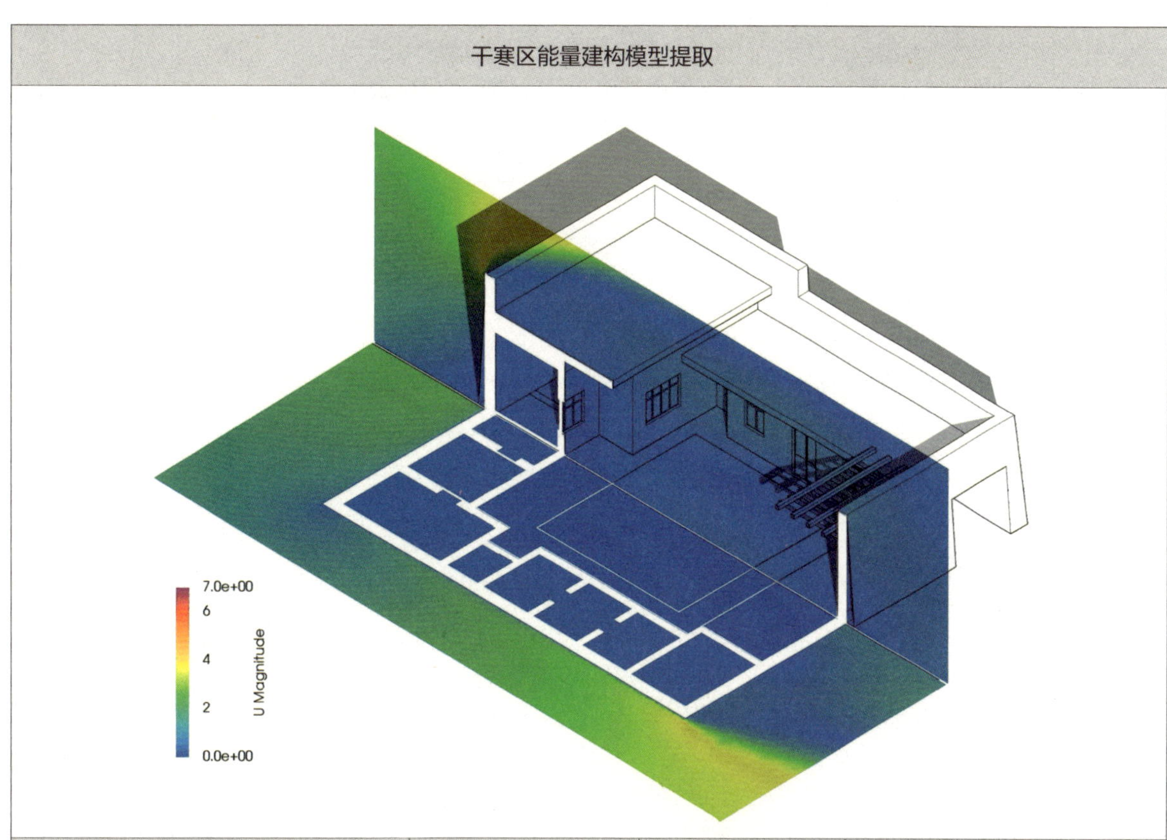

形式因子		
气候调控界面	太阳辐射吸收系数	0.60 红砖墙体，旧，红色 生土墙体，旧，浅黄 夯土屋顶，旧，浅黄
	综合传热系数	0.71 生土墙 红砖墙 夯土顶
	热惰性指标	8.24
	窗墙面积比	北内立面 0.25 东内立面 0.18
	进出风口面积比	—（仅对庭院开窗）
	风向投射角	135° 冬季主导风向：西北 NW（315°） 建筑朝向：正南
	综合遮阳系数	0.47
气候适应体形	体形系数	0.61
	风向投射角	135° 冬季主导风向：西北 NW（315°） 建筑朝向：正南
	风向倾斜角	85° 屋顶坡度 5°
	辐射方位角	0° 建筑朝向：正南
	辐射倾斜角	5°
	内院负体形高宽比	0.32
	负体形口底比	0.75

调控策略	能量机制
冬季增加太阳辐射得热	能量捕获
夏季减少太阳辐射得热	能量隔离
减少外围护结构导热	能量隔离
减少冷热风渗透	能量隔离
增加周期性热流的延迟	能量阻尼

图 5.65 干寒区能量建构模型提取（图片来源：作者自绘）

（2）**气候适应体形：**减小体形系数，减小辐射方位角，增大辐射倾斜角，增大冬季主导风的风向投射角，适宜的负体形高宽比，适宜的负体形口底比增大冬季主导风的风向投射角和风向倾斜角。

5.9.4 温暖区能量建构模型

温暖区能量建构模型反映了两种能量机制、三种环境调控策略以及对应的八项形式因子的呈现（表 5-10）。这些能量机制和调控策略反映到建筑形式上，则呈现为以下几个温暖区民居的基本特征：建筑朝向东南，内院宽敞，出檐短小，四面开窗，门窗通透，条石墙，青瓦顶。总结为界面与体形两个向度的形式因子聚类及趋势（图 5.66）：

（1）**气候调控界面：**增大内立面窗墙面积比，增大进出风口面积比，适宜的太阳辐射吸收系数，增大热惰性指标。

（2）**气候适应体形：**平衡夏季与冬季主导风的风向投射角，适宜的辐射方位角，减小负体形高宽比，增大负体形口底比。

表 5-10 温暖区能量建构模型的能量机制、调控策略与形式因子

能量机制	调控策略	形式因子
能量捕获	促进自然通风	**增大负体形口底比** 建筑向室外大气敞开，有利于促进风压通风
		增大进出风口面积比 增大进出风口面积比有利于形成穿堂风，带走室内热量
		增大内立面窗墙面积比 使室内与内院相连的界面通透，利于通风
		平衡夏季、冬季主导风风向投射角 平衡、协调夏季通风与冬季防风、冬季通风
	增加太阳辐射得热	**适宜的太阳辐射吸收系数** 灰褐色、质地粗糙的建筑界面对太阳辐射吸收具有一定的促进作用
		减小负体形高宽比 宽敞的庭院减少院墙对建筑自身的太阳光线遮挡
		增大负体形口底比 平缓且短小的外檐形成较大口底比，以减少对太阳光线的遮挡
		增大内立面窗墙面积比 在负体形高宽比较小与口底比较大的条件下，建筑朝向内院的内立面是直接接收太阳辐射的界面，增大内立面窗墙面积比有助于增加建筑的太阳辐射得热
		适宜的辐射方位角 建筑尽可能南向以获得最佳日照条件
能量阻尼	增加周期性热流的延迟	**增大热惰性指标** 建筑外围护结构吸收热量的昼夜交换，使冬季白天吸收的热量在寒冷的夜晚缓慢释放

（表格来源：作者自绘）

温暖区能量建构模型提取

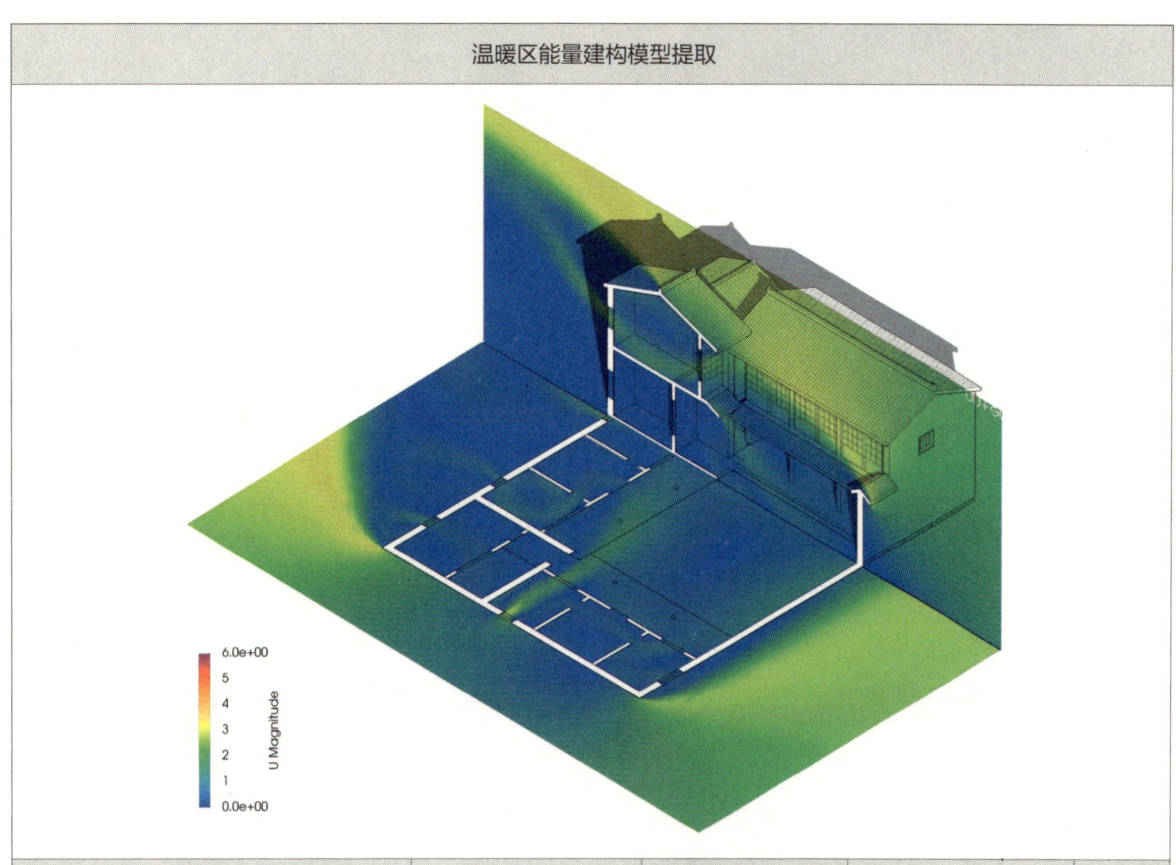

形式因子				调控策略		能量机制
气候调控界面	太阳辐射吸收系数	0.53 夯土墙体，旧，灰褐色 条石墙体，旧，灰白色 青瓦屋顶，旧，浅灰色				
	综合传热系数	1.56 条石墙 红砖墙 青瓦顶 单层木窗		促进自然通风		能量捕获
	热惰性指标	3.12				
	窗墙面积比	南立面 0.18 东立面 0.04 西立面 0.04 北立面 0.14 内立面 0.36				
	进出风口面积比	1.7		增加太阳辐射得热		
	风向投射角	67.5° 夏季主导风向：南西南 SSW（202.5° ） 建筑朝向：南偏东 45°				
	综合遮阳系数	0.59				
气候适应体形	体形系数	0.55				
	风向投射角	67.5° 夏季主导风向：南西南 SSW（202.5° ） 建筑朝向：南偏东 45°				
	风向倾斜角	65° 屋顶坡度 25°				
	辐射方位角	45° 建筑朝向：南偏东 45°		增加周期性热流的延迟		能量阻尼
	辐射倾斜角	25°				
	内院负体形高宽比	0.43				
	负体形口底比	0.54				

图 5.66 温暖区能量建构模型提取（图片来源：作者自绘）

5.9.5 湿晦区能量建构模型

湿晦区能量建构模型反映了三种能量机制、五种环境调控策略以及对应的十二项形式因子的呈现（表 5-11）。这些能量机制和调控策略反映到建筑形式上，则呈现为以下几个湿晦区民居的基本特征：坐北向南，高墙封闭，天井深狭，堂屋开敞，白墙灰瓦，空斗砖墙，通透格栅。总结为界面与体形两个向度的形式因子聚类及趋势（图 5.67）：

（1）**气候调控界面：**减小外立面窗墙面积比，增大内立面窗墙面积比，减小综合遮阳系数，减小热惰性指标，减少太阳辐射吸收系数，适宜的综合传热系数。

（2）**气候适应体形：**增大体形系数，减小夏季主导风的风向投射角，增大冬季主导风的风向投射角，增大进出风口高度差，增大负体形高宽比，减小负体形口底比。

表 5-11 湿晦区能量建构模型的能量机制、调控策略与形式因子

<table>
<tr><th>能量机制</th><th>调控策略</th><th>形式因子</th></tr>
<tr><td rowspan="8">能量捕获</td><td rowspan="4">促进外围护结构散热</td><td>适宜的综合传热系数
减少对围护结构热流传导的阻挡，方便建筑在夏季夜晚将白天积蓄的热量迅速排出</td></tr>
<tr><td>减小热惰性指标
围护结构在夏天不会积蓄太多的热量产生热延迟</td></tr>
<tr><td>增大体形系数
天井、敞厅与侧廊组成的负体形直接与大气相连，使建筑与空气接触散热的表面积增大</td></tr>
<tr><td>增大内立面窗墙面积比
使室内与天井相连的界面通透，利于通风。通风有助于建筑外围护结构对流散热</td></tr>
<tr><td rowspan="4">促进夏季自然通风</td><td>减小夏季主导风的风向投射角
建筑朝向夏季来风利于组织风压通风，通风利于建筑外围护结构对流散热</td></tr>
<tr><td>增大进出风口高度差
天井越高，热压通风效果越好，通风利于建筑外围护结构对流散热</td></tr>
<tr><td>减小负体形口底比
负体形口底比越小，狭管效应越显著，热压通风效果越好</td></tr>
<tr><td>增大内立面窗墙面积比
使室内与天井相连的界面通透，利于通风</td></tr>
<tr><td rowspan="7">能量隔离</td><td rowspan="5">减少太阳辐射得热</td><td>减小太阳辐射吸收系数
白墙灰瓦，浅色立面，利于反射太阳光线，有效减少建筑界面的太阳辐射得热</td></tr>
<tr><td>减小外立面窗墙面积比
外围护界面封闭开小窗，以减少夏季直接射入室内的光线</td></tr>
<tr><td>减小综合遮阳系数
通过体形、挑檐与窗扇等方式遮阳，减少太阳辐射得热</td></tr>
<tr><td>增大负体形高宽比
高狭的天井增加院墙对建筑自身的太阳光线的遮挡</td></tr>
<tr><td>减小负体形口底比
负体形口底比越小，天井开口越小，通过天井进入的太阳辐射热越少</td></tr>
<tr><td rowspan="2">减少冷风渗透</td><td>减小外立面窗墙面积比
外围护界面封闭开小窗，以减少冬季对流换热</td></tr>
<tr><td>增大冬季主导风的风向投射角
选址多采取西南与东南朝向，使建筑尽可能背向冬季主导风向</td></tr>
<tr><td>能量阻尼</td><td>减少周期性热流的延迟</td><td>减小热惰性指标
围护结构在夏天不会积蓄太多的热量而产生热延迟</td></tr>
</table>

（表格来源：作者自绘）

湿晦区能量建构模型提取

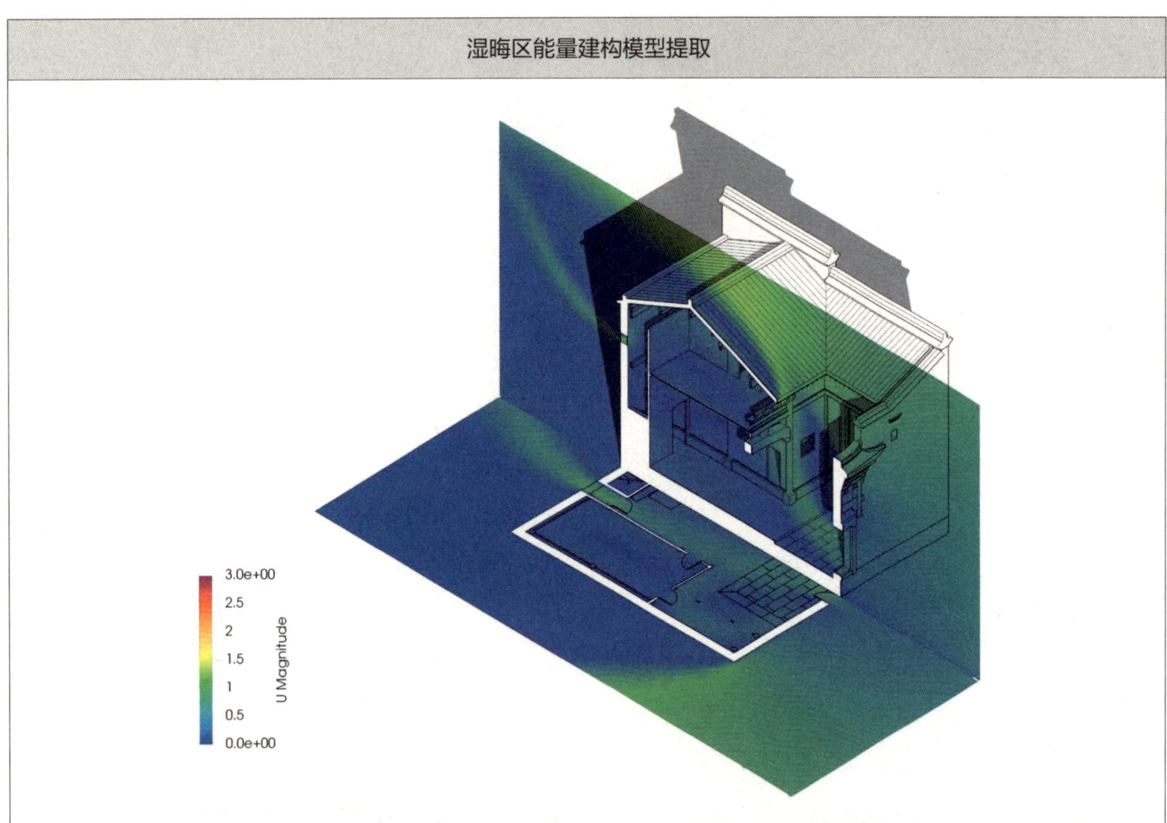

形式因子				调控策略		能量机制
气候调控界面	太阳辐射吸收系数	0.51 白灰墙体，旧，灰白色 青瓦屋顶，旧，深灰色				
	综合传热系数	2.02 空斗墙：30 mm 外抹白灰 +280 mm 空斗墙 +20 mm 内抹灰 青瓦顶：10 mm 小青瓦 + 空气层 +15 mm 杉木板 +10 mm 轻质黏土 +20 mm 黏土砖 单层木窗		促进外围护结构散热 促进夏季自然通风		能量捕获
	热惰性指标	1.02				
	窗墙面积比	外立面 0.08 内立面 0.60				
	进出风口高度差	6.5m				
	风向投射角	7.5° 夏季主导风向：南西南 SSW（202.5°） 建筑朝向：南偏西 15°		减少太阳辐射得热		能量隔离
	综合遮阳系数	0.38				
气候适应体形	体形系数	0.78				
	风向投射角	7.5° 夏季主导风向：南西南 SSW（202.5°） 建筑朝向：南偏西 15°		减少冷风渗透		
	风向倾斜角	66° 屋顶坡度 24°				
	辐射方位角	15° 建筑朝向：南偏西 15°		减少周期性热流的延迟		能量阻尼
	辐射倾斜角	24°				
	负体形高宽比	3.5				
	负体形口底比	0.27				

图 5.67 湿晦区能量建构模型提取（图片来源：作者自绘）

5.9.6 湿热区能量建构模型

湿热区能量建构模型反映了三种能量机制、五种环境调控策略以及对应的九项形式因子的呈现（表 5-12）。这些能量机制和调控策略反映到建筑形式上，则呈现为以下几个湿热区民居的基本特征：坐北向南，外部体形收缩内聚，内部空间开敞通透，天井面宽大、进深小，青砖墙、青瓦顶，可以拆卸的通透格栅与移门。总结为界面与体形两个向度的形式因子聚类及趋势（图 5.68）。

（1）**气候调控界面**：适宜的外立面窗墙面积比，增大内立面窗墙面积比，减小太阳辐射吸收系数，适宜的综合传热系数，减小热惰性指标，减小综合遮阳系数。

（2）**气候适应体形**：减小夏季主导风的风向投射角，适宜的体形系数，增大负体形口底比。

表 5-12 湿热区能量建构模型的能量机制、调控策略与形式因子

能量机制	调控策略	形式因子
能量捕获	促进外围护结构散热	**适宜的综合传热系数** 方便建筑在夏季夜晚将白天积蓄的热量较为快速地排出
		减小热惰性指标 围护结构在夏天不会积蓄太多的热量产生热延迟
		适宜的体形系数 天井、敞厅与侧廊组成的负体形直接与大气相连，使建筑与空气接触散热的表面积增大
		增大内立面窗墙面积比 能量捕获促进自然通风，利于建筑外围护结构对流散热
		减小夏季主导风的风向投射角 建筑朝向夏季来风方向利于组织风压通风，通风利于建筑外围护结构对流散热
	促进夏季自然通风	**减小夏季主导风的风向投射角** 建筑朝向夏季来风方向利于组织风压通风
		增大负体形口底比 增大天井上部开口面积，有利于促进风压通风
		适宜的内、外立面窗墙面积比 使室内与天井相连的界面通透，利于通风
能量隔离	减少太阳辐射得热	**减小太阳辐射吸收系数** 抹灰砖墙与青瓦顶，浅色，利于反射太阳光线，有效减少建筑界面的太阳辐射得热
		适宜的外立面窗墙面积比 外围护界面开小窗，以减少夏季直接射入室内的光线
		减小综合遮阳系数 通过体形、挑檐与窗扇等方式遮阳，减少太阳辐射得热
	减少外围护结构导热	**适宜的综合传热系数** 使建筑在夏季白天建立较大的内外温度势差，阻止过多热流进入室内
		适宜的体形系数 建筑体形聚集收缩，防止过多的热流传递
能量阻尼	减少周期性热流的延迟	**减小热惰性指标** 围护结构在夏天不会积蓄太多的热量产生热延迟

（表格来源：作者自绘）

湿热区能量建构模型提取

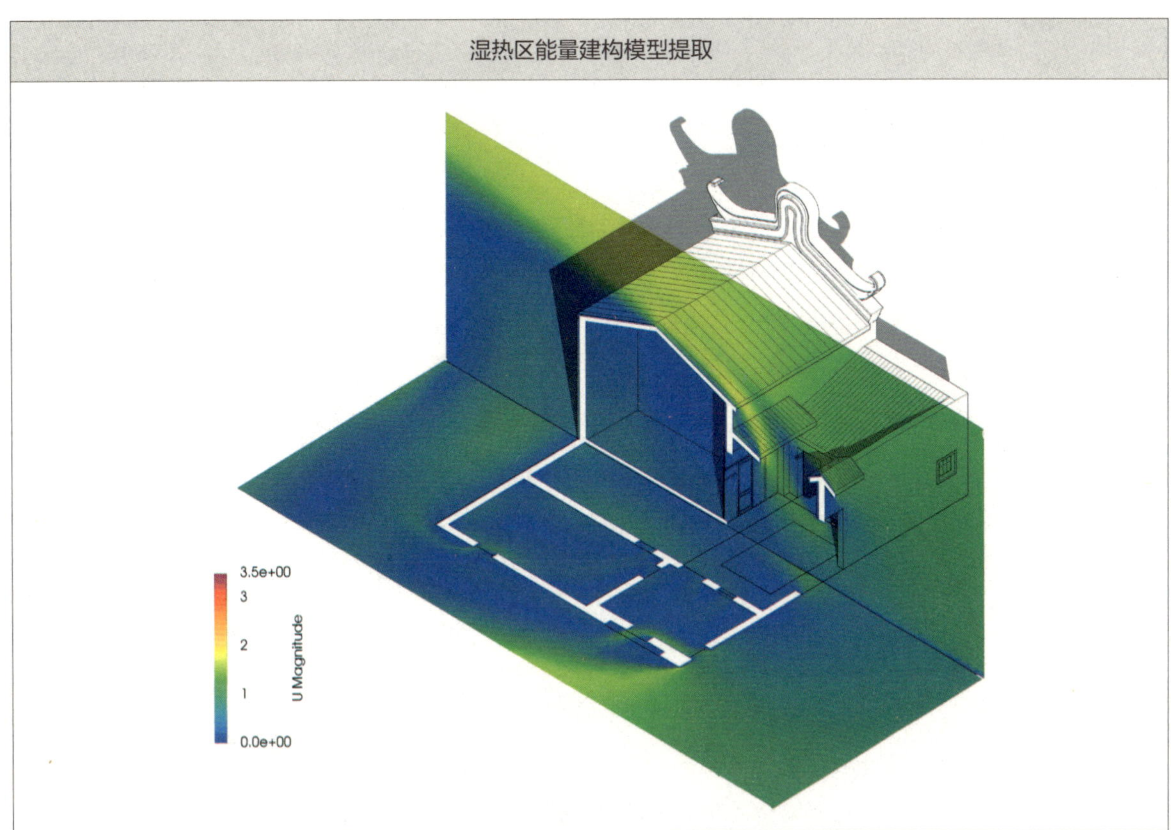

形式因子			调控策略	能量机制
气候调控界面	太阳辐射吸收系数	0.50 抹灰砖墙，光滑，白色 青砖墙，不光滑，灰青色 夯土墙，旧，灰褐色 青瓦顶，旧，浅灰色	促进外围护结构散热	能量捕获
	综合传热系数	1.87 墙体：实心青砖墙 屋顶：青瓦顶 单层木窗		
	热惰性指标	2.87	促进夏季自然通风	
	窗墙面积比	南立面 0.18 东西立面 0.05 北立面 0 内立面 0.52		
	进出风口高度差	3.2 m		
	风向投射角	7.5° 夏季主导风向：南东南 SSE（157.5° ） 建筑朝向：南偏东 15°	减少太阳辐射得热	能量隔离
	综合遮阳系数	0.46		
气候适应体形	体形系数	0.63		
	风向投射角	7.5° 夏季主导风向：南东南 SSE（157.5° ） 建筑朝向：南偏东 15°	减少外围护结构导热	
	风向倾斜角	62° 屋顶坡度 28°		
	辐射方位角	15° 建筑朝向：南偏东 15°	减少周期性热流的延迟	能量阻尼
	辐射倾斜角	28°		
	内院负体形高宽比	1.12		
	负体形口底比	0.42		

图 5.68 湿热区能量建构模型提取（图片来源：作者自绘）

5.10 能量建构模型图示工具

5.10.1 环境调控的建筑设计

程大锦在《建筑：形式、空间和秩序》中这样描述设计过程：建筑设计是根据一系列不甚满意的已知条件，通过具体的设想与实施，实现一系列完美的新条件——建筑的创作过程是一个从提问题到找答案的过程。“提问题”和“找答案”是建筑设计过程中同等重要的两个部分。

发现问题、理解问题和表达问题的过程与方式，与答案的实质有着不可分割的联系。皮特·海恩（Piet Hein）认为：“艺术在于解决问题。问题的形成即是答案的一部分。”在环境调控的语境中，建筑的营造动机与形式呈现都与能量息息相关，这种环境调控的逻辑贯穿了建筑诞生、发展与变革的历时性轴线。意识到这一问题的存在是极其重要的，它直接影响了设计的定位与方向。这一部分内容在本书第二章有详细论述，建构了形式与能量的理论模型，从认知上阐明贯穿建筑设计的形式问题都是环境调控这一根本性意图驱使下的能量问题。切入了一个非常态的视角来研究能量与形式，以此竖立一种认识问题、发现问题的角度，同时组织起解决问题、寻找答案的方法体系，形成完整自洽的逻辑链条。

面临问题时，设计过程的本质是不断地预测、模拟与修正答案。也正因如此，分析、模拟的方法与手段、依托的媒介与表达的方式，不仅影响对问题的认知，而且影响答案的形成。本书第三章、第四章从能量的角度审视建筑形式因子的构成、系统化建筑环境中的能量过程以及提出了相对应的分析与模拟方法——本质上是对能量视角下建筑形式的基本要素、基本原则与能量机制进行系统化的分析，进而通过技术方法的延展，拓宽和丰富设计语汇，为形式操作获得环境调控的科学内核。

学习他者的解题思路有助于高效地找到解答问题的路径，同时校验自身的答案。直接利用公式往往比推导公式本身更容易。乡土建筑中所蕴含的气候适应机理与环境调控策略提供了一套相对传统而有效的解决方案，这些原型源自于经验与技术的积淀，可以为设计过程的性质、模式和路线提供指导。本书第五章分析了各个气候区乡土建筑的类型特点，抽取相应的环境调控原型，通过数值模拟验证其中的能量过程、解析其中的能量机制，将原型转化为反映气候应对机制与环境调控策略的能量建构模型。由各个气候区能量建构模型集成的图示工具，成为反应建筑与气候关系，为建筑师理解气象条件、提取环境调控策略、启发建筑形式生成的设计工具与案例知识库。

5.10.2 设计流程与工具

建筑设计流程包括设计决策与工具应用两部分内容。从传统建筑设计的图纸与手工模型，近代CAD图纸与电子模型，到现代的可视化数值模拟与参数模型，这些工具的应用实现了设计过程中对预期建筑方案的性能呈现。设计决策则是建筑师依据这些阶段性的性能呈现，结合具体问题与优化目标进行建筑形式的操作与调整。设计的过程实质上是性能模拟与设计决策交互反馈的过程。

随着横纵学科的共同发展，建筑性能模拟越来越多地参与到绿色建筑设计过程中，成为绿色建筑优化设计的重要手段。一般的计算机辅助绿色建筑设计流程如图5.69所示，计算机数值模拟将建筑的风、光、热、能耗等性能数值化与可视化，反馈给建筑师。建筑师再根据目标参数与过程参数的比选进行形式操作，使其最终达到性能要求，实现目标优化。

实际上，有意识地将性能模拟软件介入绿色建筑的视野、知识与工具，在整个项目设计不同阶段，其影响的效能也不同。ASHRAE列出了在项目不同阶段将性能模拟软件介入绿色建筑设计的原理、方法与技术所需花费的努力与产生的效果[121]（图5.70）。在方案阶段介入绿色建筑设计对建筑最终的性能影响最大，而其需要花费的工作量最少。方案阶段需要确定的建筑朝向、体形、基本空间构成、界面构成等设计要素，都对建筑性能有关键影响。而当方案逐步深化，所进行的设计工作对性能的影响逐渐减小，花费的工作量却稳步提升。只有在方案大致确定，项目进入扩初与施工图设计阶段，与建筑形式相关的细节参数确定后，数值模拟软件才能根据确定的边界条件进行风环境、光环境、热环境与能耗的模拟。本书第四章提出的传导、对流、辐射耦合的数值模拟分析方法同样需要明确的边界条件与模型参数设置才能运行。然而在此阶段根据性能反馈进行方案调整，可能推翻原有方案，回到初步设计阶段重新开始，这势必耗费大量的工作，而其对建筑最终性能的影响反而有限。根据美国斯坦福大学在奥雅纳（Arup）公司进行的一项调查，受限于工作量与设计周期，图5.69所示的循环次数平均只被执行了2.7次，远远不足以寻找到在性能方面最优的设计方案[122]。从本质上来说，性能模拟软件是一种后置检验工具，无法真正辅助建筑师进行早期方案的绿色建筑设计。

而当方案前期与初步设计阶段没有落实真正有效的绿色建筑方案时，往往可以通过后期技术叠加的方式寻求补救，主动式环境调控系统被生硬地塞到建筑中。绿色建筑设计沦为僵硬的技术拼贴，建筑师对建筑环境调控的主动权与话语权也被设备专业所夺走，建筑形式失去了环境调控的驱动，本书第2章对此进行了详细的论述。

因此，寻求在方案开始阶段就介入环境调控理念、方法与工具的设计路径至关重要，这将有助于建筑专业重拾学科自主性与话语权，帮助建筑师在建筑环境设计中发挥引领作用。

历史上在设计之初即利用系统科学的环境调控方法与工具进行方案设计的是勒·柯布西耶。他在20世纪30年代前做了一系列主动式环境调控系统与建筑结合的尝试与实践，在1933年巴黎救世军大楼后，认识到被动式环境

121 Energy Simulation Aided Design for Buildings Except Low-Rise Residential Buildings (ASHRAE Standard 209—2018)[S]. International Building Derformance Simulation Association, 2024.

122 Flager F, Haymaker J. A Comparison of Multidisciplinary Design, Analysis and Optimization Processes in the Building Construction and Aerospace Industries[J]. Engineering, Computer Science, 2007.

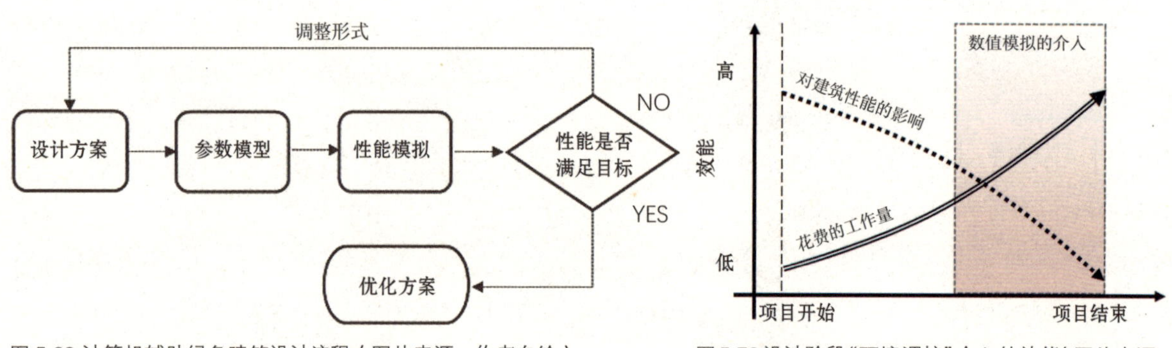

图 5.69 计算机辅助绿色建筑设计流程（图片来源：作者自绘）

图 5.70 设计阶段“环境调控”介入的效能（图片来源：作者自绘）

调控对形式生成的重要性，其建筑理论与实践的能量逻辑逐渐从气候控制转变为气候适应。1951 年前后，在昌迪加尔的项目实践中，柯布西耶开始主动将气候意识反映在设计方法上，他尝试开发一种新的设计工具——气候表格（climate chart），主要原则是依据气候数据和物理理论的结果，为建筑提供形式的支撑（图 5.71）。该表格分为三部分，对应于该方法的三个阶段。第一部分是对气候条件的数据调查，将“气候”分解为 4 个变化的量——空气温度、空气湿度、风速和辐射，这一部分揭示了气候问题；第二部分由物理与生物学家提供指导性的策略，根据策略作相应的调整，以达到舒适的标准；第三列则是建筑的应答，通过建筑形式的操作实现环境策略，解决气候问题。气候表格直观地将“气候”“人”“建筑”连接起来，将建筑设计拓展到与之相关的其他学科，不仅使复杂的气候问题变得明晰起来，同时使建筑环境调控的设计走向更科学的维度。勒·柯布西耶的气候表格为环境调控的建筑设计搭建了大的框架，明确了“气候”“人”“建筑”三个重要对象，而对象内部的层理与机制、对象之间的交互关系不甚清楚。

奥戈雅在 1963 年提出的生物气候设计法，以“生物气候图”进行身体与环境的定量关联（图 5.72）。吉沃尼发展奥戈雅的生物—气候设计法，提出了 Givoni 法，将气候、人体热舒适度和建筑设计被动式方法结合在同一图表中，

气候表格																																						
			A												B												C											
			气候条件												相应的调整												建筑的应答											
	城市		1 JAN	2 FEB	3 MAR	4 APR	5 MAY	6 JUN	7 JUL	8 AUG	9 SEP	10 OCT	11 NOV	12 DEC	1 JAN	2 FEB	3 MAR	4 APR	5 MAY	6 JUN	7 JUL	8 AUG	9 SEP	10 OCT	11 NOV	12 DEC	1 JAN	2 FEB	3 MAR	4 APR	5 MAY	6 JUN	7 JUL	8 AUG	9 SEP	10 OCT	11 NOV	12 DEC
四项要素	空气	湿度																																				
		温度																																				
	风	方向	○	○	○	○	○	○	○	○	○	○	○	○																								
		速度																																				
		时间																																				
	辐射	墙体																																				
		屋面																																				
		地面																																				

图 5.71 气候表格（图片来源：作者根据相关文献绘制）

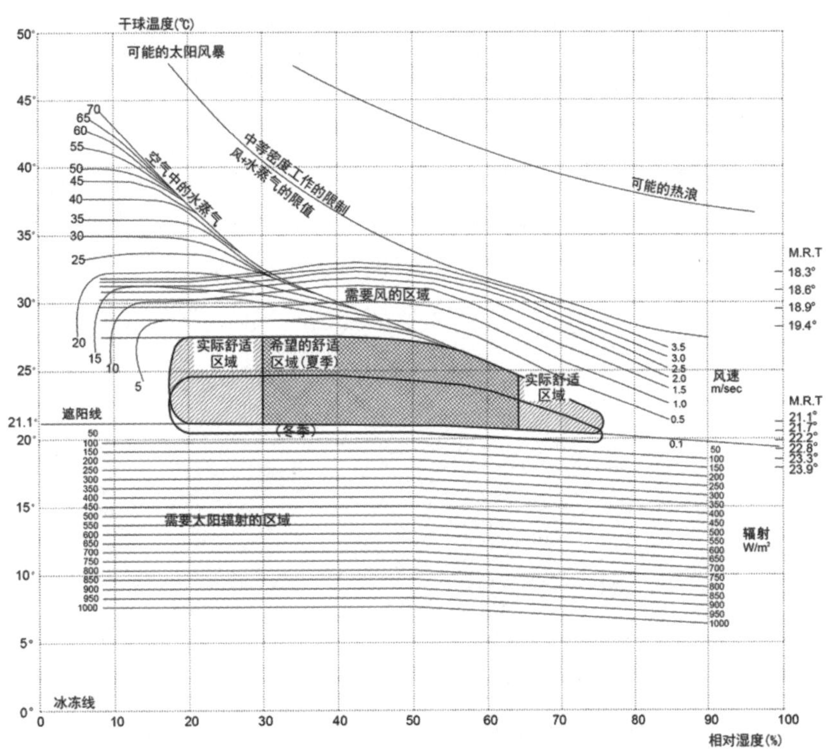

图 5.72 生物气候图（图片来源：Olgyay V, Olgyay A, Lyndon D, *Design with Climate,* 2015）

使其设计参照性更为简单明了。1983 年沃特森补充了主动式环境调控方法，将其和建筑自身的被动式策略结合起来，绘制在一张图表内以便建筑师比选和决策。之后埃文斯提出的“热舒适三角法”，补充了生物气候设计法对于周期性温度波动较大气候的被动式策略。

生物气候设计法与应用的工具，核心在于通过气候和舒适分析提出建筑设计环境调控的策略，为建筑师在方案设计阶段提供具体的物理性能目标，减少设计决策的盲目性和模糊性。气候分析软件 Ecotect 与 Rhino 平台插件 Dragonfly 能够根据生物气候设计法的研究成果与图表工具，绘制生物气候焓湿图与被动式气候控制区，反映每个被动式策略的有效范围。这些策略包括：被动式太阳能采暖、自然通风、热质量效应、热质量效应 + 夜间通风、直接蒸发冷却降温和间接蒸发冷却降温。

然而如何从被动式策略指向具体的建筑形式操作？生物气候设计法与工具缺失了建筑设计最重要的一环：形式生成。

能量建构模型图示工具能够完成从气候条件、能量机制、调控策略到形式生成的连续性路径，尤其是能对生物气候设计法中调控策略与形式特点的对应关系进行补充。其能够在设计之初，帮助建筑师通过查询对应气候区具有类似气候问题的环境调控解决方案与对应的形式呈现，将已有的经验或者已知结果中的特定规则或模式应用到新问题的解决中。

应用能量建构模型图示工具能够帮助解决当代绿色建筑设计面临的普遍困境：建筑师在设计初期不能有效进行绿色设计，大多在设计后期依靠机电设备或提高围护结构热工参数的方法达到绿色星级评分，这会使设计与建设成本增加，建筑环境调控的性能反而大打折扣。

引进能量建构模型图示工具的整合式环境调控设计流程（图 5.73），在设计之初便融入了对气候条件的理解、能量机制的把握、调控策略的通晓、形式操作的可能等系统化的知识，形成先天即对气候、环境、能量有所适应、调节与反映的设计方案；继而通过建立参数模型选择适用的数值模拟方法及软件，形成量化的模拟结果反馈给建筑师，建筑师可以通过这些结果认识到设计策略的有效性并进一步调整优化方案；在施工图设计阶段暖通空调与水

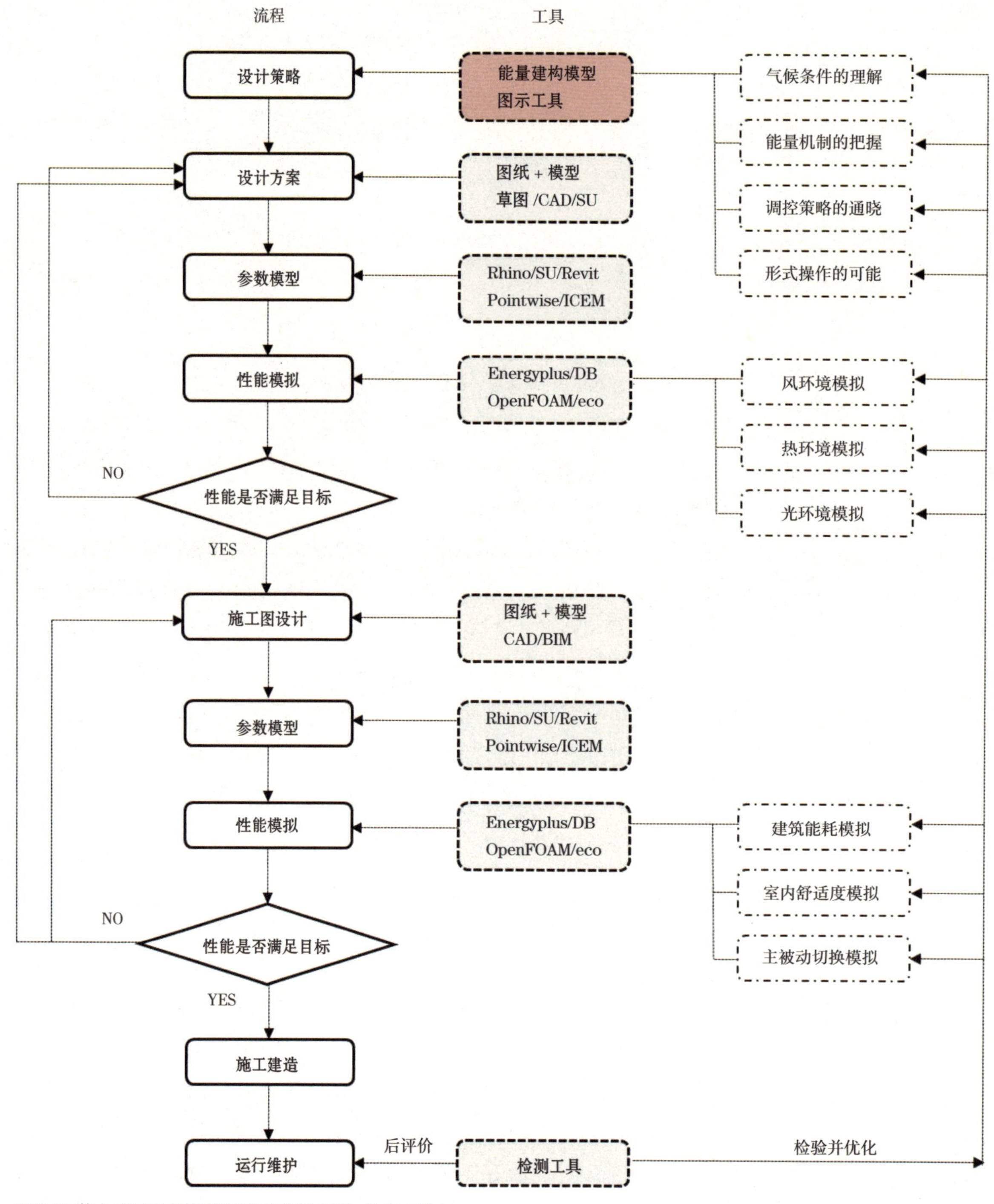

图 5.73 整合式环境调控设计流程（图片来源：作者自绘）

电等专业介入后，通过对建筑整体的能耗模拟、室内舒适度模拟，明确主被动系统的切换方式与适用范围，复核建筑能耗与气流组织模式，进一步细化环境调控设计；在建成后的运行与维护阶段，通过评测工具测试建筑的实际舒适度、能耗、室内温度、风速等参数，形成建成后评价，用以验证环境调控策略的有效性与数值模拟的准确性。

5.10.3 能量建构模型图示工具的应用原理与优点

设计过程的复杂性、矛盾性与多目标性，伴随着偶然性和不确定性，实际上是一个难以解释的“黑箱”，我们无法具体得知设计是如何发生与完成的。然而随着近年来人工智能领域的逐步发展，关于人类思考与解决问题的机制与理论日臻完善，人类解决问题时的方式被总结为三种强方法：基于案例的推理（case-based reasoning），基于规则的推理（rule-based reasoning），基于模型的推理（model-based reasoning）（图 5.74）。简单来说，人们在解决问题时总是首先试图从以往曾成功解决问题的经验中找到相似的案例，从中得到反映事物关系的规则或机制，建立行为准则、方法或模式，得到新问题的答案。

能量建构模型图示工具本身与人类的思考方式与特点匹配，首先，各个气候区的乡土民居提供了朴素有效的环境调控解决方案，形式可供参照的案例库；其次，能量建构模型图示工具清晰地反映了能量传递、转化与存蓄的数理规则与能量捕获、隔离和阻尼的能量机制；最后，建立热力学分析模型，使能量机制、调控策略与具体的形式变量及其范围产生量化的关系。

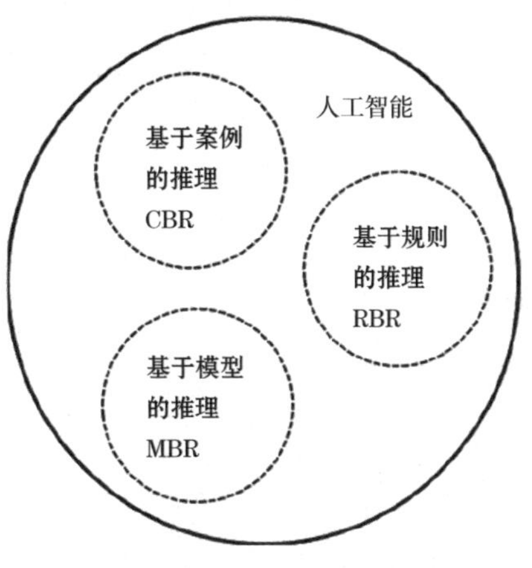

图 5.74 人工智能问题求解的三种强方法（图片来源：作者自绘）

能量建构模型图示工具作为建筑师在方案前期进行环境调控设计的检索参照，为建筑师选择合适的建筑体形与界面、能量机制与调控策略提供了范式指导，能在源头上推动绿色建筑设计向高效、科学、准确的方向发展。

能量建构模型图示工具具有以下优点：

（1）在设计初始为建筑的环境调控策划提供方向，省去了大量试错的过程；

（2）建筑师不需要具备关于环境调控的所有理论与技术知识，通过能量建构模型集合能快速了解形式因子与能量机制、调控策略的对应联系，降低解决问题的门槛；

（3）为建筑师提供快速可解读的气候条件特点、能量运行机制、环境调控策略与形式操作的可能，将它们以可视化的具体图例方式呈现给使用者，这样更为直观并易于理解；

（4）能量建构模型图示工具可以视作原型案例库与环境调控整体解决方案的集合，其原型数量可以一直增加，同时逐步修正，随着案例的增多，求解的效率和精度也会提高；

（5）以能量建构模型图示工具建构的设计方案，可以作为资源保存，再作为后续类似环境调控问题的问题解决参照，为能量建构模型图示工具建构应用参考的案例库（图 5.75）。

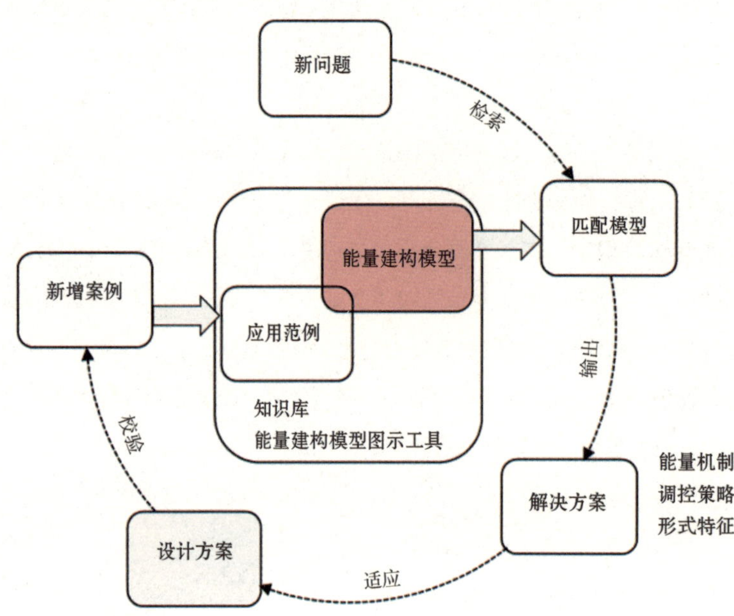

图 5.75 能量建构模型图示工具环（图片来源：作者自绘）

5.11 本章小结

本章从物质形式和能量过程两个方面的对应关系，分析各个气候区乡土建筑的类型特点。对乡土建筑形式类型按照“体形”与“界面”大类中的各个因子逐层解析，抽取相应的原型，并以耦合解析法数值模拟验证其中的能量过程，将原型转化为兼具归纳性、可视性、分析性与工具性的能量建构模型。

类型的归纳性：将乡土民居中真正体现气候应对机制与环境调控策略的内核提炼出来，乡土建筑内在的形式生成逻辑可归纳为三种能量机制的类型（能量捕获、能量隔离、能量阻尼）。

建筑形态的可视性：不同的能量运行机制与环境调控策略下形成的建筑形态，其形式因子的特点与取值范围存在直观可视的分类表述。

量化运算的分析性：通过数值模拟分析、建筑形式与气候的相关性分析、各气候区形式因子的对比分析，使能量建构模型本身具有量化运算的分析性。

设计决策的工具性：成果能反映建筑与气候关系，是为建筑师理解气象条件、提取环境调控策略、启发建筑形式生成的建筑图示工具。

6 结语

6.1 研究结论

6.2 研究创新性

6.3 不足与展望

6 结语

6.1 研究结论

建立并利用模型进行分析与创作是建筑学在研究与实践方面惯常运用的手段。无论是实体模型、虚拟模型、空间模型还是结构模型，都是对建筑建成环境及其性能的一种模拟。而在环境调控的语境下，建筑学亟须建构能够反映形式生成逻辑和环境物理性能参数间相互影响作用的风、光、热机制的模型。环境调控的建筑学模型，从能量的维度重塑建筑形式的认知，将建筑形式视作能量的构形；认为环境调控是建筑最原初而本质的功能，将学科内部的空间建构体系转化为能量共构的复杂动态关联；回应了气候变化、能源危机与环境失调的时代问题，因而具有重要的理论价值和现实意义。

环境调控建筑学模型的架构，包含以下几个组成部分：

1）理论建构：形式能量法则

构建形式与能量法则的理论模型。从能量的角度对建筑形式的基本性质与结构形态进行阐释，建筑是开放的而不是封闭的，建筑是动态历时的而不是僵硬凝固的，建筑的演变是整体的而不是割裂的。建筑可以被理解为一种物质的组织，它调节和引导能量流动的秩序，同时又是平衡和维持自身的稳定“形式”的能量组织。基于形式能量法则，建筑是有组织的物质系统，是非平衡态的耗散结构，其形式生成与演进具有自组织的特征。

建筑形式的发展经历了由简单向复杂、无序向有序的演进过程。在时间维度上，建筑形式的发展存在三个重要的节点——建筑起源、机械介入与自然回归，容纳了三个建筑形式的发展过程——乡土发展、机械主宰与有机共生，呈现出三种形式与能量的内在逻辑——形式适应气候、形式追随设备、形式响应能量。建筑形式与能量利用方式的纵向发展剖面清晰地展现出建筑的稳定发展与进化，存在于同环境交互影响过程之中所进行的建筑类型的选择和淘汰中。

“形式响应能量”包含着建筑本原的回归，建筑与自然气候的联结。对技术的适度利用，是当下环境调控语境下建筑学发展的有利方向，人与环境、地域与气候、历史与文化皆成重要命题。

2）系统认知：知识体系与结构梳理

构建形式与能量关系的系统模型。建筑与气候的匹配关系以人的舒适为纽带，容纳物质与能量的交换与转化，环境系统模型实际上涵盖几个相互关联的热力学系统：外部能量系统（气候）、建筑调控系统（建筑）、人体反应系统（舒适）。本研究基于空间连续性与各个系统间相互作用的方式，根据班汉姆选择型、保温型、再生型与迪恩 · 霍克选择型、隔绝型环境调控模式的边界、系统、要素以及相互联系的反馈与控制途径，归纳出建筑环境调控的系统模型。

建筑环境系统模型的建立，使建筑学的视野不只集中在建筑本身，更拓宽到与之相关的身体与气候系统，并通过物理学、生命科学与环境科学的交叉互融，使建成环境作为一个整体可以被观测、量化与评价。建筑环境系统模型能清晰地展现环境调控系统与建筑的影响要素、对应关系与形式呈现，同时也为建筑形式与能量交互机制的量化分析提供了系统化的结构。

3）数理分析：意图、机制、策略

构建形式与能量机制的数理模型。形式与能量的相互影响机制建立在清晰的调控意图之上，对建筑能量过程的促进、抑制或延迟的环境调控意图，延展出三种建筑形式的能量应变机制："能量捕获""能量隔离"与"能量阻尼"。能量机制对应于相关的环境调控策略，能量捕获包括"增加太阳辐射得热""促进围护结构散热"和"促进自然通风"；能量隔离包括"减少太阳辐射得热""减少外围护结构导热"和"减少冷风渗透"；能量阻尼包括"增加周期性热流延迟"与"减少周期性热流延迟"。这些可以定义的"路径"，清晰地界定出建筑形式与能量流动的对应关系以及相互作用的方式、过程与结果。

依据建筑环境调控中能量的过程与机制，将建筑形式分解为两个聚类：界面与体形。建筑界面与体形包含了多个影响建筑环境调控的分项因子，这些形式因子与物理参数明确地界定了建筑的环境调控性能与形式呈现的逻辑关联，为建筑形式与性能的量化机制分析搭建基础。

传导、对流、辐射耦合解析法作为对形式与能量系统模型与数理模型的技术运用，将外部能量系统、建筑调控系统与人体反应系统统合为综合的、整体的、量化的数理关系，成为快捷准确的模拟预测工具，能够直观地呈现建筑形式因子的环境物理性能。

4）范型提取：能量建构模型图示工具

构建形式与能量原型的分析模型。建筑能量建构模型是基于形式能量法则的、综合反映所在的气候区域建成环境热力学机制的一种分析模型。在其所在气候环境中具有类型的归纳性、形态的可视性、量化运算的分析性，以及设计决策的工具性。通过能量建构模型，能量流动所表达的物理变化真实对应于物质形式所表达的环境变化，可以为环境调控的建筑设计提供形式范型、气候策略、构造机理等参照，构建归纳性、可视性、分析性、工具性的知识库。

能量建构模型的分析对象是乡土建筑内在的形式生成逻辑和能量运行机制。从中提取的能量建构模型是乡土民居环境调控的类型基因，其通过"物质形式的类型解析"与"能量过程的量化解析"，对气候区乡土民居复杂形式逐层归纳与提取，将与环境调控无关的要素剔除，提炼出乡土民居中真正体现其气候应对机制与环境调控策略的内核，是一种由"表现型"还原到"基因型"的过程。

能量建构模型集成的图示工具能够完成从气候条件、能量机制、调控策略到形式生成的连续性路径，尤其是能对生物气候设计法中调控策略与形式特点的对应关系进行补充。能量建构模型图示工具作为建筑师在方案前期进行环境调控设计的检索参照，为建筑师选择合适的建筑体形与界面、能量机制与环境调控策略提供范式指导，在源头上推动绿色建筑设计向高效、科学、准确的方向发展。

6.2 研究创新性

创新点 1：从能量的视角重构建筑形式认知，开拓学科视野

在研究视野层面，从能量的视角审视建筑形式，明确环境调控作为形式生成逻辑的合理性、正当性与必要性，呼吁当代绿色建筑回归建筑的本体与核心，促进绿色建筑设计及其理论重拾学科自主性。

创新点 2：提出形式的能量法则，充实环境调控的建筑学理论

在理论建构层面，提出了形式的能量法则，梳理并形成完整的理论体系建构，完善了环境调控建筑学的层级结构，为环境调控的建筑学破除专业分野的局限，扩展学科知识边界。

创新点 3：提炼能量建构模型，延展绿色建筑设计方法与工具

在方法工具层面，创新性地使用传导、对流、辐射耦合的数值模拟解析法，提炼出反映各个气候区内在能量响应机制与形式生成规律的能量建构模型，形成为当代绿色建筑设计提供参照的能量建构模型图示工具。

6.3 不足与展望

本书致力于从认知上阐明贯穿建筑设计的形式问题都是环境调控这一根本性意图驱使下的能量问题，并不打算忽视建筑在实现使用功能或是在社会、政治、经济等方面的重要性。环境调控是建筑学的主要议题之一，但解释不了全部的问题。形式与能量的研究仅仅是提供了一个非常态的视角，以此竖立一种认识问题、发现问题的角度，同时组织起解决问题、寻找答案的方法体系，形成完整自洽的逻辑链条。

本书虽然概括了合院民居的基本形式特点，具有一定的代表性，但受限于样本数量，并不全面，需要更为翔实的分类与扎实的调研，搜集更多的实例数据来完善能量建构模型。同时，因为民居的生态性是复杂多样的，民居所处的聚落与地形条件所形成的微气候条件难以被分类归纳和科学量化，因此最后的模拟与分析结果难免存在误差。综上，本书所研究的课题仍然具有非常大的挑战性与可持续性，笔者认为有继续研究下去的价值，但是后续研究仍需要投入更多的时间与精力去完善。

能量建构模型作为一种分析工具如何有效地辅助建筑设计，如何在现代化功能需求下完成低能耗、高效能的环境调控任务，这些需要在建筑实践中作进一步探讨与尝试。笔者希望在后续的研究与实践中应用能量建构模型图示工具进行具体案例的绿色建筑设计与创作。

未来，在形式上希望将能量建构模型图示工具汇编成智能检索的软件平台，并希望通过大数据的案例支撑与人工智能的自主学习，在广泛使用中逐渐实现自我充实与完善，这需要后期进行更为深入的跨学科交流和合作。

参考文献

专著

[1] 张彤，鲍莉．绿色建筑设计教程 [M]. 北京：建筑工业出版社，2017.

[2] 张彤．整体地区建筑 [M]. 南京：东南大学出版社，2003.

[3] 张彤．绿色北欧：可持续发展的城市与建筑 [M]. 南京：东南大学出版社，2009.

[4] 约瑟夫·里克沃特．亚当之家：建筑史中关于原始棚屋的思考 [M]. 李保，译．北京：中国建筑工业出版社，2006.

[5] 杨维菊．中国当代建筑大系：绿色建筑 [M]. 常文心，译．沈阳：辽宁科学技术出版社，2013.

[6] 杨维菊．绿色建筑设计与技术 [M]. 南京：东南大学出版社，2011.

[7] 杨嗣信．建筑节能设计手册：气候与建筑 [M]. 北京：中国建筑工业出版社，2005.

[8] 杨丽．绿色建筑设计：建筑风环境 [M]. 上海：同济大学出版社，2014.

[9] 彦启森，赵庆珠．建筑热过程 [M]. 北京：中国建筑工业出版社，1986.

[10] 雅克·斯布里利欧．萨伏伊别墅 [M]. 迟春华，译．北京：中国建筑工业出版社，2007.

[11] 夏铸九．空间的文化形式与社会理论读本 [M]. 台北：明文书局，1988.

[12] 吴良镛．人居环境科学导论 [M]. 北京：中国建筑工业出版社，2001.

[13] 王其钧．图说民居 [M]. 北京：中国建筑工业出版社，2004.

[14] 王其亨．风水理论研究 [M]. 2 版．天津：天津大学出版社，2005.

[15] 宋德萱．节能建筑设计与技术 [M]. 上海：同济大学出版社，2003.

[16] 舒尔兹．存在·空间·建筑 [M]. 尹培桐，译．北京：中国建筑工业出版社，1990.

[17] 尚廓．中国风水格局的构成、生态环境与景观 [M]. 天津：天津大学出版社，1992.

[18] 普里戈金，斯唐热．从混沌到有序：人与自然的新对话 [M]. 曾庆宏，沈小峰，译．上海：上海译文出版社，2005.

[19] 麦克哈格．设计结合自然 [M]. 芮经纬，译．北京：中国建筑工业出版社，1992.

[20] 马克斯，莫里斯．建筑物·气候·能量 [M]. 陈士驎，译．北京．中国建筑工业出版社，1990.

[21] 吕爱民．应变建筑：大陆性气候的生态策略 [M]. 上海：同济大学出版社，2003.

[22] 鲁道夫斯基．没有建筑师的建筑：简明非正统建筑导论 [M]. 高军，译．天津：天津大学出版社，2011.

[23] 柳孝图．人与物理环境 [M]. 北京：中国建筑工业出版社，1996.

[24] 柳孝图．建筑物理 [M]. 3 版．北京：中国建筑工业出版社，2010.

[25] 刘致平．中国居住建筑简史：城市、住宅、园林 [M]. 北京：中国建筑工业出版社，1990.

[26] 刘念雄，秦佑国．建筑热环境 [M]. 北京：清华大学出版社，2005.

[27] 林宪德．绿色建筑：生态·节能·减废·健康 [M]. 北京：中国建筑工业出版社，2007.

[28] 林波荣．绿色建筑性能模拟优化方法 [M]. 北京：中国建筑工业出版社，2016.

[29] 李立．乡村聚落：形态，类型与演变：以江南地区为例 [M]. 南京：东南大学出版社，2007.

[30] 拉普卜特．宅形与文化 [M]. 常青，徐菁，李颖春，等译．北京：中国建筑工业出版社，2007.

[31] 克鲁夫特．建筑理论史：从维特鲁威到现在 [M]. 王贵祥，译．北京：中国建筑工业出版社，2005.

[32] 柯林斯 . 现代建筑设计思想的演变 [M]. 英若聪 , 译 . 北京 : 中国建筑工业出版社 , 2003.

[33] 康兹 , 魏润柏 . 人与室内环境 [M]. 北京 : 中国建筑工业出版社 , 1985.

[34] 卡尔 · 冯 · 弗里施 , 王家俊 , 马华 . 动物的建筑艺术 [M]. 北京 : 科学普及出版社 , 1983.

[35] 吉沃尼 . 人 · 气候 · 建筑 [M]. 陈士驎 , 译 . 北京 : 中国建筑工业出版社 , 1982.

[36] 戈特弗里德 · 森佩尔 . 建筑四要素 [M]. 罗德胤，赵雯雯，包志禹 , 译 . 北京 : 中国建筑工业出版社 , 2010.

[37] 沈克宁 . 建筑类型学与城市形态学 [M]. 北京 : 中国建筑工业出版社 , 2010.

[38] 富勒 . 设计革命 : 地球号太空船操作手册 [M]. 陈霜 , 译 . 武汉 : 华中科技大学出版社 , 2017.

[39] 菲利普 · 斯特德曼 . 设计进化论 : 建筑与实用艺术中的生物学类比 [M]. 魏淑遐 , 译 . 修订版 . 北京 : 电子工业出版社 , 2013.

[40] 丁俊清 . 中国居住文化 [M]. 上海 : 同济大学出版社 , 1997.

[41] 稻叶和也 , 中山繁信 . 图说日本住居生活史 [M]. 刘缵 , 译 . 北京 : 清华大学出版社 , 2010.

[42] 大卫 · 劳埃德 · 琼斯 . 建筑与环境 : 生态气候学建筑设计 [M]. 王茹，贾红博，贾国果 , 译 . 北京 : 中国建筑工业出版社 , 2005.

[43] 布朗 . 太阳辐射 · 风 · 自然光 [M]. 常志刚 , 刘毅军 , 朱宏涛 , 译 . 北京 : 中国建筑工业出版社 , 2006.

[44] 博卡德斯 , 布洛克 , 维纳斯坦 , 等 . 生态建筑学 : 可持续性建筑的知识体系 [M]. 南京：东南大学出版社 , 2017.

[45] 巴什拉 . 空间的诗学 [M]. 张逸婧 , 译 . 上海 : 上海译文出版社 , 2013.

[46] 拉普卜特 . 建成环境的意义 : 非言语表达方法 [M]. 黄兰谷 , 译 . 北京 : 中国建筑工业出版社 , 2003.

[47] Ken Y A, Richards I. Eco skyscrapers[M]. 3rd ed. Mulgrave, Vic.: Images Publishing, 2007.

[48] Wood J G. Being a description of the habitations of animals, classed according to their principle of construction[M]. New York: Harper & Brothers, 1866.

[49] W. 博奥席耶 . 勒 · 柯布西耶全集 第 4 卷 · 1938 ~1946 年 [M]. 牛燕芳，程超 , 译 . 北京 : 中国建筑工业出版社 , 2005.

[50] W. 博奥席耶 . 勒 · 柯布西耶全集 第 6 卷 · 1952~1957 年 [M]. 牛艳芳 , 程超 , 译 . 北京 : 中国建筑工业出版社 , 2005.

[51] W. 博奥席耶 . 勒 · 柯布西耶全集 第 8 卷 · 1965~1969 年 [M]. 牛艳芳 , 程超 , 译 . 北京 : 中国建筑工业出版社 , 2005.

[52] Pollio V, Morgan M H. Vitruvius: the ten books on architecture[M]. New York: Dover Publications, 1960.

[53] Vallero D A, Brasier C. Sustainable design: the science of sustainability and green engineering[M]. Hoboken, N.J: John Wiley, 2008.

[54] Thomas R. Environmental design: an introduction for architects and engineers[M]. 3rd ed. London: Taylor & Francis, 2006.

[55] Thomas R, Garnham T. The environments of architecture[M]. London: Taylor & Francis, 2007.

[56] Szokolay S V. Introduction to architectural science[M]. London: Routledge, 2014.

[57] Smith P F. Architecture in a climate of change: a guide to sustainable design[M]. Oxford: Butterworth-Heinemann, 2001.

[58] Sayigh A. Sustainability, energy and architecture: case studies in realizing green buildings[M]. Oxford: Academic Press, 2014.

[59] Saini B S. Building in hot dry climates[M]. Chichester: J. Wiley, 1980.

[60] 拉斯姆森 . 建筑体验 [M]. 刘亚芬 , 译 . 北京 : 知识产权出版社 , 2003.

[61] Rykwert J. On Adam's house in Paradise: the idea of the primitive hut in architectural history[M]. 2nd ed. Cambridge, Mass.: MIT Press, 1981.

[62] Rapoport A. House form and culture[M].Englewood: Prentice-Hall, 1969.

[63] Peter F S. Architecture in a climate of change[M]. 2nd ed. New York: Routlodge, 2016.

[64] Oliver P. Cultures and habitats[M]. Cambridge: Cambridge University Press, 1997.

[65] Olgyay V, Olgyay A, Lyndon D, et al. Design with climate[M]. Princeton: Princeton University Press, 2015.

[66] Olgyay A, Olgyay V. Solar control & shading devices[M]. Princeton: Princeton University Press, 1957.

[67] Odum E P. Fundamentals of ecology[M]. Philadelphia: Saunders Philadelphia. 1971.

[68] Odgers J, Samuel F, Sharr A. Original matters in architecture[M]. London: Routledge, 2006.

[69] Moe K. Convergence: an architectural agenda for energy[M]. London: Routledge, Taylor & Francis Group, 2013.

[70] McLuhan M. Understanding media: the extensions of man[M]. Corte Madera, CA: Gingko Press, 2003.

[71] Mallory-Hill S, Preiser W F E, Watson C. Enhancing building performance[M]. Hoboken, NJ: Wiley, 2012.

[72] Laugier, Marc A. Essai Sur l' architecture. Observations Sur l' architecture[M]. Bruxelles: P. Mardaga, 1979.

[73] Lally S. Energies: new material boundaries[M]. Hoboken, NJ: Wiley, 2009.

[74] Lally S, Young J. Softspace: from a representation of form to a simulation of space[M]. London: Routledge, 2007.

[75] Français L. L' Habitat au Cameroun[M]. Paris: L' Office de la Recherche Scientifique Outremer, 1952.

[76] Kellert S R. Building for life: designing and understanding the human-nature connection[M]. Washington, DC: Island Press, 2005.

[77] Ingraham C. Architecture, animal, human: the asymmetrical condition[M]. London: Routledge, 2006.

[78] Hosey L. The shape of green: aesthetics, ecology, and design[M]. Washington, DC: Island Press, 2012.

[79] Hensen J, Lamberts R. Building performance simulation for design and operation[M]. 2nd ed. London: Routledge,2019.

[80] Hawkes D. The environmental tradition: studies in the architecture of environment[M]. London: E & FN Spon, 1996.

[81] Hawkes D. The environmental imagination[M]. London: Taylor and Francis, 2008.

[82] Hawkes D. Energy and urban built form[M]. [S.l.]: Butterworths, 1987.

[83] Hawkes D, Mcdonald J, Steemers K. The selective environment[M]. London: Taylor & Francis, 2002.

[84] Loftness V, Haase D. Sustainable built environments[M]. New York: Springer, 2013.

[85] Hansell M H. Animal architecture[M]. Oxford: Oxford University Press, 2005.

[86] Givoni B. Man, climate and architecture[M]. 2nd ed. London: Applied Science Publishers, 1976.

[87] Fernandez-GL. Fire and memory: on architecture and energy[M]. Cambridge: MIT Press, 2000.

[88] Fathy H, Shearer W. Natural energy and vernacular architecture: principles and examples with reference to hot arid climates[M]. Chicago: The University of Chicago Press, 1986.

[89] Odum E P. 生态学基础 [M]. 5 版 . 北京 : 高等教育出版社 , 2009.

[90] Odum E P, Barrett G W. 生态学基础 [M]. 陆健健 , 译 . 北京 : 高等教育出版社 , 2009.

[91] 亚历山大 . 建筑的永恒之道 [M]. 赵冰 , 译 . 北京 : 中国建筑工业出版社 , 1989.

[92] Braham W W. Architecture and systems ecology: thermodynamic principles of environmental building design, in

three parts[M]. New York: Routledge, 2016.

[93] Braham W W, Willis D. Performance and style[M]. London: Routledge, 2013.

[94] Bertalanffy L V. General system theory: foundations, development, applications[M]. New York: Braziller,1968.

[95] Bernard R. Architecture without architects[M]. New York: Museum of Modern Art, 1964.

[96] Bay J H, Ong B L. Tropical sustainable architecture: social and environmental dimensions[M]. Oxford: Architectural Press, 2006.

[97] Banham R. The architecture of the well-tempered environment[M]. Chicago: The University of Chicago Press, 1969.

[98] Baird G. The architectural expression of environmental control systems[M]. London: Spon Press, 2001.

[99] Alexander C. Notes on the synthesis of form[M]. Cambridge: Harvard University Press, 1964.

[100] Frampton K, Cava J. Studies in tectonic culture: the poetics of construction in nineteenth and twentieth century architecture[M]. Cambridge, Mass.: The MIT Press, 1995.

[101] Benedict R. Patterns of culture[M]. London: Routledge & Keagan, 1934.

期刊论文

[1] 张彤．现代主义：国际风格中的地区性维度 [C]// UIA《北京之路》工作组、中国建筑学会．建筑与地域文化国际研讨会暨中国建筑学会 2001 年学术年会论文集，2001.

[2] 张彤．空间调节 中国普天信息产业上海工业园智能生态科研楼的被动式节能建筑设计 [J]. 动感：生态城市与绿色建筑，2010(1): 84-95.

[3] 张彤．空间调节 性能驱动：东南大学本科四年级绿色公共建筑设计专题教案研析 [J]. 城市建筑，2015(31): 25-31.

[4] 张彤．环境调控的建筑学自治与空间调节设计策略 [J]. 建筑师，2019(6): 4-5.

[5] 张彤．Space Conditioning 建筑师的“空调”策略 [J]. Domus China, 2010: 7-8.

[6] 朱剑飞．当代西方建筑空间研究中的几个课题 [J]. 建筑学报，1996(10): 42-45.

[7] 周凌．形式分析的谱系与类型：建筑分析的三种方法 [J]. 建筑师，2008(4): 73-78.

[8] 仲文洲．萨伏伊别墅：精神的创造 勒·柯布西耶，1929[J]. 建筑技艺，2016(10): 10-13.

[9] 仲文洲，张彤．环境调控五点：勒·柯布西耶建筑思想与实践范式转换的气候逻辑 [J]. 建筑师，2019(6): 6-15.

[10] 支文军．形式追随能量：热力学作为建筑设计的引擎 [J]. 时代建筑，2015(2): 1.

[11] 张靖．从传统技术而来的建筑气候设计 [J]. 华中建筑，2006, 24(8): 61-62.

[12] 杨文杰，石邢．性能优化驱动绿色建筑方案设计方法初探 [C]// 建筑设计信息流：2011 年全国高等学校建筑院系建筑数字技术教学研讨会论文集．重庆：重庆大学出版社，2011: 60-63.

[13] 薛春霖．森佩尔的“风格”理论（Ⅱ）: 建筑形式的产生 [J]. 华中建筑，2015, 33(11): 26-30.

[14] 肖毅强，王静，林瀚坤．基于节能策略的建筑空间设计思考 [J]. 华中建筑，2010, 28(6): 32-35.

[15] 吴锦绣，徐小东，傅秀章，等．数值模拟分析技术与设计的互动在绿色住区规划设计及教学中的应用研究 [C]// 建筑设计信息流：2011 年全国高等学校建筑院系建筑数字技术教学研讨会论文集．重庆：重庆大学出版社，2011: 151-156.

[16] 史永高．身体与建构视角下的工具与环境调控 [J]. 新建筑，2017(5): 4-6.

[17] 史永高 . 森佩尔建筑理论述评 [J]. 建筑师 , 2005(6): 51-64.

[18] 史永高 . 面向环境调控的建构学及复合建造的轻型建筑之于本议题的典型性 [J]. 建筑学报 , 2017(2): 1-6.

[19] 邵楠 . 生物气候学建筑理论与实践初探 [J]. 青海环境 , 2005, 15(4): 176-178.

[20] 闵天怡 . 生物气候建筑叙事 [J]. 西部人居环境学刊 , 2017, 32(6): 51-57.

[21] 刘大龙 , 刘加平 , 杨柳 , 等 . 建筑气候区域性研究 [J]. 暖通空调 , 2009, 39(5): 93-96.

[22] 李士勇 . 复杂系统、非线性科学与智能控制理论 [J]. 计算机自动测量与控制 , 2000, 8(4)： 1-3,17.

[23] 李麟学 . 热力学建筑原型 环境调控的形式法则 [J]. 时代建筑 , 2018(3): 36-41.

[24] 李麟学 . 知识 · 话语 · 范式 : 能量与热力学建筑的历史图景及当代前沿 [J]. 时代建筑 , 2015(2): 10-16.

[25] 李麟学 , 陶思旻 . 绿色建筑进化与建筑学能量议程 [J]. 南方建筑 , 2016(3): 27-31.

[26] 李建斌 . 服从太阳的绝对律令 : 勒 · 柯布西耶印度实践的气候适应策略分析 [J]. 建筑师 , 2007(6): 50-55.

[27] 孔宇航 , 孙真 , 王志强 . 形式生成笔记 : 基于能量流动的建筑形式思考 [J]. 新建筑 , 2018(3): 77-81.

[28] 肯尼斯 · 弗兰普顿 , 饶小军 . 查尔斯 · 柯里亚作品评述 [J]. 世界建筑导报 , 1995, 10(1): 5-13.

[29] 金秋野 . 鳞片和羽毛 : 弗兰克 · 劳埃德 · 赖特"有机建筑"之辩 [J]. 建筑学报 , 2019(3): 110-115.

[30] 郝石盟 , 宋晔皓 . 不同建筑体系下的建筑气候适应性概念辨析 [J]. 建筑学报 , 2016(9): 102-107.

[31] 桂鹏 . 爱因斯坦天文台设计解析 [J]. 建筑与文化 , 2014(6): 132-133.

[32] 丁迎春 , 田志超 , 胡星星 , 等 . 集成 Energyplus 实现建筑节能优化设计的研究动态 [C]// 计算性设计与分析 : 2013 年全国建筑院系建筑数字技术教学研讨会论文集 . 沈阳：辽宁科学科技出版社 , 2013: 213-217.

[33] 陈文强 , 田志超 , 石邢 , 等 . 国内外典型建筑节能软件中知识库的对比及研究 [J]. 建筑技术开发 , 2016, 43(4): 72-75.

[34] 曹勇 . 上下吐根哈特 [J]. 建筑师 , 2009(2): 59-68.

[35] 白宇泓 . 勒 · 柯布西耶的"Brise-Soleil"策略及其对当代建构学的启示 [J]. 西部人居环境学刊 , 2016, 31(6):8-12.

[36] Zhai Z, Previtali J M. Ancient vernacular architecture: characteristics categorization and energy performance evaluation[J]. Energy & Buildings, 2010, 42(3):357-365.

[37] Young T P. Assembly rules and restoration ecology: bridging the gap between theory and practice[J]. Environmental Conservation, 2005, 32(1):98-99.

[38] Siret D. Généalogie du brise-soleil dans l'oeuvre de Le Corbusier[J]. Cahiers thématiques, École nationale supérieure d' architecture et de paysage de Lille, 2004(4):169-181.

[39] Siret D, Harzallah A. Architecture et contrôle de l'ensoleillement[J]. Congrès IBPSA France, Saint Pierre de la Réunion, France, 2006.

[40] Shi X, Yang W. Performance-driven architectural design and optimization technique from aperspective of architects[J]. Automation in Construction, 2013, 32: 125-135.

[41] Sharples S. Full-scale measurements of convective energy losses from exterior building surfaces[J]. Building and Environment, 1984, 19(1):31-39.

[42] Gutiérrez R U. "Pierre, revoir tout le système fenêtres" : Le Corbusier and the development of glazing and air-conditioning technology with the Mur Neutralisant (1928-1933)[J]. Construction History, 2012, 27: 107-128.

[43] Nabakov P, Nabokov P. Encyclopedia of vernacular architecture of the world[J]. Traditional Dwellings and Settlements Review, 1999, 10(2): 69-75.

[44] Nakamura H, Igarashi T, Tsutsui T. Local heat transfer around a wall-mounted cube in the turbulent boundary layer[J]. International Journal of Heat and Mass Transfer, 2001, 44(18): 3385-3395.

[45] Liu Y, Harris D J. Full-scale measurements of convective coefficient on external surface of a low-rise building in sheltered conditions[J]. Building and Environment, 2007, 42(7): 2718-2736.

[46] Kamal M A. Le Corbusier' s solar shading strategy for tropical environment: a sustainable approach[J]. Planning Research and Studies (JARS), 2022, 10(1): 19-26.

[47] Iakovleva L , Djindjian F. New data on Mammoth bone settlements of Eastern Europe in the light of the new excavations of the Gontsy site (Ukraine)[J]. Quaternary International, 2005, 126(1):195-207.

[48] Gutiérrez R U. Le pan de verre scientifique: Le Corbusier and the Saint-Gobain glass laboratory experiments (1931-1932)[J]. Architectural Research Quarterly, 2013, 17(1): 63-72.

[49] Erdem A. Subterranean space use in Cappadocia: the Uchisar example[J]. Tunnelling and Underground Space Technology, 2008, 23(5): 492-499.

[50] Defraeye T, Blocken B, Carmeliet J. Convective heat transfer coefficients for exterior building surfaces: existing correlations and CFD modelling[J]. Energy Conversion and Management, 2011, 52(1):512-522.

[51] Blocken B, Defraeye T, Derome D, et al. High-resolution CFD simulations for forced convective heat transfer coefficients at the facade of a low-rise building[J]. Building and Environment, 2009,44(12):2396-2412.

学位论文

[1] 朱君 . 绿色形态 : 建筑节能设计的空间策略研究 [D]. 南京 : 东南大学 , 2009.

[2] 郑金兰 . 绿色建筑的空间调节策略研究与实践 [D]. 南京 : 东南大学 , 2011.

[3] 赵璞真 . 20 世纪现代建筑起源与流变过程中的基础性案例的梳理研究 [D]. 北京 : 北京建筑大学 , 2018.

[4] 张涛 . 国内典型传统民居外围护结构的气候适应性研究 [D]. 西安 : 西安建筑科技大学 , 2013.

[5] 俞菲 . 原型与迁延 : 从原始棚屋到工棚建筑 [D]. 南京 : 南京艺术学院 , 2016.

[6] 杨柳 . 建筑气候分析与设计策略研究 [D]. 西安 : 西安建筑科技大学 , 2003.

[7] 闫海燕 . 基于地域气候的适应性热舒适研究 [D]. 西安 : 西安建筑科技大学 , 2013.

[8] 王鑫 . 设计结合气候 : 论夏热冬冷地区现代气候建筑创作 [D]. 南京 : 东南大学 , 1999.

[9] 王丹丹 . 森佩尔三个文本的形式原则比较研究 [D]. 南京 : 南京大学 , 2013.

[10] 汤莉 . 我国湿热地区传统聚落气候设计策略数值模拟研究 [D]. 长沙 : 中南大学 , 2013.

[11] 苏玲 . 夏热冬冷地区生态建筑围护结构设计策略研究 : 兼论中国普天信息产业上海工业园智能生态科研楼设计 [D]. 南京 : 东南大学 , 2008.

[12] 刘莹 . 从生物基因原理研究地域绿色住居 [D]. 杭州 : 浙江大学 , 2003.

[13] 李沂原 . 当代中国绿色建筑实践研究 : 公共建筑 [D]. 南京 : 东南大学 , 2012.

[14] 李建斌 . 传统民居生态经验及应用研究 [D]. 天津 : 天津大学 , 2008.

[15] 李兵兵 . 基于气候缓冲区的建筑设计方法研究 [D]. 北京 : 北京建筑工程学院 , 2003.

[16] 郝石盟 . 民居气候适应性研究 : 以渝东南地区民居为例 [D]. 北京 : 清华大学 , 2016.

[17] 龚春城 . 建筑热环境数值模拟及节能分析 [D]. 广州 : 华南理工大学 , 2010.

[18] 樊敏 . 哈桑 · 法赛创作思想及建筑作品研究 [D]. 西安 : 西安建筑科技大学 , 2009.

[19] 杜鹏 . 隐喻的世界 : 建筑符号及其现象学诠释 [D]. 上海 : 同济大学 , 2001.

[20] 戴俭 . 住居形态的文化研究 [D]. 南京 : 东南大学 , 1997.

[21] 陈宇青 . 结合气候的设计思路 : 生物气候建筑设计方法研究 [D]. 武汉 : 华中科技大学 , 2005.

[22] 陈飞 . 建筑与气候 : 夏热冬冷地区建筑风环境研究 [D]. 上海 : 同济大学 , 2007.

[23] 安源 . 基于自组织理论的建筑空间演化与设计研究 [D]. 大连：大连理工大学 , 2009.

内容简介

环境调控是建筑最原初而本质的动机。应对不同气候条件的各种建筑形式，即平衡对风、光、热等能量要素获取、积蓄、释放的稳定结构。从这个意义而言，建筑形式的本质是一种气候环境影响下能量流动的物质呈现，即建筑形式是能量的构形。

对建筑形式与能量的研究，能够厘清当代建筑学在环境调控领域的诸多问题。在认识论上，强调环境调控是建筑形式生成的核心驱动，使建筑设计的本体与核心回归于空间与建造；在方法论上，能量成为技术介入与知识拓展的接口，集成跨学科交流下的知识、方法与工具，形成系统化的环境调控理论与方法体系。

本书从能量的角度审视建筑形式，重构环境调控视野下建筑发展的历史进程与理论流变；将建筑放置在更大的环境系统中，讨论在"人、建筑、气候"关系中进行的能量过程与形式生成；搭建起建筑学与生物气候学、建筑热力学的联系，直接指向形式与能量的数学及物理关系；应用数值模拟量化验证典型气候区民居中的能量过程，提取反映建筑形式特征、环境调控策略与能量运行机制的能量建构模型，构建环境调控视野下，形式与能量的理论模型、系统模型、数理模型与分析模型。

图书在版编目（CIP）数据

形式与能量：环境调控的建筑学模型 / 仲文洲，张彤著. -- 南京：东南大学出版社，2024.12

（绿色建筑高质量发展自主性理论与设计方法 / 张彤主编）

ISBN 978-7-5766-0640-9

I. ①形… Ⅱ. ①仲… ② 张… Ⅲ. ①建筑设计-环境设计 Ⅳ. ①TU2

中国版本图书馆CIP数据核字（2022）第251279号

形式与能量：环境调控的建筑学模型

Xingshi Yu Nengliang：Huanjing Tiaokong De Jianzhuxue Moxing

著　　者	仲文洲　张　彤
责任编辑	戴　丽　姜晓乐
责任校对	子雪莲
封面设计	张　彤　仲文洲
责任印制	周荣虎
出版发行	东南大学出版社
出 版 人	白云飞
社　　址	南京市四牌楼 2 号（邮编：210096　电话：025-83793330）
网　　址	http://www.seupress.com
电子邮箱	press@seupress.com
经　　销	全国各地新华书店
印　　刷	上海雅昌艺术印刷有限公司
开　　本	889 mm×1194 mm　1/16
印　　张	18
字　　数	490千字
版　　次	2024年12月第 1 版
印　　次	2024年12月第 1 次印刷
书　　号	ISBN 978-7-5766-0640-9
定　　价	178.00元